WUJI HUAXUE JIANMING JIAOCHENG

无机化学
简明教程

丁杰 主编　曾凤春 副主编

化学工业出版社

·北京·

本书系统介绍了化学反应基本原理、酸碱反应、原子结构、分子结构与晶体结构、配位化合物、氧化还原反应、主族元素、副族元素等内容，以物质结构和能量变化为主线，以化学平衡理论为依托，以元素化合物的性质及其应用为基本内容，构成了完整的知识系统。在内容上力求处理好继承与改革、理论与应用、知识与能力的关系。每章分教学基本要求内容，选讲内容和扩展内容（阅读材料）三个层次。

本书可作为化学、化工、生工、轻工、材料等专业及其他相关专业的无机化学课程教材或参考书，也可供相关专业技术人员、科研人员参考，还可供社会相关读者阅读。

图书在版编目（CIP）数据

无机化学简明教程/丁杰主编．—北京：化学工业出版社，2008.12（2024.7重印）
ISBN 978-7-122-04418-1

Ⅰ．无… Ⅱ．丁… Ⅲ．无机化学-高等学校-教材 Ⅳ．O61

中国版本图书馆 CIP 数据核字（2008）第 201553 号

责任编辑：曾照华　　　　　　　装帧设计：韩　飞
责任校对：蒋　宇

出版发行：化学工业出版社（北京市东城区青年湖南街 13 号　邮政编码 100011）
印　　装：北京虎彩文化传播有限公司
787mm×1092mm　1/16　印张 15¾　插页 1　字数 389 千字　2024 年 7 月北京第 1 版第 13 次印刷

购书咨询：010-64518888　　　　　　售后服务：010-64518899
网　　址：http://www.cip.com.cn
凡购买本书，如有缺损质量问题，本社销售中心负责调换。

定　价：29.00 元　　　　　　　　　　　　　　　　　　　版权所有　违者必究

前 言

化学是研究物质组成、结构、性质及其变化规律的自然科学，与社会发展、人们的生活联系紧密。无机化学是研究除碳氢化合物及其衍生物外所有元素的单质和化合物的组成、结构、性质和反应规律以及它们之间相互联系的学科。它是高等学校化学、化工、生物工程、轻工、材料等专业开设的第一门基础课程，也是后续化学课程的基础。今天，进入大众化阶段的高等教育，强调素质教育与能力培养，原无机化学课程的学时数普遍削减，多年使用的无机化学教材深感不适；且由于各高校的学生生源、教学条件和教学环境的不同，办学思想和目标也有一定的差异，所以不同类型学校无机化学的课程目标、课程体系、教学思想、教学手段方法都存在着较大差异。我们在教学改革实践中，经常思考、探索应该为一般普通本科理工科大学生提供什么样的无机化学教材，适应新世纪应用型人才培养的需要，从而达到定位准确、简明实用、应用性强、提高质量的目的。为此，利用四川省无机化学精品课程建设平台，确定了编写本教程的基本思路和框架结构，以物质结构和能量变化为主线，以化学平衡理论为依托，以元素化合物的性质及其应用为基本内容展开，构成一个完整的知识系统。在《无机化学简明教程》的编写中努力做到以下几方面。

1. 力求处理好继承与改革、理论与应用、知识与能力的关系。

2. 适应减少课内学时，优化课程结构的时代要求。结合四大化学整体内容，对传统的无机化学内容加以整合、重组、优化，如对于热力学部分，因为在物理化学中将系统学习，故只根据无机化学课程的需要介绍焓、熵、自由能的物理意义及简单计算、应用，避免同层次、低水平的重复，既精简了教学学时，又保持了无机化学学科的科学性和系统性，在有限的教学学时中，让学生掌握相关知识。

3. 力求少一些注入式，多一些讨论式和研究式，以调动学生的主观能动性，培养学生查阅文献、自学及综合运用知识解决问题的能力。

4. 每章（节）编写了较多的思考题，通过对问题的分析讨论，让学生在课堂教学前对有关内容做到心中有数，提高学习的主动性。

5. 力图使理论部分的内容能"为我所用"、"够我所用"。"内容提要"对知识系统的归纳总结，使学生能抓住重点，找到难点，提高学习效率。

6. 既讲"是什么"，更讲"为什么"和"怎么做"，使学生学会提问，学会思维，学会解决。同时通过教材中使用的类比、联想和推理等跳跃思维的方法，启发学生，使其逐步学会科学的思维方法，增强创新能力。

7. 避免复杂的理论推导，力求深入浅出，通俗易懂，便于自学。

本教程包含结构理论基础、化学反应基本原理及元素化学三部分。本书内容分为三个层次：(1) 课程的基本内容，与教学基本要求相呼应；(2) 加 * 号的部分为选讲内容，可根据需要灵活选择，也可供学生自学；(3) 阅读材料为学生选读内容，扩大知识面、拓宽思路，属于扩展内容。

本教程由丁杰主编，并负责《无机化学简明教程》的策划、编排和审订及最后的统稿工作，曾凤春任副主编。全书共八章，第一、二章和第八章由丁杰编写；第三、四章由曾凤春编写；第五章由张英编写；第六章由蔡述兰编写；第七章由黄生田编写。在编写过程中，无机化学教研室的有关老师给予了大力支持，特此表示感谢。

  本教程可作为化学、化工、生物工程、轻工、材料等专业及其他相关专业的教材或参考书，也可供社会读者阅读。

  由于我们水平有限和编写时间仓促，本书难免有不妥之处，敬请广大师生在使用过程中提出批评指正。

编 者

2008 年 12 月于四川理工学院

目　　录

第一章　化学反应基本原理 ··· 1
第一节　化学热力学简介 ··· 1
　一、局限性 ··· 2
　二、热力学基本概念 ··· 2
第二节　化学反应的方向 ··· 3
　一、自发过程 ··· 3
　二、化学反应热效应、反应焓变 ·· 4
　三、标准态时反应的方向 ·· 8
第三节　反应的限度——化学平衡 ·· 11
　一、反应限度的判据——化学平衡 ·· 11
　二、多重平衡规则——平衡常数的组合 ·· 13
　三、平衡计算——应用 ·· 13
　四、化学平衡移动 ·· 16
第四节　化学反应速率 ·· 19
　一、反应速率的概念 ··· 19
　二、反应速率理论 ·· 20
　三、影响反应速率的因素 ·· 21
阅读材料　反应原理综合应用 ·· 24
习题 ·· 26

第二章　酸碱反应 ·· 28
第一节　酸碱理论 ·· 28
　一、酸碱电离理论 ·· 29
　二、酸碱质子理论 ·· 30
　三、Lewis 酸碱电子理论 ·· 32
第二节　酸碱平衡 ·· 33
　一、电离平衡 ··· 33
　二、水解平衡 ··· 36
　三、沉淀平衡 ··· 38
　四、影响酸碱平衡的因素 ·· 41
习题 ·· 44

第三章 原子结构 …… 46
第一节 原子核外的电子运动 …… 47
一、核外电子运动的量子化 …… 47
二、电子运动的二象性 …… 49
三、核外电子运动的描述 …… 50
第二节 原子结构与元素周期表 …… 54
一、多电子原子轨道能级 …… 54
二、基态原子的电子排布 …… 55
三、原子结构与元素周期表 …… 56
第三节 元素性质的周期性 …… 57
一、原子半径 …… 57
二、电离能（I） …… 58
三、电子亲和能（A） …… 59
四、电负性（χ） …… 59
习题 …… 59

第四章 分子结构与晶体结构 …… 62
第一节 化学键与键参数 …… 63
一、化学键及其类型 …… 63
二、键参数 …… 63
第二节 离子键和离子化合物 …… 64
一、离子键与离子化合物 …… 65
二、离子晶体及其特性 …… 65
三、晶格能——离子晶体强度的表征 …… 66
第三节 共价键与共价化合物 …… 67
一、价键理论 …… 68
二、杂化轨道理论 …… 70
三、价层电子对互斥理论*（VSEPR） …… 72
四、分子轨道理论 …… 73
五、分子间作用力 …… 76
六、共价物质的晶体结构 …… 78
第四节 金属键与金属晶体 …… 80
一、金属晶体 …… 80
二、金属键的自由电子理论——改性共价键理论 …… 81
三、金属键的能带理论简介*（分子轨道理论的应用） …… 81
第五节 离子极化 …… 83

一、离子极化 …………………………………………………… 84
　　二、离子极化规律 ……………………………………………… 84
　　三、离子极化对物质结构和性质的影响 ……………………… 84
　习题 ………………………………………………………………… 85

第五章　配位化合物 ……………………………………………… 87
　第一节　配位化合物基本概念 …………………………………… 88
　　一、配位化合物的定义 ………………………………………… 88
　　二、配合物组成 ………………………………………………… 89
　　三、配位化合物的命名 ………………………………………… 90
　第二节　配位化合物的结构 ……………………………………… 90
　　一、价键理论——VB 法应用 ………………………………… 90
　　二、晶体场理论* ………………………………………………… 93
　第三节　配位平衡——配合物的稳定性 ………………………… 98
　　一、配位平衡及其平衡常数 …………………………………… 98
　　二、配离子平衡常数的应用——有关计算 …………………… 98
　阅读材料 …………………………………………………………… 100
　习题 ………………………………………………………………… 102

第六章　氧化还原反应 …………………………………………… 105
　第一节　氧化还原反应基本概念 ………………………………… 106
　　一、氧化数 ……………………………………………………… 106
　　二、氧化还原反应——对立的统一体 ………………………… 107
　　三、氧化还原反应方程式配平 ………………………………… 108
　第二节　原电池与电极电势 ……………………………………… 109
　　一、原电池 ……………………………………………………… 110
　　二、电极电势及其测定 ………………………………………… 112
　　三、电极电势的意义和应用 …………………………………… 115
　　四、影响电极电势的因素 ……………………………………… 118
　　五、元素电势图及其应用 ……………………………………… 123
　阅读材料 …………………………………………………………… 125
　习题 ………………………………………………………………… 128

第七章　主族元素 ………………………………………………… 132
　第一节　S 区元素 ………………………………………………… 132
　　一、结构特征及性质变化规律 ………………………………… 132
　　二、碱金属和碱土金属的单质 ………………………………… 134
　　三、碱金属和碱土金属的化合物 ……………………………… 135

四、锂、铍的特殊性及对角性规则 …………………………………… 140
　习题 …………………………………………………………………………… 142
　第二节　p区元素 …………………………………………………………… 143
　　一、卤素 ………………………………………………………………… 143
　习题 …………………………………………………………………………… 156
　　二、氧、硫 ……………………………………………………………… 156
　习题 …………………………………………………………………………… 166
　　三、氮族元素 …………………………………………………………… 166
　习题 …………………………………………………………………………… 179
　　四、碳、硅、硼和锡、铅、铝 ………………………………………… 179
　习题 …………………………………………………………………………… 192
　　五、氢、稀有气体* ……………………………………………………… 193
　习题 …………………………………………………………………………… 197
　阅读材料 ……………………………………………………………………… 197

第八章　副族元素 …………………………………………………………… 202
　第一节　过渡元素通论 ……………………………………………………… 202
　第二节　d区元素 …………………………………………………………… 205
　　一、钛钒 ………………………………………………………………… 205
　　二、铬锰 ………………………………………………………………… 207
　　三、铁系元素——Fe、Co、Ni ………………………………………… 213
　第三节　ds区元素 …………………………………………………………… 219
　　一、概述 ………………………………………………………………… 219
　　二、铜和银的重要化合物 ……………………………………………… 221
　　三、锌、镉、汞的重要化合物 ………………………………………… 224
　习题 …………………………………………………………………………… 226

附录 …………………………………………………………………………… 228
　附录1　一些物质的热力学性质 …………………………………………… 228
　附录2　常用酸碱指示剂 …………………………………………………… 238
　附录3　常见弱电解质的电离常数* ………………………………………… 239
　附录4　难溶电解质的溶度积* ……………………………………………… 240
　附录5　某些配离子的标准稳定常数* ……………………………………… 240
　附录6　标准电极电势* ……………………………………………………… 241

参考文献 ……………………………………………………………………… 243

第一章 化学反应基本原理

【教学要求】
   1. 了解热力学的常用术语，理解状态函数的特征；初步了解反应焓变 ΔH、熵变 ΔS 和吉布斯自由能变 ΔG 的意义及关系；理解物质标准态的规定。
   2. 熟悉盖斯定律，掌握标准态反应热、自由能变和熵变的计算，会判断反应进行的方向。
   3. 理解反应限度的判据、化学平衡的特征、平衡常数的意义和书写规则。
   4. 掌握多重平衡规则和化学平衡有关计算；熟悉化学平衡移动的规律。
   5. 了解化学反应速率的定义及表示方法。初步了解速率理论和活化能的概念，熟悉浓度、温度、催化剂等因素对化学反应速率的影响。
   6. 初步理解反应基本原理的实际应用。

【内容提要】
   化学反应是化学研究的中心内容。化学反应所涉及的问题包括：（1）反应的判据；（2）反应的限度；（3）反应进行的快慢；（4）反应进行的机理。
   （1）（2）属于化学热力学研究的范畴；（3）（4）属于化学动力学的课题。本章将从反应能量变化的研究开始，简要介绍化学热力学的一些基本概念，通过考察反应热效应、反应混乱度变化，建立最小自由能原理，讨论标准态反应自发的方向；然后研究化学反应进行的限度，建立反应限度的判据，讨论其特征（化学平衡）和定量表征，计算平衡组成，探讨平衡移动规律；最后从化学动力学角度，考虑反应的快慢和历程，初步讨论为什么有的反应进行得快而有的慢，哪些因素影响反应速率等。本课程仅涉及一些基本知识和思考问题的方法，重点在于实际应用。后续课程如"物理化学"等深入讨论。

【预习思考】   反应原理知识能解决什么问题？（意义和作用）
   1. 一定条件下，几种物质在一起能否发生化学反应？反应发生的判据是什么？
   2. 若某反应在一定条件下可能发生，能形成多少新物质？有何规律？
   3. 完成反应需要多长时间？如何才能加快或减慢反应？
   4. 化学热力学能解决什么？有何局限？
   5. 为什么要研究反应的热效应？
   6. 为什么要考察体系的混乱度？
   7. 化学平衡的定量特征是什么？有何意义？
   8. 影响反应速率的因素有哪些？有何规律？
   9. 如何应用化学反应原理解决实际问题？

第一节 化学热力学简介

   热力学是研究能量转换过程中所遵循规律的一门科学。它是 19 世纪中叶，由于蒸汽机的发明和应用，人们研究热和机械功之间的转换关系而形成的。随着电能、化学能等其他形式能量的应用，热力学研究范围推广到各种形式能量之间的相互转换。

热力学不需知道物质的内部结构，只从能量角度寻找变化过程中遵循的规律，其特点如下。

① 以热力学第一、热力学第二两个经验定律为基础。这两个定律是人类大量经验的结晶，被实践证明是正确的。

② 结论具有统计意义。讨论大量质点的平均行为，不涉及物质的微观结构和过程机理。

应用热力学原理和方法讨论化学过程中的问题，即为化学热力学。它主要讨论化学反应过程中能量的转化、反应自发进行的方向和限度等问题。

一、局限性

不能讨论过程如何进行和进行的快慢；结论不能说明过程进行的机理和快慢。

例：煤在空气中的行为分析。煤的主要成分是碳，空气中有氧气，存在反应：

$$C_{(s)} + O_{2(g)} \longrightarrow CO_{2(g)}$$

在常温常压下，化学热力学研究结果，该反应自发进行，且进行的程度非常大。但我们却知道常温常压下，煤在空气中未反应，其原因是该条件下反应速率很慢。

常温常压下，氢气和氧气反应：

$$2H_{2(g)} + O_{2(g)} \longrightarrow 2H_2O_{(g)}$$

化学热力学表明，该反应自发进行，进行的程度也非常大。但事实表明，常态下几乎不进行（据悉，100亿年也只能生成0.15%的水），而给予引发，它将爆炸式完成反应。其原因也是该条件下反应速率非常慢。

二、热力学基本概念

（一）体系与环境

事物总是相互联系的。为了研究方便，常把要研究的那部分物质和空间与其它物质或空间人为地分开。被划分出来作为研究对象的那部分物质或空间称为体系（或系统）。体系之外并与体系有密切联系的其它物质或空间称为环境。例如，一杯水，如果研究杯中的水，水就是体系，而环境则是杯子和杯子以外的物质和空间。

按照体系和环境之间物质和能量的交换情况，可将体系分为三类。

(1) 敞开体系：系统与环境之间有物质和能量的交换。

(2) 封闭体系：系统与环境之间有能量交换，但无物质交换。

(3) 隔离体系：也称孤立系统，系统与环境之间既无物质交换，也无能量交换。

最常见的是封闭体系。

（二）状态与状态函数

状态：体系不再随时间变化的情形。此时体系的性质都有确定的值，如用压强、温度等来描述。若我们研究一杯水，当其状态确定后，可用温度300K、体积100mL描述此状态。

状态函数：描述（规定）体系状态性质的函数（物理量）。如温度、压强、体积、质量、物质的量、密度等都是状态函数。

体系的各种性质并不是孤立的，往往相互关联。如理想气体，只要知道压强、体积、温度、物质的量中任意三个物理量，则第四个性质可以通过理想气体状态方程计算得到，而不需要罗列全部性质。

当体系中任何一个性质发生改变时，体系的状态也随之变化，所以状态是体系热力学性质的综合表现。

状态函数特征：状态一定值一定，殊途同归变化等，周而复始变化零。

（三）热和功

热和功是体系和环境之间能量传递的两种形式。当体系发生变化时，体系与环境之间因温差传递的能量形式称为热，用符号 Q 表示。它与变化相关联，规定：体系从环境吸热为正。

当体系发生变化时，除热以外的其他能量传递形式统称为功，用符号 W 表示，功有多种形式，化学反应涉及较多的是由于体系体积变化，反抗外力作用而与环境交换的功，称为体积功（又称无用功）；其他形式的功统称为非体积功（又称有用功）。同样，功也与变化相关联，规定：环境对体系做功为正。

【思考】 Q 和 W 亦为物理量，它们是不是状态函数？

（四）热力学第一定律——能量守恒定律

$$\Delta U = Q + W$$

U——热力学能：在不考虑系统的整体动能和势能的情况下，体系内所有微观粒子的内部能量之和。

热力学第一定律表明体系的热力学能变化量等于体系与环境之间传递的热和功的总和，适用于封闭体系。

在进行计算时，注意 ΔU、Q 和 W 的单位要一致。

【例】 计算下列过程中体系热力学能的变化值。

(1) 体系吸收 1kJ 热，并对环境做 500J 的功。

(2) 体系放出 75kJ 热，环境对体系做 45kJ 功。

解：(1) 已知 $Q=1000J$，$W=-500J$，代入 $\Delta U = Q + W$ 式得：

$\Delta U = 1000 - 500 = 500J$，即体系热力学能增加 500J。

(2) 已知 $Q=-75kJ$，$W=45kJ$，代入 $\Delta U = Q + W$ 式得：

$\Delta U = -75 + 45 = -30kJ$，即体系热力学能减少 30kJ。

第二节 化学反应的方向

经验表明，自然界中发生的过程都具有一定的方向性。如水往低处流，无外力作用水不会从低处往高处流；一般室温下冰自动融化为水；气体从高压区流向低压区；潮湿空气中铁会生锈等，它们不需外力作用就能自动进行，它们符合能量最低原理。

一、自发过程

一定条件下，无需外力作用能自动进行的过程称为自发过程。

自发过程的特征如下。

(1) 无外力作用，自发过程都可以用来做功。如水从高处往低处流，可推动水轮机发电。

(2) 自发过程具有单向性，其逆过程必为非自发。

(3) 自发过程不受时间约束，"自发"不含"快速"之意。

（4）自发和非自发过程都是可能进行的。"非自发"不等于"不可能"，非自发借助外力作用是可以发生的。

【问题】 在一定条件下，既可正向进行，又可逆向进行的反应（即可逆反应）方向如何判断？

人们早就注意到，化学反应常伴随能量的吸收或放出，即放热或吸热，多数放热反应为自发过程，说明反应前后体系能量发生变化。例：常温常压下，氢气与氧气反应合成水，放热反应，为自发过程，反之，水分解为非自发。

反应吸热，说明产物的能量比反应物高；若放热，则产物的能量比反应物低。联系能量最低原理，自然过程总是向能量减少的方向进行，故研究反应自发方向，自然要考察反应的热效应。

二、化学反应热效应、反应焓变

化学反应中吸收或放出的能量有多种形式，如热能、光能、电能等。

（一）热效应

一定温度下，只对抗外压作膨胀功时，反应吸收或放出的热量称为热效应（反应热）。影响反应热大小的因素有反应物的组成、状态、质量和反应条件（温度、压强）等。

(1) 恒容热效应 Q_V：一定温度时，反应在恒定容积下进行的热效应。

恒容条件下，$\Delta V=0$，体积功 $W=p\Delta V=0$，根据热力学第一定律：$\Delta U=Q+W$

所以，$Q_V=\Delta U$

表明：在恒容条件下，只做体积功，化学反应的热效应等于体系热力学能的变化。

(2) 恒压热 Q_p：恒温恒压下，反应进行的热效应。

$$Q_p=\Delta H$$

表明：恒压热效应与物质的某种性质变化有关，该性质称为焓 H，恒压反应的热效应数值上等于反应的焓变（ΔH）

【如何理解】 $Q_p=\Delta H$？

（二）焓 H 与焓变 ΔH

焓 H 意为物质的一种能量形式，本课程不深究其意义，留待物理化学课程讨论。

热力学上定义焓 H 为 $U+pV$，即 $H \equiv U+pV$ （其由来留物理化学课程讨论）

【推导】 设反应为 　　　　状态Ⅰ（反应物）⇌状态Ⅱ（产物）
性质　　　　　　　H_1　U_1　p_1　V_1　T_1　　H_2　U_2　p_2　V_2　T_2

恒温恒压下，反应的焓变：

$$\Delta H=H_2+H_1=U_2+p_2V_2-(U_1+p_1V_1)$$

恒压 $p_1=p_2=p$　$\Delta H=U_2+pV_2-(U_1+pV_1)=(U_2-U_1)+p\Delta V$

∵ 只做膨胀功，$V_2>V_1$，体系对环境做功为负，∴ $p(V_2-V_1)=-W$

$$\Delta H=\Delta U+p\Delta V=\Delta U-W$$

对比热力学第一定律　$\Delta U=Q+W$

∴ 　　　　　　　　　　$\Delta H=Q_p$

意义：恒温恒压下，反应物、产物各自有不同的焓。当反应物的焓比产物的焓高时，由反应物转变为产物，就要释放出那多余的部分（ΔH），以热量的形式释放。

$\Delta H=H_{产物}-H_{反应物}$　　　$\Delta H>0$　　$Q_p>0$　　吸热

　　　　　　　　　　　　　　$\Delta H<0$　　$Q_p<0$　　放热

合成氨反应焓变见图 1-1。

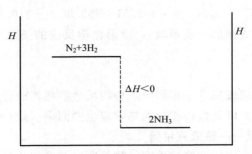

图 1-1 合成氨反应焓变

【注意】（1）焓是体系的性质，是状态函数，恒压下 $\Delta H = Q_p$，但非体系所含的热量。

（2）只有在恒压和只做体积功时，反应的 ΔH 才等于 Q_p，非恒压或体系做非体积功，则 ΔH 不等于 Q。

（3）$\Delta H = Q_p$，左边为状态函数的改变量，右边是非状态函数热量，两者在一定条件下数值上相等，并非概念等同。

【思考】 如何计算反应热？

【思路】 若知道 H、U，可计算 Q_p、Q_v。也可利用状态函数特征进行计算。

（三）Hess 定律

关系式 $Q_v = \Delta U$ 和 $\Delta H = Q_p$ 表明，根据状态函数特征，不论反应是一步进行，还是分几步完成，只要始终态相同，无论反应的途径如何，反应焓变（热力学能变）不变，因此，反应的热效应只与反应的始终态有关，与变化途径无关。

1840 年，瑞士化学家盖斯（G. H. Hess）根据大量实验结果总结出规律：一个化学反应无论是一步完成或是分步完成，其热效应是相同的（即反应一步完成的热效应等于分步进行的各步热效应之和）。称为 Hess 定律。

应用盖斯定律，可以通过代数运算从已知反应的热效应得到难以测定或不能测定的反应热效应。

【例 1】 碳燃烧有 CO 和 CO_2 两种产物。当与充足的氧气完全燃烧得到，该反应的热效应通过实验是可以测定的，CO 燃烧反应的热效应也可通过实验测定。而碳不完全燃烧却难以得到纯净的 CO （为 CO 与 CO_2 的混合物），所以直接实验测定该反应的热效应是不可能的。

已知：① $C_{(s)} + O_{2(g)} = CO_{2(g)}$ $\Delta_r H_m^{\ominus}(298K) = -393.51 \text{kJ} \cdot \text{mol}^{-1}$

② $CO_{(g)} + \frac{1}{2}O_{2(g)} = CO_{2(g)}$ $\Delta_r H_m^{\ominus}(298K) = -282.98 \text{kJ} \cdot \text{mol}^{-1}$

计算反应③ $C_{(s)} + \frac{1}{2}O_{2(g)} = CO_{(g)}$ $\Delta_r H_m^{\ominus}(298K) = ?$

解：设计过程：

$$C_{(s)} + O_{2(g)} \xrightarrow{\Delta_r H_1^{\ominus}} CO_{2(g)}$$
$$\Delta_r H_3^{\ominus} \searrow \qquad \nearrow \Delta_r H_2^{\ominus}$$
$$CO_{(g)} + \frac{1}{2}O_{2(g)}$$

根据 Hess 定律：$\Delta_r H_1^{\ominus} = \Delta_r H_3^{\ominus} + \Delta_r H_2^{\ominus}$

所以，$\Delta_r H_3^{\ominus} = \Delta_r H_1^{\ominus} - \Delta_r H_2^{\ominus} = -393.51 + 282.98 = -110.53 \text{kJ} \cdot \text{mol}^{-1}$

结论：多个化学反应式相加（或相减），所得化学反应的热效应等于原各反应的热效应之和（或之差）。

【应用注意】

(1) 条件相同的反应或聚集状态相同的同种物质才能相消或合并。

(2) 反应式乘（或除）以某数，相应的热效应也要同乘（除）以该数。

（四）热化学反应方程——热效应用焓变表示

表示化学反应与其反应的标准摩尔焓变（热效应）关系的化学方程式，叫做热化学反应方程式。例如：

$$H_{2(g)} + \frac{1}{2}O_{2(g)} = H_2O_{(g)} \quad \Delta_r H_m^{\ominus}(298K) = -241.82 \text{kJ} \cdot \text{mol}^{-1}$$

$$C_{(s)} + O_{2(g)} = CO_{2(g)} \quad \Delta_r H_m^{\ominus}(298K) = -393.51 \text{kJ} \cdot \text{mol}^{-1}$$

式中，$\Delta_r H_m^{\ominus}$ 为反应的标准焓变，$\text{kJ} \cdot \text{mol}^{-1}$；角标 r 表示反应（reaction）；m 表示摩尔（molar），即标准状态下的恒压反应热。$\Delta_r H_m^{\ominus}$ 表明按反应式所表示的那些粒子的特定组合单元进行反应的焓变。

【注意】

(1) 必须正确注明各物质的聚集状态。因为物质的聚集状态不同，反应的焓变不同。例如：

$$H_{2(g)} + \frac{1}{2}O_{2(g)} = H_2O_{(g)} \quad \Delta_r H_m^{\ominus}(298K) = -241.82 \text{kJ} \cdot \text{mol}^{-1}$$

$$H_{2(g)} + \frac{1}{2}O_{2(g)} = H_2O_{(l)} \quad \Delta_r H_m^{\ominus}(298K) = -285.83 \text{kJ} \cdot \text{mol}^{-1}$$

(2) 正确写出配平的化学反应方程式。同一反应，化学计量数不同，反应的焓变不同。例：

$$2H_{2(g)} + O_{2(g)} = 2H_2O_{(g)} \quad \Delta_r H_m^{\ominus}(298K) = -483.64 \text{kJ} \cdot \text{mol}^{-1}$$

(3) 注明反应温度。

【思考】 ① $\Delta_r H_m^{\ominus}$ 的单位为 $\text{kJ} \cdot \text{mol}^{-1}$，$\text{mol}^{-1}$ 表示什么？

② 对同一反应，反应式书写不同，$\Delta_r H_m^{\ominus}$ 值有无变化？

③ $\ominus$ 代表什么？

（五）标准态（$\ominus$）——物质状态的参比基准线

某些热力学量（如热力学能、焓等）的绝对值是无法确定的，为了研究需要，热力学给物质的状态规定了一个参比基准线——标准状态，简称标准态。它类似于海拔高度的比较基准。

根据 IUPAC 的推荐，我国国家标准规定：物质的标准态是在温度和标准压强下，物质的确切聚集状态，用 $\ominus$ 表示。

【注意】 对温度没有具体规定。不过物质的热力学数据多是在 $T = 298.15K$ 下得到的。本书涉及的热力学数据以 298.15K 为参考温度。

【说明】 ① 气体的标准态：$p^{\ominus} = 101.325 \text{kPa}$（常取值 100kPa）。

② 溶液中溶质的标准态：标准压强下，溶质的浓度为 $1 \text{mol} \cdot \text{L}^{-1}$，即 $C^{\ominus} = 1 \text{mol} \cdot \text{L}^{-1}$。

③ 液体和固体的标准态：$p^{\ominus}$ 下的纯物质。

【比较】 气体标准态与气体标准状况。

气体标准状况：$T=273.15\text{K}$，$p^{\ominus}=101.325\text{kPa}$，对温度有规定。

（六）化学反应焓变的确定（标准态）

① 原则：在标准态下，通过实验可以测定某些反应的焓变；利用 Hess 定律代数运算可以计算得到一些反应的焓变。

【问题】 能否通过较少的反应热效应数据，获得任意一个化学反应的热效应？

【分析】 任意化学反应　　　$A_{(g)} + B_{(g)} \Longrightarrow C_{(g)} + D_{(g)}$

$$\Delta_r H_m^{\ominus} = \sum H_{产物}^{\ominus} - \sum H_{反应物}^{\ominus}$$

绝对法难确定 $\sum H^{\ominus}$，但可用相对法解决。

② 标准生成焓 $\Delta_f H_m^{\ominus}$（为什么建立此概念？）

【定义】 在温度 T 和标准态下，由指定单质生成 1mol 某物质（以化学式表示）的焓变，称为该物质的标准生成焓，用 $\Delta_f H_m^{\ominus}$ 表示。

【说明】 指定单质：多为元素的最稳定单质，状态亦指定。例如，下列元素的指定单质为：

氧元素为 $O_{2(g)}$；氮元素为 $N_{2(g)}$；铝元素为 $Al_{(s)}$；钠元素为 $Na_{(s)}$；溴元素为 $Br_{2(l)}$；氯元素为 $Cl_{2(g)}$；碘元素为 $I_{2(s)}$；碳元素有多种同素异形体——金刚石、石墨、无定形碳等，指定单质为石墨；磷元素亦有多种同素异形体——白磷、红磷和黑磷，指定单质为白磷 $P_{4(s)}$。

生成反应：由指定单质反应生成 1mol 生成物的过程。例如：

$NaCl_{(s)}$ 生成反应：　　　　　$Na_{(s)} + \frac{1}{2}Cl_{2(g)} \Longrightarrow NaCl_{(s)}$

$CO_{(g)}$ 生成反应：　　　　　$C_{(石墨)} + \frac{1}{2}O_{2(g)} \Longrightarrow CO_{(g)}$

$C_2H_5OH_{(l)}$ 生成反应：　　　$2C_{(石墨)} + \frac{1}{2}O_{2(g)} + 3H_{2(g)} \Longrightarrow C_2H_5OH_{(l)}$

$NaNO_{3(s)}$ 生成反应：　$Na_{(s)} + \frac{1}{2}N_{2(g)} + \frac{3}{2}O_{2(g)} \Longrightarrow NaNO_{3(s)}$

【推论】 指定单质的标准生成焓为零。如：$\Delta_f H_m^{\ominus}(O_{2(g)}) = 0$

∵ $O_{2(g)}$ 生成反应为　　　　　$O_{2(g)} = O_{2(g)}$

该过程的 $\Delta_r H_m^{\ominus}$ 为 0，$\Delta_f H_m^{\ominus}(O_{2(g)}) = \Delta_r H_m^{\ominus} = 0$

∴ 指定单质的标准生成焓为零。反过来，通过书附录 1 中 $\Delta_f H_m^{\ominus} = 0$，可以了解诸元素的指定单质的具体形式。

【问题】 如何由各种物质的标准生成焓得到任意反应的热效应？

【设计】

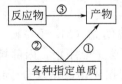

过程Ⅰ：由各指定单质直接生成产物；

过程Ⅱ：由各指定单质先生成反应物，然后反应物再转化为产物。

根据 Hess 定律必有：过程Ⅰ热效应=过程Ⅱ热效应

整理得：$\Delta_r H_m^\ominus = \sum(n_i \Delta_f H_m^\ominus)_{产物} - \sum(n_i \Delta_f H_m^\ominus)_{反应物}$

即：化学反应的标准焓变等于产物标准生成焓之和减去反应物标准生成焓之和。式中 n_i 为各物质的化学计量系数。

【例2】 计算反应 $CO_{(g)} + H_2O_{(g)} \rightleftharpoons CO_{2(g)} + H_{2(g)}$ 在常温常压下的热效应 $\Delta_r H_m^\ominus$。查表各物质的标准生成焓数据。

解：

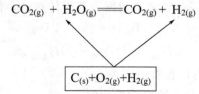

$$\therefore \Delta_r H_m^\ominus = \Delta_f H_m^\ominus(CO_2, g) + \Delta_f H_m^\ominus(H_2, g) - \Delta_f H_m^\ominus(CO, g) - \Delta_f H_m^\ominus(H_2O, g)$$
$$= -393.5 + 0 + 110.5 + 241.8 = -41.2 \text{ kJ} \cdot \text{mol}^{-1}$$

此外，还可由其他方法如利用物质的燃烧焓、键能计算反应焓变。本书不做介绍。

三、标准态时反应的方向

多数放热反应属自发过程。如：$3Fe_{(s)} + 2O_{2(g)} \rightleftharpoons Fe_3O_{4(s)}$ $\Delta_r H_m^\ominus = -1118.4 \text{ kJ} \cdot \text{mol}^{-1}$

因为放热反应，产物的能量比反应物低。但一定条件下，某些吸热过程也自发进行，例如：

常温常压下反应 $H_2CO_{3(aq)} \rightleftharpoons H_2O_{(l)} + CO_{2(g)}$ $\Delta_r H_m^\ominus = +19.3 \text{ kJ} \cdot \text{mol}^{-1}$，但自发进行。

冰在常温常压下，自动融化为水，该过程吸热。

研究发现，这些吸热过程都有一个共同特点，产物的分子数，特别是气体分子数增多，体系变得更加混乱。即体系的混乱度对过程的方向有影响，无序利于自发。

与焓一样，混乱度也是物质的一个重要性质。那么，如何表征体系混乱度呢？

（一）熵S的初步概念

热力学用熵 S 来表示物质的混乱度，它反映了体系中粒子运动的混乱程度，体系的有序性越高，混乱度越低，熵值越小。反之，熵值越大，混乱度越大，熵值 $S \geqslant 0$，单位为 $J \cdot \text{mol}^{-1} \cdot K^{-1}$。

熵与热力学能、焓一样，是体系的一种性质，为状态函数。变化过程中有焓变，也有熵变。

影响物质的熵值有温度、聚集状态、结构等多种因素，一般有如下规律。

① $S_{固体} < S_{液体} < S_{气体}$；

② $S_{混合物} > S_{纯净物}$；

③ S 随温度升高增大。

根据统计理论，德国物理学家普朗克（M. Planck）提出：各种纯化学物质的最完整晶体，在0K时熵值为零，粒子的热运动完全停止，内部排列达到最有序程度。即 $S_{0K} = 0$。此结论的正确性，已由热化学方法、根据光谱数据及分子结构数据用统计热力学方法计算的结果所证明。

据此，可以确定物质在其他情况下（任意态）的熵 S_{TK}。因为物质的任意态可由0K最完整晶体变化而来，该过程的熵变 ΔS 为：

$$\Delta S = S_{TK} - S_{0K} = S_{TK}$$

所以，S_{TK} 为绝对值，称绝对熵。

（二）标准熵 $S_m^\ominus(T)$

【定义】 1mol 纯物质在标准态时的熵值。符号 $S_m^\ominus(T)$，单位：$J \cdot mol^{-1} \cdot K^{-1}$。可从数据手册或本书附录 1 查得，温度一般为 298K。

【比较】 标准熵 $S_m^\ominus(T)$ 与标准生成焓 $\Delta_f H_m^\ominus$

① $S_m^\ominus(T)$ 为绝对值，$\Delta_f H_m^\ominus$ 为相对值；

② 指定单质 $\Delta_f H_m^\ominus = 0$，而 $S_m^\ominus(T) \neq 0$。

【注意】 数据表中某些水溶液中的离子的标准熵为负值，是因为规定 $S_m^\ominus(H_{aq}^+, 298K) = 0$，以此基准计算得到的相对值。

（三）反应 $\Delta_r S_m^\ominus$ 的计算

熵是状态函数，故反应熵变的计算原则与 $\Delta_r H_m^\ominus$ 一样，只与反应的始态和终态有关，与反应途径无关。

标准态下，反应的熵变与各物质的标准熵有下列关系：

$$\Delta_r S_m^\ominus = \sum(n_i S_m^\ominus)_{产物} - \sum(n_i S_m^\ominus)_{反应物}$$

【例3】 求常温下，反应 $3H_{2(g)} + N_{2(g)} \rightleftharpoons 2NH_{3(g)}$ 的标准熵变。

解：查表得：

$$S_m^\ominus(H_2, g) = 130.68 \text{ J} \cdot mol^{-1} \cdot K^{-1}$$
$$S_m^\ominus(N_2, g) = 191.61 \text{ J} \cdot mol^{-1} \cdot K^{-1}$$
$$S_m^\ominus(NH_3, g) = 192.45 \text{ J} \cdot mol^{-1} \cdot K^{-1}$$

代入 $\Delta_r S_m^\ominus = \sum(n_i S_m^\ominus)_{产物} - \sum(n_i S_m^\ominus)_{反应物} = 2 \times 192.45 - 3 \times 130.68 - 191.61$
$= -198.74 \text{ J} \cdot mol^{-1} \cdot K^{-1}$

该反应的标准熵变为 $-198.74 \text{ J} \cdot mol^{-1} \cdot K^{-1}$，属熵减过程。

前述自发吸热过程，虽然 $\Delta_r H_m^\ominus > 0$，不利于自发，但它们的 $\Delta_r S_m^\ominus$ 均大于零，混乱度增加，有利于自发。说明自发过程的方向受两大因素制约：焓变和熵变。

【小结】 标准态下，① $\Delta_r H_m^\ominus < 0$，$\Delta_r S_m^\ominus > 0$ 过程自发；

② $\Delta_r H_m^\ominus > 0$，$\Delta_r S_m^\ominus < 0$ 过程非自发。

【思考】 当 $\Delta_r H_m^\ominus < 0$，$\Delta_r S_m^\ominus < 0$ 和 $\Delta_r H_m^\ominus > 0$，$\Delta_r S_m^\ominus > 0$ 两种情况，两因素对过程自发的影响不一致，如何判断过程的自发方向？

分析哪方面的影响成为主导作用。若焓减或熵增起主导作用，则该条件下过程可自发进行。反之，若焓增或熵减占优势，则过程非自发。19 世纪 80 年代，美国物理化学家 J. W. Gibbs 提出：恒温恒压下，焓变和熵变可综合成一个新的状态函数变量，记为 $\Delta_r G_m$，称 Gibbs 自由能变量。

（四）Gibbs 自由能 G

恒温恒压下，$\Delta_r G_m = \Delta_r H_m - T\Delta_r S_m$，该式被称为 Gibbs-Helmhotz 公式。

标准态时，$\Delta_r G_m^\ominus = \Delta_r H_m^\ominus - T\Delta_r S_m^\ominus$

（1）最小自由能原理

恒温恒压下，过程自发变化总是向着 Gibbs 自由能减少的方向进行。即：

恒温恒压下，$\Delta_r G_m<0$，反应自发；$\Delta_r G_m>0$，反应非自发。$\Delta_r G_m^{\ominus}<0$，反应在标准态时自发进行；$\Delta_r G_m^{\ominus}>0$，反应在标准态时非自发进行。

一般情况下，温度对 $\Delta_r H_m^{\ominus}$ 和 $\Delta_r S_m^{\ominus}$ 的影响不大，可忽略温度对 $\Delta_r H_m^{\ominus}$、$\Delta_r S_m^{\ominus}$ 的影响，视 $\Delta_r H_m^{\ominus}(T) \approx \Delta_r H_m^{\ominus}(298K)$，$\Delta_r S_m^{\ominus}(T) \approx \Delta_r S_m^{\ominus}(298K)$。因此，可根据 $\Delta_r G_m^{\ominus} = \Delta_r H_m^{\ominus} - T\Delta_r S_m^{\ominus}$，估计反应自发进行的温度范围。

【例4】 判断298K，标准态时，$H_2CO_{3(aq)}$ 能否自发分解？

解： 常温常压下，反应 $H_2CO_{3(aq)} = H_2O_{(l)} + CO_{2(g)}$，

$$\Delta_r H_m^{\ominus} = +19.3 \text{ kJ}\cdot\text{mol}^{-1}, \quad \Delta_r S_m^{\ominus} = 93 \text{ J}\cdot\text{mol}^{-1}\cdot\text{K}^{-1}$$

则，$\Delta_r G_m^{\ominus} = \Delta_r H_m^{\ominus} - T\Delta_r S_m^{\ominus} = +19.3 - (298 \times 93 \times 10^{-3}) \text{ kJ}\cdot\text{mol}^{-1} = -8.4 \text{ kJ}\cdot\text{mol}^{-1}$

由于 $\Delta_r G_m^{\ominus} < 0$，故反应在298K标准态能自发进行。所以碳酸溶液在常温常压下不稳定，发生分解。

【例5】 判断298K，标准态时，碳酸钙分解反应是否自发，试确定常压下碳酸钙的分解温度。

解： 碳酸钙分解反应为：$CaCO_{3(s)} = CaO_{(s)} + CO_{2(g)}$，298K时：

$\Delta_f H_m^{\ominus}/(\text{kJ}\cdot\text{mol}^{-1})$	-1206.9	-635.5	-393.5
$S_m^{\ominus}/(\text{J}\cdot\text{mol}^{-1}\cdot\text{K}^{-1})$	92.9	39.8	213.7

∴ $\Delta_r H_m^{\ominus}(298K) = \sum(n_i \Delta_f H_m^{\ominus})_{产物} - \sum(n_i \Delta_f H_m^{\ominus})_{反应物} = 177.9 \text{ kJ}\cdot\text{mol}^{-1}$

$\Delta_r S_m^{\ominus}(298K) = \sum(n_i S_m^{\ominus})_{产物} - \sum(n_i S_m^{\ominus})_{反应物} = 160.6 \text{ J}\cdot\text{mol}^{-1}\cdot\text{K}^{-1}$

298K时，$\Delta_r G_m^{\ominus} = \Delta_r H_m^{\ominus} - T\Delta_r S_m^{\ominus} = 177.9 - 160.6 \times 298 \times 10^{-3} = 130.0 \text{ kJ}\cdot\text{mol}^{-1} > 0$，反应非自发。

假设 $\Delta_r H_m^{\ominus}$、$\Delta_r S_m^{\ominus}$ 不随温度变化，欲使反应自发进行，则必须 $\Delta_r G_m^{\ominus} < 0$，即：

$$\Delta_r G_m^{\ominus} = \Delta_r H_m^{\ominus} - T\Delta_r S_m^{\ominus} < 0$$

$$T > \frac{\Delta_r H_m^{\ominus}(298K)}{\Delta_r S_m^{\ominus}(298K)} = \frac{177.9}{160.6 \times 10^{-3}} = 1107 \text{ K}$$

所以，常压下碳酸钙的分解温度约为1107K。

（2）$\Delta_r G_m^{\ominus}$ 的计算

Gibbs自由能与热力学能、焓一样，无法获得其绝对值。与 $\Delta_r H_m^{\ominus}$ 计算方法相似，根据定义标准生成焓的思想，引入标准生成Gibbs自由能的概念：在温度 T 和标准态下，由元素指定单质生成1mol某物质（以化学式表示）的Gibbs自由能变化，用符号 $\Delta_f G_m^{\ominus}$ 表示。同样，指定单质的标准生成Gibbs自由能为零。

与由生成焓计算反应焓变一样，对标准态时，反应的Gibbs自由能变 $\Delta_r G_m^{\ominus}$ 与诸物质的生成Gibbs自由能 $\Delta_f G_m^{\ominus}$ 之间有如下关系：

$$\Delta_r G_m^{\ominus} = \sum(n_i \Delta_f G_m^{\ominus})_{产物} - \sum(n_i \Delta_f G_m^{\ominus})_{反应物}$$

【例6】 计算常温标准态下，反应 $H_{2(g)} + Cl_{2(g)} = 2HCl_{(g)}$ 的 $\Delta_r G_m^{\ominus}$，并判断反应自发方向。

解： 查表得反应各物质的标准生成Gibbs自由能 $\Delta_f G_m^{\ominus}$。

$$H_{2(g)} + Cl_{2(g)} = 2HCl_{(g)}$$

$\Delta_f G_m^{\ominus}/(\text{kJ}\cdot\text{mol}^{-1})$　　　　　　0　　　　0　　　　-95.3

根据 $\Delta_r G_m^{\ominus} = \sum(n_i \Delta_f G_m^{\ominus})_{产物} - \sum(n_i \Delta_f G_m^{\ominus})_{反应物} = 2 \times (-95.3) - 0 - 0$
$= -190.6 \text{kJ} \cdot \text{mol}^{-1}$

所以，在给定条件下，$\Delta_r G_m^{\ominus} < 0$，反应正向自发进行。

此外，若已知某温度和标准态时，反应的 $\Delta_r H_m^{\ominus}$ 和 $\Delta_r S_m^{\ominus}$，则可根据 Gibbs-Helmhotz 公式 $\Delta_r G_m^{\ominus} = \Delta_r H_m^{\ominus} - T \Delta_r S_m^{\ominus}$ 计算反应的 $\Delta_r G_m^{\ominus}$。

【本节小结】

介绍了化学热力学的初步知识，主要讨论了焓、熵、自由能等状态函数，其物理意义不深究。解决了反应方向的判据问题——最小自由能原理。重点在于应用：

① $\Delta_r G_m^{\ominus}$、$\Delta_r H_m^{\ominus}$、$\Delta_r S_m^{\ominus}$ 的计算；

② 用 $\Delta_r G_m^{\ominus}$ 判断标准态自发反应方向。

第三节　反应的限度——化学平衡

一定条件下，一个化学反应的自发方向确定后，反应进行到什么程度才"停止"呢？反应物是否耗尽才停止？因此，要研究化学反应从宏观角度进行的限度。本节从能量变化和质量的变化两方面讨论反应进行的程度，究竟能得到多少目标产物？

一、反应限度的判据——化学平衡

恒温恒压下，根据最小自由能原理，反应之所以自发，是因为 $\sum G_{反应物}$ 大于 $\sum G_{产物}$，$\Delta_r G_m < 0$，存在推动力。随着反应的进行，反应物的消耗，$\sum G_{反应物}$ 减小；产物的形成，$\sum G_{产物}$ 增加，$\Delta_r G_m = \sum G_{产物} - \sum G_{反应物}$ 将增大，必有 $\Delta_r G_m \to 0$ 的趋势。

当 $\Delta_r G_m = 0$ 时，反应失去推动力，在宏观上不再进行——而"停止"，所以，反应限度判据如下。

（一）能量判据

恒温恒压下，$\Delta_r G_m = 0$，为反应限度的能量判据。

一定条件下，化学反应进行到正、逆反应速率相等为止，正反应在单位时间内消耗的多少反应物，必为逆反应所补偿，各物质的浓度不再随时间而变化，即建立了化学平衡。这就是从质量的变化角度对反应限度的论述。

（二）质量判据

正、逆反应速率相等。

恒温恒压下，当化学反应的 $\Delta_r G_m = 0$ 或正、逆反应速率相等的状态就是化学平衡。

（三）化学平衡——反应的限度

(1) 平衡建立的标志：反应中各组分的量不再随时间而变。

(2) 平衡的定性特征

① 为动态平衡。从宏观上看，反应似乎停止，实际上正、逆反应都在进行，只是进行的结果相互抵消。平衡是暂时的、相对的和有条件的，当外界条件改变时，平衡将被破坏。

② 恒温恒压封闭体系中，反应进行的最大限度或最终状态，是正、逆两个相反过程对立统一的结果。

（四）化学平衡定律——平衡常数

化学平衡时，各组分的平衡组成关系遵循什么规律？即化学平衡具有的定量特征是什么？

(1) 反应商 J

定义：对任意化学反应： $aA_{(g)} + bB_{(g)} \Longrightarrow xX_{(g)} + yY_{(g)}$

$$J = \frac{(p_X/p^{\ominus})^x (p_Y/p^{\ominus})^y}{(p_A/p^{\ominus})^a (p_B/p^{\ominus})^b}$$

即一定温度任意状态下，产物的相对浓度以反应方程式计量系数为乘幂的乘积与反应物的相对浓度以计量系数为乘幂的乘积之比为反应商，用符号 J 表示。

说明： J 是量纲 1 的量。固体、溶剂、纯液体组分的相对浓度为 1，溶液中的溶质用物质的量浓度表示，为 $c_i/c^{\ominus}$

(2) 化学反应 Van't Hoff 等温方程

$$\Delta_r G_m(T) = \Delta_r G_m^{\ominus}(T) + RT\ln J$$

式中，气体常数 $R = 8.314 \text{J} \cdot \text{mol}^{-1} \cdot \text{K}^{-1}$，$T$ 为反应温度，J 为等温任意状态下反应商。当反应达到平衡时，$\Delta_r G_m(T) = 0$

$$\Delta_r G_m^{\ominus}(T) = -RT\ln J_{\text{平}} = -RT\ln K^{\ominus}$$

恒温下，$\Delta_r G_m^{\ominus}(T)$、$R$、$T$ 均为常数，则 $K^{\ominus}$ 必为常数。

(3) 标准平衡常数 $K^{\ominus}$（热力学平衡常数）

一定温度下，反应达到平衡，产物的相对浓度以反应方程式计量系数为乘幂的乘积与反应物的相对浓度以计量系数为乘幂的乘积之比为常数。

一定温度下，每个平衡反应都有它自己特征的平衡常数，这是化学平衡的定量特征。

(4) $K^{\ominus}$ 的意义和性质

意义：$K^{\ominus}$ 反应了平衡混合物中产物所占的相对比例，它很好地反映了反应进行的程度。

$J = K^{\ominus}$　　$\Delta_r G_m = 0$　　平衡

$J > K^{\ominus}$　　$\Delta_r G_m > 0$　　反应自右向左进行

$J < K^{\ominus}$　　$\Delta_r G_m < 0$　　反应自左向右进行

$K^{\ominus}$ 与 J 异同：都对应相同的反应式，但 J 为任意态下的值，$K^{\ominus}$ 为平衡时的值。

性质：$K^{\ominus}$ 仅为温度的函数，与浓度无关，不随平衡组成而变，与达到平衡的途径无关。

由于化学平衡常数表达式表明了平衡时各组成间的关系，故称为化学平衡定律。

(5) 平衡常数表达式书写规则

平衡常数作为反应非常重要的物理量，其表达式书写规则如下。

① 书写平衡常数时不考虑反应中的固体、溶剂和纯液体，只考虑平衡时气体的分压和溶质的浓度，产物写在分子上，反应物写在分母上。例如：

$$C_{(s)} + 2H_2O_{(g)} \Longrightarrow CO_{2(g)} + 2H_{2(g)}$$

$$K^{\ominus} = \frac{(p_{CO_2}/p^{\ominus})(p_{H_2}/p^{\ominus})^2}{(p_{H_2O}/p^{\ominus})^2}$$

非水溶液反应，$C_2H_5OH + CH_3COOH \Longrightarrow CH_3COOC_2H_5 + H_2O$

$$K^{\ominus} = \frac{(c_{CH_3COOC_2H_5}/c^{\ominus})(c_{H_2O}/c^{\ominus})}{(c_{C_2H_5OH}/c^{\ominus})(c_{CH_3COOH}/c^{\ominus})}$$

$$S^{2-}_{(aq)} + 2H_2O_{(l)} \Longrightarrow H_2S_{(g)} + 2OH^-_{(aq)}$$

$$K^{\ominus} = \frac{(C_{OH^-}/C^{\ominus})^2 (p_{H_2S}/p^{\ominus})}{(C_{S^{2-}}/C^{\ominus})}$$

② 书写平衡常数表达式时，应写出对应的反应方程式。这是因为 $\Delta_r G_m^{\ominus}(T) = -RT\ln K^{\ominus}$，若反应方程式不同，则 $\Delta_r G_m^{\ominus}(T)$ 及 $K^{\ominus}$ 的值亦不同。例如，合成氨反应的平衡常数可有多种表达式：

$$N_{2(g)} + 3H_{2(g)} \Longleftrightarrow 2NH_{3(g)}$$

$$K^{\ominus} = \frac{(p_{NH_3}/p^{\ominus})^2}{(p_{H_2}/p^{\ominus})^3 (p_{N_2}/p^{\ominus})}$$

$$\frac{1}{2}N_{2(g)} + \frac{3}{2}H_{2(g)} \Longleftrightarrow NH_{3(g)}$$

$$K^{\ominus} = \frac{(p_{NH_3}/p^{\ominus})}{(p_{H_2}/p^{\ominus})^{\frac{3}{2}} (p_{N_2}/p^{\ominus})^{\frac{1}{2}}}$$

这表明平衡常数与热力学函数变量一样，必须与反应方程式"配套"。所以，如果说"合成氨反应在 500℃时的平衡常数为 1.6×10^{-5}"，是不科学的。

（6）实验平衡常数

若直接用气体的分压、溶质的浓度数值代替各组分的相对浓度，代入平衡常数表达式中计算，得到的平衡常数称为实验平衡常数，用 K_p、K_c 等表示。与此对应，在非平衡态时的反应商也有压力商 J_p 和浓度商 J_c，它们与对应的 $K^{\ominus}$、J 的比较，有时会出现单位，且数值上也可能与对应的 $K^{\ominus}$、J 不同，但它们都必须对应于相同的化学反应方程式。

二、多重平衡规则——平衡常数的组合

一定温度下，若反应可表示为多个分反应之和或差，则该反应平衡常数等于各分反应平衡常数之积或商。即反应的平衡常数与达到平衡的途径无关。此谓多重平衡规则。

因为 $\Delta_r G_m^{\ominus}(T) = -RT\ln K^{\ominus}$，$\Delta_r G_m^{\ominus}(T)$ 不随反应途径而变，R 为常数，T 为定值，所以 $K^{\ominus}$ 也与途径无关。

若   总反应＝反应$_1$＋反应$_2$

$$\Delta_r G^{\ominus}(T) = \Delta_r G_1^{\ominus}(T) + \Delta_r G_2^{\ominus}(T)$$

$$-RT\ln K^{\ominus} = -RT\ln K_1^{\ominus} - RT\ln K_2^{\ominus}$$

∴ $K^{\ominus} = K_1^{\ominus} \times K_2^{\ominus}$

【例7】 已知下列反应某温度时的标准平衡常数：

(1) $CO_{2(g)} + H_{2(g)} \Longleftrightarrow H_2O_{(g)} + CO_{(g)}$ $K_1^{\ominus} = 0.62$

(2) $FeO_{(s)} + H_{2(g)} \Longleftrightarrow H_2O_{(g)} + Fe_{(s)}$ $K_2^{\ominus} = 0.42$

计算反应 $FeO_{(s)} + CO_{(g)} \Longleftrightarrow CO_{2(g)} + Fe_{(s)}$ 的标准平衡常数 $K^{\ominus}$。

解：确定三个反应之间的关系。反应(2)－(1) 得反应(3)：

$$FeO_{(s)} + CO_{(g)} \Longleftrightarrow CO_{2(g)} + Fe_{(s)}$$

根据多重平衡规则： $K_3^{\ominus} = K_2^{\ominus}/K_1^{\ominus} = 0.42/0.62 = 0.68$

【注意】 平衡常数组合时，各反应必须是同一温度，各物质集聚状态必须相同。

三、平衡计算——应用

利用化学平衡定律可进行化学平衡体系的系列计算。包括平衡常数 $K^{\ominus}$、K_p、K_c 等的

确定及平衡组成计算。

(一) 平衡常数 $K^\ominus$ 的确定

(1) 实验测定

根据化学平衡建立的标志，各组分的量不再随时间而变。准确测量某化学反应达到平衡时各组分的平衡分压或浓度，代入平衡常数表达式计算。

【例8】 某温度下，反应 $2SO_{2(g)} + O_{2(g)} \rightleftharpoons 2SO_{3(g)}$ 达到平衡状态。若反应在 2.0L 容器中进行，开始时 $SO_{2(g)}$ 为 1.00mol，$O_{2(g)}$ 为 0.5mol，平衡时生成了 $0.6molSO_{3(g)}$。计算该反应的平衡常数 K_c。

解：

	$2SO_{2(g)}$	$+$	$O_{2(g)}$	$\rightleftharpoons 2SO_{3(g)}$
$C_{起始}/(mol \cdot L^{-1})$	0.50		0.25	0
$C_{变化}/(mol \cdot L^{-1})$	-0.30		-0.15	0.30
$C_{平衡}/(mol \cdot L^{-1})$	$0.50-0.30$		$0.25-0.15$	0.30

将各组分平衡浓度代入平衡常数表达式中：

$$K_c = \frac{(C_{SO_3})^2}{(C_{SO_2})^2(C_{O_2})} = \frac{(0.30)^2}{(0.20)^2 \times 0.10} = 22.5 mol^{-1} \cdot L$$

(2) 根据关系式 $\Delta_r G_m^\ominus(T) = -RT\ln K^\ominus$ 计算

【例9】 根据热力学数据计算反应 $N_{2(g)} + 3H_{2(g)} \rightleftharpoons 2NH_{3(g)}$ 在 298K 标准状态时的平衡常数。

解： 查表得

	$N_{2(g)}$	$+3H_{2(g)}$	$\rightleftharpoons 2NH_{3(g)}$
$\Delta_f G_m^\ominus/(kJ \cdot mol^{-1})$	0	0	-16.45

$$\Delta_r G_m^\ominus = \sum(n_i \Delta_f G_m^\ominus)_{产物} - \sum(n_i \Delta_f G_m^\ominus)_{反应物} = -2 \times 16.45 = -32.90 kJ \cdot mol^{-1}$$

$$\because \quad \Delta_r G_m^\ominus(T) = -RT\ln K^\ominus$$

$$\therefore \quad \lg K^\ominus = \frac{-\Delta_r G_m^\ominus}{2.303RT} = \frac{32.90 \times 10^3}{2.303 \times 8.314 \times 298} = 5.77$$

$$K^\ominus = 5.89 \times 10^5$$

(3) 多重平衡规则计算反应的平衡常数（前面已讨论）。

(二) 平衡组成计算

在实际工作中，人们常用更直观的平衡转化率来表示反应进行的程度。平衡转化率简称转化率、离解率或分解率，是指平衡时已转化的某反应物的量与转化前该物质的量之比。用 α 表示。转化率也反映了反应进行的程度。转化率越大，表示反应向右进行的程度越大。

【例10】 已知反应 $CO_{2(g)} + H_{2(g)} \rightleftharpoons H_2O_{(g)} + CO_{(g)}$，$T = 1473K$ 时，$K_c = 2.3$，求：

① 当 CO_2、H_2 起始浓度均为 $0.01 mol \cdot L^{-1}$；

② 当 CO_2 起始浓度为 $0.01 mol \cdot L^{-1}$，H_2 起始浓度为 $0.02 mol \cdot L^{-1}$。

两种情况下，CO_2 的转化率。

解： ①

	$CO_{2(g)}$	$+ H_{2(g)}$	$\rightleftharpoons H_2O_{(g)}$	$+CO_{(g)}$
$C_{起始}/(mol \cdot L^{-1})$	0.01	0.01	0	0
$C_{变化}/(mol \cdot L^{-1})$	$-x$	$-x$	x	x
$C_{平衡}/(mol \cdot L^{-1})$	$0.01-x$	$0.01-x$	x	x

将各组分平衡浓度代入平衡常数表达式中：

$$K_c = \frac{(C_{CO})(C_{H_2O})}{(C_{CO_2})(C_{H_2})} = \frac{(x)^2}{(0.01-x)^2} = 2.3$$

解之，$x = 6.03 \times 10^{-3} \text{mol} \cdot \text{L}^{-1}$

$$CO_2 \text{ 的转化率 } \alpha = \frac{6.03 \times 10^{-3}}{0.01} \times 100\% = 60.3\%$$

② 　　　　　　　　　　$CO_{2(g)} + H_{2(g)} \rightleftharpoons H_2O_{(g)} + CO_{(g)}$

$C_{起始}/(\text{mol} \cdot \text{L}^{-1})$ 　　　　0.01　　　0.02　　　　0　　　　0

$C_{变化}/(\text{mol} \cdot \text{L}^{-1})$ 　　　　$-y$　　　 $-y$　　　　y　　　 y

$C_{平衡}/(\text{mol} \cdot \text{L}^{-1})$ 　　　 $0.01-y$　$0.02-y$　　y　　　 y

温度不变，K_c 不变。将各组分平衡浓度代入平衡常数表达式中：

$$K_c = \frac{(C_{CO})(C_{H_2O})}{(C_{CO_2})(C_{H_2})} = \frac{(y)^2}{(0.01-y)(0.02-y)} = 2.3$$

解之，$y = 7.82 \times 10^{-3} \text{mol} \cdot \text{L}^{-1}$

$$CO_2 \text{ 的转化率 } \alpha = \frac{7.82 \times 10^{-3}}{0.01} \times 100\% = 78.2\%$$

【小结】 平衡常数 K 和转化率都可表示反应进行的程度，但转化率与反应物起始浓度和反应温度有关，K 仅为温度的函数。

【例 11】 反应 $N_2O_{4(g)} \longrightarrow 2NO_{2(g)}$ 在 325K 时的密闭容器中，注入 $N_2O_{4(g)}$，若 $N_2O_{4(g)}$ 开始的压强为 $1 \times 10^5 \text{Pa}$，平衡时有 50% 的 $N_2O_{4(g)}$ 分解了。问在该温度下，当 $N_2O_{4(g)}$ 起始压强为 $2 \times 10^5 \text{Pa}$，$N_2O_{4(g)}$ 的分解率为多少？

解：　　　　　　　　　　　　$N_2O_{4(g)} \longrightarrow 2NO_{2(g)}$

$p_{开始}/\text{Pa}$ 　　　　　　　　　 1×10^5　　　　　　0

$n_{起始}/\text{mol}$ 　　　　　　　　 $\dfrac{1 \times 10^5 \times V}{RT}$　　　　0

$n_{变化}/\text{mol}$ 　　　　　　　 $-\dfrac{1 \times 10^5 \times V}{2RT}$　　$\dfrac{1 \times 10^5 \times V}{RT}$

$n_{平衡}/\text{mol}$ 　　　　　　　　$\dfrac{1 \times 10^5 \times V}{2RT}$　　$\dfrac{1 \times 10^5 \times V}{RT}$

$p_{平衡}/\text{Pa}$ 　　　　　　　　　$\dfrac{1 \times 10^5}{2}$　　　　1×10^5

∴ 　　　　　　　$K_p = \dfrac{(p_{NO_2})^2}{p_{N_2O_4}} = \dfrac{1 \times 10^{10}}{0.5 \times 10^5} = 2 \times 10^5 \text{Pa}$

温度不变，则 K_p 不变。设分解率为 x

　　　　　　　　　　　　　　　　$N_2O_{4(g)} \longrightarrow 2NO_{2(g)}$

$p_{开始}/\text{Pa}$ 　　　　　　　　 2×10^5　　　　　　0

$n_{起始}/\text{mol}$ 　　　　　　　　$\dfrac{2 \times 10^5 \times V}{RT}$　　　　0

$n_{变化}/\text{mol}$ 　　　　　　　$-\dfrac{2 \times 10^5 \times V}{RT} \times x$　　$\dfrac{4 \times 10^5 \times V}{RT} \times x$

$n_{平衡}/\text{mol}$ 　　　　　　　 $\dfrac{2 \times 10^5 \times V}{RT} \times (1-x)$　$\dfrac{4 \times 10^5 \times V}{RT} \times x$

$p_{平衡}/\text{Pa}$ 　　　　　　　　 $\dfrac{2 \times 10^5}{1} \times (1-x)$　　$\dfrac{4 \times 10^5}{1} \times x$

$$\therefore \quad K_p = \frac{(p_{NO_2})^2}{p_{N_2O_4}} = \frac{(4\times 10^5 x)^2}{2\times 10^5 (1-x)} = 2\times 10^5 \text{Pa}$$

求出：分解率 $x=0.39$

四、化学平衡移动

化学平衡是暂时的、相对的和有条件的。当改变平衡条件，使 $\Delta_r G_m \neq 0$，平衡即被破坏。经过一段时间后，又重新建立起与新条件相适应的新平衡。这种因条件改变，使化学反应从旧平衡点转变到新平衡点的过程，叫做化学平衡移动。影响化学平衡的因素有浓度、压强、温度等。

考察某种因素是否使化学平衡发生移动，关键在于该因素对 $\Delta_r G_m$ 或反应商和平衡常数作何影响，是否会破坏 $\Delta_r G_m = 0$ 或反应商与平衡常数相等的关系。

根据 Van't Hoff 等温式：

$$\Delta_r G_m(T) = \Delta_r G_m^{\ominus}(T) + RT\ln J \qquad \Delta_r G_m^{\ominus}(T) = -RT\ln K^{\ominus}$$

$$\Delta_r G_m(T) = -RT\ln K^{\ominus} + RT\ln J = RT\ln \frac{J}{K^{\ominus}}$$

【讨论】① 恒温，$K^{\ominus}$ 不变，改变 J，可导致 $\Delta_r G_m \neq 0$，平衡发生移动。

旧平衡，$J = K^{\ominus}$ ， $\Delta_r G_m = 0$

若 $\quad J < K^{\ominus}$ 则 $\Delta_r G_m < 0$，正向移动至 $J^* = K^{\ominus}$

$\quad J > K^{\ominus}$ 则 $\Delta_r G_m > 0$，逆向移动至 $J^{\#} = K^{\ominus}$

【思考】 改变 J 有哪些具体条件？（浓度和压强）

② 仅改变温度，J 不变，$K^{\ominus}$ 改变，亦导致 $\Delta_r G_m \neq 0$，平衡发生移动。

关键是温度变化，$K^{\ominus}$ 如何改变？

在实际应用中，化学反应总是处在非平衡状态。我们讨论化学平衡的目的，不是要维持一个平衡状态，而是要不断地使化学反应向着我们希望的方向移动，得到更多的目标产品。

（一）浓度对化学平衡的影响

中学化学从定性角度已讨论浓度变化对化学平衡的影响：增加反应物浓度或减少产物的浓度，平衡向正反应方向移动；反之，增加产物浓度或减少反应物的浓度，平衡向逆反应方向移动。

因为增加反应物浓度或减少产物的浓度，反应商 J 减小，$J < K^{\ominus}$ 则 $\Delta_r G_m < 0$，正向移动至 $J^* = K^{\ominus}$。增加产物浓度或减少反应物的浓度，反应商 J 增大，$J > K^{\ominus}$ 则 $\Delta_r G_m > 0$，逆向移动至 $J^{\#} = K^{\ominus}$。

例 4 的计算结果定量说明了上述规律。

【实际应用】 利用廉价原料或不断移走产物，以提高某反应物的转化率，得到更多的目标产物。

（二）压强对化学平衡的影响

对无气体参与的固、液体反应体系，体系压强变化几乎无影响，不讨论。对有气体参与的化学反应，改变体系的压强，可导致体积的变化，气体组分的浓度将发生变化，可能影响化学平衡。由于改变体系压强的方式不同（体积改变、加惰气组分等），故情况较复杂。

增加平衡体系中某气体组分的量，导致体系压强变化对平衡的影响，可按浓度对平衡的影响处理。

现对通过改变气体反应体系的体积，导致体系压强变化和加入惰性气体组分对化学平衡的影响进行讨论。

(1) 改变气体反应体系的体积使体系压强变化对平衡的影响

化学反应 $aA_{(g)} + bB_{(g)} \rightleftharpoons cC_{(g)} + dD_{(g)}$

一定温度下，达成平衡，有 $K_p = \dfrac{(p_D)^d (p_C)^c}{(p_B)^b (p_A)^a}$

∵ $pV = nRT$，若仅改变体积，$p \propto V^{-1}$

设改变体积为原来的 m 倍，则 $p' = p \times m^{-1}$，总压及各气体组分分压均为旧平衡的 m^{-1} 倍。

计算反应商 J：

$$J_p = \frac{\left(\dfrac{1}{m}p_D\right)^d \left(\dfrac{1}{m}p_C\right)^c}{\left(\dfrac{1}{m}p_B\right)^b \left(\dfrac{1}{m}p_A\right)^a}$$

整理：$J_p = K_p \left(\dfrac{1}{m}\right)^{(c+d-a-b)}$ 令 $\Delta n = c+d-a-b$ 为反应前后气体分子数变化

$J_p = K_p \left(\dfrac{1}{m}\right)^{\Delta n}$

讨论：

若 $\Delta n = 0$ 反应前后气体分子数无变化，改变体积 $J_p = K_p$，不影响平衡。

若 $\Delta n \neq 0$：当 $\Delta n > 0$

$0 < m < 1$，即总压增大，$J_p > K_p$ 逆向移动

$m > 1$，即总压减小，$J_p < K_p$ 正向移动

当 $\Delta n < 0$

$0 < m < 1$，即总压增大，$J_p < K_p$ 正向移动

$m > 1$，即总压减小，$J_p > K_p$ 逆向移动

即系统被压缩，总压增大，平衡向气体分子数减少的方向移动。

【例 12】 已知反应 $PCl_{5(g)} \rightleftharpoons PCl_{3(g)} + Cl_{2(g)}$，在 523K 时，将 0.7 mol PCl_5 注入 2.0L 的密闭容器中，平衡时有 0.5 mol PCl_5 分解了。在达平衡后，将密闭容器的体积减小为 1L，问平衡能否维持，各组分的压强和 PCl_5 的分解率为多少。

解：首先计算 523K 时，反应的平衡常数 K_c

	$PCl_{5(g)}$	$\rightleftharpoons$ $PCl_{3(g)}$	+ $Cl_{2(g)}$
$C_{起始}/(mol \cdot L^{-1})$	0.35	0	0
$C_{变化}/(mol \cdot L^{-1})$	−0.25	0.25	0.25
$C_{平衡}/(mol \cdot L^{-1})$	0.10	0.25	0.25

将各组分平衡浓度代入平衡常数表达式中：

∴ $K_c = \dfrac{(C_{PCl_3})(C_{Cl_2})}{(C_{PCl_5})} = \dfrac{0.25 \times 0.25}{0.10} = 0.625 \, mol \cdot L^{-1}$

PCl_5 分解率为 $\dfrac{0.5}{0.7} \times 100\% = 71.4\%$

减少容器体积为 1L，$J_c = \dfrac{(C_{PCl_3})(C_{Cl_2})}{(C_{PCl_5})} = \dfrac{0.50 \times 0.50}{0.20} = 1.25 \neq K_c$，平衡不能维持，反应向左移动。设将有 $x\,\text{mol}\cdot\text{L}^{-1}$ PCl$_5$ 生成：

	PCl$_{5(g)}$	PCl$_{3(g)}$	+	Cl$_{2(g)}$
$C_{起始}/(\text{mol}\cdot\text{L}^{-1})$	0.20	0.50		0.50
$C_{变化}/(\text{mol}\cdot\text{L}^{-1})$	x	$-x$		$-x$
$C_{平衡}/(\text{mol}\cdot\text{L}^{-1})$	$0.20+x$	$0.50-x$		$0.50-x$

将各组分平衡浓度代入平衡常数表达式中：

∴ $K_c = \dfrac{(C_{PCl_3})(C_{Cl_2})}{(C_{PCl_5})} = \dfrac{(0.50-x)^2}{0.20+x} = 0.625$

解之，$x = 0.08\,\text{mol}\cdot\text{L}^{-1}$

PCl$_5$ 分解率为 $\dfrac{0.42}{0.70} \times 100\% = 60.0\%$（减小）

新平衡各组分的压强分别为：

$$p_{PCl_5} = \dfrac{0.28RT}{V} = \dfrac{0.28 \times 8.314 \times 523}{10^{-3}} = 1.22 \times 10^6\,\text{Pa}$$

$$p_{PCl_3} = p_{Cl_2} = \dfrac{0.42RT}{V} = \dfrac{0.42 \times 8.314 \times 523}{10^{-3}} = 1.83 \times 10^6\,\text{Pa}$$

(2) 惰性气体的影响

惰性气体为不参与化学反应的气态物质，通常为水蒸气和氮气等。惰性气体组分是否影响化学平衡，判断的依据是它能否改变反应商及反应商和平衡常数的关系。

若某一反应在有惰性气体存在下已达到平衡，改变体系体积，如在恒温下压缩，总压增大若干倍，体系中各气体组分的分压也增大到同样倍数。由于惰性气体的分压不出现在反应商和平衡常数的表达式中，只要反应前后气体分子数有变化，平衡同样向气体分子数减少的方向移动。

若反应在恒温定容下进行，对已达到平衡的反应，引入惰性气体，体系的总压力增大，但各反应物和产物的分压不变，反应商不改变，故不影响化学平衡。

若反应在恒温定压下进行，反应已达到平衡时，引入惰性气体，为保持体系总压不变，可使体系的体积增大，这种情况下，各组分气体分压相应减小相同倍数，所以，平衡向气体分子数增加的方向移动。

综上所述，压强对化学平衡的影响，关键在于各反应物和产物的分压是否改变，同时要考虑反应前后气体分子数是否改变，以及反应商和平衡常数之间的关系。

(三) 温度对化学平衡的影响

与浓度、压强对平衡影响不同，温度改变对化学平衡的影响主要是因改变平衡常数造成的。那么温度变化，平衡常数 K 究竟如何变呢？

∵ $\Delta_r G_m^{\ominus}(T) = -RT\ln K^{\ominus}$ 和 $\Delta_r G_m^{\ominus} = \Delta_r H_m^{\ominus} - T\Delta_r S_m^{\ominus}$

$$-RT\ln K^{\ominus} = \Delta_r H_m^{\ominus} - T\Delta_r S_m^{\ominus}$$

$$\ln K^{\ominus} = \dfrac{\Delta_r S_m^{\ominus}}{R} - \dfrac{\Delta_r H_m^{\ominus}}{RT}$$

若忽略温度对 $\Delta_r H_m^{\ominus}$、$\Delta_r S_m^{\ominus}$ 的影响

当温度为 T_1 时
$$\ln K_1^{\ominus} = \frac{\Delta_r S_m^{\ominus}}{R} - \frac{\Delta_r H_m^{\ominus}}{RT_1}$$

当温度为 T_2 时
$$\ln K_2^{\ominus} = \frac{\Delta_r S_m^{\ominus}}{R} - \frac{\Delta_r H_m^{\ominus}}{RT_2}$$

两式相减：
$$\ln\left(\frac{K_1^{\ominus}}{K_2^{\ominus}}\right) = \left(\frac{\Delta_r H_m^{\ominus}}{R}\right)\left[\frac{(T_1-T_2)}{T_1 \times T_2}\right]$$

可见，$K^{\ominus}$ 随温度的变化是增还是减，取决于 $\Delta_r H_m^{\ominus}$ 的符号，即反应是放热还是吸热。若 $\Delta_r H_m^{\ominus}<0$，为放热反应，$T_2>T_1$，温度升高，$\ln\left(\frac{K_1^{\ominus}}{K_2^{\ominus}}\right)>0$，$J=K_1^{\ominus}>K_2^{\ominus}$，平衡向 J 减小方向，即逆向移动。反之，若 $\Delta_r H_m^{\ominus}>0$，为吸热反应，$T_2>T_1$，温度升高，$\ln\left(\frac{K_1^{\ominus}}{K_2^{\ominus}}\right)<0$，$J=K_1^{\ominus}<K_2^{\ominus}$，平衡向 J 增大方向，即正向移动。

（四）催化剂与化学平衡

催化剂的作用是改变反应的活化能，从而改变反应速率（下节讨论）。对已达到平衡的反应，加入催化剂，将同等程度改变正逆反应速率，故对化学平衡无影响。

Le. Chatelier 原理——平衡移动原理

综上所述，改变影响化学平衡的某一因素，平衡就沿着减弱这种影响的方向移动，直至建立新的化学平衡。这一规律称为 Le. Chatelier 原理（平衡移动原理）。

平衡移动原理适用于已经建立的动态平衡，但它不适用于非平衡体系。同时它只能判断平衡移动的方向，不能预测到达新平衡所需的时间。

第四节 化学反应速率

通过前两节的讨论，解决了一定条件下，自发反应方向的判断和自发反应进行的程度。如常温、标准态下，反应 $O_{2(g)} + 2H_{2(g)} \longrightarrow 2H_2O_{(l)}$ 不仅自发进行，而且平衡常数非常大（$K^{\ominus}=3.5\times10^{41}$），反应进行程度很完全。但事实表明，在常温常压条件下，合成水的反应几乎不进行（根据有关实验数据推测，在常温常压下，长达 100 亿年仅有 0.15% 水生成）。这是因为此条件下反应速率太慢之故。

化学反应应用与生产实际，不仅要关心反应自发进行的方向和程度，还要研究反应进行的快慢和机理，即化学动力学问题。本节将学习化学动力学的初步知识，讨论影响反应速率的因素。

一、反应速率的概念

各种化学反应进行的快慢极不相同。有的反应瞬间可以完成，有的反应则进行很慢，甚至长年累月也觉察不到反应的进行。为了便于比较、讨论，需要介绍反应速率的概念、表示方法等基本知识。

（一）反应速率的定义

指在一定条件下，化学反应中反应物转变为产物的快慢。

（二）反应速率的表示

通常用单位时间反应中某组分的浓度变化来表示。浓度单位常用 $mol \cdot L^{-1}$，时间单位根据反应的快慢，可用秒（s）、分（min）或小时（h）表示，因此反应速率的单位为

mol·L⁻¹·s⁻¹、mol·L⁻¹·min⁻¹或mol·L⁻¹·h⁻¹。

例如，一定条件下，反应　　　　　$O_{2(g)} + 2H_{2(g)} \longrightarrow 2H_2O_{(g)}$

$C_{起始}$/(mol·L⁻¹)　　　　　　　　1.0　　2.0　　　0

两分钟后 C/(mol·L⁻¹)　　　　　　0.9　　1.8　　　0.2

反应速率：

$$v_{O_2} = -\frac{\Delta C_{O_2}}{\Delta t} = \frac{0.1}{2} = 0.05 \text{mol·L}^{-1}·\text{min}^{-1}$$

$$v_{H_2} = -\frac{\Delta C_{H_2}}{\Delta t} = \frac{0.2}{2} = 0.1 \text{mol·L}^{-1}·\text{min}^{-1}$$

$$v_{H_2O} = \frac{\Delta C_{H_2O}}{\Delta t} = \frac{0.2}{2} = 0.1 \text{mol·L}^{-1}·\text{min}^{-1}$$

因为反应速率总是正值，反应物浓度变化为负值，所以用表示反应物浓度变化反应速率时，须在前面加负号。

注意：① 可用反应中不同物质的浓度变化表示反应速率；
② 其数值不一定相等，但意义相同，相互间遵循反应计量关系，即用各物质浓度变化表示的反应速率之比，等于各自化学计量系数之比。

对大多数反应非匀速进行，故有平均速率和瞬时速率之分。随着反应的进行，各物质浓度和反应速率均随时间而变化，前面所表示的反应速率，实际上是 Δt 时间内的平均速率。为了准确表示某时间 t 时的反应速率，需用瞬时速率来表示。瞬时速率是 Δt 趋近于零时，平均速率的极限值。

$$\text{平均速率 } \bar{v} = \frac{1}{v_i}\frac{\Delta C_i}{\Delta t} \qquad\qquad \text{瞬时速率 } v = \frac{1}{v_i}\frac{dC_i}{dt}$$

（三）反应速率测定

（1）平均速率：测定某组分在一定时间内的浓度变化值，代入公式计算即可。

（2）瞬时速率：实验测定某组分浓度随时间变化的数据，并作图（C_i-t 曲线），处理曲线某点切线的斜率，即为该时刻反应的瞬时速率。

二、反应速率理论

为什么反应速率千差万别？如何解释外界因素对反应速率的影响？在反应速率理论的发展过程中，出现了两种理论：碰撞理论和过渡状态理论。前者是建立在气体分子运动论基础上的；后者是在统计力学和量子力学发展的过程中逐步形成的。本书只归纳介绍碰撞理论的基本要点及其应用。

碰撞理论要点如下。

（1）反应进行的先决条件：分子相互碰撞

分子运动论认为，化学反应中旧键的断裂和新键的形成都是通过物质分子的相互碰撞来实现的。如果物质分子互不接触，就谈不上发生化学反应。所以物质分子间的碰撞是反应发生的先决条件。反应速率与分子间的碰撞频率有关，碰撞频率与物质的浓度有关：浓度越大，碰撞频率越高。

（2）有效碰撞：发生反应的碰撞

分子间的相互碰撞固然是反应发生的先决条件，气体分子运动论的理论计算表明，单位时间内分子的碰撞次数（碰撞频率）是很大的。如在标准状况下，每秒每升体积内气体分子

间的碰撞可达 10^{32} 次，甚至更多。显然，分子间并不是每一次碰撞都能发生反应，否则反应会瞬间完成，这与事实相背。所以在无数次的碰撞中，大多数碰撞并未导致反应发生，只有少数碰撞才是有效的，称为有效碰撞。有效碰撞越多，反应速率越大。

（3）活化分子

发生有效碰撞的分子，它比一般分子的能量高，这些具有较高能量的分子称为活化分子。或发生有效碰撞的分子即为活化分子。

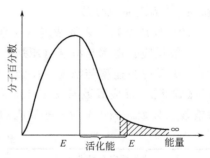

图 1-2　气体分子能量分布曲线

一定条件下，分子的能量分布是一定的，分布规律如图 1-2 所示。曲线下的总面积表示分子百分数总和为 100%，$E_{平均}$ 为该温度下分子的平均能量，大多数分子具有的能量与平均能量接近，能量特别大或特别小的分子都较少。E_c 为活化分子的临界能，E 为活化分子具有的平均能量。

（4）活化能 E_a：活化分子具有的平均能量与反应物分子的平均能量之差，称为实验活化能或 Arrhenius 活化能。

$$E_a = E - E_{平均}$$

活化能越大，反应体系中的活化分子的百分数越小，单位时间内的有效碰撞次数越少，反应速率越小。

例如，合成氨反应 $N_{2(g)} + 3H_{2(g)} \longrightarrow 2NH_{3(g)}$ 的活化能 E_a 高达 $330 \text{kJ} \cdot \text{mol}^{-1}$，致使氮和氢的活化分子百分数很小，有效碰撞次数很少，反应速率极低，因此，该反应在常温常压下虽然自发且进行程度非常大（$K^{\ominus} = 5.89 \times 10^5$），但难实现。

【思考】　根据碰撞理论增大反应速度的措施：

① 增大单位时间内分子碰撞总数；

② 增大碰撞总数中有效碰撞的百分数。

三、影响反应速率的因素

不同反应在一定条件下的反应速率相差很大，其内在原因是反应的活化能不同所致。而同一反应，在不同的外界条件下，反应速率也有差别，如反应物的浓度、温度等都影响反应的速率。下面讨论浓度、压强、温度及催化剂等外因对反应速率的影响。

（一）浓度（压强）对反应速率的影响

实践表明，一定温度下，增大反应物（气体）的压强或浓度，反应速率增加。因为浓度（压强）增加，虽然一定温度下活化分子的百分数一定，但单位体积内活化分子数目随反应物的浓度（压强）增大而增加，有效碰撞次数增多，所以反应速率增大。即浓度（压强）与反应速率成正比关系。下面定量讨论浓度（压强）与反应速率的关系。

通过实验测定，可得到反应物浓度（压强）与反应速率的定量关系。用速率方程表示。

（1）速率方程：反应物浓度（压强）与反应速率的数学关系式。

对任意化学反应　　　$aA_{(g)} + bB_{(g)} \rightleftharpoons cC_{(g)} + dD_{(g)}$

$$v \propto c_A^{\alpha} c_B^{\beta} \quad\quad v = k_c c_A^{\alpha} c_B^{\beta}$$

或

$$v \propto p_A^{\alpha} p_B^{\beta} \quad\quad v = k_p p_A^{\alpha} p_B^{\beta}$$

【说明】　该式称为化学反应速率方程，k 为比例常数，称速率常数，α、β 为反应分级数，$\alpha+\beta$ 为反应总级数。

（2）反应级数：表征浓度（压强）对反应速率影响程度的参数。

0 级反应：速率与浓度（压强）无关；

1 级反应：速率与浓度（压强）的一次方成正比……

【强调】 反应级数与反应计量系数并非一回事，不一定相符合。反应级数是实验值，可为整数、分数。表 1-1 为一些反应的反应级数。

表 1-1 一些反应的反应级数

化学反应方程式	速率方程式	反应级数	反应分子数
$2HI_{(g)} \xrightarrow{Au} H_{2(g)} + I_{2(g)}$	$v = k_c$	0	2
$2N_2O_{5(g)} \longrightarrow 4NO_{2(g)} + O_{2(g)}$	$v = k_c C_{N_2O_5}$	1	2
$NO_{2(g)} + CO_{(g)} \xrightarrow{>500K} CO_{2(g)} + NO_{(g)}$	$v = k_c C_{NO_2} C_{CO}$	1+1	1+1
$2NO_{(g)} + 2H_{2(g)} \longrightarrow N_{2(g)} + 2H_2O_{(g)}$	$v = k_c C_{NO}^2 C_{H_2}$	2+1	2+2
$2H_2O_{2(aq)} \longrightarrow 2H_2O_{(l)} + O_{2(g)}$	$v = k_c C_{H_2O_2}$	1	2
$S_2O_{8(aq)}^{2-} + 3I_{(aq)}^- \Longleftrightarrow 2SO_{4(aq)}^{2-} + I_{3(aq)}^-$	$v = k_c C_{S_2O_8^{2-}} C_{I^-}$	1+1	1+3

（3）速率常数的意义和性质

当反应物浓度均为单位浓度，即 $1\,mol \cdot L^{-1}$ 时：

$$v = k_c$$

一定温度下，不同的反应在各组分浓度（压强）相同时，仍有不同的反应速率，可见，k 是表明化学反应速率相对大小的物理量，其值大小取决于反应本性，即不同反应，k 值不同。k 值不随浓度、压强而变，与温度、催化剂有关。k 的单位与反应级数有关，如零级反应的单位为 $mol \cdot L^{-1} \cdot s^{-1}$；一级反应的单位为 s^{-1}；二级反应的单位为 $mol^{-1} \cdot L \cdot s^{-1}$。

【例 13】 以苯为溶剂，吡啶（C_5H_5N）与碘代甲烷（CH_3I）发生反应。实验测得 25℃ 时两反应物不同初始浓度下对应的初始速率 v_0，见下表。确定该反应的速率方程，并计算 25℃ 时反应的速率常数。

序号	$C_{(C_5H_5N)}/(mol \cdot L^{-1})$	$C_{(CH_3I)}/(mol \cdot L^{-1})$	$v_0/(mol \cdot L^{-1} \cdot s^{-1})$
1	1.0×10^{-4}	1.0×10^{-4}	7.5×10^{-7}
2	2.0×10^{-4}	2.0×10^{-4}	3.0×10^{-6}
3	2.0×10^{-4}	4.0×10^{-4}	6.0×10^{-6}

解：设反应的速率方程为 $\qquad v = k_c C_{C_5H_5N}^\alpha C_{CH_3I}^\beta$

温度不变，k_c 不变。取 2、3 号实验数据，代入上式：

$$3.0 \times 10^{-6} = k_c (2.0 \times 10^{-4})^\alpha (2.0 \times 10^{-4})^\beta$$
$$6.0 \times 10^{-6} = k_c (2.0 \times 10^{-4})^\alpha (4.0 \times 10^{-4})^\beta$$

整理，得 $\beta = 1$

同理，取 1、2 号实验数据和 $\beta = 1$，代入上式：

$$7.5 \times 10^{-7} = k_c (1.0 \times 10^{-4})^\alpha (1.0 \times 10^{-4})$$
$$3.0 \times 10^{-6} = k_c (2.0 \times 10^{-4})^\alpha (2.0 \times 10^{-4})$$

整理，得 $\alpha = 1$

∴ 反应的速率方程为 $\qquad v = k_c C_{C_5H_5N} C_{CH_3I}$

最后，任取一组数据和 $\alpha=1$、$\beta=1$，代入速率方程，整理后得 $k_c=75$。

要深入了解浓度对反应速率的影响，必须涉及反应经历的具体历程。

（二）温度的影响

对大多数化学反应而言，不论反应是吸热还是放热，升高温度，加快反应速率，早就被人所知。经验表明，温度每升高 10℃，反应速率可增至 2～4 倍。这是因为浓度不变，分子总数不变，温度升高，部分分子获得能量，变成活化分子，即活化分子百分数增加，有效碰撞增加，反应速率增大。

从反应速率方程可知，反应速率不仅与浓度有关，还与速率常数 k 有关。不同的反应有不同的速率常数 k，同一反应在不同温度下有不同数值的速率常数 k。一般情况下，温度升高，k 值增大，反应速率加快。

化学反应速率与温度的定量关系，早在 1889 年 Arrhenuis 在总结大量实验结果的基础上，提出化学反应速率 k 与温度 T 成指数关系：

$$k=Ae^{-E_a/RT} \quad \text{或} \quad \ln k=\ln A-\frac{E_a}{RT}$$

该式称为 Arrhenuis 方程。式中，E_a 为实验活化能，J·mol^{-1}；A 为常数，称频率因子或指前因子，当温度变化不大时，视为与温度无关；R 为气体常数，$R=8.314$J·mol^{-1}·K^{-1}。

Arrhenuis 方程表明：k 与温度 T 呈指数变化关系，T 微小的变化，k 就有较大变化。若已知某反应的活化能，可利用 Arrhenuis 公式计算不同温度下该反应的速率常数。或已知不同温度下某反应的速率常数，可由 Arrhenuis 关系得到该反应的活化能。

【例 14】 已知反应 $CH_3CHO_{(g)} \longrightarrow CH_{4(g)}+CO_{(g)}$，在 700K 时，$k=0.0105$s^{-1}，该反应的活化能为 188kJ·mol^{-1}。计算 900K 时反应的 k。

解：已知 700K，$k_1=0.0105$s^{-1}，$E_a=188$kJ·mol^{-1}。设 900K 时，反应的速率常数为 k_2。根据 Arrhenuis 公式有：

$$\ln k_1=\ln A-\frac{E_a}{RT_1}=\ln A-\frac{188\times 10^3}{8.314\times 700}$$

$$\ln k_2=\ln A-\frac{E_a}{RT_2}=\ln A-\frac{188\times 10^3}{8.314\times 900}$$

两式相减得：

$$\ln\frac{k_2}{k_1}=\frac{E_a(T_2-T_1)}{RT_2T_1}=\frac{188\times 10^3(900-700)}{8.314\times 700\times 900}=7.18$$

$$k_2=13.78\text{s}^{-1}$$

【思考】 对不同反应，k 随温度的变化规律：E_a 越大，k 随温度的变化越大。

（三）催化剂对反应速率的影响

催化剂是影响反应速率非常重要的因素。可以这样说，催化剂对反应速率的有效影响是浓度、温度无法比拟的。在现代化工生产中 80%～90%的反应过程都要使用催化剂。如合成氨、石油裂解、药物合成等。

催化剂是能够显著改变反应速率，其自身在反应前后的质量和化学组成保持不变的物质。在不同实践中有不同的称谓，工业上叫做触媒；生物体中的催化剂叫做酶；能防止塑料、橡胶老化，降低老化速率的称为抗老化剂；延缓金属腐蚀的称为缓蚀剂等。

虽然催化剂在反应过程中并不消耗，但研究表明，实际上它参与了化学反应，并改变了

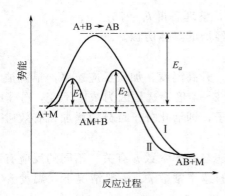

图1-3 催化剂改变反应途径示意图

反应的途径——机理,通过改变反应活化能实现对反应速率的影响。例如反应:

$$A+B \longrightarrow AB$$

在无催化剂存在时,按图1-3中途径Ⅰ进行,反应活化能为E_a。当加入催化剂M,反应的途径发生了改变,按Ⅱ分两步进行:

$$A+M \longrightarrow AM \qquad 活化能为 E_1$$
$$AM+B \longrightarrow AB+M \qquad 活化能为 E_2$$

由于活化能E_1和E_2均小于E_a,根据Arrhenuis公式,所以反应速率加快了,且加快的倍数是惊人的,活化能降低80kJ,反应速率可增大10^7倍。例如,合成氨反应无催化剂时,活化能约为326kJ·mol^{-1},使用铁触媒,活化能降低为63kJ·mol^{-1}左右。

催化剂具有的基本特征如下。

① 不能启动反应,不能使非自发反应发生。即催化剂只能对热力学上的自发反应起加速或延缓作用,使用任何催化剂都不能改变反应的自发方向。

② 不能改变反应的平衡常数和热效应。催化剂只改变反应的途径,不能改变反应始终态。它同等程度改变正、逆反应速率,缩短或延长了达到平衡的时间,并不能改变反应的平衡状态。

③ 具有选择性。即每个(或类)反应有其特有的催化剂,或相同反应物有多个平行反应时,使用不同催化剂会改变不同反应的速率,又称专属性。在工业生产中常利用催化剂的选择性使反应向我们希望的方向进行,同时这种专属性又给我们寻求催化剂带来许多困难。

④ 催化剂具有限定的有效使用温度范围,且易"中毒"而失效。

总之,影响化学反应速率的因素较多,除浓度或压强、温度和催化剂外,还有相的表面积和反应物、产物的迁移等,一些新技术如激光、超声波等,也可能改变反应的途径,影响反应速率。

【阅读材料】 反应原理综合应用

工业生产和科学研究中,充分利用原料、提高产量、缩短生产周期、降低生产成本等,是科学工作者的任务。如何运用化学反应原理,结合实际综合分析获得优化的工艺条件呢?

一般情况,可从下述几步入手:

1. 根据反应的焓变和熵变,判断自发进行的方向,确定反应自发进行的温度范围;
2. 根据平衡移动原理,确定提高转化率的条件(温度、压强或浓度范围);
3. 根据反应速率理论,确定改变反应速率的条件(温度、压强或浓度范围、催化剂);
4. 综合考虑,选择(优化)实现反应进行的条件。

【实例分析】 水煤气变换条件分析

工业上合成氨所需要的氢气可通过下列反应获得:

$$C_{(s)} + H_2O_{(g)} \longrightarrow CO_{(g)} + H_{2(g)}$$

反应产物为一氧化碳和氢气的混合物,称为水煤气。由于一氧化碳会使合成氨反应的催化剂中毒而失效,须除去CO。可通过下述变换反应实现:

$$CO_{(g)} + H_2O_{(g)} \longrightarrow CO_{2(g)} + H_{2(g)}$$

上述变换反应将一氧化碳转化为二氧化碳,可获得更多的氢气,二氧化碳与氢气的分离也很容易实现。该变换反应生产操作条件如下。

① 按投料比 $C_{(H_2O)}/C_{(CO)}=5\sim8$，给水煤气配入水蒸气，反应温度 380℃、加压到 $(5\sim7)\times10^5$ Pa 进炉；

② 多段处理（高温变换，低温出料）：如果变换分两段进行（见图 1-4）。第一段控制温度在 450～500℃；第二段控制温度在 400℃左右，两段均采用活性组分为 Fe_3O_4 的铁催化剂。第一段用铁-镁催化剂，其有效温度为 400～550℃；第二段用的是铁-铬催化剂，其有效温度为 380～450℃。

如何理解上述操作条件？下面运用化学反应原理并结合实际进行分析。

(1) 判断自发进行的方向，确定反应自发进行的温度范围

常温标态下，反应 $CO_{(g)}+H_2O_{(g)}=CO_{2(g)}+H_{2(g)}$ 的 $\Delta_rH_m^\ominus=-41.16$ kJ·mol^{-1}，

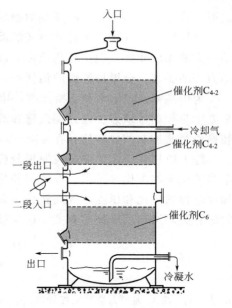

图 1-4 水煤气变换炉示意图

$\Delta_rS_m^\ominus=-42.4$ J·mol^{-1}·K^{-1}，则 $\Delta_rG_m^\ominus=\Delta_rH_m^\ominus-T\Delta_rS_m^\ominus=-28.53$ kJ·mol^{-1}

因为 $\Delta_rG_m^\ominus<0$，表明在 298K 标准态时，反应自发进行；但变换反应是个焓减熵减过程，升高温度对反应正向自发不利，所以只能控制在较低温下自发进行。若按标准态估算，此温度范围为：$T<\dfrac{\Delta_rH_m^\ominus}{\Delta_rS_m^\ominus}=970.8$ K=697.6℃。故变换温度在标准态时不能超过 700℃。考虑到实际情况及催化剂的有效温度，生产上控制在 550℃（第一段）和 450℃（第二段）以下。

(2) 从平衡移动角度分析

变换为焓减反应（放热），故平衡常数随温度升高而减小（见表 1-2），CO 的转化率亦随温度升高而降低。因此，单从这点考虑，温度控制得越低越好。增加水汽量可提高 CO 转化率，故投料比 $C_{(H_2O)}/C_{(CO)}>1$。$\Delta n=0$，改变压力强对平衡无影响。

表 1-2 变换反应的平衡常数随温度变化

T/℃	25	227	327	427	527	627
$K^\ominus$	9.95×10^4	1.21×10^2	23.3	7.19	2.97	1.49

(3) 从反应速度角度考虑

温度升高，反应速率增大（与平衡移动结论矛盾），常温下，该反应速率小；总压增加，反应速率增大，可缩短达到平衡的时间；催化剂的使用，提高反应速率；增加水汽量也可提高反应速率。

(4) 综合分析

为提高反应的转化率，温度应控制得越低越好，但低温对提高变换反应的速率不利。矛盾的解决办法是分段变换：高温变换、低温出料。即在未达到平衡时，在高温提高反应速率，使其迅速建立平衡。一旦建立平衡后，就降温使平衡移动，提高 CO 的转化率。

由于两段的变换温度不同，相应所选用的催化剂亦不同。第一段要选用有效温度较高的铁-镁催化剂，第二段选用有效温度较低的铁-铬催化剂。若要进一步提高 CO 转化率，还可

设第三段变换。当然第三段变换的温度应当更低，也应当选用有效温度更低的催化剂。

变换反应是气体分子总数不变的反应。显然提高总压对 CO 的转化率并无多大好处，故不一定要加压变换。但提高总压可提高反应速率。故可适度加压。当然加压会增加对设备和动力等的要求，会增加能源的消耗等，这就需要全面地进行经济核算。

为提高 CO 转化率和变换速率，增加廉价水蒸气的量是合理的。但过多的水蒸气又会带来温度难控制等缺点。通过实践选择既提高 CO 转化率和变换速率，但对设备投入增加不多和操作容易控制的投料比：在 450～550℃时，投料比 $C_{(H_2O)}/C_{(CO)}=5\sim 8$ 为宜。

综上所述，应用化学反应原理分析和解决实际问题时，需要根据反应本身的特性，选择适当的反应物配比、压强、温度和催化剂等。一般根据实际情况（如设备条件等），适当增加反应物的配比和压强，提高转化率和反应速率。而温度的选择就比较复杂。它既与反应热效应有关，又与反应速率有关，还与催化剂的有效使用温度有关，需要综合考虑。

习　题

1. 热量 Q、功 W 是否是物质的能量形式，为什么？
2. 对同一反应，反应式书写不同，$\Delta_r H_m^{\ominus}$ 值有无变化，为什么？
3. 根据盖斯定律计算。已知：

   $CO_{(g)} + \frac{1}{2}O_{2(g)} == CO_{2(g)}$ 　　　　　　$\Delta_r H_m^{\ominus}(298K) = -282.98 \text{kJ}\cdot\text{mol}^{-1}$

   $H_{2(g)} + \frac{1}{2}O_{2(g)} == H_2O_{(l)}$ 　　　　　　$\Delta_r H_m^{\ominus}(298K) = -285.8 \text{kJ}\cdot\text{mol}^{-1}$

   $C_2H_5OH_{(l)} + 3O_{2(g)} == 2CO_{2(g)} + 3H_2O_{(l)}$ 　　$\Delta_r H_m^{\ominus}(298K) = -1366.8 \text{kJ}\cdot\text{mol}^{-1}$

   求：反应 $2CO_{(g)} + 4H_{2(g)} == C_2H_5OH_{(l)} + H_2O_{(l)}$ 的 $\Delta_r H_m^{\ominus}$

4. 已知：

   $4NH_{3(g)} + 5O_{2(g)} == 4NO_{(g)} + 6H_2O_{(l)}$ 　　$\Delta_r H_m^{\ominus}(298K) = -1170 \text{kJ}\cdot\text{mol}^{-1}$

   $4NH_{3(g)} + 3O_{2(g)} == 2N_{2(g)} + 6H_2O_{(l)}$ 　　$\Delta_r H_m^{\ominus}(298K) = -1530 \text{kJ}\cdot\text{mol}^{-1}$

   计算 $NO_{(g)}$ 的标准生成焓 $\Delta_f H_m^{\ominus}$。

5. 下列常见元素的指定单质及其化学式是什么？

   钠、镁、铝、碳、磷、硫、氯、氮

6. 写出 $H_2CO_{3(aq)}$、$Fe_3O_{4(s)}$、$KBr_{(s)}$ 的生成反应。

7. 利用 $\Delta_f H_m^{\ominus}$ 计算常温常压下，反应 $CaCO_{3(s)} \longrightarrow CaO_{(s)} + CO_{2(g)}$ 的 $\Delta_r H_m^{\ominus}$

8. 判断下列过程是熵增还是熵减过程（不计算），为什么？

   ① 溶质从水溶液中结晶出来

   ② 二氧化氮转化为四氧化二氮

   ③ 单质碳与二氧化碳反应生成一氧化碳

   ④ 合成氨反应

   ⑤ 过氧化氢分解反应

9. 能否用下列反应合成酒精？（温度范围是多少？）

   $$4CO_{2(g)} + 6H_2O_{(g)} \longrightarrow 2C_2H_5OH_{(g)} + 6O_{2(g)}$$

10. 计算乙醇标准压强时的沸点（选作）

    提示：液体沸点是满足气液平衡达到气体压强等于外压时（标态）的温度。

    $$C_2H_5OH_{(l)} \longrightarrow C_2H_5OH_{(g)}$$

11. 写出下列反应的标准平衡常数表达式：

    $$CH_{4(g)} + H_2O_{(g)} \longrightarrow CO_{(g)} + 3H_{2(g)}$$

$$4CO_{2(g)} + 6H_2O_{(g)} \longrightarrow 2C_2H_5OH_{(g)} + 6O_{2(g)}$$
$$MnO_4^-{}_{(aq)} + 5Fe^{2+}_{(aq)} + 8H^+_{(aq)} \longrightarrow Mn^{2+}_{(aq)} + 5Fe^{3+}_{(aq)} + 4H_2O_{(l)}$$
$$Cr_2O_7^{2-}{}_{(aq)} + 3H_2O_{2(aq)} + 8H^+_{(aq)} \longrightarrow 2Cr^{3+}_{(aq)} + 3O_{2(g)} + 7H_2O_{(l)}$$

12. 密闭容器中反应 $2NO_{(g)} + O_{2(g)} \longrightarrow 2NO_{2(g)}$ 在 1000K 条件下达到平衡。若始态 NO、O_2、NO_2 的分压分别为 101.3kPa、303.9kPa 和 0，平衡时 NO_2 的分压为 12.16kPa。计算平衡时 NO、O_2 的分压和反应的平衡常数 $K^{\ominus}$。

13. 合成氨反应 $N_{2(g)} + 3H_{2(g)} \longrightarrow 2NH_{3(g)}$ 在某温度下达到平衡，$N_{2(g)}$、$H_{2(g)}$、$NH_{3(g)}$ 的平衡浓度分别为 $3.0 mol \cdot L^{-1}$、$2.0 mol \cdot L^{-1}$、$4.0 mol \cdot L^{-1}$。求该反应的 K_c 及 $N_{2(g)}$、$H_{2(g)}$ 的起始浓度。

14. PCl_5 分解反应：$PCl_{5(g)} \longrightarrow PCl_{3(g)} + Cl_{2(g)}$，在 473K 时 $K^{\ominus} = 0.312$。计算 473K，恒定 200kPa 下 PCl_5 的离解度。

15. 密闭容器中，某温度下，反应 $Fe_3O_{4(s)} + 4H_{2(g)} \Longrightarrow 3Fe_{(s)} + 4H_2O_{(g)}$ 开始时用 1.6g 氢气与过量的 Fe_3O_4 作用，平衡时生成了 16.8g 的单质铁，求该温度下反应的平衡常数 K_c。

16. 在 2L 容器和 1000K 温度下，反应 $CO_2 + H_2 \longrightarrow CO + H_2O$ 的平衡混合物中，各物质的分压为 $P_{CO_2} = 30 \times 10^5 Pa$，$P_{H_2} = 15 \times 10^5 Pa$，$P_{CO} = 35 \times 10^5 Pa$，$P_{H_2O} = 20 \times 10^5 Pa$。若温度、体积保持不变，因除去 CO_2，使新平衡时 CO 的分压为 $20 \times 10^5 Pa$，计算：
① 新平衡时 CO_2 的分压；② 新平衡时反应的 K_p 和 K_c；
③ 在新平衡中又改变体系体积为 1L，求 CO_2 的分压。

17. 真空容器中放入固体 NH_4HS，在 25℃ 下分解为 $NH_{3(g)}$ 和 $H_2S_{(g)}$。平衡时容器内的压强为 66.66kPa。
① 当放入固体 NH_4HS 时容器内已有 39.99kPa 的 $H_2S_{(g)}$，求在 25℃ 下平衡时容器内的 $NH_{3(g)}$ 压强。
② 若容器中已有压强为 6.666kPa 的 $NH_{3(g)}$，问在 25℃ 下至少需加多大压强的 $H_2S_{(g)}$，才能形成固体 NH_4HS?

18. 250℃时，2 升密闭容器中 0.7mol PCl_5 分解达到平衡，有 0.5mol PCl_5 发生分解。若再往容器中加入 0.1mol Cl_2，平衡是否维持，如何变化，PCl_5 的分解率有无改变，计算说明。

19. 乙烷裂解生成乙烯反应：$C_2H_{6(g)} \longrightarrow C_2H_{4(g)} + H_{2(g)}$。已知在 1273K，标准态时，反应达到平衡，$p(C_2H_6) = 2.62kPa$，$p(C_2H_4) = 48.7kPa$，$p(H_2) = 48.7kPa$。计算该反应的标准平衡常数。在实际生产中可在恒温恒压下，加入过量水蒸气（视为惰性气体）来提高乙烯的产率，为什么？请予说明。

20. 有 A 和 D 两种气体参加的反应，若 A 的浓度增加一倍，反应速度增加 3 倍；若 D 的浓度增加一倍，反应速度只增加 1 倍。写出该反应的速率方程。若将总压减少一倍，反应速度作何改变？

21. 实验室常用金属锌与稀硫酸作用制取氢气，开始的一段时间内，反应速度加快，之后反应速度变慢，请解释这种现象。

22. 反应 $C_2H_5Br_{(g)} \longrightarrow C_2H_{4(g)} + HBr_{(g)}$ 在 650K 时，速率常数 k 为 $2 \times 10^{-5} s^{-1}$；在 680K 时的速率常数为 $8 \times 10^{-5} s^{-1}$；求该反应的活化能。

23. 用碰撞理论说明，采取哪些措施可以加快下列反应：
① 合成氨反应，$\Delta_r H_m < 0$。
② $CaCO_3$ 分解反应，$\Delta_r H_m > 0$。
③ 碳燃烧 $C_{(s)} + O_{2(g)} \longrightarrow CO_{2(g)}$，$\Delta_r H_m < 0$。

24. 评述下列陈述，说明理由。
① 因为 $\Delta_r G_m^{\ominus} = -RT\ln K^{\ominus}$，所以温度升高，平衡常数减小。
② $CaCO_3$ 在常温下不分解是因为它分解时要吸热，而在高温时可分解是因为它在高温时要放热。
③ 由于 $CaCO_3$ 分解是吸热反应，故 $CaCO_3$ 的生成焓小于零。
④ 反应达到平衡时各反应物和产物的浓度相等。
⑤ 反应的 $\Delta_r G_m^{\ominus}{}_{298K} < 0$，表明该反应为自发过程。
⑥ 反应在一定温度和浓度下，不论使用催化剂与否，只要达到平衡，产物的浓度总是相同的。

25. 可逆反应 $C_{(s)} + H_2O_{(g)} \longrightarrow CO_{(g)} + H_{2(g)}$ $\Delta H > 0$，下列陈述对否，为什么？
① 由于反应前后分子数目相等，所以增加压力对平衡无影响。
② 加入催化剂，可大大提高正反应速率，平衡正向移动。

第二章 酸碱反应

【教学要求】
1. 了解酸碱理论的发展,熟悉酸碱质子理论。
2. 应用化学反应原理,分析水溶液中的电离平衡、水解平衡、沉淀平衡及影响因素。
3. 了解缓冲溶液的组成、缓冲作用原理。
4. 掌握一元弱酸(碱)有关离子浓度的计算、缓冲溶液 pH 值计算和溶度积规则及其应用。

【内容提要】
在水溶液中进行的无机化学反应可分为氧化还原反应和非氧化还原反应两类。本章应用反应一般原理,讨论无机物质在水溶液中的非氧化还原反应规律。由于这类反应在水溶液中的反应速率较大,所以讨论的重点主要在反应的自发方向和反应的限度方面。

根据路易斯(Lewis)酸碱理论,化学反应都是酸碱反应。本章在回顾 Arrhenius 酸碱电离理论的基础上,着重介绍酸碱质子理论。然后应用化学平衡原理,讨论酸碱平衡、电离平衡、水解平衡、沉淀平衡及其规律。平衡计算是本章的重点内容之一。

【预习思考】
1. 质子理论如何定义酸、碱、两性物质及酸碱反应?
2. 评述"除不含氢元素的物质为质子碱外,含氢物种均可称为两性物质"说法。
3. 酸碱共轭关系是什么?怎样认识酸碱的相对强弱?
4. 电离常数的意义及性质?
5. 多元酸、碱离解的特点?
6. 电离平衡有关计算。
7. 水解常数的意义及性质?
8. 推导出弱碱强酸盐、弱酸强碱盐、弱酸弱碱盐的 K_h 关系式。
9. 溶度积常数 K_{sp} 的意义和性质?
10. 溶度积规则及应用。
11. 何为分步沉淀与沉淀的转化?
12. 何为同离子效应、盐效应?它们对酸碱平衡有何影响?
13. 何为缓冲溶液?缓冲能力与哪些因素有关?

第一节 酸碱理论

人类对酸、碱的认识经历了一个由浅入深、由表及里、由感性到理性的过程。早在 1684 年,英国物理学家 R. Boyle 认为,有酸味、使蓝色石蕊变红的物质是酸;有涩味、滑腻感、使红色石蕊变蓝的物质是碱;酸、碱彼此可以破坏对方的性质。1774 年发现氧元素后,法国化学家 A. L. Lavisier 根据有关实验事实,提出所有的酸都含有氧元素的观点。后来盐酸等无氧酸被发现，英国化学家 S. H. Davy 指出，酸的共同组成元素是氢而非氧。随着人们认识水平的不断提高，1884 年，瑞典化学家 S. A. Arrhenius 根据电解质溶液理论，首次较科学系统地提出了酸碱理论，称酸碱电离理论或 Arrhenius 酸碱理论，它的出现是人类对酸碱认识从现象到本质的一次飞跃，对化学科学的发展起到了很大的作用，直到现在仍普遍应用。进入 20 世纪后，酸碱理论不断推陈出新，先后提出了酸碱质子理论、电子理论等。

一、酸碱电离理论

（一）立论点：水溶液中物质的离解。

（二）要点

（1）电离：电解质在水中或熔融状态下离解为自由移动的离子的过程。

（2）酸：在水溶液中电离产生的阳离子全部是 H^+ 的化合物。

碱：在水溶液中电离产生的阴离子全部是 OH^- 的化合物。

即：H^+ 是酸的特征，当酸的浓度相同时，氢离子的浓度越大，酸性越强；OH^- 是碱的特征，当碱的浓度相同时，氢氧根离子的浓度越大，碱性越强。

例如：HCl、HAc、HNO_3、H_2SO_4 等是酸；NaOH、$Ca(OH)_2$、$Ba(OH)_2$ 等是碱。

通过实验测定一定浓度下不同酸、碱的电离度，表征其电离的程度，并根据电离度的大小，将酸、碱分为强酸、弱酸和强碱、弱碱。

（3）酸碱反应的实质：H^+ 和 OH^- 结合成水，另一产物称为盐。

例如：NaCl、$NaHCO_3$、$NaHSO_4$ 等为盐（酸式盐）。

（三）水的离解和溶液的酸碱性

水是生命之源，重要的溶剂。纯水有微弱的导电能力，说明水分子有微弱的电离。

（1）K_W——水离子积常数

研究表明，水分子电离出极少量的氢离子和氢氧根离子，即存在离解反应：

$$H_2O + H_2O \longrightarrow OH^- + H_3O^+$$

不过习惯上简写为 $\quad H_2O_{(l)} \longrightarrow OH^-_{(aq)} + H^+_{(aq)}$

一定温度下，水的离解反应达到平衡，则 $K_c = [H^+][OH^-]$

该关系式表明，一定温度下，反应达到平衡，水溶液中的氢离子和氢氧根离子平衡浓度的乘积是恒定的，故称为水的离子积常数，用 K_W 表示：$K_W = [H^+][OH^-]$。它把酸碱的对立关系联系起来了，任何物质的水溶液，都同时存在氢离子和氢氧根离子，它们之间是相互依存和相互制约的关系。

在 298K 时，根据实验测定或由有关热力学数据计算，1L 纯水中 $[H^+] = [OH^-] = 1 \times 10^{-7}$，因此，$K_W = 1 \times 10^{-14}$。

由于水的离解为吸热过程，根据平衡原理，温度升高，水的离子积增大，不同温度下水的离子积见表 2-1。

表 2-1 不同温度下水的离子积

$T/℃$	5	10	15	20	25	30	50	100
$K_W/(\times 10^{-14})$	0.19	0.29	0.45	0.68	1.00	1.47	5.48	51.3

（2）水溶液的酸碱性和 pH 值

因为 H^+ 是酸的特征，OH^- 是碱的特征，所以当 $[H^+] = [OH^-]$ 时，溶液既不表现酸性，也不表现碱性，即为中性；当 $[H^+]>[OH^-]$ 时，为酸性；$[H^+]<[OH^-]$ 时，为碱性。

一般溶液中 H^+ 的浓度很小，所以常用氢离子浓度的负对数，即 pH 值来表示。

$$pH = -\lg[H^+]$$

室温范围内：

$[H^+]=[OH^-]=10^{-7}$，pH=7 溶液呈中性
$[H^+]>[OH^-]>10^{-7}$，pH<7 溶液呈酸性
$[H^+]<[OH^-]<10^{-7}$，pH>7 溶液呈碱性

同样，可以用 pOH 表示，$pOH=-\lg[OH^-]$

室温下，$K_W=[H^+][OH^-]$，等式两边分别取负对数：

$$pK_W = pH + pOH = 14$$

(3) 有关计算

【例1】 分别计算室温下，$0.01 \text{mol} \cdot L^{-1}$ HCl 溶液和 $10^{-8} \text{mol} \cdot L^{-1}$ HCl 溶液的 pH 值。

解： 对 $0.01 \text{mol} \cdot L^{-1}$ HCl 溶液，$C_{HCl}=0.01 \text{mol} \cdot L^{-1}$

因为盐酸为强酸，在水溶液中完全电离：

$$HCl \longrightarrow Cl^- + H^+$$

酸浓度较大，可忽略水电离对溶液 $[H^+]$ 的贡献。所以，$[H^+]=C_{HCl}=0.01 \text{mol} \cdot L^{-1}$

$$pH=-\lg[H^+]=-\lg 0.01=2$$

对 $10^{-8} \text{mol} \cdot L^{-1}$ HCl 溶液，$C_{HCl}=10^{-8} \text{mol} \cdot L^{-1}$，酸浓度较小，不能忽略水电离对溶液 $[H^+]$ 的贡献。所以，$[H^+] \neq C_{HCl}$，设平衡时，水电离贡献的 $[OH^-]=x \text{mol} \cdot L^{-1}$

$$H_2O \longrightarrow OH^- + H^+$$

$C_{始}$ 0 10^{-8}
$C_{变}$ x x
$C_{平}$ x $x+10^{-8}$

代入 $K_W=[H^+][OH^-]=x(x+10^{-8})=10^{-14}$

解方程：$x=[OH^-]=9.51 \times 10^{-8} \text{mol} \cdot L^{-1}$

$[H^+]=9.51 \times 10^{-8}+10^{-8}=1.05 \times 10^{-7}$

$pH=-\lg[H^+]=-\lg(1.05 \times 10^{-7})=6.98$

Arrhenius 酸碱理论对化学科学与实践的发展起了重要作用，至今仍普遍使用。然而，它有其局限性，它把酸、碱限于水溶液体系，对非水溶液中的酸碱性问题无法说明。如气相或在有机溶剂中发生的反应 $HCl+NH_3 \rightarrow NH_4Cl$ 无法说明。氨水的弱碱性无法解释，一直将氨水的组成误认为 NH_4OH，但至今仍没有人从氨水中分离 NH_4OH 出来。

二、酸碱质子理论

(一) 立论点： 在于物质与质子的关系。

(二) 要点

(1) 酸、碱定义

凡能给出质子的"物种"就是酸；凡能接受质子的"物种"称为碱；既可给出、亦可接受质子的"物种"叫做酸碱两性物质。

说明:"物种"可以是分子,也可以是阳离子或阴离子;质子酸、质子碱包括了 Arrhenius 分子酸、碱;无盐概念;酸碱两性物质的范围广泛。

例如:
$$HNO_3 \longrightarrow NO_3^- + H^+$$
$$HCl \longrightarrow Cl^- + H^+$$
$$HAc \longrightarrow Ac^- + H^+$$
$$HCO_3^- \longrightarrow CO_3^{2-} + H^+$$
$$NH_4^+ \longrightarrow NH_3 + H^+$$
$$NH_3 \longrightarrow NH_2^- + H^+$$

HNO_3、HCl、HAc、HCO_3^-、NH_4^+、NH_3 都能给出质子,所以它们都是酸。

$$OH^- + H^+ \longrightarrow H_2O$$
$$Ac^- + H^+ \longrightarrow HAc$$
$$NH_3 + H^+ \longrightarrow NH_4^+$$
$$HCO_3^- + H^+ \longrightarrow H_2CO_3$$
$$SO_4^{2-} + H^+ \longrightarrow HSO_4^-$$
$$H_2SO_4 + H^+ \longrightarrow H_3SO_4^+$$

OH^-、Ac^-、NH_3、HCO_3^-、SO_4^{2-}、H_2SO_4 都能接受质子,所以它们也都是碱。

上述物质中,HCO_3^-、NH_3、H_2SO_4 既能给出质子,又能接受质子,为酸碱两性物质,其范围很广,可以这样认为,除不含氢元素的物质是质子碱外,含有氢元素的物质几乎都是酸碱两性物质,不再局限于水溶液体系。

(2) 共轭关系

质子酸、质子碱彼此非孤立,质子酸给出质子后,剩下的部分必然可以结合质子即为质子碱。反之,质子碱结合质子后就变成了质子酸。

$$质子酸 \rightleftharpoons H^+ + 质子碱$$

即:酸中有碱,碱可变酸。质子酸、碱的这种对应互变关系称为质子酸碱的共轭关系。处于共轭关系的质子酸、质子碱就组成一个共轭酸碱对。常见共轭酸碱对见表 2-2。

表 2-2 常见共轭酸碱对及其相对强弱

强度序	质子酸		质子碱		强度序
	名称	化学式	化学式	名称	
酸性增强 ↑	高氯酸	$HClO_4$	ClO_4^-	高氯酸根	碱性增强 ↓
	氢碘酸	HI	I^-	碘离子	
	盐酸	HCl	Cl^-	氯离子	
	硫酸	H_2SO_4	HSO_4^-	硫酸氢根	
	硝酸	HNO_3	NO_3^-	硝酸根	
	草酸	$H_2C_2O_4$	$HC_2O_4^-$	草酸氢根	
	硫酸氢根	HSO_4^-	SO_4^{2-}	硫酸根	
	磷酸	H_3PO_4	$H_2PO_4^-$	磷酸二氢根	
	亚硝酸	HNO_2	NO_2^-	亚硝酸根	
	醋酸	HAc	Ac^-	醋酸根	
	碳酸	H_2CO_3	HCO_3^-	碳酸氢根	
	氢硫酸	H_2S	HS^-	硫氢根	
	铵离子	NH_4^+	NH_3	氨	
	过氧化氢	H_2O_2	HO_2^-	过氧氢根	
	水	H_2O	OH^-	氢氧根	

例如，OH^- 的共轭酸为 H_2O，共轭碱为 O^{2-}；NH_3 的共轭酸为 NH_4^+，共轭碱为 NH_2^-；

SO_4^{2-} 的共轭酸为 HSO_4^-；HSO_4^- 共轭酸为 H_2SO_4，HSO_4^- 共轭碱为 SO_4^{2-}。

(3) 质子酸碱的相对强弱：质子酸给出质子、质子碱接受质子的相对能力

显然，若质子酸给出质子的能力越强，则其共轭碱接受质子的能力就越弱，这种相互制约关系是质子酸碱共轭关系的必然结果。强酸的共轭碱为弱碱，强碱的共轭酸是弱酸。因此，可以通过比较酸的强弱或碱的强弱，由此确定其共轭碱或酸的相对强弱。

(4) 酸碱反应

酸给出质子，若无质子碱接受，不能实现。所以，酸碱反应的实质是质子在两共轭酸碱对之间的转移或传递，且根据酸碱的相对强弱，可判断酸碱反应的方向。反应的主要方向是强酸与强碱反应生成其共轭的弱碱和弱酸。

$$\text{质子酸1} + \text{质子碱2} \rightleftharpoons \text{质子酸2} + \text{质子碱1}$$

例如，氨与氯化氢反应，有两种情况。一是氯化氢作为质子酸，氨作为质子碱，二者的共轭酸碱对分别为氯离子和铵离子。

$$HCl \longrightarrow Cl^- + H^+$$
$$NH_3 + H^+ \longrightarrow NH_4^+$$
$$NH_3 + HCl \longrightarrow NH_4^+ + Cl^-$$

另一种情况是氨作为质子酸，氯化氢作为质子碱，二者的共轭酸碱对分别为：

$$NH_3 \longrightarrow NH_2^- + H^+$$
$$HCl + H^+ \longrightarrow H_2Cl^+$$
$$NH_3 + HCl \longrightarrow NH_2^- + H_2Cl^+$$

比较其质子酸碱的相对强弱，质子酸的强度是 $HCl > NH_4^+$，质子碱的强度是 $NH_2^- > HCl$，所以，氨与氯化氢作用是按前一种反应进行。事实上，它们之间的反应不仅在水中如此，在苯溶液和气相反应都是这样。

酸碱质子理论拓宽了电离理论，它揭示了酸碱的对立统一关系，扩大了酸碱范围，统一了水溶液中的一些反应，将水溶液中进行的中和、电离、水解等反应都视为质子酸碱反应，解决了非水体系的酸碱及反应问题。

但对不涉及质子的反应，如水溶液中进行的 $Ag^+ + Cl^- \rightleftharpoons AgCl$ 反应，酸碱质子理论无法阐明，因为质子并非所有物质的组成微粒，这就要寻求立论点更广的酸碱理论，即酸碱电子理论。

三、Lewis 酸碱电子理论

1923 年美国物理化学家 G. N. Lewis 结合物质的结构，提出了酸碱电子理论。该理论的立论点在于物质与电子的关系上。凡具有孤对电子的物种，能给出电子对，称为碱（Lewis 碱）；具有空的价轨道，可接受电子对的物种就是酸，也称 Lewis 酸。Lewis 酸与 Lewis 碱之间的反应，以共价键相作用，并不发生电子转移，其产物称为酸碱加合物。例如，根据结构，OH^-、Cl^-、NH_3 可给出电子对，为 Lewis 碱；H^+、BF_3、HCl、Ag^+ 能接受电子

对，为 Lewis 酸。

沉淀反应 $Cl^- + Ag^+ \longrightarrow AgCl$、配位反应 $Ag^+ + 2NH_3 \longrightarrow Ag(NH_3)_2^+$ 及中和反应等都是 Lewis 酸碱反应。即酸是电子对的接受体，碱是电子对的给予体。

由此可见，Lewis 酸碱的范围很广泛，多数反应都可归结为酸碱反应。该理论在认识客观世界差异性的同时，也看到了其统一性，更为全面。但对酸碱认识过于笼统，反而不易掌握其特征（个性），至今尚不能比较 Lewis 酸碱的相对强弱，不能进行定量处理，限制了它的应用。

第二节 酸碱平衡

本章按酸碱理论观点，将水溶液中的非氧化还原反应归为酸碱反应，本节运用化学反应一般原理，讨论它们的反应规律。但为照顾习惯，仍使用电离、水解、沉淀和配位等术语。

一、电离平衡

根据电解质溶液理论，电解质分为强电解质和弱电解质两类。弱电解质在水中仅部分电离，因而导电能力较弱，存在离解产生的离子和未离解的分子，它们之间易建立动态平衡，称电离平衡。

例如，弱电解质醋酸在水中的电离，

$$HAc \rightleftharpoons H^+ + Ac^-$$

电离产生的 H^+、Ac^- 和未电离的 HAc 分子，在一定条件下达成平衡。

（一）电离常数

在一定温度下，上述电离平衡建立时，其平衡常数关系式为

$$K_c = \frac{(C_{H^+})(C_{Ac^-})}{C_{HAc}} = K_a$$

K_a 称弱酸的电离平衡常数，简称电离常数。

对弱碱 BOH，在水中电离时，

$$BOH \rightleftharpoons OH^- + B^+$$

一定温度下，达成平衡，$K_c = \dfrac{(C_{B^+})(C_{OH^-})}{C_{BOH}} = K_b$

K_b 是弱碱的电离常数。

K_a、K_b 是平衡常数 K 的一种具体形式，它表征了弱酸、弱碱的电离程度，仅为温度的函数。K_a、K_b 值越大，电离程度越大，所以，K_a、K_b 可表示酸碱的相对强度。

（二）多元酸、碱的电离

多元酸、多元碱在水中，它的一个分子能电离出多个 H^+、OH^-，电离过程是分步进行的，可建立多个电离平衡。例如，H_3PO_4。

第一级电离　　　　$H_3PO_4 \rightleftharpoons H^+ + H_2PO_4^-$　　　　K_{a_1}

第二级电离　　　　$H_2PO_4^- \rightleftharpoons H^+ + HPO_4^{2-}$　　　　K_{a_2}

第三级电离　　　　$HPO_4^{2-} \rightleftharpoons H^+ + PO_4^{3-}$　　　　K_{a_3}

总反应　　　　　　$H_3PO_4 \rightleftharpoons 3H^+ + PO_4^{3-}$　　　　$K = K_{a_1} \cdot K_{a_2} \cdot K_{a_3}$

多级电离平衡规律如下。

各级电离常数显著减小。这是因为静电作用,从阴离子(阳离子)再离解出 H^+(OH^-)比从中性分子中离解更困难,且上一级电离出的 H^+(OH^-)对下一级的电离产生抑制作用。

总电离常数关系式仅表示平衡体系中各平衡组成之间的浓度关系,并不表明电离过程是按总反应的方式进行。体系中存在多个平衡,涉及多个平衡的离子,其浓度必须同时满足所有平衡关系式。如二元酸的水溶液,H^+ 有三个来源,第一级电离、第二级电离和水的离解。溶液中 H^+ 的浓度只有一个,必须同时满足三个平衡的平衡关系式。

酸碱的电离常数可以通过实验测定,也可通过热力学数据计算。常见酸碱的电离常数可查阅附录3。

(三) 有关平衡组成的计算

电离度 α 为弱电解质电离平衡中,电离的分子数与分子总数之比。对定容反应,已电离的弱电解质浓度与弱电解质的原始浓度之比。

$$\alpha = \frac{\text{已电离的浓度}}{\text{弱电解质的原始浓度}} \times 100\%$$

电离度也可表示弱电解质的电离程度。当温度、浓度相同时,电离度越大,弱电解质电离程度越大。但电离度与电离常数不同,它还与溶液的浓度有关。

以一元弱酸为例,设酸浓度为 C,电离度为 α

$$HA \rightleftharpoons H^+ + A^-$$

$C_{始}$	C	0	0
$C_{变}$	$-C\alpha$	$C\alpha$	$C\alpha$
$C_{平}$	$C(1-\alpha)$	$C\alpha$	$C\alpha$

将各组分平衡浓度代入 K_a 表达式:

$$K_a = \frac{(C_{H^+})(C_{A^-})}{C_{HAc}} = \frac{(C\alpha)^2}{C(1-\alpha)} = \frac{C\alpha^2}{1-\alpha}$$

当电解质较弱,即 K_a 较小,若 $C/K_a \geqslant 400$,$\alpha < 5\%$,则近似处理 $1-\alpha \approx 1$。

$$K_a = C\alpha^2 \quad \text{或} \quad \alpha = \sqrt{\frac{K_a}{C}}$$

$$[H^+] = C\alpha = \sqrt{K_a C}$$

若不满足 $C/K_a \geqslant 400$ 条件,则不能近似处理,应求解一元二次方程。

$$\alpha = \frac{-K_a + \sqrt{K_a^2 + 4K_a C}}{2C}$$

$$[H^+] = C\alpha = \frac{-K_a + \sqrt{K_a^2 + 4K_a C}}{2}$$

同理,对一元弱碱,当 $C/K_b \geqslant 400$ 时,

$$K_b = C\alpha^2 \quad \text{或} \quad \alpha = \sqrt{\frac{K_b}{C}}$$

$$[OH^-] = C\alpha = \sqrt{K_b C}$$

【例2】 室温时,分别计算 $0.1 mol \cdot L^{-1}$ 和 $10^{-4} mol \cdot L^{-1}$ HAc 溶液的 $[H^+]$ 和电离度($K_a = 1.8 \times 10^{-5}$)。

解:对 $0.1 mol \cdot L^{-1}$ HAc 溶液,$C/K_a = 5.6 \times 10^3 > 400$,用近似公式计算。

$$[H^+] = \sqrt{K_a C} = \sqrt{1.8 \times 10^{-5} \times 0.1} = 1.34 \times 10^{-3} \text{mol} \cdot \text{L}^{-1}$$

$$\text{电离度 } \alpha = \frac{[H^+]}{C} = \frac{1.34 \times 10^{-3}}{0.1} = 1.34\%$$

对 $10^{-4} \text{mol} \cdot \text{L}^{-1}$ HAc 溶液，$C/K_a = 5.6 < 400$，不能用近似公式计算。

$$[H^+] = \frac{-K_a + \sqrt{K_a^2 + 4K_a C}}{2} = \frac{-1.8 \times 10^{-5} + \sqrt{(1.8 \times 10^{-5})^2 + 4 \times 1.8 \times 10^{-5} \times 10^{-4}}}{2}$$

$$= 3.44 \times 10^{-5} \text{mol} \cdot \text{L}^{-1}$$

$$\text{电离度 } \alpha = \frac{[H^+]}{C} = \frac{3.44 \times 10^{-5}}{10^{-4}} \times 100\% = 34.4\%$$

【例3】 计算室温时，饱和硫化氢（浓度为 $0.1 \text{mol} \cdot \text{L}^{-1}$）水溶液的 $[H^+]$、$[OH^-]$、$[S^{2-}]$ 和 $[HS^-]$。（$K_{a_1} = 8.9 \times 10^{-8}$，$K_{a_2} = 7.1 \times 10^{-19}$，$K_w = 1.0 \times 10^{-14}$）

解： 硫化氢水溶液的 H^+ 有三个来源，第一级电离、第二级电离和水的离解。

$$\text{第一级电离} \quad H_2S \rightleftharpoons H^+ + HS^- \quad K_{a_1}$$
$$\text{第二级电离} \quad HS^- \rightleftharpoons H^+ + S^{2-} \quad K_{a_2}$$
$$\text{水的电离} \quad H_2O \rightleftharpoons H^+ + OH^- \quad K_w$$

比较三平衡常数，K_{a_1} 远远大于 K_{a_2} 和 K_w，因此，可认为溶液中的 H^+ 主要由第一级电离提供，一般 $K_{a_1}/K_{a_2} > 10^3$，$[H^+]$ 计算即可近似按一元酸处理。

又 $C/K_{a_1} = 1.7 \times 10^6 > 400$，用近似公式计算。

$$[H^+] = \sqrt{K_{a_1} C} = \sqrt{8.9 \times 10^{-8} \times 0.1} = 9.43 \times 10^{-5} \text{mol} \cdot \text{L}^{-1}$$

由于第二级电离很弱，故可认为 $[HS^-] \approx [H^+] = 9.43 \times 10^{-5} \text{mol} \cdot \text{L}^{-1}$

∵ $$[OH^-][H^+] = K_w$$

∴ $$[OH^-] = \frac{K_w}{[H^+]} = \frac{1 \times 10^{-14}}{9.43 \times 10^{-5}} = 1.06 \times 10^{-10} \text{mol} \cdot \text{L}^{-1}$$

根据 H_2S 的第二级电离平衡计算 $[S^{2-}]$

$$\text{第二级电离平衡} \quad HS^- \rightleftharpoons H^+ + S^{2-} \quad K_{a_2}$$

$$K_{a_2} = \frac{[H^+][S^{2-}]}{[HS^-]} = \frac{9.43 \times 10^{-5}[S^{2-}]}{9.43 \times 10^{-5}}$$

∴ $$[S^{2-}] = K_{a_2} = 7.1 \times 10^{-19} \text{mol} \cdot \text{L}^{-1}$$

【例4】 计算室温时，$0.1 \text{mol} \cdot \text{L}^{-1}$ H_2SO_4 溶液的 $[H^+]$、$[SO_4^{2-}]$（$K_{a_2} = 1.0 \times 10^{-2}$）。

解： H_2SO_4 为二元酸，第一级完全电离，第二级部分电离。

$$H_2SO_4 \longrightarrow H^+ + HSO_4^-$$

即，$C_{H^+} = C_{HSO_4^-} = 0.1 \text{mol} \cdot \text{L}^{-1}$

第二级电离平衡	HSO_4^-	$\rightleftharpoons$	H^+	+	SO_4^{2-}	K_{a_2}
$C_\text{始}$	0.1		0.1		0	
$C_\text{变}$	$-x$		x		x	
$C_\text{平}$	$0.1-x$		$0.1+x$		x	

$$K_{a_2} = \frac{[H^+][SO_4^{2-}]}{[HSO_4^-]} = \frac{(0.1+x)x}{0.1-x} = 1.0 \times 10^{-2}$$

$$x = [SO_4^{2-}] = 9.8 \times 10^{-3} \text{mol} \cdot \text{L}^{-1}$$

$$[H^+] = 0.1 + x = 0.11 \text{mol} \cdot \text{L}^{-1}$$

可见，硫酸虽为二元强酸，但硫酸溶液的氢离子浓度既不是硫酸根的两倍，两者也不相等，氢离子浓度也不是酸浓度的两倍。

二、水解平衡

某些盐类本身的组成并不含有 H^+ 或 OH^-，如 $NaAc$、NH_4Cl、Na_2CO_3 等，但它们溶解于水会表现出酸性或碱性。这是由于组成盐的阴、阳离子与水电离出的 H^+ 或 OH^- 作用，生成弱酸或弱碱，引起水的电离平衡发生移动，改变了溶液中 H^+ 和 OH^- 的相对浓度，而呈现酸碱性。这种作用称为盐的水解。

回顾高中化学讨论盐类水解的规律：谁弱谁水解，谁强显谁性；两强不水解，两弱更水解，越弱越水解。强酸弱碱盐水解呈酸性；强碱弱酸盐水解呈碱性；强酸强碱盐不水解。下面就盐类水解的定量规律作进一步讨论。

例如，氯化铵水溶液

$$H_2O \rightleftharpoons OH^- + H^+ \qquad K_w$$
$$+$$
$$NH_4Cl \longrightarrow NH_4^+ + Cl^-$$
$$\Updownarrow$$
$$NH_3 \cdot H_2O$$

总反应 $\quad NH_4^+ + H_2O \rightleftharpoons NH_3 \cdot H_2O + H^+ \qquad K_c$

上式称水解反应，实质是由两个平衡反应组合的，即水的电离平衡和弱碱的电离平衡。在一定温度下，水解达到平衡。

（一）水解常数 (K_h)

$$K_c = \frac{(C_{H^+})(C_{NH_3})}{C_{NH_4^+}} = K_h$$

根据多重平衡规则，$K_h = \dfrac{K_w}{K_b}$。K_h 称水解平衡常数，简称水解常数。

K_h 是平衡常数 K 的又一种具体形式，它反映了盐水解程度大小，亦仅为温度的函数。

不难看出，水解平衡涉及水的电离平衡和弱酸、弱碱的电离平衡，因此可以推导出 K_h 与 K_w、K_a、K_b 之间的关系。

对一元弱碱强酸盐：$K_h = K_w/K_b$

对一元弱酸强碱盐：$K_h = K_w/K_a$

对一元弱酸弱碱盐：$K_h = K_w/(K_b \cdot K_a)$

可见，K_h 与弱酸的 K_a、弱碱的 K_b 成反比，酸、碱越弱，K_h 越大，盐的水解程度越大。不过多数情况下 K_h 并不大。

多元弱酸强碱盐的水解与多元酸的电离一样，水解是分步进行的。如 Na_2CO_3

$$CO_3^{2-} + H_2O \rightleftharpoons HCO_3^- + OH^- \qquad K_{h_1}$$
$$HCO_3^- + H_2O \rightleftharpoons H_2CO_3 + OH^- \qquad K_{h_2}$$

同理可推导，$K_{h_1} = K_w/K_{a_2}$，$K_{h_2} = K_w/K_{a_1}$。且各级水解常数 K_h 显著减小。

（二）水解度 (h)

它是平衡转化率的又一具体形式。所谓水解度，就是已水解盐的浓度与盐起始浓度之比。

$$h = \frac{\text{已水解盐的浓度}}{\text{盐的起始浓度}} \times 100\%$$

水解度 h 也可表示盐的水解程度。当温度、浓度相同时，水解度越大，盐的水解程度就越大。与电离度一样，水解度还与溶液的浓度有关。

（三）有关计算

与电离平衡计算相似。以一元弱酸强碱盐为例，设盐浓度为 C，水解度为 h

$$A^- + H_2O \rightleftharpoons HA + OH^-$$

$C_{始}$	C	0	0
$C_{变}$	$-Ch$	Ch	Ch
$C_{平}$	$C(1-h)$	Ch	Ch

将各组分平衡浓度代入 K_h 表达式：

$$K_h = \frac{(C_{HA})(C_{OH^-})}{C_{A^-}} = \frac{(Ch)^2}{C(1-h)} = \frac{Ch^2}{1-h}$$

当盐水解较弱，即 K_h 较小，若 $C/K_h \geq 400$，$h < 5\%$，则近似处理 $1-h \approx 1$。

$$K_h = Ch^2 \quad \text{或} \quad h = \sqrt{\frac{K_h}{C}}$$

$$[OH^-] = Ch = \sqrt{K_h C}$$

多元弱酸强碱盐水解计算与多元酸碱电离相似，一般只考虑第一级水解。

【例5】 计算 $0.1 \text{mol} \cdot L^{-1}$ NH_4Cl 溶液的 pH 值和水解度（室温，NH_3 的 $K_b = 1.8 \times 10^{-5}$）。

解： 设溶液的 $[H^+]$ 浓度为 x，水解度为 h

$$NH_4^+ + H_2O \rightleftharpoons NH_3 \cdot H_2O + H^+$$

$C_{始}$	0.1	0	0
$C_{变}$	$-x$	x	x
$C_{平}$	$0.1-x$	x	x

$$K_h = K_w/K_b = 5.56 \times 10^{-10}$$

判据 $C/K_h = 1.8 \times 10^8 \geq 400$，近似处理 $0.1 - x \approx 0.1$

所以，$[H^+] = x = \sqrt{K_h C} = \sqrt{5.56 \times 10^{-10} \times 0.1} = 7.5 \times 10^{-6} \text{mol} \cdot L^{-1}$

$$pH = \lg[H^+] = \lg(7.5 \times 10^{-6}) = 5.1$$

$$h = \sqrt{\frac{K_h}{C}} = \sqrt{\frac{5.56 \times 10^{-10}}{0.1}} = 0.0075\%$$

【例6】 计算 $0.1 \text{mol} \cdot L^{-1}$ Na_2CO_3 溶液的 pH 值（室温）。

解： 设溶液的 $[OH^-]$ 浓度为 x，

$$CO_3^{2-} + H_2O \rightleftharpoons HCO_3^- + OH^- \qquad K_{h_1}$$

$$HCO_3^- + H_2O \rightleftharpoons H_2CO_3 + OH^- \qquad K_{h_2}$$

$K_{h_1} \gg K_{h_2}$，$[OH^-]$ 计算仅考虑第一级水解。

$$K_{h_1} = K_w/K_{a_2} = 2.13 \times 10^{-4}$$

判据 $C/K_{h_1} = 469 \geq 400$，可近似处理。

因此，$[OH^-] = \sqrt{K_{h_1} C} = \sqrt{2.13 \times 10^{-4} \times 0.1} = 4.6 \times 10^{-3} \text{mol} \cdot L^{-1}$

$$pOH = \lg[OH^-] = \lg(4.6 \times 10^{-3}) = 2.3$$
$$pH = 14 - pOH = 14 - 2.3 = 11.7$$

(四) 弱酸弱碱盐及酸式盐溶液的酸碱性判断

由于弱酸弱碱盐的阴、阳离子均与水作用，故水解较强烈。溶液的酸碱性取决于所生成的弱酸和弱碱的相对强弱。计算较复杂，本书不作介绍。判断其溶液酸碱性的一般规律是，当 K_a 与 K_b 相等时，溶液为中性；如果 K_a 大于 K_b，溶液呈酸性，反之，溶液呈碱性。

酸式盐在水中同时存在水解和电离过程，两过程对溶液酸碱性的作用相矛盾，情况较复杂。判断其溶液酸碱性的原则是，通过比较表征水解和电离过程的 K_h、K_a 大小，确定水解和电离哪个占优势，判断其溶液的酸碱性。水解占优，呈碱性，电离占优，则呈酸性。

三、沉淀平衡

前面讨论的电离平衡和水解平衡都是均相体系，亦称单相平衡。我们知道，各种物质在水中的溶解性能差别很大。难溶电解质（沉淀）在水中的溶解，是多相体系。在含有难溶电解质的饱和溶液中，存在着固体（沉淀）与其离子间的平衡，称为沉淀-溶解平衡，简称沉淀平衡，它属多相平衡。沉淀的生成与溶解现象在生活和生产中经常发生，常利用这类反应制备产品、分离杂质等。

$BaSO_4$ 是大家熟悉的难溶于水的电解质，但不是绝对不溶。当把 $BaSO_4$ 固体放在水中，在溶剂水分子的作用下，固体表面部分的 Ba^{2+}、SO_4^{2-} 形成水合离子进入溶液，即固体物的溶解过程。随着溶解过程的进行，溶液中的 Ba^{2+}、SO_4^{2-} 数量增多，它们无规则地运动，相互碰撞，又重新结合成 $BaSO_4$ 晶体，这是沉淀或结晶过程。所以，溶液中同时存在溶解和沉淀两个相互矛盾的可逆过程。在一定条件下，当溶解和沉淀速率相等时，建立动态平衡，即沉淀-溶解平衡，它是化学平衡的又一种具体形式。

(一) 溶度积常数 K_{sp}

$$BaSO_{4(S)} \rightleftharpoons Ba^{2+}_{(aq)} + SO^{2-}_{4(aq)}$$

平衡时，其平衡常数为 $K_c = [Ba^{2+}][SO_4^{2-}] = K_{sp}$

K_{sp} 称溶度积常数，简称溶度积。

对于任意难溶电解质 A_nB_m 的沉淀平衡：

$$A_nB_{m(S)} \rightleftharpoons nA^{m+}_{(aq)} + mB^{n-}_{(aq)}$$

则溶度积 K_{sp} 为：

$$K_{sp} = [A^{m+}]^n[B^{n-}]^m$$

上式表明，在一定温度下，难溶电解质饱和溶液中其离子浓度以其沉淀反应计量系数为指数的乘积为常数。

严格说，K_{sp} 表达式中的离子浓度应该用活度。由于难溶电解质溶解度较小，饱和溶液离子强度不大，离子浓度近似等于活度，所以通常用浓度代替活度。

溶度积 K_{sp} 是化学平衡常数的又一具体形式，它是难溶物溶解平衡的定量特征常数，反映了物质在水中的溶解能力。反过来，溶度积 K_{sp} 也反映了生成该沉淀的难易程度。K_{sp} 仅为温度的函数。常见难溶物的溶度积常数可查阅附录 4。

(二) 溶度积规则

溶度积 K_{sp} 是沉淀平衡时的特征常数，即只有当溶液体系中离子浓度以沉淀反应计量系数为指数的乘积等于溶度积 K_{sp} 时, 达到沉淀平衡, 否则为非平衡状态, 反应将生成沉淀或沉淀溶解。

任意情况下, 离子浓度以沉淀反应计量系数为指数的乘积称为离子积, 用符号 J 表示。

溶度积规则:

$$J = K_{sp} \quad \text{平衡, 饱和溶液}$$

$$J \neq K_{sp} \quad \text{非平衡}$$

若 $J > K_{sp}$ 过饱和溶液, 反应进行, 直至 $J^\# = K_{sp}$ 即沉淀生成。

若 $J < K_{sp}$ 不饱和溶液, 反应进行, 直至 $J^* = K_{sp}$ 即沉淀溶解。

因此, 可根据 J 与 K_{sp} 的关系, 判断沉淀是否生成或溶解。

【例7】 室温下, 等体积的 4×10^{-3} mol·L^{-1} AgNO$_3$ 和 K$_2$CrO$_4$ 混合是否有 Ag$_2$CrO$_4$ 沉淀生成？

已知 $K_{sp\,Ag_2CrO_4} = 9 \times 10^{-12}$

解:
$$Ag_2CrO_{4(s)} \rightleftharpoons 2Ag^+_{(aq)} + CrO^{2-}_{4(aq)}$$

$$J = [Ag^+]^2[CrO_4^{2-}] = (2 \times 10^{-3})^2 (2 \times 10^{-3}) = 8 \times 10^{-9}$$

∵ $J > K_{sp}$ 溶液为过饱和溶液, 故应有沉淀生成。

【注】 ① 由于人眼对混浊度的敏感度限制, 一般沉淀量 $\geq 1 \times 10^{-5}$ g/cm^3, 方能看到沉淀的出现。所以虽然 $J > K_{sp}$, 可能因量少而观察不到沉淀形成。

② 某些情况下, 由于动力学上的原因, 可能存在过饱和状态（亚稳态）, 虽然 $J > K_{sp}$, 也可能无沉淀。

(三) 溶解度 S（用浓度表示）与 K_{sp} 的关系

溶解度和溶度积都能表示难溶电解质的溶解能力, 但它们既有联系又有区别。它们之间可以进行相互换算。溶解度是一定温度下, 物质在一定量水中达到饱和状态时（溶解平衡）所溶解的质量, 可用 g/100g 水或溶质的浓度（mol·L^{-1}）表示。它不仅与温度有关, 还可能与溶液 pH 的改变、配合物的生成等因素有关。溶度积是在一定温度下, 难溶电解质饱和溶液中其离子浓度以其沉淀反应计量系数为指数的乘积, 只与温度有关。用溶解度表示难溶电解质的溶解能力更直观。

不同难溶物能否直接用 K_{sp} 比较其溶解度的大小呢？它们之间有何关系？设溶解平衡时, 难溶物 A_nB_m 的溶解度为 S, 则:

$$A_nB_{m(s)} \rightleftharpoons nA^{m+}_{(aq)} + mB^{n-}_{(aq)}$$

平衡时 nS mS

所以, $\quad K_{sp} = [A^{m+}]^n [B^{n-}]^m = (nS)^n(mS)^m$

整理, $\quad S = \sqrt[(n+m)]{\dfrac{K_{sp}}{n^n m^m}}$

【例8】 比较常温下难溶物氯化银和铬酸银在水中溶解度大小。

$$K_{sp\,AgCl} = 1.56 \times 10^{-10} \quad K_{sp\,Ag_2CrO_4} = 9 \times 10^{-12}$$

解:
$$AgCl_{(s)} \rightleftharpoons Ag^+_{(aq)} + Cl^-_{(aq)}$$

平衡浓度 S S

∴ $S^2 = K_{sp}$ $S_{AgCl} = \sqrt{K_{sp}} = 1.25 \times 10^{-5}$ mol·L^{-1}

$$Ag_2CrO_{4(s)} \rightleftharpoons 2Ag^+_{(aq)} + CrO^{2-}_{4(aq)}$$

平衡浓度   2S   S

$$\therefore \quad 4S^3 = K_{sp} \quad S_{Ag_2CrO_4} = \sqrt[3]{\frac{K_{sp}}{4}} = 1.31 \times 10^{-4} \text{mol} \cdot \text{L}^{-1}$$

可见，虽然 $K_{spAgCl} > K_{spAg_2CrO_4}$，但氯化银的溶解度小于铬酸银。
所以不同类型难溶物不宜用 K_{sp} 直接比较其溶解度大小。

【例 9】 已知 $Ca_3(PO_4)_2$ 的 $K_{sp} = 2 \times 10^{-29}$，求它在 $0.1 \text{mol} \cdot \text{L}^{-1}$ Na_3PO_4 溶液中的溶解度 S。

解：$\qquad\qquad\qquad\qquad Ca_3(PO_4)_{2(s)} \rightleftharpoons 3Ca^{2+}_{(aq)} + 2PO_4^{3-}_{(aq)}$

$\qquad\qquad\qquad C_{始} \qquad\qquad\qquad\qquad\qquad\qquad 0 \qquad\quad 0.1$

$\qquad\qquad\qquad C_{变} \qquad\qquad\qquad\qquad\qquad\qquad 3S \qquad\quad 2S$

$\qquad\qquad\qquad C_{平} \qquad\qquad\qquad\qquad\qquad\qquad 3S \qquad\quad 0.1+2S$

$\therefore \qquad\qquad\qquad (3S)^3(0.1+2S)^2 = K_{sp} = 2 \times 10^{-29}$

由于 S 很小，近似处理 $0.1 + 2S \approx 0.1$，解之，$S = 4.2 \times 10^{-10} \text{mol} \cdot \text{L}^{-1}$。

（四）分步沉淀与沉淀转化

1. 分步沉淀

在不考虑反应速率的前提下，对含有多种离子的混合溶液，加入某种沉淀剂，离子先后被沉淀的现象称为分步沉淀。离子沉淀的先后顺序，可根据溶度积规则来确定。

【例 10】 浓度均为 $0.1 \text{mol} \cdot \text{L}^{-1}$ Br^-、CrO_4^{2-} 混合溶液，加入沉淀剂 Ag^+，哪个先沉淀？

$$K_{spAgBr} = 7.7 \times 10^{-13} \qquad K_{spAg_2CrO_4} = 9 \times 10^{-12}$$

解：根据溶度积规则，沉淀形成 $J > K_{sp}$

AgBr 开始沉淀，所需 Ag^+ 浓度为：$[Ag^+][Br^-] > K_{spAgBr}$

$\qquad\qquad [Ag^+] > K_{spAgBr}/[Br^-] = 7.7 \times 10^{-13}/0.1 = 7.7 \times 10^{-12} \text{mol} \cdot \text{L}^{-1}$

Ag_2CrO_4 开始沉淀，所需 Ag^+ 浓度为：$[Ag^+]^2[CrO_4^{2-}] > K_{spAg_2CrO_4}$

$\qquad\qquad [Ag^+]^2 > K_{spAg_2CrO_4}/[CrO_4^{2-}] = 9 \times 10^{-12}/0.1 = 9 \times 10^{-11} \text{mol} \cdot \text{L}^{-1}$

$\qquad\qquad\qquad [Ag^+] > 9.5 \times 10^{-6} \text{mol} \cdot \text{L}^{-1}$

可见，形成 AgBr 沉淀所需 Ag^+ 浓度比形成 Ag_2CrO_4 沉淀小，故 AgBr 先沉淀，Ag_2CrO_4 后沉淀。

当 Ag_2CrO_4 开始沉淀时，溶液中 Br^- 离子尚存多少？

$\because$ Ag_2CrO_4 开始沉淀，所需 $[Ag^+] > 9.5 \times 10^{-6} \text{mol} \cdot \text{L}^{-1}$。可认为此时体系中 Ag^+ 的浓度为 $9.5 \times 10^{-6} \text{mol} \cdot \text{L}^{-1}$。

对 AgBr 沉淀反应而言，必然达成平衡，即 $[Ag^+][Br^-] = K_{spAgBr}$

$\qquad\qquad [Br^-] = K_{spAgBr}/[Ag^+] = 7.7 \times 10^{-13}/9.5 \times 10^{-6} = 8.1 \times 10^{-8} \text{mol} \cdot \text{L}^{-1}$

即此时溶液中 Br^- 的浓度小于 $8.1 \times 10^{-8} \text{mol} \cdot \text{L}^{-1}$，可认为 Br^- 已被沉淀完全。所以控制加入的沉淀剂 Ag^+ 的量，可将 Br^- 与 CrO_4^{2-} 分离开。

掌握了分步沉淀的规律，根据具体情况，控制适当条件，可达到分离共存离子的目的。在化工生产中，利用控制溶液的 pH 值对金属氢氧化物沉淀进行分离，就是分步沉淀原理的具体应用。

2. 沉淀转化

由一种沉淀转化为另一种沉淀的过程，它必然遵循溶度积规则。

在含有碳酸钡沉淀的溶液中，加入硫酸钠溶液，碳酸钡沉淀将转化为硫酸钡沉淀，此过程为：

$$BaCO_{3(s)} \rightleftharpoons Ba^{2+}_{(aq)} + CO_3^{2-}_{(aq)}$$
$$+$$
$$Na_2SO_4 \longrightarrow SO_4^{2-}_{(aq)} + 2Na^+_{(aq)}$$
$$\parallel$$
$$BaSO_{4(s)}$$

总反应 $\quad BaCO_{3(s)} + SO_4^{2-}_{(aq)} \rightleftharpoons BaSO_{4(s)} + CO_3^{2-}_{(aq)}$

溶度积规则可解释该转化过程。由于 $K_{spBaSO_4} < K_{spBaCO_3}$，即 $BaSO_4$ 比 $BaCO_3$ 更难溶，所以，加入硫酸钠使溶液中 $[Ba^{2+}][SO_4^{2-}] > K_{spBaSO_4}$，形成硫酸钡沉淀，同时降低了溶液中 Ba^{2+} 的浓度，使 $[Ba^{2+}][CO_3^{2-}] < K_{spBaCO_3}$，导致 $BaCO_3$ 溶解。继续加入硫酸钠溶液，于是 $BaCO_3$ 不断溶解并转化为 $BaSO_4$ 沉淀。

【例11】 讨论碳酸钡沉淀转化为铬酸钡沉淀的条件。
$$K_{spBaCO_3} = 8.1 \times 10^{-9} \quad K_{spBaCrO_4} = 1.6 \times 10^{-10}$$

解：在此沉淀转化体系中同时存在两个沉淀平衡，CO_3^{2-} 和 CrO_4^{2-} 同时争夺 Ba^{2+}，根据溶度积原理：

铬酸钡沉淀生成，$J > K_{spBaCrO_4}$，$[Ba^{2+}][CrO_4^{2-}] > K_{spBaCrO_4}$，

碳酸钡沉淀溶解，$J < K_{spBaCO_3}$，$[Ba^{2+}][CO_3^{2-}] < K_{spBaCO_3}$，

则两式之比：$\dfrac{[CrO_4^{2-}]}{[CO_3^{2-}]} > \dfrac{K_{spBaCrO_4}}{K_{spBaCO_3}} = \dfrac{1.6 \times 10^{-10}}{8.1 \times 10^{-9}} = 0.02$

即，只要 $[CrO_4^{2-}] > 0.02[CO_3^{2-}]$，碳酸钡沉淀转化为铬酸钡沉淀。

反之，$[CO_3^{2-}] > 50[CrO_4^{2-}]$，则可将铬酸钡沉淀转化为碳酸钡沉淀。

显然，由 K_{sp} 大的沉淀转化为 K_{sp} 小的沉淀容易实现，反过来，就比较困难。

【思考】 硫酸钡向碳酸钡的转化有一定实际意义，怎样才能实现呢？

沉淀的转化在工业生产和科学研究中有重要的意义。例如，锅炉的锅垢主要成分为硫酸钙和碳酸钙沉淀，它的存在不仅浪费能源，严重时还会引起锅炉爆炸，必须除去。但硫酸钙不易溶解于酸，用一定浓度的酸处理锅垢，硫酸钙较难除去。可用碳酸钠溶液处理锅垢，使硫酸钙转化为可溶于酸的碳酸钙沉淀后，就易除去锅垢。

四、影响酸碱平衡的因素

电离、水解、沉淀等酸碱平衡都是化学平衡的具体形式，是暂时的、相对的和有条件的动态平衡。当条件发生改变时，平衡将被破坏而发生移动。由于在水中进行，压强的影响可以忽略，所以影响酸碱平衡的主要因素有温度、浓度等。下面主要讨论离子浓度对酸碱平衡的影响。

（一）同离子效应

加入与弱电解质或难溶物质具有相同离子的强电解质，使弱电解质的电离度或沉淀的溶解度减小的作用，称为同离子效应。如在氨水溶液或硫酸钡沉淀混合溶液中分别建立下述平衡：

$$NH_3 \cdot H_2O_{(aq)} \rightleftharpoons NH_4^+_{(aq)} + OH^-_{(aq)}$$
$$BaSO_{4(s)} \rightleftharpoons Ba^{2+}_{(aq)} + SO_4^{2-}_{(aq)}$$

在两平衡体系中分别加入氯化铵、硫酸钠，根据平衡移动原理，由于溶液中 NH_4^+ 浓度、SO_4^{2-} 浓度显著增加，使上述平衡均向左移动，从而使氨水的电离度、硫酸钡沉淀的溶

解度显著减小。

实践中常利用同离子效应,加入过量沉淀剂使被沉淀离子除去或沉淀更完全。一般情况下,"沉淀完全或除去完全"是指被沉淀或被除去的离子浓度$\leq 1.0\times 10^{-5}$ mol·L^{-1}。

【例12】 讨论用形成MgF_2沉淀除去F^-或Mg^{2+}的可行性。$K_{spMgF_2}=6.4\times 10^{-9}$

解:若用NaF除去溶液中的Mg^{2+},欲使其被除去完全,即$[Mg^{2+}]\leq 1.0\times 10^{-5}$ mol·L^{-1}。

则根据溶度积规则,$[F^-]^2[Mg^{2+}]\geq K_{spMgF_2}$

$$[F^-]^2\geq K_{spMgF_2}/[Mg^{2+}]=6.4\times 10^{-9}/1.0\times 10^{-5}=6.4\times 10^{-4}$$

$$[Mg^{2+}]\geq 2.5\times 10^{-2} \text{ mol·}L^{-1}$$

故用形成MgF_2沉淀完全除去Mg^{2+},仅要求溶液中F^-的浓度维持在2.5×10^{-2} mol·L^{-1}以上即可,这很容易实现。

若用NaF除去溶液中的F^-,欲使其被除去完全,即$[F^-]\leq 1.0\times 10^{-5}$ mol·L^{-1}。

则根据溶度积规则,$[F^-]^2[Mg^{2+}]\geq K_{spMgF_2}$

$$[Mg^{2+}]\geq K_{spMgF_2}/[F^-]^2=6.4\times 10^{-9}/1.0\times 10^{-10}$$

$$[Mg^{2+}]\geq 64 \text{ mol·}L^{-1}$$

故用形成MgF_2沉淀完全除去F^-,要求溶液中Mg^{2+}的浓度达到64 mol·L^{-1}以上,这很难达到。所以不宜用形成MgF_2沉淀除去F^-。

【例13】 0.5 mol·L^{-1} $NH_3\cdot H_2O$中加入$NH_4Cl_{(s)}$使之浓度为0.5 mol·L^{-1},比较NH_4Cl加入前后溶液的$[OH^-]$和氨水的电离度。$K_b=1.8\times 10^{-5}$

解:加NH_4Cl前,氨水的$[OH^-]$和电离度

$\because C/K_b=0.5/1.8\times 10^{-5}=2.8\times 10^4\geq 400$

$\therefore [OH^-]=\sqrt{K_b C}=\sqrt{1.8\times 10^{-5}\times 0.5}=3\times 10^{-3}$ mol·L^{-1}

$$\alpha=\sqrt{\frac{K_b}{C}}=\sqrt{\frac{1.8\times 10^{-5}}{0.5}}=6\times 10^{-3}=0.6\%$$

加入NH_4Cl,设氨水的$[OH^-]$为x

$$NH_3\cdot H_2O_{(aq)} \rightleftharpoons NH_4^+_{(aq)}+OH^-_{(aq)}$$

$C_{始}$	0.5	0.5	0
$C_{变}$	$-x$	x	x
$C_{平}$	$0.5-x$	$0.5+x$	x

因x很小,可近似处理,$0.5-x\approx 0.5$,$0.5+x\approx 0.5$

代入K_b关系式,得$x=[OH^-]=K_b=1.8\times 10^{-5}$ mol·L^{-1}

$$\alpha=x/C=1.8\times 10^{-5}/0.5=0.0036\%$$

可见,氨水中NH_4Cl的加入,其电离度显著减小。

(二) 盐效应

在弱电解质的电离平衡或难溶物质的沉淀平衡体系中,加入强电解质,使弱电解质的电离度或沉淀的溶解度增大的作用,称为盐效应。其作用结果与同离子效应正相反。如在0.1 mol·L^{-1}的醋酸溶液中加入强电解质NaCl固体并使其浓度为0.1 mol·L^{-1},可使HAc的电离度从1.33%增大到1.68%。将固体AgCl放入不同浓度的KNO_3水溶液中搅拌,其溶解度见表2-3。

表 2-3　氯化银在不同浓度硝酸钾溶液中的溶解度

c_{KNO_3}	0	10^{-3}	5×10^{-3}	10^{-2}
$S_{AgCl}/mol \cdot L^{-1}$	1.28×10^{-5}	1.32×10^{-5}	1.39×10^{-5}	1.43×10^{-5}

在弱电解质的溶液或难溶物质的沉淀平衡体系中加入强电解质时，由于溶液中离子总浓度增大，离子间相互牵制作用增强，有效浓度降低，相当于电离平衡、沉淀平衡的反应商 J 减小，则平衡向右移动，即弱电解质分子离解为阴阳离子或沉淀溶解的趋势略有增大，弱电解质的电离度或沉淀的溶解度略有增大。

必须指出的是，在发生同离子效应的同时，由于也外加了强电解质，也必然伴随有盐效应的发生。一般情况下，由于同离子效应远大于盐效应，所以，可以忽略盐效应的影响。但若强电解质的浓度过大，则盐效应的影响不能忽略。

（三）缓冲溶液

一般溶液，受到少量酸碱的作用，其 pH 值会发生明显的变化。如室温下，纯水的 pH=7，在 100mL 纯水中加 1mol·L^{-1} NaOH 0.1mL，[OH$^-$] 由 10^{-7} mol·L^{-1} 增加到 10^{-3} mol·L^{-1}，pH 由 7 变为 11。

但在 HAc 和 NaAc 组成的混合溶液中加入少量强酸或强碱或溶剂稀释，溶液的 pH 值几乎不变，这说明该混合溶液在一定范围内具有抵抗少量强酸或强碱或稀释，保持体系 pH 值基本不变的作用，称为缓冲作用。具有缓冲作用的溶液称为缓冲溶液。

因为在 HAc 和 NaAc 组成的混合溶液中，由于同离子效应，降低了 HAc 的电离度，溶液中存在较大量的抗酸（Ac$^-$）和抗碱（HAc）成分，当外加少量强酸，引入的 H$^+$ 与 Ac$^-$ 作用结合成 HAc 分子，电离平衡左移，将外加的 H$^+$ 基本消耗完；当外加少量强碱，HAc 与强碱发生中和反应，基本消耗了外加的 OH$^-$，从而维持 pH 值基本不变。

显然，当加入大量的强酸、强碱，溶液中的抗酸、抗碱成分消耗将尽时，就不再具有缓冲作用了。即缓冲溶液的缓冲能力是有限的。

弱酸及其盐（HAc-NaAc）、弱碱及其盐（NH$_3$·H$_2$O-NH$_4$Cl）或酸式盐等，其溶液中存在较大量的抗酸、抗碱组分，均具有缓冲作用，故它们都可组成缓冲溶液。

缓冲溶液的应用颇为广泛。在工业、农业、医学、生理学等方面都有重要的用途。如离子的分离、物质的提纯、分析检验，常需要控制溶液的 pH 值。人体血液的 pH 值必须严格控制在 7.4 左右很小的范围内，否则会有生命危险，而维持血液的 pH 值主要缓冲体系是 H$_2$CO$_3$-NaHCO$_3$、H$_2$PO$_4^-$-HPO$_4^{2-}$ 等。

【例 14】 计算在含有 0.5mol·L^{-1} NH$_3$ 和 0.5mol·L^{-1} NH$_4$Cl 混合溶液 100mL 中，加入 1mol·L^{-1} NaOH 0.1mL，溶液 pH 的变化？

解：未加 NaOH 时，NH$_3$ 和 NH$_4$Cl 混合溶液的 pH 按例 13 计算，[OH$^-$]=1.8×10^{-5} mol·L^{-1}，pH=14+lg[OH$^-$]=9.255。

加入 NaOH 对混合溶液的总体积影响很小，可忽略，故可视 HAc 和 NaAc 浓度不变。外加 NaOH 0.1mL，[OH$^-$]=10^{-3} mol·L^{-1}，导致平衡左移。设新平衡时 NH$_4^+$ 的变化浓度为 x。

$$NH_3 \cdot H_2O_{(aq)} \rightleftharpoons NH_{4(aq)}^+ + OH_{(aq)}^-$$

$C_{始}$	0.5	0.5	10^{-3}
$C_{变}$	x	$-x$	$-x$
$C_{平}$	$0.5+x$	$0.5-x$	$10^{-3}-x$

代入 K_b 关系式，求解一元二次方程得 $x=9.82\times10^{-4}\,\mathrm{mol\cdot L^{-1}}$
可见，$x\approx10^{-3}$，可认为外加的 NaOH 几乎全部消耗。
作近似处理，计算溶液的 [OH$^-$]

$$\begin{array}{cccc} & \mathrm{NH_3\cdot H_2O_{(aq)}} \rightleftharpoons & \mathrm{NH_{4(aq)}^+} + & \mathrm{OH_{(aq)}^-} \\ C_{\text{始}} & 0.5 & 0.5 & 10^{-3} \\ C_{\text{平}} & 0.5+10^{-3} & 0.5-10^{-3} & [\mathrm{OH^-}] \end{array}$$

$$\frac{[\mathrm{OH^-}](0.5-10^{-3})}{0.5+10^{-3}}=K_b=1.8\times10^{-5}$$

$$[\mathrm{OH^-}]=1.807\times10^{-5}\,\mathrm{mol\cdot L^{-1}}$$

$$\mathrm{pH}=14-\lg[\mathrm{OH^-}]=9.257$$

所以，溶液的 pH 变化仅为 0.002 pH 单位。

缓冲溶液计算公式如下。

对弱酸及其盐，$\mathrm{pH}=\mathrm{p}K_a-\lg\dfrac{C_{\text{酸}}}{C_{\text{盐}}}$

若外加酸碱浓度为 A，则 $\mathrm{pH}=\mathrm{p}K_a-\lg\dfrac{C_{\text{酸}}\pm A}{C_{\text{盐}}\mp A}$

对弱碱及其盐，$\mathrm{pOH}=\mathrm{p}K_b-\lg\dfrac{C_{\text{碱}}}{C_{\text{盐}}}$

若外加酸碱浓度为 A，则 $\mathrm{pOH}=\mathrm{p}K_b-\lg\dfrac{C_{\text{碱}}\mp A}{C_{\text{盐}}\pm A}$

【思考】 缓冲能力大小与哪些因素有关？

习 题

1. 写出下列酸的共轭碱：
   HCl，$\mathrm{H_2O}$，$\mathrm{H_2SO_4}$，$\mathrm{H_2PO_4^-}$，$\mathrm{NH_3}$，$\mathrm{HNO_3}$，$\mathrm{NH_4^+}$，HF，$[\mathrm{Cu(H_2O)_4}]^{2+}$

2. 写出下列碱的共轭酸：
   $\mathrm{Br^-}$，$\mathrm{HS^-}$，$\mathrm{PH_3}$，$\mathrm{HC_2O_4^-}$，$\mathrm{HCO_3^-}$，$\mathrm{PO_4^{3-}}$，$\mathrm{HSO_3^-}$

3. 根据酸碱质子理论，在水溶液中，下列物种哪些是酸，哪些是碱，哪些是酸碱两性物质？
   HCl，$\mathrm{H_2O}$，$\mathrm{H_2SO_4}$，$\mathrm{H_2PO_4^-}$，$\mathrm{NH_3}$，$\mathrm{NH_4^+}$，$\mathrm{CO_3^{2-}}$，$\mathrm{Cr_2O_7^{2-}}$

4. 计算下列体系的 pH 值（室温）：
   ① 等体积 $2\times10^{-2}\,\mathrm{mol\cdot L^{-1}}$ 和 $1\times10^{-4}\,\mathrm{mol\cdot L^{-1}}$ HCl 溶液混合；
   ② 将 pH=3.0 的强酸溶液与 pH=13.0 的强碱溶液等体积混合；
   ③ 将 pH=9.0 和 pH=12.0 的 NaOH 溶液等体积混合；
   ④ 浓度为 $1\times10^{-9}\,\mathrm{mol\cdot L^{-1}}$ 的 NaOH 溶液；
   ⑤ $\mathrm{Ca(OH)_2}$ 饱和溶液（其溶解度为 $1\times10^{-2}\,\mathrm{mol\cdot L^{-1}}$）。

5. 一元酸 HA，室温时 $Ka=1\times10^{-3}$，求酸浓度为 $0.01\,\mathrm{mol\cdot L^{-1}}$ 时溶液的 $\mathrm{H^+}$ 浓度和该酸的电离度。

6. 某弱酸 HA 浓度为 $0.015\,\mathrm{mol\cdot L^{-1}}$ 时电离度为 1.80%，问其浓度为 $0.10\,\mathrm{mol\cdot L^{-1}}$ 时的电离度为多少？

7. 某温度下，用酸度计测得浓度为 $0.01\,\mathrm{mol\cdot L^{-1}}$ 的某一元酸溶液的 pH=2.90，计算该温度下酸的电离常数。

8. 某氨水溶液的质量分数为 3.0%，其密度为 $0.99\,\mathrm{g\cdot mL^{-1}}$，计算该氨水的 pH 值。若将其稀释一倍，氨水溶液的 pH 值为多少？

9. 已知盐酸和醋酸的浓度均为 $1.0\,\mathrm{mol\cdot L^{-1}}$，何者酸性更强，为什么？两溶液的 pH 值各是多少？若将两溶液等体积混合，计算溶液的 pH 值。

10. 硫酸的浓度为 $0.10\text{mol}\cdot\text{L}^{-1}$，计算该溶液的 pH 值和硫酸根的浓度。
11. 同类型的难溶物，溶度积较大的溶解度_____。当溶液中加入与难溶物具有共同离子的其他电解质时，难溶物的溶解度_____，这种现象称为_____；加入的电解质同时还会对难溶物的沉淀溶解平衡产生_____效应，这种效应会使难溶物的溶解度_____。但在一般条件下_____比_____的影响大。
12. 计算 $Mg(OH)_2$ 在下述条件的溶解度（浓度表示）。
    ① 在纯水中；
    ② 在 $0.02\text{mol}\cdot\text{L}^{-1}$ 的 NaOH 溶液中；
    ③ 在 $0.02\text{mol}\cdot\text{L}^{-1}$ 的 $MgCl_2$ 溶液中。
13. 下列情况能否有沉淀生成，计算说明。
    ① $0.05\text{mol}\cdot\text{L}^{-1}$ 的 $MgCl_2$ 溶液与 $0.01\text{mol}\cdot\text{L}^{-1}$ 的氨水等体积混合；
    ② 在 5mL $0.01\text{mol}\cdot\text{L}^{-1}$ 的 $CaCl_2$ 溶液中加入 1mL $0.01\text{mol}\cdot\text{L}^{-1}$ 的 NaOH 溶液；
    ③ 在 10mL $0.015\text{mol}\cdot\text{L}^{-1}$ 的 $MnSO_4$ 溶液中，加入 5mL $0.10\text{mol}\cdot\text{L}^{-1}$ 的氨水。
14. 溶液中含有 $0.1\text{mol}\cdot\text{L}^{-1}$ Li^+ 和 $0.1\text{mol}\cdot\text{L}^{-1}$ Mg^{2+}，滴加 NaF（忽略体积变化），哪种离子先被沉淀出来？当第二种沉淀析出时，第一种沉淀的离子是否沉淀完全？两种离子有无可能分离开？
15. 在 100mL $0.2\text{mol}\cdot\text{L}^{-1}$ $MnCl_2$ 溶液中，加入 100mL 含 NH_4Cl 的 $0.02\text{mol}\cdot\text{L}^{-1}$ 氨水溶液，欲阻止 $Mn(OH)_2$ 沉淀形成，上述氨水中需含多少克 NH_4Cl?
16. 1L $0.3\text{mol}\cdot\text{L}^{-1}$ HCl 中含有 Cd^{2+} 0.001mol，在室温下通 H_2S 使之饱和（浓度为 $0.1\text{mol}\cdot\text{L}^{-1}$）。问溶液中尚有未被沉淀的 Cd^{2+} 为多少？（以 $mg\cdot mL^{-1}$ 表示）？
17. 50mL $0.1\text{mol}\cdot\text{L}^{-1}$ $MgCl_2$ 与 50mL $0.1\text{mol}\cdot\text{L}^{-1}$ 氨水混合，是否有沉淀生成；若在此体系中加入 NH_4Cl 固体（忽略体积变化），使 NH_4Cl 浓度为 $0.05\text{mol}\cdot\text{L}^{-1}$，是否有沉淀生成？
18. 欲配制 200mL pH=5.76 的缓冲溶液，应在 10mL $6\text{mol}\cdot\text{L}^{-1}$ HAc 溶液中加入固体 NaAc（忽略体积变化）多少克？
19. 计算下列体系的 pH 值。
    ① $0.05\text{mol}\cdot\text{L}^{-1}$ 的 NH_4NO_3 溶液。
    ② 在 $0.01\text{mol}\cdot\text{L}^{-1}$ 的 Na_2CO_3 溶液。
    ③ 在 $0.02\text{mol}\cdot\text{L}^{-1}$ 的 HAc 溶液与 $0.02\text{mol}\cdot\text{L}^{-1}$ 的 NaOH 溶液等体积混合。
    ④ 在 $0.2\text{mol}\cdot\text{L}^{-1}$ 的 HAc 溶液与 $0.1\text{mol}\cdot\text{L}^{-1}$ 的 NaOH 溶液等体积混合。
    ⑤ 在 $0.01\text{mol}\cdot\text{L}^{-1}$ 的 HAc 溶液与 $0.02\text{mol}\cdot\text{L}^{-1}$ 的 NaOH 溶液等体积混合。
20. 在 10mL $0.3\text{mol}\cdot\text{L}^{-1}$ 的 $NaHCO_3$ 溶液中，需加入多少毫升 $0.2\text{mol}\cdot\text{L}^{-1}$ 的 Na_2CO_3 溶液才能使混合体系的 pH 值=10.0？
21. 根据溶度积规则解释下列现象。
    ① $Cu(OH)_2$ 蓝色沉淀能溶于氨水中，而 $Al(OH)_3$ 则不能。
    ② ZnS 白色沉淀难溶于水，但能溶于盐酸中。
    ③ AgCl 能溶于稀氨水，而 AgBr 难溶于稀氨水，能溶于 $Na_2S_2O_3$ 溶液中。
22. 评述下列陈述，说明理由。
    ① 将氨水稀释一倍，其 OH^- 浓度也减少一倍。
    ② 盐的溶液为中性，则此盐不水解。
    ③ 难溶物的溶度积越小，其溶解度也越小。
    ④ 一定温度下，溶液的 pH 值变，水的离子积不变。
    ⑤ 一定温度下，溶液越稀，弱电解质的电离度越大，溶液中离子的浓度却越小。
    ⑥ HAc 和 Ac^- 是共轭酸碱对，HAc 是弱酸，Ac^- 是强碱。
    ⑦ 碳酸钠溶液中通入二氧化碳可得到一种缓冲溶液。
    ⑧ 硫酸是强酸，故其水溶液一定是强酸性的。

第三章　原子结构

【教学要求】
1. 初步了解核外电子运动的近代概念、原子能级、波粒二象性、原子轨道和电子云概念。
2. 了解四个量子数对核外电子运动状态的描述，掌握四个量子数的物理意义、取值范围。
3. 熟悉 s、p、d 原子轨道的形状和方向。
4. 理解原子结构近似能级图，掌握原子核外电子排布的一般规则和 s、p、d 区元素的原子结构特点。
5. 会从原子的电子层结构了解元素性质，熟悉原子半径、电离能、电子亲和能和电负性的周期性变化。

【内容提要】
化学变化是物质分子之间原子的重新组合。欲深入了解化学反应的实质，掌握物质的性质及其规律，就必须了解原子的结构，探究物质的微观结构。原子结构一般涉及原子的组成和原子核外电子的分布等问题。本章简要地介绍有关原子结构模型的实验基础，了解原子中电子运动状态如何描述（难点），然后重点讨论核外电子如何排布，归纳电子排布的规律，理解元素性质变化的周期性与电子层结构的关系。为元素化学的讨论奠定初步的物质结构理论基础。

学习方法：轻因重果，为我所用。

【预习思考】
1. 原子的组成微粒有哪些？
2. 什么是连续光谱、线状光谱？氢光谱有何特点和规律，有何启示？
3. 玻尔理论的基本思想和要点？它解决了什么问题？量子力学的轨道与玻尔轨道有什么区别和联系？
4. 微观粒子运动具有什么特点？证实这些特点的实验基础是什么？如何理解？
5. 怎样描述核外电子运动的状态？如何理解波函数和原子轨道？
6. 四个量子数的由来、意义和取值是什么？描述电子运动状态由哪几个量子数决定？
7. 电子运动的可能状态数如何确定？
8. 核外电子排布的一般规律是什么？近似能级图如何理解？能级交错现象及其解释？
9. 什么是能级组周期、族和区是如何建立的？与电子结构有何关系？徐光宪 $n+0.7l$ 规则有何作用及应用？
10. 元素性质周期性变化规律的内容是什么？怎样分析解释？

原子和分子现在已经是人们熟悉的名词了，但是人们对原子、分子的认识却经历了漫长而艰辛的过程。原因是原子、分子非常小（原子的直径在 10^{-10} m 左右），过去人们无法直接看到它，只能观察宏观现象，通过推理去认识它们。20 世纪 80 年代，科学家们用扫描隧道显微镜和原子力显微镜才观察到原子和分子的排布情况。

在化学变化中，原子核不发生变化，只是核外电子运动状态发生变化，使得原子的结合方式有了改变。因此，要了解和掌握物质的化学变化及发生化学变化的根本原因，就必须探究物质的微观结构，特别是核外电子的运动状态。

第一节　原子核外的电子运动

原子很小，其直径的数量级约为 10^{-10} m（原子核直径为 $10^{-16} \sim 10^{-14}$ m，电子的直径约为 10^{-15} m）。然而，大约 2600 年以来，人类史上大批优秀的哲学家、化学家和物理学家为探究如此微小的原子内部结构之谜，贡献了他们的聪明才智和毕生精力。其中各时代最著名的代表人物有德谟克利特斯（Drmocritus，公元前 470～360，古希腊）；道尔顿（J. Dalton，1766～1844，英国）；玻尔（N. Bohr，1885～1962，丹麦）；薛定谔（E. Schrodinger，1887～1961，奥地利）等。由于他们精湛的科学实验结果和大胆的科学思维，相继创立了关于原子结构的种种形象、具体的物理模型或抽象复杂的数学模型。随着科学技术的发展，人们对原子结构的认识还将深化，原子结构模型将更臻完善，模型不断更新的过程是不可穷尽的。

现代原子模型的理论基础是量子力学，其定量研究需要高深的数学计算。在本课程的范围内，我们无需作精细的讨论，只就与化学现象有关的主要内容，即核外电子运动的状态作一简述。其中最重要的观念是，电子具有量子性、统计性和波粒二象性。

一、核外电子运动的量子化

20 世纪初，在卢瑟福 α 散射实验的基础上，建立了原子的带核模型。然而按照经典物理学的认识，这个模型与原子光谱和原子可以稳定存在的事实发生了尖锐的矛盾。因为根据经典电磁理论，电子在原子核外运动必然会发射电磁波，并且电磁波的频率应该是连续的。然而，原子可以发射出频率不连续的线状光谱却是早已知道的事实，并且线状光谱还曾用来作过许多分析鉴定。

线状光谱是当气体或蒸气灼热，原子受到适当程度激发时发射的光，经分光镜后得到的原子光谱。装有氢气的放电管，通过高压电流，氢原子被激发后所发射的光通过分光镜，则得到氢原子光谱。

氢原子光谱是最能反映原子中的电子运动量子化的一个经典实验。氢原子光谱在可见光区（波长为 400～780nm）存在着四条明亮的谱线：656.3nm（红色）、486.1nm（蓝绿色）、434.1nm（蓝色）和 410.2nm（紫色）。

1885 年瑞士化学家、物理学家巴尔末把当时发现的这几根谱线的波长归纳成一个公式，后来里德堡（瑞典物理学家）将其改为频率为：

$$\nu = 3.289 \times 10^{15} \left(\frac{1}{2^2} - \frac{1}{n^2} \right)$$

或

$$\nu = R \left(\frac{1}{2^2} - \frac{1}{n^2} \right)$$

式中，$n=3$，4，5，6……当 n 取不同值则得到不同的谱线；
R 为里德堡（Ryderg）常数，$R = 3.289 \times 10^{15} \cdot s^{-1}$。

因此，里德堡方程在一定程度上反映了氢原子光谱的规律性。

1913 年，丹麦的物理学家玻尔吸收了普朗克的电磁辐射的量子化理论和爱因斯坦的光子学说的最新成就，在卢瑟福有核原子模型的基础上提出了一个革命性的观点：原子中的电子只能具有某些特定的能量，每个特定的能量对应着一条特定的轨道。一般地说，电子的能量越高，所在轨道离核就越远。可以用量子数 $n(n=1,2,3,\cdots\cdots$ 为正整数）来表示这些离核一定距离的特定轨道及其相应的能量。玻尔推导出计算氢原子及类氢原子核外电子的轨道半径（r_n）和能量（E_n）的公式如下：

$$r_n = \frac{n^2}{z} a_0 \text{ 和 } E_n = -R \left(\frac{z}{n} \right)^2$$

式中，z 为原子序数；n 为量子数；$R=2.179 \times 10^{-18}$ J，称为里德堡（J. Rydberg）常数；a_0 是 $n=1$（离核最近）时的轨道半径，其值为 52.9pm，称为玻尔半径。

电子在量子数 n 的特定轨道上运动时，原子并不辐射或吸收能量。只有当电子从能量较高的轨道上（E_{n_2}）跃迁到能量较低的另一轨道（E_{n_1}）时，原子才以光波的形式辐射能量。这两个轨道的能量差（ΔE），等于所辐射的能量（ε），且与相应的辐射波的频率（ν）成正比，即：

$$\Delta E = E_{n_2} - E_{n_1} = \varepsilon = h\nu$$

式中，h 为普朗克（M. Plank）常量，其值为 6.63×10^{-34} J·s。

因为电子运动的能量是不连续的，E_{n_2}、E_{n_1} 和 ΔE 为特定的数值，玻尔模型对氢光谱的谱线频率的计算值和实验值完全相符，这样就成功地解释了氢原子的不连续光谱（图 3-1）。

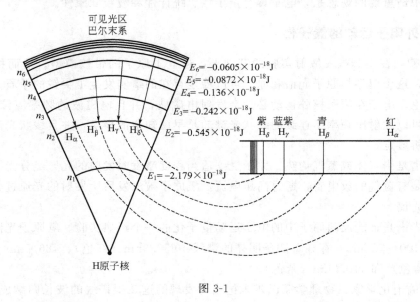

图 3-1

【例1】 当电子从氢原子的 $n_2=5$ 轨道，跃迁到 $n_1=2$ 轨道，所辐射的光谱线谱长是多少？

解： $\Delta E = E_{n_2} - E_{n_1} = R\left(\frac{1}{2^2} - \frac{1}{5^2}\right) = 2.18 \times 10^{-18}\left(\frac{1}{4} - \frac{1}{25}\right) \text{J} = 4.58 \times 10^{-19}$ J

因为 $\Delta E = h\nu = h \cdot \dfrac{c}{\lambda}$

故 $\lambda = \dfrac{hc}{\Delta E} = \dfrac{6.63 \times 10^{-34} \text{J} \cdot \text{s} \times 3.00 \times 10^8 \text{m} \cdot \text{s}^{-1}}{4.58 \times 10^{-19} \text{J}} = 434.2$ nm

此即可见光区的红光谱线。

类似地,可以计算出 $n_2=4,5,6 \rightarrow n_1=2$ 的谱线频率或波长。

玻尔假设的计算值与实验测定值惊人地相符,玻尔假设成功地解释了氢原子及类氢离子(He^+,Li^{2+})的光谱,被称为玻尔理论(即玻尔的氢原子模型)。

玻尔把巴尔末发现并经里德堡进一步归纳总结的规律作了理论说明,提出了能级的概念,成功地解释了氢原子光谱现象,对近代原子结构研究作出了贡献,获得 1922 年诺贝尔奖。玻尔理论的成功在于:冲破了经典力学中能量连续变化概念的束缚,提出了轨道能量量子化(能级)的概念,符合了微观粒子的量子化特征。但玻尔理论有着严重的局限性:它不能解释多电子原子光谱,甚至不能解释氢原子光谱的精细结构。

玻尔理论的不足在于:没有完全冲破经典力学的束缚,仍然采用宏观物体固定运动轨道的方式。没有认识到微观粒子的另一重要特征:微观粒子运动的统计规律性。

二、电子运动的二象性

基础物理知识告诉我们,光具有波动性,又具有粒子性。前者由光的衍射和干涉现象所证实,后者则表现为光能够生产光压和光电效应,光的这种二重性质就称为光的波粒二象性。在光具有波粒二象性的启发下,法国物理学家德布罗意(L. de Broglie)于 1924 年提出一切微观粒子都具有波粒二象性的大胆设想。他认为电子、质子、中子和原子等微观粒子都应该与光相似,既具粒子性,又具波动性。其实,凡是物质,皆具有粒子性和波动性。也可以说,任何物体的运动都会产生"物质波"。只不过对于宏观物体来说,因其波长极短,它的波动性不被察觉而可忽略罢了。

物体的动量 P 可以表示其粒子性,而波长 λ 则表示其波动性,二者存在如下的关系式:

$$\lambda = \frac{h}{p} = \frac{h}{mv}$$

式中,m 为粒子的质量,kg;v 为运动速度,$m·s^{-1}$。这就是著名的德布罗意公式,它表明粒子性和波动性共存于一个物体上。

1897 年,由阴极射线发现了电子,并测出电子的荷质比。所以自电子发现之时,人们就认识到电子的粒子性。而电子的波动性则是在 30 年之后,即 1927 年才被电子衍射实验所证实(图 3-2)。当一束电子流轰击金属晶体样品投射到照相底片时,由于晶体起着光栅的作用,在底片上得到的是一系列明暗相同的衍射环纹。这类似于石块投入静水面所产生的水波图像。电子波的波长实验值与按德布罗意公式计算的结果相一致,这就有力地证实了电子

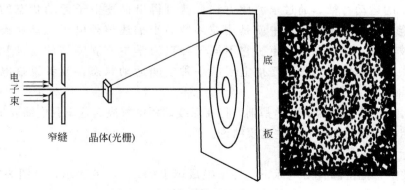

图 3-2 电子衍射实验和电子衍射图

具有波动性。

然而，电子衍射图像究竟是如何得到的呢？假如只有一个电子穿过晶体光栅，那么在照相底片上只会得到一个其位置不能准确预测的感光斑点；若是少数几个电子，则所得感光斑点也无明显规律可循；但若是大量电子穿过晶体，就能得到有确定规律的衍射环。所以说电子衍射环图像反映的是条件相同的大量电子的集体行为，或者说是单个电子无数次重复的统计结果。电子波是一种具有统计性的波，称为概率波。在衍射图上，衍射强度，即波的强度大（亮）的地方，电子出现的概率密度（单位体积里的概率）大；衍射强度小（暗）的地方，电子出现的概率密度小。所以在空间的任一点上，电子波的强度与电子在该点出现的概率密度成正比。具有波动性的电子运动没有确定的经典运动轨道，只遵循与波的强度成正比的概率密度分布规律。

概言之，电子具有量子性、波动性和统计性三大本质特征。

三、核外电子运动的描述

如前所述，原子中的电子运动具有波粒二象性，人们不可能同时测定电子的确切位置和确切能量，当观察量子化的电子行为时，或觉察其粒子性，或看到它的波动性。与宏观物体运动完全不同（宏观物体在任一时刻的速度和位置可以同时准确测定）。因此，对电子运动状态的描述，适用于宏观物体运动规律的经典物理学在这里是无能为力了，只能借助于量子力学模型才能够对微观粒子的运动规律作出更深一层的阐释。

根据玻尔假设的量子化条件，对氢原子中的各种能态，可用多种相互等价的数学式来表示，其中之一可表示为：

$$E_{总} = \frac{P^2}{2m} - \frac{e^2}{r} = E_{动能} + E_{势能}$$

式中，P 代表电子的动量（$P=mv$），$kg \cdot m \cdot s^{-1}$；m 是质量，kg；e 是电子电荷；r 是轨道半径，m。时至1926年前后，奥地利物理学家薛定谔（E. Schrodinger）考虑电子的波动性，提出了描写电子能量状态的方程式——薛定谔方程，奠定了量子力学的基础。该方程的一般数学表达式为：

$$\frac{\partial^2 \psi}{\partial x^2} + \frac{\partial^2 \psi}{\partial y^2} + \frac{\partial^2 \psi}{\partial Z^2} + \frac{8\pi^2 m}{h^2}(E-V)\psi = 0$$

式中，ψ（希腊字母，读作 psai）称为波函数，具有复杂的数学形式。式中包含了体现粒子性（如质量 m 和系统总能量 E）和波动性（波函数 ψ）的两种物理量，因而正确反应了微观粒子的运动特征。通过求解此方程，就可得出描述电子运动状态的波函数 ψ 及其所对应的能量值。在量子力学中就是用波函数 ψ 来描述核外电子运动状态的，并把原子中单电子波函数 ψ 称为原子轨道。它不同于经典力学中宏观物体的运动轨道，也不是玻尔电子模型中的固定轨道，而是指电子的一种空间运动状态，或者说是电子在核外运动的某个空间范围。

解薛定谔方程需要较深的数学基础，将在后续课程中解决。这里我们简要地介绍量子力学处理原子结构问题的思路和一些重要结论。

(1) 坐标变换（了解）

为了方便，常把空间直角坐标 x、y、z 换成球坐标 r、θ、ϕ 表示，见图3-3。换算关系是：$0 \leq \theta \leq \pi$，$0 \leq \phi \leq 2\pi$

$$r=\sqrt{x^2+y^2+z^2}$$
$$x=r\sin\theta\cos\varphi$$
$$y=r\sin\theta\sin\varphi$$
$$z=r\cos\theta$$
$$\psi(x,y,z)\xrightarrow{\text{变换}}\psi(r,\theta,\phi)$$

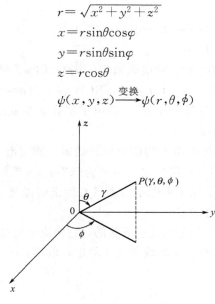

图 3-3

(2) 得出合理解

在解薛定谔方程时,可以得到许多数学解。为了得到有具体物理意义的解,还必须引入一套参数 n、l、m 作为限制条件。这一套参数在量子化学中称为量子数。只有当 n、l、m 值为允许组合,得到的 $\psi(n,l,m)$ 才是合理的,才能代表核外电子运动的一个稳定状态。

(3) 变量分离

在数学上,又可把 ψ 进行变量分离处理,即把 ψ 变成各自含一个变量的 3 个独立函数的乘积:

$$\psi(r,\theta,\phi)=R(r)\cdot Y(\theta,\phi)$$
径向部分　角度部分

(一) 主量子数 (n)——电子层

主量子数 n 决定核外电子的能量状态和电子离核的平均距离。这里说"平均距离"是为了与玻尔轨道半径相区别。因为电子有可能在空间的任何一点出现,只不过在某处出现概率最大。通常就把这种由主量子数 n 决定的电子云密集区或能量状态称为电子层,对于氢原子而言,其电子层的能量与主量子数间的关系式为:

$$E_n=-2.18\times 10^{-18}\times\frac{1}{n^2}\text{J}$$

主量子数 n 取正整数,n 的数值越大,电子的能量越高,离核的平均距离越远。当 $n=1、2、3\cdots\cdots$ 时,相应的电子层就是第一、第二、第三……,并可用下列光谱符号表示:

主量子数 n：　1　2　3　4　5　6　7……
电子层：　　　K　L　M　N　O　P　Q……

(二) 角量子数 (l)——亚层 (能级)

角量子数 l 与电子运动的角动量有关,且是量子化的,故称角量子数,又可叫作副量子数。原子中的电子能量主要由 n 决定,也受 l 的影响。所以 n 对应电子层,l 对应亚层。l 取值受 n 限定,可为 0,1,2,……,$(n-1)$,即 l 可取 n 个正整数 (含零)。同样,可以用光谱符号来表示亚层如下：

角量子数 l：　0　1　2　3……($n-1$)

亚层：　　　　s　p　d　f……

由上看出，当用 n 表示的电子层的层数给定，则在该电子层中的亚层数目也就等于 n。即 $n=1$ 的电子层只有一个亚层（$n=1,l=0$），用 1s 表示；$n=2$ 的电子层有两个亚层（即 $n=2,l=0,1$），分别用 2s 和 2p 表示；$n=3$ 的电子层有 3 个亚层（即 $n=3,l=0,1,2$），各用 3s、3p 和 3d 表示，其余类推。

如果 n 和 l 的数值确定，那么电子的能量也就确定。同时电子在空间的分布即电子云形状也就确定了。例如，ns 能级（亚层）电子云图为球形；np 能级为哑铃形；nd 能级为四瓣梅花形。简言之，n 和 l 确定了原子中电子运动具有特定的能量和形状的轨道。

（三）磁量子数（m）—原子轨道

电子的角动量在磁场方向上的分量是量子化的，它取决于磁量子数 m，原子轨道和电子云在空间的伸展方向是由 m 决定的。m 的取值受 l 限定，取值：$m=0,\pm1,\pm2,\pm3,……,\pm l$（整数，共 $2l+1$ 个值）

$$\begin{array}{ccccc} & s & p & d & f \\ \end{array}$$

轨道空间伸展方向数：　1　3　5　7　　（m 的取值个数）

能量相同的轨道，叫等价轨道，又称简并轨道。

对氢原子：n 相同，如 $E_{2s}=E_{2p_x}=E_{2p_y}=E_{2p_z}$

对多电子原子：n,l 相同（同亚层），m 不同。如：

$$E_{2s} \neq E_{2p_x}=E_{2p_y}=E_{2p_z}$$

三个量子数的取值制约关系：$|m| \leqslant l \leqslant n-1$

在同一电子层中，所含轨道具有相同的能量，但它们的形状和空间取向却不尽相同。图 3-4 表示 s、p、d 和 f 轨道的电子云形状和空间取向，原子核处在坐标原点。

当 n、l、m 三个量子数都确定时，原子轨道的能量、形状和空间取向也就确定了。故可以称这三个量子数为原子轨道量子数。例如，4s 表示由 $n=4,l=0,m=0$ 所确定的轨道；$2p_z$ 是由 $n=2,l=1,m=0$ 所确定的轨道；与 $2p_z$ 能量相等而取向不同的另两个轨道是 $2p_x$ 和 $2p_y$ 对应的 m 值分为 +1 和 −1。

（四）自旋量子数（m_s）

在氢原子光谱的实验中，当强磁场存在下，大多数谱线其实是由两条靠得很近的谱线组成的，这是因为电子在核外运动，除取一定的空间运动状态外，本身还有自旋运动。自旋运动有两个方向，即顺时针和逆时针方向，其值可取 +1/2 或 −1/2，通常用向上箭头和向下箭头分别表示这两个相反的自旋方向。

表 3-1 是前四个电子层中，量子数与轨道数及电子数间的相互关系。

综上所述，原子轨道是指由三个量子数 n、l、m 确定的电子运动区域，而电子的运动状态，则要由 n、l、m、m_s 四个量子数来描述。

奥地利科学家泡利（Pauli）根据光谱实验指出，在同一原子中，不可能有四个量子数完全相同的电子。它表明，某一电子层中的电子数是有一定限度的。

例如，在离核最近的 K 层上，电子的四个量子数必须是 $n=1, l=1, m=0, m_s=+1/2$ 或 −1/2。因此，K 层上最大限度只能容纳 2 个电子。因为如果再多容纳一个电子，则其中必然有两个电子的四个量子数完全相同，而违背泡利原理。

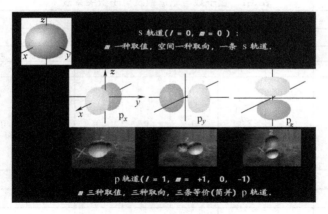

(a) s、p 轨道的电子云形状和空间取向

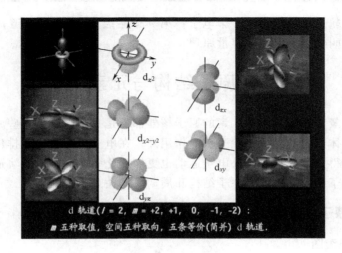

(b) d 轨道的电子云形状和空间取向

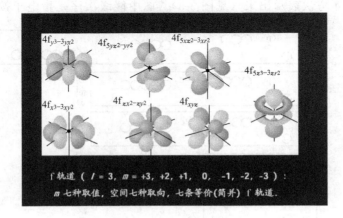

(c) f 轨道的电子云形状和空间取向

图 3-4　s、p、d、f 轨道的电子云形状和空间取向

表 3-1　量子数与轨道数及电子数关系表

主量子数（电子层）n	K	L		M			N			
	1	2		3			4			
角量子数 l（电子亚层）	s	s	p	s	p	d	s	p	d	f
	0	0	1	0	1	2	0	1	2	3
磁量子数 m（电子轨道）	0	0	-1 0 $+1$	0	-1 0 $+1$	-2 -1 0 $+1$ $+2$	0	-1 0 $+1$	-2 -1 0 $+1$ $+2$	-3 -2 -1 0 $+1$ $+2$ $+3$
轨道数	1	1	3	1	3	5	1	3	5	7
电子数	2	2	6	2	6	10	2	6	10	14
每层电子最大容量 $2n^2$	2	8		10			32			

同理，同一个轨道上只能容纳 2 个电子。第 n 个主层上有 n^2 个轨道，所以，最多可容纳 $2n^2$ 个电子，这叫做电子层最大容量原理。

第二节　原子结构与元素周期表

除氢原子或类氢原子外，其他元素的原子核外都不是一个电子，这些原子统称为多电子原子。多电子原子体系中的电子，除受核的作用外，在电子间还有相互排斥作用。因此，原子轨道能级次序变得愈加复杂，核外电子运动也更加变化多端。本节从轨道能级出发，讨论多电子原子核外电子排布规律以及原子结构和周期表的关系。

一、多电子原子轨道能级

1. 鲍林近似能级图

美国化学家鲍林（Pauling）根据光谱实验结果总结出多电子原子中各轨道能级高低的近似情况，并用图示方法表示出来（见图3-5）。图中能级次序是指电子按能级高低在核外

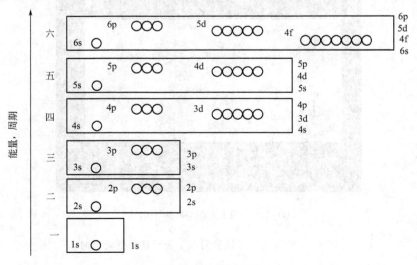

图 3-5　近似能级图

排布的次序。

对这个近似能级图可作如下几点说明。

① 能级图中,能量相近的能级划为一组,放在一个方框中称为能级组。图中共列出六个能级组。

② 图中每一个小圆圈代表一个原子轨道,如 s 亚层只有一个原子轨道,p 亚层有三个能量相同的原子轨道,而 d 亚层有 5 个能量相同的原子轨道等。

③ 当 l 相同而 n 不同时,轨道能量随 n 值增大而增高。例如,$E_{1s}<E_{2s}<E_{3s}$,$E_{2p}<E_{3p}<E_{4p}$ 等。

④ 当 n 相同而 l 不同时,轨道能量随 l 值增大而增高。例如,$E_{2s}<E_{2p}$,$E_{4s}<E_{4p}<E_{4d}<E_{4f}$ 等。

⑤ 当 n 和 l 皆不相同时,轨道能量有交错现象。例如,$E_{4s}<E_{3d}$,$E_{6s}<E_{4f}<E_{5d}$。此时,高能层中低能级(如 4s)的能量低于低能层中高能级(如 3d)的能量。

2. $n+0.7l$ 规则

为了确定 n 和 l 同时改变时,能级的相对高低,我国化学家徐光宪先生根据大量光谱实验数据,总结归纳出能级的相对高低与其主量子数和角量子数的关系,即 $(n+0.7l)$ 近似规律。

① 能级的 $n+0.7l$ 值越大,能量越高;

② $n+0.7l$ 整数位相同的能级构成能级组,并按照整数位数值称为第几能级组。

表 3-2 电子能级及分组表

能级	2s	2p	3s	3p	4s	3d	4p	5s	4d	5p	6s	4f	5d	6p
$n+0.7l$ 值	2.0	2.7	3.0	3.7	4.0	4.4	4.7	5.0	5.4	5.7	6.0	6.1	6.4	6.7
能级组	II		III		IV			V			VI			
能级能量	$E_{2s}<E_{2p}<E_{3s}<E_{3p}<E_{4s}<E_{3d}<E_{4p}<E_{5s}<E_{4d}<E_{5p}<E_{6s}<E_{4f}<E_{5d}<E_{6p}$													

$n \leqslant 3$,不存在能级交错,能级能量高低只取决于 n;但 $n \geqslant 4$ 时,出现能级交错,能级能量高低由 $(n+0.7l)$ 值确定。所以,$n+0.7l$ 规则可帮助我们记忆鲍林(Panling)近似能级图。

应当指出,原子轨道的能量除与量子数有关外,还与核电荷(原子序数)有关,随着原子序数的增加,核对电子的吸引增强,原子轨道的能量会逐渐下降,且不同元素原子轨道能量下降的程度也不相同。

二、基态原子的电子排布

原子核外的电子运动由波函数 ψ 来描述,而 ψ 是由若干个量子数确定的。当原子处于能量最低的状态时,就称其为基态。基态原子的核外电子排布一般遵循下列三个原则。

(1) 泡利不相容原理(Pauli, exclusionprinciple)

在一个原子中不可能存在四个量子数都完全相同的两个电子,换句话说在每个原子轨道(指由 n、l 和 m 三个量子数规定的状态)上至多只能容纳两个自旋方向相反的电子。

(2) 最低能量原理(lowest energy principle)

电子在核外分布,应使得整个原子的能量趋于最低。为此,在多电子原子中,在不违背泡利不相容原理的前提下,电子应优先分布于能量较低的原子轨道(能级)上,使系统的总能量最低。

(3) 洪德规则(Hund, rules)

在能量相同的等价轨道(又称简并轨道)上,例如在同一能层的 3 个 p 轨道、5 个 d 轨道和 7 个 f 轨道上,电子将优先尽可能多地分布于不同的轨道,且其自旋方向相同。量子力学证明,电子的这种排布符合能量最低。根据洪德规则,具有全充满或半充满电子简并轨道的电子层结构是比较稳定的,即 p^6、d^{10}、f^{14} 或 p^3、d^5、f^7 都是比较稳定的。

至此,根据上述三条原则,一般即可写出任一元素基态原子的电子排布式(又称电子构型或原子结构)。

【例 2】 写出氧原子的电子构型(也叫电子排布)。

解:氧原子核外有 8 个电子,氧原子的电子构型应为:$1s^2 2s^2 2p^4$。显然,这是按轨道能量由低到高的顺序,即按 1s—2s—2p—……的顺序写出的,而在能级光谱符号(s,p,d……)右上角的数字则代表其填入的电子数。这里电子自旋方向虽未注明,读者却应能加以判断。比如 $1s^2$ 轨道上的 2 个电子一定是自旋相反的(泡利不相容原理),故可表示为 1s ↑↓,而 $2p^4$ 轨道上的 4 个电子,其中有 2 个自旋相反,成对填入 1 个 p 轨道,其余 2 个电子则自旋平行分别填入另外 2 个 p 轨道(洪德规则),故可表示为 2p ↑↓ ↑ ↑。

再比如,40 号元素 Zr 的电子排布为 $1s^2 2s^2 2p^6 3s^2 3p^6 3d^{10} 4s^2 4p^6 4d^2 5s^2$;
24 号元素 Cr 的电子排布式为 $1s^2 2s^2 2p^6 3s^2 3p^6 3d^5 4s^1$;
29 号元素 Cu 的电子排布式为 $1s^2 2s^2 2p^6 3s^2 3p^6 3d^{10} 4s^1$ 等。

事实表明,在内层原子轨道上运动的电子因能量较低而不活泼,在外层原子轨道上运动的电子因能量较高而活泼。因此一般化学反应只能涉及外层原子轨道上的电子,人们称这些电子为价电子。元素的化学性质与价电子的性质和数目有密切关系。为此,人们关注价电子排布,为了简便人们常常只表示出价电子排布。例如,基态氧原子的价电子排布式为 $2s^2 2p^4$,基态铬原子的价电子排布式为 $3d^5 4s^1$。

三、原子结构与元素周期表

掌握原子核外电子排布的规律,对元素周期表的认识就能更加深入。周期表能反映元素性质的周期性变化,其微观结构的原因在于随着元素原子核电荷(原子序数)数的递增,原子最外电子层的排布由 ns^1 到 $ns^2 np^6$ 重复变化,电子每排布于一个新增加的电子层(主量子数 n 递增 1),即开始一个新的周期。

根据元素价电子(参与化学反应的外层电子)排布于能级(亚层)的情况不同,可将长式元素周期表划分为如下 5 个区(以最后填入的电子的能级代号作为该区符号)。

(1) s 区(价电子排布于 ns 能级):含ⅠA、ⅡA 元素,其价电子构型是 $ns^{1\sim 2}$。

(2) p 区(价电子排布于 np 能级):含ⅢA~ⅧA 元素,其价电子构型是 $ns^2 np^{1\sim 6}$(He 为 $1s^2$)或 $(n-1)d^{10}ns^2 np^{1\sim 6}$。

(3) d 区〔价电子排布于 $(n-1)d$ 能级〕:含ⅢB~ⅧB 元素,其价电子构型是 $(n-1)d^{1\sim 8}ns^{0\sim 2}$。

(4) ds 区:含ⅠB、ⅡB 元素,其价电子构型是 $(n-1)d^{10}ns^{1\sim 2}$。

(5) f 区〔价电子排布于 $(n-2)f$ 能级〕:含镧系(lanthanides)中 58~71 号元素和锕系(actinides)中 90~103 号元素,其外围电子构型涉及因素较以上 4 个区复杂,一般价电子构型可表示为 $(n-2)f^{0\sim 14}(n-1)d^{0\sim 2}ns^2$。

概括起来,原子结构和元素周期表之间主要存在以下关系。

(1) 能级组元素的周期

元素所在的周期数是根据该元素原子的最高能级组数确定的,也等于其价电子的(n+

0.7*l*) 值的首位数,也与原子最外电子层的主量子数 n 相对应。例如,Mn 的电子层结构为 $1s^22s^22p^63s^23p^63d^54s^2$,可知 Mn 是第 4 周期元素。Mn 价电子的 $(n+0.7l)=(3+0.7×2)=4.4$,其首位数为 4,故 Mn 处于第 4 周期。元素周期表中的七个周期对应 7 个能级组。

各周期中元素的数目,等于填入新增能级组所能容纳的电子总数(见表 3-3)。所谓能级组,是由主量子数 n 和角量子数 l 来决定的。若电子的 $(n+0.7l)$ 值的首位数相同,则它们归属同一能级组。例如,能级 4s、3d 和 4p 的 $(n+0.7l)$ 分别等于 4.0、4.4 和 4.7,其首位数都是 4,故这 3 个能级同属于第四能级组。据此可以推测,第 7 周期应有 32 种元素(目前尚未全部发现)。

表 3-3 各周期元素数目与新填入能级组的关系

周 期	能 级 组	新填入的能级组	元 素 数 目
1	一	1s	2
2	二	2s,2p	8
3	三	3s,3p	8
4	四	4s,3d,4p	18
5	五	5s,4d,5p	18
6	六	6s,4f,5d,6p	32
7	七	7s,5f,6d,7p	31(尚未全部发现)

(2) 元素的族

长式周期表,从左至右共有 8 列,第 1、2、13、14、15、16 和 17 列为主族,用 A 示意主族,前面用罗马数学示意族序数,主族从ⅠA 至ⅦA。族的划分与原子的价电子数目和价电子排布密切相关。同族元素的价电子数相同。主族元素的价电子全部排布在最外层的 ns 和 np 轨道,尽管同族元素的电子层数从上到下逐渐增加,但价电子排布完全相同。例如,钠原子的价电子排布为 $3s^1$,钠元素属于ⅠA;氯元素的价电子排布 $3s^23p^5$,氯元素属于ⅦA。因此,主族元素的族序数等于价电子总数。除氢元素外,稀有气体元素原子的最外层电子排布均为 ns^2np^6,呈现稳定结构,称为零族元素,也称为ⅧA 族。

长式周期表中,第 3、4、5、6、7、11 和 12 列为副族。分别称为ⅢB、ⅣB、ⅤB、ⅥB、ⅦB、ⅠB、ⅡB。前五个副族的价电子数目对应族序数。例如,钪的价电子排布为 $3d^44s^2$,价电子数为 3,对应的族名称为ⅢB;锰的价电子排布为 $3d^54s^2$,价电子数为 7,对应的族名称为ⅦB。而ⅠB、ⅡB 是根据 ns 轨道上是有 1 个还是 2 个电子来划分的。表中第 8、9 和 10 列元素称为ⅧB 族,价电子排布一般为 $(n-1)d^{6\sim10}ns^{0\sim2}$。

第三节 元素性质的周期性

元素的基本性质,如原子半径、电离能、电子亲和能和电负性等,都与原子的结构密切相关,因此也呈现明显的周期性变化规律。

一、原子半径

原子核外电子运动是按概率分布的,没有固定的轨道,原子半径只有统计意义,人们假定原子呈球形,借助相邻原子的核间距来确定原子半径。通常分为三类。

① 共价半径:同种元素的两个原子,形成共价单键的两原子核间距离的一半。

② 金属半径:在金属单质晶体中,两个相邻金属原子核间距离的一半。

③ 范德华半径：在分子晶体中（如稀有气体），相邻分子核间距离的一半。

原子半径的大小主要决定于有效核电荷数和核外电子的层数。其规律如下：

在周期表的同一短周期中，从左到右原子半径逐渐减小。这是由于有效核电荷数逐渐增加，而电子层数保持不变。增加的电子都在同一外层，此时相互屏蔽作用较小，因此随原子序数增加，核电荷对电子的吸引力逐渐增大，原子半径依次减小。

在长周期中原子半径从左到右总的趋势减小，但略有起伏。从第三个元素开始，原子半径减小比较缓慢，而在后半部的元素（如第四周期从 Cu 元素开始），原子半径反而略有增大，但随即又逐渐减小。这是由于电子是逐一填入 $(n-1)$d 层，d 电子出于此外层，对核的屏蔽作用较大，有效核电荷数增加不多，核对外层电子的吸引力也增加较少，因此原子半径减小缓慢。而到了长周期的后半部，即从 I B 族开始，由于次外层已充满 18 个电子，新增加的电子要加在最外层，半径又略有增大。当电子继续填入最外层时，由于有效核电荷数的增加，原子半径又逐渐减小。

镧系元素从左到右，原子半径减小幅度更小，这是由于新增加的电子填入从外数第三层上，对外层电子的屏蔽效应更大，外层电子所受到的 Z^* 增加的影响更小。镧系元素从镧到镱整个系列的原子半径减小不明显的现象称为镧系收缩。

在同一主族中，从上到下，外层电子构型相同，电子层增加的因素占主导地位，所以，原子半径逐渐增大。副族元素的原子半径，从第四周期过渡到第五周期是增大的，但第五周期和第六周期同一族中的过渡元素的原子半径比较接近。部分第四、第五、第六周期元素半径见表 3-4。

表 3-4　第四、五、六周期元素半径

周　　期	元　　素	半径/pm
四	Sc	161
	Ti	145
	V	132
	Cr	125
五	Y	181
	Zr	160
	Nb	143
	Mo	160
六	Lu	173
	Hf	159
	Ta	143
	W	137

二、电离能（I）

基态气态原子失去电子成为带正电荷的气态阳离子所需的能量，叫电离能，记为 I。单位 $kJ \cdot mol^{-1}$。

$$M_{(g)} - e^- \longrightarrow M^+_{(g)} \quad I_1$$
$$M^+_{(g)} - e^- \longrightarrow M^{2+}_{(g)} \quad I_2$$
$$M^{2+}_{(g)} - e^- \longrightarrow M^{3+}_{(g)} \quad I_3$$

通常用第一电离能衡量气态原子失电子难易。I_1 越小，气态原子越易失去电子，元素的金属性越强。

说明：这里由电离能得出的失电子难易（元素的金属性强弱）是气态原子的，与金属活泼性顺序表中的顺序不完全相同。因为后者是元素在水溶液中生成常见阳离子时的强弱顺序，要由另一个物理量"电极电势"来确定（氧化还原反应章节讨论）。二者有联系又有区别，如：金属活泼性顺序表中 Cu、Hg、Ag、Pt、Au，Hg 比 Ag、Pt、Au 活泼，但 I_1：Hg＞Au＞Pt＞Ag。

电离能随原子序数的增加而呈现周期性变化（见图 3-6）。

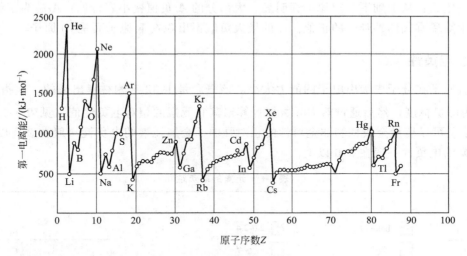

图 3-6 第一电离能的变化趋势

同一周期：主族元素从 ⅠA 到 ⅧA，Z^* 增大，r 减小，I 增大。其中 ⅠA 的 I_1 最小，稀有气体的 I_1 最大；长周期中部（过渡元素），电子依次加到次外层，Z^* 增加不多，r 减小缓慢，I 略有增加。

N、P、As、Sb、Be、Mg 电离能较大——半满，全满。

同一主族：从上到下，最外层电子数相同；Z^* 增加不多，r 增大为主要因素，核对外层电子引力依次减弱，电子易失去，I 依次变小。

三、电子亲和能（A）

元素的气态原子在基态时获得一个电子成为一价气态负离子所放出的能量称为电子亲和能（见表 3-5）。当负一价离子再获得电子时要克服负电荷之间的排斥力，因此要吸收能量。

表 3-5 元素的电子亲和能/（kJ·mol^{-1}）

H −72.7							He +48.2
Li −59.6	Be +48.2	B −26.7	C −121.9	N +6.75	O −141.0（844.2）	F −328.0	Ne +115.8
Na −52.9	Mg +38.6	Al −42.5	Si −133.6	P −72.1	S −200.4（531.6）	Cl −349.0	Al +96.5
K −48.4	Ca +28.9	Ga −28.9	Ge −115.8	As −78.2	Se −195.0	Br −324.7	Kr +96.5
Rb −46.9	Sr +28.9	In −28.9	Sn −115.8	Sb −103.2	Te −190.2	I −295.1	Xe +77.2

本表数据依据 H. Hotop and W. C. Lineberger，*J. Phys. Chem. Ref. Data*，14，731（1985）括号内数值为第二电子亲和能。

例如：

$$O(g) + e^- \longrightarrow O^-(g) \qquad A_1 = -140.0 \text{kJ} \cdot \text{mol}^{-1}$$

$$O^-(g) + e^- \longrightarrow O^{2-}(g) \qquad A_2 = 844.2 \text{kJ} \cdot \text{mol}^{-1}$$

同一周期：从左到右，Z^* 增大，r 减小，最外层电子数依次增多，趋向于结合电子形成 8 电子结构，A 的负值增大。卤素的 A 呈现最大负值，ⅡA 为正值，稀有气体的 A 为最大正值。

同一主族：从上到下，规律不很明显，大部分的 A 负值变小。特例：$A_{(N)}$ 为正值，是 p 区元素中除稀有气体外唯一的正值。A 的最大负值不出现在 F 原子而是 Cl 原子。

四、电负性 (χ)

衡量原子在分子中吸引电子的能力大小。该概念是 1932 年鲍林提出来的。他指定 $\chi_F = 4.0$ 作为测量标度，然后通过热力学数据计算出其它元素的相对电负性值（见表 3-6）。根据 χ 值大小，可以衡量金属性和非金属性的相对强弱。金属元素的电负性一般在 2.0 以下，非金属元素的电负性一般在 2.0 以上。

表 3-6　元素的电负性

1	2	3	4	5	6	7	8	9	10	11	12	13	14	15	16	17
H 2.1																
Li 1.0	Be 1.5											B 2.0	C 2.5	H 3.0	O 3.5	P 4.0
Na 0.9	Mg 1.2											Al 1.5	Si 1.8	P 2.1	S 2.5	Cl 3.0
K 0.8	Ca 1.0	Sc 1.3	Ti 1.5	V 1.6	Cr 1.6	Mn 1.5	Fe 1.8	Co 1.8	Ni 1.8	Cu 1.9	Zn 1.6	Ga 1.6	Ge 1.8	As 2.0	Se 2.4	Br 2.8
Rb 0.8	Sr 1.0	Y 1.2	Zr 1.4	Nb 1.6	Mo 1.8	Tc 1.9	Ru 2.2	Rh 2.2	Pd 2.2	Ag 1.9	Cd 1.7	In 1.7	Sn 1.8	Sb 1.9	Te 2.1	I 2.5
Cs 0.8	Ba 0.9	La* 1.1	Hf 1.3	Ta 1.5	W 2.4	Re 1.9	Os 2.2	Ir 2.2	Pt 2.2	Au 2.4	Hg 1.9	Tl 1.8	Pb 1.8	Bi 1.9	Po 2.0	At 2.2
Fr 0.7	Ra 0.9	Ac+ 1.1														

图例：below 1.0；1.0-1.4；1.5-1.9；2.0-2.4；2.5-2.9；3.0-4.0

*Lanthanides: 1.1-1.3
+Actinides: 1.3-1.5

χ 越大，原子在分子中吸引电子能力越强，非金属性越强。χ 值越小，原子在分子中吸引电子能力越弱，金属性越强。电负性呈现周期性变化。

同一周期：从左到右，吸引电子能力增强，电负性值增大。金属性减弱，非金属性增强。

同一主族：从上到下，吸引电子能力减弱，电负性值减小。金属性增强，非金属性减弱。

副族元素规律性差些，以至金属性变化不明显。

习　题

1. 物质的波粒二象性含义是什么？可用哪些物理量来分别表征波动性和粒子性？举例说明电子既有波动性又有粒子性。
2. 简述"原子轨道"的含义。玻尔理论和量子力学对"轨道"的解释有何不同？
3. 原子轨道由哪些量子数来描述？
4. 试计算氢原子的电子从 $n=3$ 能态跃迁至 $n=2$ 的能态时所产生的光子的能量，所发射的光频率及相应波长是多少？

第三章 原子结构

5. 下列量子数所表示的电子运动状态是否存在？为什么？
   (1) $n=1$, $l=2$, $m=0$
   (2) $n=2$, $l=0$, $m=+1$
   (3) $n=3$, $l=3$, $m=+3$
   (4) $n=4$, $l=3$, $m=-2$

6. 填充下列所缺的量子数，以表示合理的电子运动状态。
   (1) $n=?$, $l=2$, $m=0$, $m_s=+\frac{1}{2}$
   (2) $n=2$, $l=?$, $m=+1$, $m_s=-\frac{1}{2}$
   (3) $n=4$, $l=2$, $m=0$, $m_s=?$
   (4) $n=2$, $l=0$, $m=?$, $m_s=+\frac{1}{2}$

7. 某原子中的 5 个电子，分别具有下列各组量子数，试指出哪个电子的能量最高，哪个最低？
   (1) $n=2$, $l=1$, $m=1$, $m_s=-\frac{1}{2}$
   (2) $n=2$, $l=1$, $m=0$, $m_s=+\frac{1}{2}$
   (3) $n=3$, $l=1$, $m=1$, $m_s=+\frac{1}{2}$
   (4) $n=3$, $l=0$, $m=0$, $m_s=+\frac{1}{2}$

8. 试求任一原子的 $n=3$ 电子层所含各亚层的最大电子数各是多少？

9. 试判断下列各状态所能够容纳的最大电子数。
   (1) $n=3$
   (2) $n=3$, $l=2$, $m=-2$
   (3) 3d
   (4) $n=4$, $l=3$, $m=-3$
   (5) 4d
   (6) 2p

10. 下列各组量子数中哪一组是正确的？将正确的各组量子数用原子轨道符号表示之。
    (1) $n=3$, $l=2$, $m=0$; (2) $n=4$, $l=-1$, $m=0$;
    (3) $n=4$, $l=1$, $m=-2$; (4) $n=3$, $l=3$, $m=-3$。

11. 一个原子中，量子数 $n=3$, $l=2$ 时可允许的电子数最多是多少？

12. 用 s、p、d、f 等符号表示下列元素的原子电子层结构（原子电子构型），判断它们属于第几周期，第几主族或副族。
    (1) $_{20}$Ca (2) $_{27}$Co (3) $_{32}$Ge (4) $_{48}$Cd (5) $_{83}$Bi

13. 不翻看元素周期表试填写下表

原子序数	电子排布式	价层电子构型	周期	族	结构分区
24					
18	[Ne]$3s^2 3p^6$				
35		$4s^2 4p^5$			
48			5	ⅡB	

14. 下列哪个中性原子有最多的未成对电子？
    (1) Na (2) Al (3) Si (4) P (5) S

15. 下列离子何者不具有 Ar 的电子构型？
    (1) Ga^{3+} (2) Cl^- (3) P^{3-} (4) Sc^{3+} (5) K^+

16. 已知某元素基态原子的电子分布是 $1s^2 2s^2 2p^6 3s^2 3p^6 3d^{10} 4s^2 4p^1$，请回答：
    (1) 该元素的原子序数是多少？
    (2) 该元素属第几周期？第几族？是主族元素还是过渡元素？

17. 在某一周期（其稀有气体原子的外层电子构型为 $4s^2 4p^6$）中有 A，B，C，D 四种元素，已知它们的最外层电子数分别为 2，2，1，7；A 和 C 的次外层电子数为 8，B 和 D 的次外层电子数为 18。问 A，B，C，D 分别是哪种元素？

18. 某元素原子 X 的最外层只有一个电子，其 X^{3+} 中的最高能级的 3 个电子的主量子数 n 为 3，角量子数 l 为 2，写出该元素符号，并确定其属于第几周期、第几族。

第四章 分子结构与晶体结构

【教学要求】
1. 认识化学键的本质。理解离子键、共价键、金属键的形成及特征。
2. 会用价键理论（杂化轨道理论）处理一般分子的成键及结构问题。初步认识分子轨道理论，会处理第二周期同核双原子分子的成键过程。
3. 熟悉分子间力（取向力、诱导力、色散力、范德华力）及氢键的形成、特征及对物质性质的影响。会用离子极化观点解释键型及其物理性质的变化规律。
4. 理解不同类型晶体的特性，熟悉离子晶体晶格能的热化学循环计算。
5. 理解金属键自由电子理论，了解金属能带理论。

【内容提要】
　　本章的内容在原子结构的基础上，简述分子的形成过程及有关的理论，以及分子结构、晶体结构与物质性质之间的关系。介绍了化学键类型及其特征，键性质的表征——键参数的概念；归纳了离子键的形成特点；重点介绍共价键的价键理论（杂化轨道理论）及其应用，初步认识分子轨道理论；简述了金属键自由电子理论和金属能带理论的初步知识；对晶体结构的各种类型及其特征、分子的性质、分子间的作用力和氢键与物质性质间的关系进行了讨论；用离子极化观点解释了键型及其物理性质的变化规律。

【预习思考】
1. 什么是化学键，有哪几种？如何区分？有哪些键的性质需要表征？怎样表征？
2. 离子键、离子化合物的定义？形成条件？离子键的本质和特征？如何理解？
3. 离子晶体的结构特征？如何解释离子化合物性质的变化规律？
4. 如何说明氢气、水等众多物质的形成和性质？共价键是如何形成？共价键的本质、形成条件和特征？
5. 价键理论要点及理解。杂化轨道理论主要解决了什么问题？杂化轨道理论与分子空间构型有什么关系？
6. 分子极性表征分子的什么性质？与键的极性是什么关系？与分子空间构型有何关系？分子的磁性能提供什么结构信息？如何表征？
7. 分子轨道理论的要点，解释氧气分子的结构和性质。
8. 小分子之间是否存在作用力？根据什么事实判断？如何理解？范氏力包括哪些力？产生的原因是什么？如何分析其特点和变化规律？
9. 氢键的形成条件、特征及对物质性质的影响。
10. 如何判断共价物质的晶体结构类型？分子晶体、原子晶体有何特性？
11. 如何解释金属单质的性质、金属原子之间的相互作用？何谓"金属键"？用自由电子理论和能带理论解释金属键的本质和特征，分析金属的物性及规律。
12. 何谓"离子极化"？影响因素有哪些？离子极化对物质结构和性质有何影响？

　　分子是保持物质基本化学性质的最小微粒，又是参与反应的基本单元之一。分子由原子构成。分子的形成说明原子间存在相互作用，这种作用必影响分子的性质——物质性质。分子的结构通常包括两方面的内容：一是直接相邻的原子间强烈的作用（即化学键）；二是分子中的原子在空间的相对排列，即空间构型。本章将讨论原子之间的相互作用——分子结构和晶体结构。

分子结构：微观独立存在的集合体（分子、离子、原子）中原子之间的排列及作用。

晶体结构：宏观聚集体中微粒（原子、分子、离子）的排列及作用。

第一节 化学键与键参数

一、化学键及其类型

鲍林在其名著《化学键的本质》中提出了化学键的定义。简单来讲，化学键就是在分子内或晶体中，相邻原子或离子间强烈的相互作用。

根据相邻原子或离子间强烈的相互作用力性质的不同，化学键分为离子键、共价键和金属键。

二、键参数

化学键的性质通过表征键性质的物理量来描述。如键的强度用键能表征，键的作用范围、方向用键长、键角描述等。总之，能表征键性质的物理量称为键参数。

（一）键能

在298K和标准状态下，破坏1mol气态化学键（化学式表示）变成气态原子或原子团过程所需要的能量，即键能，可用此过程的焓变表示。对双原子分子，键能在数值上就等于键的解离能D，例如：

$$HF_{(g)} \longrightarrow H_{(g)} + F_{(g)}$$

$$E_{H-F}^{\ominus} = \Delta H_{298}^{\ominus} = D^{\ominus}(H-F) = 565 kJ \cdot mol^{-1}$$

若破坏的化学键多于一个时，则取同种键逐级离解能的平均值。例如，H_2O中有两个O—H键，要断开第一个O—H键所需能量为502kJ·mol^{-1}，而断开第二个O—H键需426kJ·mol^{-1}，故O—H键的键能为465kJ·mol^{-1}（平均值）。

不同的原子形成不同的化学键，结合力不同，键能就不同。一般来说，键能越大，破坏键所需能量越大，键越强，由该键构成的分子也就越稳定。

键能可通过光谱实验测定，也可利用生成焓计算。表4-1列举了一些常见化学键的键能数据。

（二）键长

分子内成键的两原子核间的平衡距离称为键长，常用单位为pm。例如，氢分子中两个氢原子的核间平衡距离为76pm，所以H—H键的键长为76pm。键长与键强度有关。键长与键能一样都是共价键的重要性质，可由实验（主要是分子光谱或热化学）测知。表4-2给出了一些化学键长数据。

可以看出，同是单键的H—F、H—Cl、H—Br的键长依次增加，表明核间距依次增大，键的强度依次减弱，键能依次递减；单键、双键及三键的键长依次缩短，键能依次增大，但双键、三键的键长与单键的相比并非两倍、三倍的关系。

表 4-1 常见化学键键能/(kJ·mol^{-1})

键能		H	F	Cl	Br	I	O	S	N	C
单键	H	436								
	F	565	155							
	Cl	431	252	243						
	Br	368	239	218	193					
	I	297	—	209	180	151				
	O	465	184	205	—	201	138			
	S	364	340	272	214	—	—	264		
	N	389	272	201	243	201	201	247	159	
	C	415	486	327	276	239	343	289	293	331
双键		C═C 620 C═N 615 C═O 798 C═S 578 O═O 498 N═N 419 S═O 420 S═S 423									
三键		C≡C 812 N≡N 945 C≡N 879 C≡O 1072									

表 4-2 一些化学键的键长/pm

共价键	H—H	H—F	H—Cl	H—Br	F—F	Cl—Cl	Br—Br	C—C	C═C	C≡C
键长(L_b)	76	91.8	127.4	140.8	141.4	198.8	228.4	154	134	120

键长和键能虽然可以判断化学键的强弱,但要了解反应分子的几何形状,还需要键角这个键参数。

(三) 键角

分子中相邻两键的夹角称为键角。由于分子中的原子在空间的分布情况不同,就有不同的几何构型,也就有不同键角。所以它是表征化学键方向性、分子空间结构的重要参数。例如,CH_4 分子中,每两个 C—H 键之间的夹角为 $109°28'$,表明其几何构型为正四面体。

键角数据可通过光谱、X 衍射实验测得。

(四) 键矩

表征原子间键的正负电荷重心不重合的程度。键矩为零,正负电荷重心重合,为非极性键。键矩不为零,为极性键;键矩越大,键极性越强。

第二节 离子键和离子化合物

受到稀有气体(曾称惰性气体)的电离能和电子亲和能数据(表 4-3)的启示,1916 年德国 Kossel 提出离子键形成的理论。

表 4-3 稀有气体的电离能和电子亲和能

气体种类	电离能/(kJ·mol^{-1})	电子亲和能/(kJ·mol^{-1})
He	2372	0
Ne	2080	0
Ar	1520	0

说明稀有气体原子难失去电子,也难得到电子,其电子构型稳定。因此,价电子数少的活泼金属原子倾向于失去其价电子,变成稀有气体型结构的阳离子;而活泼非金属原子倾向于得到电子变成稀有气体型结构的阴离子。即金属与非金属原子彼此发生电子转移,阴阳离子之间靠静电作用形成化学键。

一、离子键与离子化合物

(一) 离子键

带相反电荷的阳离子和阴离子靠静电作用结合在一起,这种由异号电荷离子的吸引所产生的化学结合力称为离子键。由离子键组成的化合物称离子化合物。

例如,氯化钠(NaCl)是典型的离子化合物之一。Na 是周期表ⅠA的元素,具有很强的金属性,易失去电子。Cl 是周期表ⅦA的元素,具有很强的非金属性,易获得电子。当 Na 原子和 Cl 原子接近时,Na 原子失去一个电子生成 Na^+,而 Cl 原子获得一个电子成为 Cl^-,两种离子借静电作用力相结合。

(二) 离子键形成条件

通常以键合原子的电负性差大于1.7作为是否为离子键的参考依据。即并非任意金属与非金属元素之间都可形成离子键。事实上,只有极活泼的金属(如碱金属、碱土金属等)元素与极活泼的非金属元素(如卤素、氧等)之间才能形成离子成分占优势的离子键。

(三) 离子键的本质

离子键的本质是静电作用(电性作用)。根据库仑定律,离子的电荷越大,离子间的距离越小,离子间的引力越强。

(四) 离子键的特征

无方向性和饱和性。阴阳离子可视为带电的球体,其电场力如同点电荷一样,向空间各个方向伸展,在各个方向上均能吸引带异电荷的离子,即离子键的形成没有固定的方向;同时,只要空间条件许可,它也不受某一方向是否已结合了异电荷离子的影响,吸引若干异电荷离子,故称离子键没有方向性与饱和性。

如在 NaCl 晶体中,每个 Na^+ 同时吸引着6个 Cl^-,每个 Cl^- 周围也有6个 Na^+,在 NaCl 晶体中无法单独划出一个 NaCl 分子,只能把整个晶体看作一个巨大的分子。符号 NaCl 只表示 NaCl 晶体中 Na^+ 和 Cl^- 物质的量的简单整数比为1:1,NaCl 称氯化钠的化学式。

(五) 离子的结构类型

同一元素原子得失电子数不同可形成不同电子构型的离子,不同元素原子也可以形成相同电子构型的离子,这可根据其原子结构进行分析。离子的电子构型可分为以下几种类型(表4-4)。

表4-4 离子的结构类型

离子类型	2e	8e	18e	18+2e	不饱和型
价层结构	$1s^2$	ns^2np^6	$ns^2np^6nd^{10}$	$(n-1)s^2(n-1)p^6(n-1)d^{10}ns^2$	$ns^2np^6nd^{1\sim9}$
实例	Li^+	Mg^{2+}	Ag^+	Pb^{2+}	Fe^{3+}

【强调】 离子结构类型对其化合物的性质有影响,以后将讨论。

二、离子晶体及其特性

一般情况下,固体有晶体和非晶体(无定形体)之分。无定形体由于内部质点排列不规则,所以,没有一定的结晶外形,而晶体具有规则的几何形状、固定熔点和具各向异性(不同方向上性质各异)的特点。晶体整齐的几何外形是晶体内部结构的反映,晶体的一些特性与其微粒排列的规律性密切相关。

（一）晶体的基本知识

(1) 晶体

微观粒子（分子、原子、离子）在空间规则并重复排列形成的宏观聚集体，称为晶体。

(2) 晶格

组成晶体的微粒以确定位置的点在空间规则排列具有一定的几何形状，称为晶格。每个微粒在晶格中所处的位置叫晶格结点。

(3) 晶胞

晶格中重复排列的具有代表性的最小单元，称为晶胞。

(4) 晶体类型

根据晶格结点微粒之间作用力，分为金属晶体、离子晶体、分子晶体和原子晶体（还有混合型晶体）。

（二）离子晶体及其特性

(1) 离子晶体

占据晶格结点的微粒为阴阳离子，微粒间以静电作用相结合形成的晶体。

(2) 特性

① 具有较高的熔点和硬度。阴阳离子间的静电作用力强，因此室温下离子化合物呈固态，熔点都较高。如 NaCl 的熔点是 801℃，CaF_2 的熔点是 1360℃。

② 脆性，机械加工性能差。

③ 导电性：熔融或水溶液中，阴阳离子自由移动，故能导电。但固体状态，阴阳离子只能在晶格结点位置振动，不能自由移动，所以不导电。

三、晶格能——离子晶体强度的表征

离子晶体中阴阳离子间的静电作用强度可用晶格能 U 来衡量。

（一）晶格能

破坏 1mol 晶体（化学式），变为无限远离的气态离子过程的能量变化，称为该晶体的晶格能。

例如：$MgO_{(s)} \longrightarrow Mg^{2+}_{(g)} + O^{2-}_{(g)}$ 破坏 1mol MgO，变为气态镁离子和氧离子，需要提供 4147kJ 的能量，所以 MgO 晶格能为 4147kJ·mol^{-1}。

（二）Born-Haber 循环

离子晶体形成过程中的能量变化，可设计为下列过程来了解。

$$Mg(s) + \frac{1}{2}O_2(g) \xrightarrow{\Delta H^\ominus} MgO(s)$$

过程1：$Mg(s) \rightarrow Mg(g)$
过程3：$\frac{1}{2}O_2(g) \rightarrow O(g)$
过程2：$Mg(g) \rightarrow Mg^{2+}(g)$
过程4：$O(g) \rightarrow O^{2-}(g)$
过程5：$Mg^{2+}(g) + O^{2-}(g) \rightarrow MgO(s)$

根据盖斯定律，$\Delta H^\ominus = \Delta H_1^\ominus + \Delta H_2^\ominus + \Delta H_3^\ominus + \Delta H_4^\ominus + \Delta H_5^\ominus$

过程 1 为金属镁的升华过程，$\Delta H_1^\ominus = \Delta_f H^\ominus_{Mg(g)}$；过程 2 为镁的电离过程，$\Delta H_2^\ominus = I_1 + I_2$；

过程 3 为 O(g) 的生成过程，$\Delta H_3^{\ominus} = \Delta_f H_{O(g)}^{\ominus}$；过程 4 为氧的电子亲和能，$\Delta H_4^{\ominus} = A_1 + A_2$；过程 5 为 MgO 晶格能的逆过程，$\Delta H_5^{\ominus} = -U$。

将 $\Delta H^{\ominus} = -602 \text{kJ} \cdot \text{mol}^{-1}$，$\Delta H_1^{\ominus} = 150 \text{kJ} \cdot \text{mol}^{-1}$，$\Delta H_2^{\ominus} = 2186 \text{kJ} \cdot \text{mol}^{-1}$，$\Delta H_3^{\ominus} = 249 \text{kJ} \cdot \text{mol}^{-1}$，$\Delta H_4^{\ominus} = 702 \text{kJ} \cdot \text{mol}^{-1}$ 代入，计算得到 $\Delta H_5^{\ominus} = -3889 \text{kJ} \cdot \text{mol}^{-1}$。

从各过程的焓变分析，$\Delta H^{\ominus}$ 为负值，$\Delta H_1^{\ominus}$、$\Delta H_2^{\ominus}$、$\Delta H_3^{\ominus}$、$\Delta H_4^{\ominus}$ 均为正值，所以，$\Delta H_5^{\ominus}$ 为负值。

从 Born-Haber 循环看，离子晶体能稳定存在，取决于最后一步的放热过程，即阴阳离子间强烈的结合力，所以仅用稀有气体电子结构稳定来说明离子化合物的形成是不完善的。

离子键键能不等于离子晶体晶格能，但两者相似，均能表征阴阳离子间的强烈静电作用，影响因素相似。与离子电荷成正比，与离子半径成反比。

【例】 解释 NaX 熔点变化规律。

解：NaX 为活泼的金属与活泼的非金属作用形成的化合物，为典型的离子化合物。X^- 依 F 到 I，电荷相同，但离子半径增大，Na^+ 与 X^- 的作用力减弱，即 NaF 到 NaI 离子键键能、晶格能减小，故熔点降低。

离子化合物在现代生活中占有重要地位，表 4-5 列举了某些离子化合物的重要用途。

表 4-5 某些离子化合物的应用

离子化合物	典型用途径
$AgNO_3$	用于镀银和制备其他银的化合物
Na_3AsO_3	早期用作除草剂，对人体有毒
$Na_2B_4O_7 \cdot 10H_2O$	硼酸可作外用消毒剂，用于制造玻璃、搪瓷及防水处理
BaO_2	实验室制备过氧化氢，用作铝焊引火剂、漂白剂等
$BaSO_4$	用于消化道的 X 射线检查
$(NH_4)_2SO_4$	用作肥料
KI	含碘食盐中的一种常用的添加剂
$MgSO_4 \cdot 7H_2O$	泻药
NaF	含氟牙膏的添加剂
NH_4NO_3	用作肥料
CaO	俗称石灰或生石灰，主要用作建筑材料、耐火材料，还广泛用于冶金、制糖、造纸、玻璃、纯碱等工业

离子键理论较好地说明了离子化合物的形成和性质，但不能说明相同原子如何形成单质分子（如 O_2、N_2 等），也不能说明电负性相近的元素原子如何形成化合物分子（如 H_2O、NH_3 等）。

第三节 共价键与共价化合物

早在 1916 年，美国化学家 G. N. Lewis 提出了原子间可通过共用电子对成键的观点。通常电负性相同或相差小的非金属元素原子间以共用电子对吸引两个原子核形成分子。但按经典静电理论，两个电子具有同性电荷，应相互排斥，为何却配对共用电子？共用电子的形成条件是什么？本质又是什么？

随着量子力学的建立，近代原子结构理论的发展，1927 年，德国化学家 W. Heitler 和 F. London 应用量子力学求解氢分子的 Schrodinger 方程以后，成功地揭示了同种原子形成分子的过程与本质。将量子力学研究氢分子的结果推广到其他分子系统，便发展成为现代共价键理论。1931 年前后，在海特勒（Heitler）和伦敦（London）工作的基础上，美国化学家 L. Pauling 和 J. C. Slater 等人相继提出原子相互作用时轨道重叠，原子间通过共用自旋相反的电子对使能量减低而形成共价键，其基本观点可归纳为电子配对原理和原子轨道最大重叠原理，即价键理论（Valence Bond Theory），简称 VB 法。另一种观点是把分子看成一个整体，其中电子不再属于某一个原子，而在整个分子中运动，即分子轨道理论（Molecular Orbital Theory），简称 MO 法。这两种理论从不同方面反映了化学键的本质。本书重点讨论 VB 法。

一、价键理论

（一）海特勒和伦敦的工作

在用量子力学处理 H_2 分子形成的过程中，得到 H_2 分子的能量 E 和核间距 R 之间的关系曲线，如图 4-1 所示。

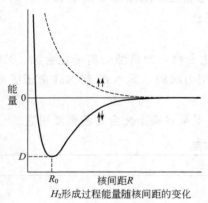

图 4-1　H_2 形成过程中的能量变化

电子自旋相反的氢原子 A 和 B 相互靠近时，由于电子的波动性，两个原子轨道相互重叠，核间出现一个电子云密度较大的区域[图 4-2(a)]。两个氢原子核都被电子概率密度大的电子云吸引，系统能量降低。当核间距达到平衡距离 R_0（74pm）时，系统能量达到最低点，这种状态称为 H_2 分子的基态，也称吸引态。两核继续靠近，因核间库仑斥力增大会使系统能量升高。排斥作用又将氢原子推回平衡位置。

电子自旋平行的两个氢原子相互靠近时，因相互排斥作用，使两个原子轨道异号叠加，核间电子云密度减小[图 4-2(b)]，增大了两核间的斥力，系统能量高于两个单独存在的氢原子能量之和。它们越是靠近，能量越升高，这样就不能形成稳定的 H_2 分子，只能以两个游离的氢原子存在。这种不稳定的状态称为 H_2 分子排斥态。海特勒和伦敦运用量子力学处理 H_2 分子的结果表明，两个氢原子之所以能形成稳定的氢分子，是因为两个原子轨道互相重叠，使两核间电子密度增大，犹如形成一个电子桥把两个氢原子核牢牢地结合在一起。量子力学原理阐明了共价键的本质，这是一个极大的成就。

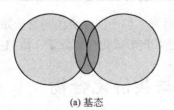

图 4-2　H_2 分子的基态和排斥态

（二）价键理论的基本要点

(1) 电子配对原理

含有自旋方向相反未成对电子的原子相互接近时可形成稳定的化学键。

如当两个氢原子互相接近时，它们各有一个未成对的电子，如自旋相反时即可配对成键，形成 H_2（H—H）分子。氮原子有三个未成对电子，因此可以同另一个氮原子的三个未成对电子配对形成 N_2（N≡N）分子等。在形成共价键时，一个电子和另一个电子配对后，就不再和第三个电子配对。上述两条决定了共价键的饱和性。

（2）最大重叠原理

原子在形成分子时，原子轨道重叠得越多，则形成的化学键越稳定。而原子中 p、d、f 等轨道在空间有一定取向，因此原子轨道重叠时，在核间距一定的情况下，总是沿着重叠最多的方向进行，因此共价键有方向性。

（三）共价键的类型

由上述讨论可知，共价键具有方向性和饱和性。因为共价键的形成是原子轨道相互重叠的结果，所以根据轨道重叠方向、方式及重叠部分的对称性可划分为不同类型，最常见的是 σ 键和 π 键。

（1）σ 键

如果两个原子轨道沿键轴（成键原子核连线）方向"头碰头"进行重叠，轨道重叠部分沿键轴呈圆柱形对称（沿键轴方向旋转任何角度，轨道的形状、大小、符号都不变的对称叫圆柱形对称），这种共价键称为 σ 键。

σ 键的特点：轨道重叠程度大，键强度大、稳定。

如图 4-3。

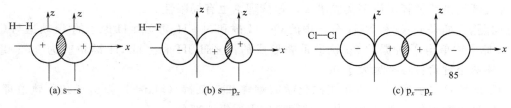

图 4-3　σ 键

（2）π 键

如果两原子轨道按"肩并肩"的方式发生重叠，轨道重叠部分对等地分布在包括键轴在内的平面（又称镜面）上下两侧，呈镜面反对称（通过镜面原子轨道的形状、大小相同，符号相反，这种对称性叫镜面反对称）。这种共价键称为 π 键。如图 4-4。

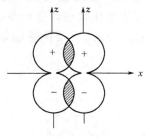

图 4-4　p_z—p_z

共价单键一般是 σ 键。在共价双键和三键中，除了 σ 键外，还有 π 键。一般单键是一个 σ 键；双键是一个 σ 键、一个 π 键；三键是一个 σ 键、两个 π 键。表 4-6 给出了 σ 键和 π 键的一些特征。

表 4-6　σ 键与 π 键的比较

键的类型	σ 键	π 键
原子轨道重叠方式	沿键轴方向"头碰头"重叠	沿键轴方向"肩并肩"重叠
原子轨道重叠部位	两原子核间,键轴处	键轴的上下方,键轴处是零
原子轨道重叠程度	大	较小
键的强度	较大	较小
化学活泼性	稳定	较活泼

显然，如果两原子形成共价键，首先要形成σ键。所以共价单键（一对共用电子）一般是σ键。只有形成重键（共价双键和共价三键）时，由于已经首先形成了σ键，受空间位置的限制，然后只能形成π键。

如：N_2分子中，N原子结构为$1s^2 2s^2 2p^3$，成键情况见图4-5：

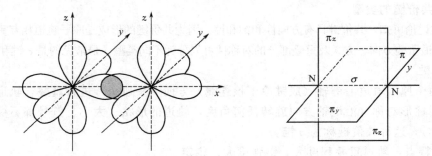

图4-5 N_2分子形成情况

价键理论虽然解释了许多实验事实，但该理论也有局限性。

【问题】 如果H_2O和NH_3分子中的O—H键和N—H键是由H原子的1s轨道与O原子和N原子中单电子占据的2p轨道重叠形成的，∠HOH和∠HNH键角应为90°；事实上，上述两个键角各自都远大于90°。

为了解释这些事实，1931年美国化学家鲍林和斯莱特（Slater）提出了杂化轨道理论。后来，经过不断完善，发展成为化学键理论的重要组成部分。

二、杂化轨道理论

(1) 基本要点

同一原子内，能量相近、形状不同的各原子轨道（s、p、d、f），由于成键时原子间的相互影响，改变了原子轨道原有的形状，使这些轨道混合起来，重新分配能量和空间方向（平均化），组合出同等的原子轨道称为杂化轨道，这种混杂平均化过程称为原子轨道的"杂化"，所得新的原子轨道称为杂化轨道。总之，杂化后的轨道成分变了，能量变了，形状变了，结果当然是更有利于成键。

以CH_4分子为例，如图4-6。

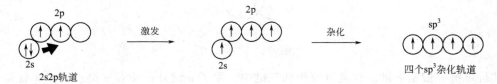

图4-6 CH_4分子的形成

在形成分子的过程中，一个2s电子激发到2p轨道上，且1个2s轨道与3个2p轨道重新组合（杂化）形成4个能量、形状均相同的sp^3杂化轨道，每一个sp^3杂化中都含有1/4的s和3/4的p轨道成分，称这种杂化为sp^3等性杂化。杂化轨道不仅形状与原来原子轨道不同，轨道的空间取向也发生了变化，四个sp^3杂化轨道指向正四面体的四个顶点，而与碳原子成键的4个氢原子的1s轨道在正四面体的四个顶点位置，与四个sp^3杂化轨道"头碰头"重叠，CH_4分子中的键角为109°28′，这也体现了共价键的方向性和饱和性。

特别要指出的是,不是任何原子轨道都可以互相杂化,只有同一原子中能量相近的原子轨道在分子形成过程中才能有效地进行杂化。

(2) 杂化类型

根据组成杂化轨道的原子轨道的种类和数目的不同,可以把杂化轨道分成不同的类型。

① sp 杂化　sp 杂化由 1 个 s 轨道和 1 个 p 轨道组合而成,每个杂化轨道含有 1/2s 轨道成分和 1/2p 轨道成分。两个杂化轨道在空间伸展方向呈直线形,夹角为 180°。以 BeH_2 中共价键的形成为例,如图 4-7。

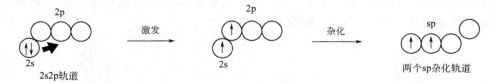

图 4-7　BeH_2 分子的形成

Be 原子的外层电子构型为 $2s^2$,形成分子的过程中,一个 2s 电子被激发到一个 2p 空轨道上,构成两个等价的互成 180°的 sp 杂化轨道,每一个 sp 杂化轨道中含有 1/2 个 s 轨道和 1/2 的 p 轨道成分(也是等性杂化)。Be 原子的两个 sp 杂化轨道,分别与两个氯原子的 $3p_x$ 轨道重叠(假设三个原子核连线方向是 x 方向),形成两个 σ 键,因此 $BeCl_2$ 分子具有线形的空间结构。

② sp^2 杂化　sp^2 杂化是由 1 个 s 轨道和 2p 轨道组合而成,每个杂化轨道含有 1/3s 轨道成分和 2/3p 轨道成分,3 个 sp^2 杂化轨道间夹角为 120°,空间构型为平面三角形。以 BF_3 分子为例。中心原子硼的外层电子构型为 $2s^2 2p^1$,在形成 BF_3 分子的过程中,B 原子的 1 个 2s 电子被激发到 1 个空的 2p 轨道上,且 1 个 2s 轨道和 2 个 2p 轨道杂化,形成 3 个 sp^2 杂化轨道,每个杂化轨道中含有 1/3 的 s 轨道和 2/3 的 p 轨道的成分。这 3 个杂化轨道互成 120°的夹角并分别与 F 原子的 2p 轨道重叠,形成 σ 键,构成平面三角形分子。如图 4-8。

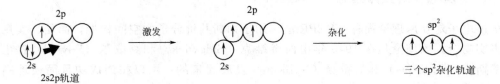

图 4-8　BF_3 分子的形成

又如乙烯分子。乙烯分子中的 2 个碳原子皆以 sp^2 杂化形成 3 个 sp^2 杂化轨道,2 个碳原子各出 1 个 sp^2 杂化重叠形成 1 个 σ 键;而每一个碳原子余下的 2 个 sp^2 杂化轨道分别与两个氢原子的 1s 轨道重叠形成 σ 键;每个碳原子还各剩的一个未参与杂化的 2p 轨道,它们垂直于碳氢原子所在的平面,并彼此肩并肩重叠形成 π 键,所以 C_2H_4 分子中的 C=C 双键中一个是 sp^2—sp^2 σ 键,另一个是 p_z—p_z π 键。

③ sp^3 杂化　sp^3 杂化是由一个 s 轨道和 3 个 p 轨道组合而成。每个杂化轨道含有 1/4 的 s 轨道和 3/4p 轨道成分,4 个杂化轨道间夹角为 109°28′,空间构型为正四面体。前面介绍的 CH_4 分子中的碳原子就是以 sp^3 杂化轨道与氢原子的 1s 轨道重叠成键的。

而 NH_3 分子的 N 原子则采用不等性 sp^3 杂化,3 个 sp^3 杂化轨道与 3 个氢原子的 1s 轨

道形成 σ 键，同时有 1 个 sp³ 杂化轨道被孤对电子所占据。所谓不等性杂化，是指不参与成键、被孤对电子所占据的杂化轨道含有较多的 s 轨道成分，其他杂化轨道则含有较多 p 轨道成分（而不是每个杂化轨道都含有完全相同的 s、p 轨道成分）。

由于孤电子对氮原子核的吸引（即 1 个核的吸引），因此更靠近氮原子核，对成键电子有较大的排斥作用，致使 NH_3 分子中的 H—N—H 键角受到了"压缩"，故 NH_3 分子的键角为∠HNH 为 107°。同样，H_2O 分子中 O 采用不等性 sp³ 杂化后，其中两条杂化轨道为孤电子对占据而不能成键，另外两条杂化轨道各有 1 个单电子，分别与两个 H 原子的 1s 电子形成两条 sp³—s-σ 键。分子变成了"V"型。且两对孤电子对成键电子的压迫更大，使 O—H 键的夹角更小，为 104°45′。如图 4-9、图 4-10。

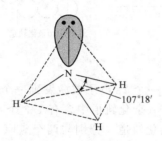

图 4-9　NH_3 分子结构

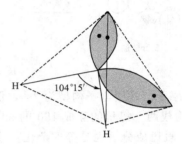

图 4-10　H_2O 分子结构

从上面的讨论可知，杂化轨道理论既可以较好地解释一些多原子分子的某些性质，又可以说明一些多原子分子的几何构型。但是，用杂化轨道理论去讨论问题是在已知分子的几何构型的基础上进行的。因此，用杂化轨道理论预测分子的几何构型却比较困难。现在，测定分子几何构型的实验技术已有很大发展，同时在理论上通过量子化学计算，也可以得出有关分子构型的一些数据。价层电子互斥理论（VSEPR），不用复杂的计算，只要知道分子中中心原子的价层电子对数，就可以推测一些分子的几何构型。对于简单的多原子分子或离子来说，用这种理论推测所得的分子空间构型与实验事实相符。

三、价层电子对互斥理论*（VSEPR）

价层电子对互斥理论简称 VSEPR 法，用于判断共价分子的空间构型，简便、实用且与实验事实吻合。该理论是在 1940 年由西奇维克（Sidgwick）和鲍威尔（Powell）提出，后经吉莱斯皮（Gillespie）和尼霍姆（Nyhklm）发展起来的，可以相当成功且简便地判断许多共价型分子的几何构型。

（1）价层电子对互斥理论的基本要点

价层电子对互斥理论认为，在一个多原子共价分子中，中心原子周围配置的原子或原子团（一般称之为配位体，简称配体）的相对位置，主要决定于在中心原子的价电子层中电子对的互相排斥，它们（在保持与核一定距离的情况下）倾向于尽可能地远离，使斥力最小，分子最稳定。

由价层电子对互斥理论基本要点可知，用这一理论判断分子几何形状的关键是确定中心原子的价层电子对数 VPN。

（2）分子几何构型的预测

按照以下具体步骤推断分子或离子的几何构型。

① 确定中心原子的价层电子对数。中心原子的价层电子对数 VPN 可用下式计算：

$$VPN = \frac{1}{2}\left\{中心原子的价电子数+配位原子提供的价电子数\pm 离子电荷\binom{负离子}{正离子}\right\}$$ 式中中心原子的价电子数等于其所在的族数，VSEPR 理论讨论的共价分子主要针对主族元素化合物，例如：$BeCl_2$、BF_3、CH_4、SF_6、IF_5、XeF_4 等分子，它们的中心原子分别属于 ⅡA、ⅢA、ⅣA、ⅤA、ⅥA、ⅦA 和 ⅧA 族元素，它们作为中心原子，提供的价电子数分别为 2、3、4、5、6、7 和 8（He 除外）。

作为配位原子的元素常是氢、卤素、氧和硫，计算它们提供的价电子数时，氢和卤素记为 1，氧和硫记为 0。例如：

CH_4 分子中，C 原子的价层电子对数：$VPN=(4+1\times 4)/2=4$。

H_2O 分子中，中心原子 O 的价层电子对数：$VPN=(6+1\times 2)/2=4$。

SO_2 分子中，中心原子 S 的价层电子对数：$VPN=(6+0)/2=3$。

SO_4^{2-} 离子中，中心原子 S 的价层电子对数：$VPN=(6+0+2)/2=4$。

因为是负离子，计算 VPN 时要加上相应的负电荷，若是正离子，则应减去相应的正电荷。

② 根据中心原子的价层电子对数，确定价层电子对的排布方式。

③ 确定中心原子的孤对电子对数 n，推断分子的几何构型。孤对电子对数可通过下式计算：

$$n=中心原子价层电子对数 VPN-配位原子配位数总和$$

例如 SF_4 分子，$VPN=5$，配位原子 F 的配位数为 4，于是 $n=5-4=1$。

若孤电子对数 $n=0$，分子的几何形状与价层电子的空间构型是相同的，如 $BeCl_2$、BF_3、CH_4、PCl_5 和 SF_6 的几何构型分别是直线形、三角形、四面体、三角双锥和八面体。

若孤对电子对 $n\neq 0$，分子的几何构型与价层电子对的空间构型不相同。例如，NH_3 分子的 $VPN=4$，$n=1$ 价层电子对空间构型为四面体，但分子的几何构型为三角形，因为四面体的一个顶点被孤电子占据。又如 H_2O 分子，$VPN=4$，$n=2$，价层电子对空间构型为四面体，而分子的几何构型为 V 形，两对孤对电子占据了四面体的 2 个顶点。

综上所述，在讨论分子或原子团的几何构型时，价层电子对互斥理论与杂化轨道理论的结论大致相同。价层电子对理论应用起来比较简单，但它不能说明化学键的形成和强度。故在讨论分子或原子团的结构时，一般先用价层电子对理论推断其几何构型，然后借助杂化轨道理论说明化学键的形成和稳定性。

价键理论比较简明地阐述了共价键形成过程和特点，但是，用价键理论解释 O_2 分子（:Ö=Ö:）其两个氧原子的成单电子配对，整个 O_2 分子中无单电子存在，而实验测得 O_2 分子具有顺磁性。又如，光谱实验证明，单电子的 H_2^+ 可以稳定存在，与 VB 法的电子配对原理矛盾。面对这些实验事实，价键理论无法解释。美国化学家慕利肯（Mulliken）等人在 1932 年提出了分子轨道理论。

四、分子轨道理论

现代价键理论强调了分子中相邻原子间因共享配对电子而成键。但由于过于强调两原子间的电子配对，而表现出了局限性。分子轨道理论（简称 MO 法）是由美国化学家慕利肯等人在 1932 年创立的（荣获 1966 年诺贝尔化学奖）。该理论认为分子中的电子是在整个分子势场范围内运动（或者说为整个分子所共有），分子中电子的运动状态用分子波函数来描述。

(1) 分子轨道理论的基本要点

① 分子中电子的运动状态可用分子波函数（也叫分子轨道，简称 MO）来描述。

② 分子轨道由原子轨道线性组合而成，且轨道数守恒（即分子轨道数目等于组成分子轨道的原子轨道数目之和）。

所谓线性组合就是原子轨道通过线性加减重叠组合形成分子轨道，由于原子轨道中有正、负号之分，所以其组合也有两种情况。

a. 成键分子轨道：同号波函数叠加，两核间密度增大，能量降低。

b. 反键分子轨道：异号波函数叠加，两核间密度降低，能量升高。

分子轨道的能级与原来的原子轨道能级一般不等，成键分子轨道的能量小于原原子轨道的能量，反键分子轨道的能量大于原原子轨道的能量，如图 4-11。

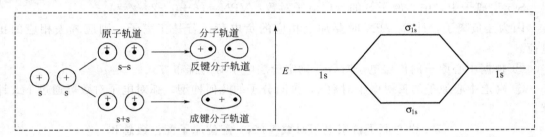

图 4-11　s—s 原子轨道形成分子轨道

另外，还有非键轨道，其能量与原子轨道能量相同。

③ 不同的原子轨道要有效地组成分子轨道，必须满足能量相近、轨道最大重叠和对称性匹配等条件。

所谓能量相近，是指只有能量相近的原子轨道才能有效地组成分子轨道。如由两个氧原子组成一个氧分子时，两个 1s 原子轨道能量相同，可以组成两个分子轨道，两个 2s 原子轨道（能量相同）可以组成两个分子轨道。

所谓轨道最大重叠，就是与价键理论一样，轨道重叠越多，成键越稳定。如氧原子有 3 个 2p 轨道，假设键轴方向为 x 方向，当两个氧原子组成分子时，两个 $2p_x$ 轨道应是沿键轴方向进行"头碰头"重叠（可达最大重叠），形成一个 σ 分子轨道，而另两个 2p 轨道只能沿垂直键轴方向平行重叠，形成两个 π 分子轨道。

所谓对称性匹配，是指原子轨道相互叠加组成分子轨道时，要像波叠加那样需考虑位相的正负号。

处理分子轨道的方法：首先弄清分子轨道的数目和能级；再由原子算出可用来填充这些轨道的电子数；最后，按一定规则将电子填入分子轨道，像写原子的电子组态那样写出分子的电子组态。

电子填入分子轨道时服从以下规则：尽量先占据能量最低的轨道，低能级轨道填满后才进入能级较高的轨道；每条分子轨道最多只能填入 2 个自旋相反的电子；分布到等价分子轨道时总是尽可能分占轨道。

下面用分子轨道理论讨论最基本的第一、第二周期同核双原子分子的分子轨道能级图。

第一、第二周期同核双原子分子的轨道能级图，有以下两种情况，见图 4-12。

2s 和 2p 原子轨道能量相差较大的情况：适用于 O_2、F_2［图 4-12(a)］（$\Delta E > 11.59 eV$）。

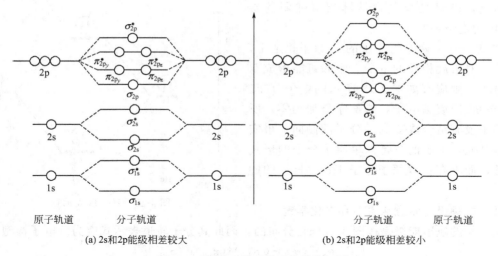

(a) 2s和2p能级相差较大　　　　(b) 2s和2p能级相差较小

图 4-12　同核双原子分子轨道能级图

其能级由低到高的顺序排列为：

$$\sigma_{1s}<\sigma_{1s}^*<\sigma_{2s}<\sigma_{2s}^*<\sigma_{2p}<\pi_{2p_y}=\pi_{2p_z}<\pi_{2p_y}^*=\pi_{2p_z}^*<\sigma_{2p}^*$$

2s 和 2p 原子轨道能量相差较小的情况：适用于 $Li_2 \sim N_2$ ［图 4-12（b）］（$\Delta E <$ 11.59eV）。形成的分子轨道要发生相互作用，使 σ_{2p_x} 能量升高，致使 $\sigma_{2p} > \pi_{2p_y} = \pi_{2p_z}$。

其能级由低到高的顺序排列为：

$$\sigma_{1s}<\sigma_{1s}^*<\sigma_{2s}<\sigma_{2s}^*<\pi_{2p_y}=\pi_{2p_z}<\sigma_{2p}<\pi_{2p_y}^*=\pi_{2p_z}^*<\sigma_{2p}^*$$

(2) MO 法的应用

① 氧分子　氧是第二周期元素，除 1s 原子轨道外，它的 2s、2p 原子轨道也组成相应分子轨道，氧分子中的 16 个电子分别填入氧分子的各分子轨道中，也可写成如下形式（分子轨道表示式）

$$[KK(\sigma_{2s})^2(\sigma_{2s}^*)^2(\sigma_{2p_x})^2(\pi_{2p_y})^2(\pi_{2p_z})^2(\pi_{2p_y}^*)^1(\pi_{2p_z}^*)^1]$$

其中 KK 代表两个原子的内层 1s 电子基本上维持原子轨道的状态（两个分子轨道能级相差很小），后面圆括号右上角的数值表示各分子轨道中占有的电子数。按分子轨道中电子排布的原则，氧分子的最后 2 个电子以自旋平行成单地占据 $\pi_{2p_y}^*$ 和 $\pi_{2p_z}^*$ 分子轨道，有 2 个未成对电子，应具有顺磁性，这与实验事实相符。

在氧分子中 σ_{2p_x} 上的两个电子对于成键有贡献，形成一个 σ 键，而 $(\pi_{2p_y})^2(\pi_{2p_y}^*)^1$ 和 $(\pi_{2p_z})^2(\pi_{2p_z}^*)^1$ 各有三个电子，可看成是形成两个三电子 π 键，简记为：O—O：。中间短线代表 σ 键，上下各三个点代表两个三电子 π 键，每个三电子 π 键有两个电子在成键轨道，有一个电子在反键轨道，相当于半个键，两个三电子 π 键相当于一个正常 π 键，故氧分子仍相当于一个双键，这也与价键理论的结论一致。氧分子的活泼性和它存在三电子 π 键有一定关系（电子未配对，分子轨道未填满电子）。通过对氧分子一些性质（如顺磁性与活泼性等）的解释，说明分子轨道理论是成功的。

占据在成键轨道上的电子称为成键电子，它使系统能量降低，起成键作用；占据在反键轨道上的电子称为反键电子，它使系统能量升高。定义双原子分子的键级为

$$键级 = \frac{成键电子总数 - 反键电子总数}{2}$$

可见，键级是衡量化学键相对强弱的参数，O_2 的键级＝2。

② 氦分子 两个氦原子的 1s 原子轨道上，已各有一对自旋相反的电子。假如氦能形成双原子分子，则应有如图 4-13 所示的电子分布。即 σ_{1s} 与 σ_{1s}^* 皆填满电子，能量净增加为零，所以氦原子没有结合成双原子分子的倾向。事实也确是如此，单质的氦是以单原子分子的形式存在的，而不存在双原子分子 He_2。He_2 的键级＝0

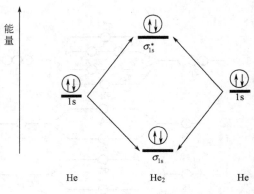

图 4-13 He_2 形成示意

He_2 的键级为零意味着不存在化学键。

氮分子的轨道能级是按图 4-12(a) 分布的，因此其分子轨道表示式应为（电子构型）

$$[KK(\sigma_{2s})^2(\sigma_{2s}^*)^2(\pi_{2p_y})^2(\pi_{2p_z})^2(\sigma_{2p_x})^2]$$

总的结果相当于形成一个 σ 键，两个 π 键，键级为 3，这和价键法结构式 N≡N 也完全一致。

除了上面讨论的中性双原子分子外，还可以用分子轨道理论讨论双原子离子的结构并预言其性质。例如，O_2^+ 是地球高空大气中的重要组成部分，应用分子轨道理论可以预言其以下性质：O_2^+ 未成对电子数为 1，O_2^+ 的键级为 2.5，解离能和键长应介于 O_2 与 N_2 之间。实际观测到的 O_2^+ 的性质证实了上述预言。O_2^+ 的解离能为 $625kJ \cdot mol^{-1}$，介于 N_2（$945kJ \cdot mol^{-1}$）和 O_2（$503kJ \cdot mol^{-1}$）之间；O_2^+ 的键长为 0.112nm，也介于 N_2（0.110nm）和 O_2（0.121nm）之间。

从上面的讨论可以知道，原子之所以能够组成分子靠的是化学键的作用。许多以共价键结合的物质，如 HCl，因共价键的饱和性是以小分子形式存在的，那么这些小分子间是否有作用呢？为什么 CH_4、SiH_4、GeH_4 和 SnH_4 的沸点依次升高？为什么 F_2、Cl_2 和 I_2 的状态依次由气态、液态变到固态？早在 1837 年荷兰物理学家范德华就注意到这种作用力的存在，并进行了卓有成效的研究，所以人们称分子间力为范德华力。

五、分子间作用力

相对于化学键来说，分子间力相当微弱，一般每摩有几到几十千焦，而通常共价键能约为 $150\sim500kJ \cdot mol^{-1}$。然而就是分子间这种微弱的作用力对物质的熔点、沸点、表面张力和稳定性等有相当大的影响。1930 年伦敦（London）应用量子力学原理阐明了分子间力的本质是一种电性引力。为了说明这种引力的由来，我们先介绍有关极性分子和非极性分子的概念。

（1）极性分子与非极性分子

分子的极性与化学键的极性：分子是否有极性，关键要看分子中电荷中心是否重合。电荷中心即电荷集中点。在任何分子中都有带正电荷的原子核和带负电荷的电子，对于每一种电荷都可以设想其集中于一点，这点叫电荷重心。

正、负电荷重心不重合的分子叫极性分子，如 HF 分子，由于氟的电负性（4.0）大于氢的电负性（2.1），故在分子中电子偏向 F，F 端带负电。离子型分子可以看成是它的极端情况。

正、负电荷重心重合的分子叫非极性分子，如 H_2、F_2 等。

分子极性的大小常用偶极矩来衡量，偶极矩的概念是由德拜（Debye）在 1912 年提出来的，表示分子中电荷分布状况的物理量，定义为正、负电荷重心间的距离 d 与分子中电荷重心（正电荷重心 δ^+ 或负电荷重心 δ^-）上电荷量 q 的乘积。分子偶极矩是个矢量，对双原子分子而言，分子偶极矩等于键的偶极矩；对多原子分子而言，分子偶极矩则等于各个键的偶极矩的矢量和。

$$P = q \times d$$

式中，q 为偶极上的电荷，C（库仑）；d 为偶极长度，m；偶极矩的单位就是 C·m（库·米）。在分子物理学中常用德拜（D）为偶极矩的单位，1 德拜等于 3.336×10^{-28} C·m。偶极矩是矢量，其方向规定为从正到负。P 的数值一般在 10^{-30} C·m 数量级。

【应用】 判断分子极性，$P=0$ 非极性分子；$P>0$ 有极性，且 P 越大，极性越大。可间接推测分子的空间构型。如 BF_3 与 NH_3，都含极性键。BF_3 的 $P=0$，为平面正三角形；而 NH_3 的 $P>0$，为三角锥形结构。某些分子的偶极矩及几何构型见表 4-7。

表 4-7 某些分子的偶极矩及几何构型

分子	$P(\times 10^{-30})/(C \cdot m)$	几何构型	分子	$P(\times 10^{-30})/(C \cdot m)$	几何构型
H_2	0.0	直线形	HF	6.4	直线形
N_2	0.0	直线形	HCl	3.61	直线形
CO_2	0.0	直线形	HBr	2.63	直线形
CS_2	0.0	直线形	HI	1.27	直线形
BF_3	0.0	平面三角形	H_2O	6.23	V形
CH_4	0.0	正四面体	H_2S	3.67	V形
CCl_4	0.0	正四面体	SO_2	5.33	V形
CO	0.33	直线形	NH_3	5.00	三角锥形
NO	0.54	直线形	PH_3	1.83	三角锥形

(2) 分子偶极

① 永久偶极 极性分子固有的偶极叫永久偶极。分子的极性越大，永久偶极越大。

② 诱导偶极 非极性分子本身不存在固有偶极，但在外加电场的作用下（图 4-14），非极性分子可以变成具有一定偶极矩的极性分子。而极性分子在外电场作用下，其偶极也可以增大（图 4-14）。在电场的影响下产生的偶极称为诱导偶极。

图 4-14 分子在电场中的极化

诱导偶极其强度大小和电场强度成正比，也和分子的变形性成正比。分子体积越大，电子越多，变形性越大，电场越强，诱导偶极越大。

③ 瞬时偶极 由不断运动的电子和不停振动的原子核在某一瞬间的相对位移，造成分子正、负电荷重心分离引起的偶极叫瞬时偶极。它与分子的变形性成正比。分子体积越大，电子越多，变形性越大，瞬时偶极越大。

固有偶极存在于极性分子中，瞬时偶极为所有分子所具有。三种偶极均是电性的。

(3) 分子间作用力

靠近的两分子间总是同极相斥，异极相吸而产生相互作用。

① 非极性分子间的作用力 不断运动的电子与不停振动的原子核瞬间产生相对位移引起的瞬时偶极，使靠近的两分子间同极相斥，异极相吸，瞬时偶极间总是处于异极相邻的状态。我们把瞬时偶极间产生的力叫做色散力。同样，极性分子内部也存在因电子的不断运动与不停振动的原子核瞬间产生相对位移，从而产生瞬时偶极，所以任何分子（不论极性与否）相互靠近时，都存在着色散力。

② 极性分子和非极性分子间的作用力 当极性分子和非极性分子靠近时，除了色散力的作用外，还存在因非极性分子受极性分子（可视为外加电场）的影响，非极性分子产生诱导偶极，它与极性分子的固有偶极间存在的作用力叫诱导力。极性分子间的相互影响，也产生诱导偶极，使其固有偶极的长度增加，从而进一步加强了它们之间的吸引。所以诱导力存在于极性分子之间、极性分子与非极性分子之间。

③ 极性分子间的作用力 当两个极性分子靠近时，由于它们固有偶极间同极相斥，异极相吸，两个分子在空间就按异极相邻的状态取向，产生吸引作用。这种因固有偶极取向而产生的分子间力叫取向力。

色散力、诱导力和取向力统称范德华力。总之，非极性分子间只存在着色散力；极性分子与非极性分子间存在着诱导力和色散力；极性分子间既存在着取向力，还有诱导力和色散力。实验证明，对于大多数分子来说，色散力是主要的。只有偶极矩很大的分子，取向力才显得较为重要，诱导力通常都是很小的，如表 4-8 所示。一般分子间作用力大都在每摩几十千焦范围内，比化学键能（每摩约为一百到几百千焦）小得多。

表 4-8 一些分子的分子间作用力分配情况

分 子	$p(\times 10^{-30})/(C \cdot m)$	$E_{取向}/(kJ \cdot mol^{-1})$	$E_{诱导}/(kJ \cdot mol^{-1})$	$E_{色散}/(kJ \cdot mol^{-1})$	$E_{总}/(kJ \cdot mol^{-1})$
He	0	0	0	0.05	0.05
Ar	0	0	0	8.49	8.49
Xe	0	0	0	17.41	17.41
HCl	3.44	3.30	1.10	16.82	21.12
HBr	2.61	1.09	0.71	28.45	30.25
HI	1.27	0.59	0.31	60.54	61.44
NH$_3$	4.91	13.30	1.55	14.73	29.58
H$_2$O	6.24	36.36	1.92	9.00	47.28

范德华力是永远存在于分子间的一种力，与温度成反比，作用范围也小，这种分子间作用力的范围约为 0.3～0.5nm，与分子间距离的六次方成反比。由于它们的本质是静电作用，所以不具有方向性和饱和性。

六、共价物质的晶体结构

共价物质有分子晶体和原子晶体等晶体类型。

（1）分子晶体

占据晶格结点的质点是小分子，分子间靠分子间作用力彼此规则排列形成的宏观聚集体，称为分子晶体。大多数共价型非金属单质和化合物为分子晶体，如 Ne、Ar、CO_2、HX 等。有机化合物的晶体一般都是分子晶体。

在分子晶体中，小分子内存在着较强的共价键，分子间的作用为范氏力，由于分子间结合力较弱，所以分子晶体熔点较低、硬度小；微粒为中性分子，所以固液气态导电性均差；

由于范德华力无方向性和饱和性,晶体的加工性尚可。

(2) 范德华力对分子型物质性质的影响

分子间力对分子型物质的硬度有一定影响。如聚乙烯、聚异丁烯等物质,由于分子间力较小,因而硬度也不大;而有机玻璃(聚甲基丙烯酸甲酯)等物质,分子间力较大,也就具有较大的硬度。

物质微粒间的作用力相近时,物质易相互溶解,即相似相溶原理。如强极性分子 H_2O,H_2O 与 C_2H_5OH 易互溶;非极性的 X_2,如 $I_2(s)$ 易溶于非极性的 CCl_4、C_6H_6 中,而难溶于极性溶剂水中。但该原理较粗略,特例不少。

分子间力对分子型物质的熔沸点影响是多方面的。分子型物质分子间力越大,汽化热、熔化热就越大,熔沸点也就越高。通常,结构相似的同系物,分子量越大,半径越大,则分子变形性增加,色散力增大,故熔沸点升高。如 X_2:$Cl_2(g)$、$Br_2(l)$、$I_2(s)$,随分子量增大,熔沸点升高,常态下存在状态由气体过渡到固体。

卤化氢为分子晶体,依 F 到 I 分子变形性增大,色散力增大,沸点应升高(见表 4-9)。但为什么 HF 反常,这是因为在 HF 分子间还有一种称为氢键的作用的结果。

表 4-9 HX 沸点

	HF	HCl	HBr	HI
沸点/℃	19.9	−85	−66.7	−35.4

(3) 氢键

① 氢键的形成

当氢原子与电负性很大而半径很小的原子(如 F、O、N)形成共价型氢化物 HX 时,由于原子间共有电子对的强烈偏移,氢原子几乎呈质子状态。这时几乎"赤裸"的质子可以和另一个电负性大且含有孤对电子的原子 Y 产生静电吸引作用 X—H⋯Y,这种引力称为氢键,本质还是静电作用。特点是键能比化学键小,一般小于 $42kJ·mol^{-1}$,较范德华力大些;且氢键有方向性、饱和性,不同于范德华力。

② 氢键的形成条件

a. 分子中有与电负性大且半径小的原子(F,O,N)相连的 H;

b. 在附近的另一分子中有电负性大、半径小的原子(F,O,N)。

③ 氢键对物质性质的影响

a. 对熔点、沸点的影响。HF 在卤化氢中相对分子质量最小,因此其熔沸点应该最低。但事实上却最高,这就是 HF 能形成氢键,而 HCl、HBr、HI 不能形成氢键的结果。当液态 HF 汽化时,必须破坏氢键,需要消耗较多能量,所以沸点较高。H_2O 的沸点高于 H_2S 也是由于这一原因。除了分子间氢键外,还有分子内氢键。形成分子内氢键时,势必削弱分子间氢键的形成。故有分子内氢键的化合物的熔沸点更低。例如对硝基苯酚没有分子内氢键,熔点为 113~114℃,邻硝基苯酚形成了分子内氢键,熔点仅为 44~45℃。

b. 对溶解度的影响。溶质与溶剂间形成氢键,则溶质溶解度增大。如氨溶于水,C_2H_5OH 与 H_2O 易互溶。但如果溶质分子间通过氢键形成聚合体,则溶解度反而减小,如 $NaHCO_3$ 溶解度小于 Na_2CO_3。

c. 对生物体影响。氢键对生物体的影响极为重要,最典型的是生物体内的 DNA。DNA 是由具有两根主链的多肽链组成,两主链间以大量的氢键连接形成螺旋状的立体构型。同时，DNA 分子的每根主链也可以大量的氢键使其碱基配对而复制出相同的 DNA 分子，从而使物种得以繁衍。

(4) 原子晶体

它是共价物质的另一类晶体类型。在晶格结点上的质点为原子，原子间通过共价键规则排列形成的宏观聚集体，称为原子晶体。由于共价键有方向性和饱和性，所以这种晶体配位数一般比较小。原子晶体不存在小分子，整个晶体构成一个巨大的分子。金刚石是最典型的原子晶体，其中每一个碳原子通过 sp^3 杂化轨道与其他碳原子形成共价键，组成四面体，配位数是 4（如图 4-15）。

属于原子晶体的物质，单质中除金刚石外，还有可作半导体元件的单晶硅和锗，它们都是第四主族元素；在化合物中，碳化硅（SiC）、砷化镓（GaAs）和二氧化硅（SiO_2，β-方石英）等也属于原子晶体。

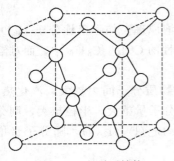

图 4-15 金刚石结构

在原子晶体中并没有独立存在的原子或分子，SiC、SiO_2 等化学式并不代表一个分子的组成，只代表晶体中各种元素原子数的比例。

因为共价键的结合力很强，所以原子晶体一般具有很高的熔点和很大的硬度。是热、电的不良导体，共价键的方向性导致这类物质的加工性能差。

(5) 混合型晶体

除以上几种典型晶体外，自然界还存在一些混合型晶体。这些晶体内部晶格微粒间包含有两种以上的作用力，因而具有两种以上的晶体结构和性质。如石墨具有层状结构（图 4-16），称层状晶体。

层内碳原子以 sp^2 杂化轨道结合形成六边形网状的平面结构，彼此间以 σ 键连接在一起，每个碳原子周围形成 3 个 σ 键后，还有 1 个 2p 电子，这些 2p 电子所在的轨道都垂直于六边形构成的平面，彼此相互

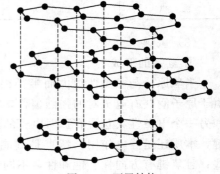

图 4-16 石墨结构

平行，满足形成 π 键的条件。同层中有许多碳原子，所以形成包含很多个原子的大 π 键。大 π 键中的电子并不局限于两个原子之间，而是非定域的，可在同层碳原子中自由移动。所以石墨具有原子晶体的一些特征，如熔点高，但离域 π 电子的存在，具有导电性。

层间以范氏力结合，具有分子晶体特征，层间可以滑动，工业上用作润滑剂。所以，石墨可视为原子晶体、分子晶体等的混合晶体。

第四节　金属键与金属晶体

在已发现的一百多种元素中约有 4/5 是金属元素，同种金属元素的原子也可以规则排列形成宏观集聚体——金属单质。在八十多种金属单质中，除汞为液态外，其余均为固态金属。金属单质具有良好的导电、导热和延展性，较高的熔点。

一、金属晶体

占据晶格结点的质点为金属原子（离子），通过金属原子之间的作用力——金属键作用

规则排列形成宏观集聚体，这种晶体称为金属晶体。它倾向于最紧密堆积，空间占有率达 68%～74%。那么，金属键是如何形成的呢？

二、金属键的自由电子理论——改性共价键理论

（一）金属键的自由电子理论要点

（1）自由电子及形成

由于金属原子的最外层电子数少，电离能较低，价电子易电离成为自由电子，这些电子能自由地从一个原子"跑"向另一个原子（电子不定域）。

（2）金属键形成

金属原子通过"共用""自由电子"相互作用（静电吸引）结合在一起。由于晶体中金属原子不断地变成离子，而金属离子又不断地变成原子，所以，任何时候都有足够数量的自由电子成为整个金属的共用电子，这些共用自由电子也叫自由电子气。这种自由电子将金属原子和离子胶黏在一起，形成的化学键叫做金属键。好像金属原子间有电子气自由流动，或金属原子沉浸在电子的"海洋"中。自由电子的形成，原子变成阳离子，类似离子键，但"失去"电子的阳离子又能迅速捕获电子，得失电子处于瞬息万变中，并无阴离子形成，与离子键有区别。自由电子为所有金属原子共有，与共价键相似，但为非定域，又不同于共价键，故称改性共价键理论。

（二）金属键的本质和特征

金属键是金属原子之间通过自由电子发生的强烈相互作用，其本质是静电作用力，所以无方向性和饱和性。

（三）对金属性质及其规律的解释

由于金属键无方向性和饱和性，所以金属晶格倾向于金属原子的最紧密堆积，一般密度较高；当金属受到机械外力的作用时，由于自由电子的胶合作用，无方向性，金属原子（阳离子）之间滑动而不会破坏晶体，具有良好的机械加工性；自由电子在电场作用下的定向移动，使金属具有良好的导电性；金属受热时，通过自由电子与金属原子（阳离子）的不断碰撞实现热量交换和传递，呈现良好的导热性等；但该理论对半导体的性质无法解释。

三、金属键的能带理论简介* （分子轨道理论的应用）

分子轨道理论将金属晶体看作一个巨大分子，结合在一起的无数个金属原子形成无数条分子轨道，某些电子就会处在涉及构成整块金属原子在内的轨道。这样就产生了金属的能带理论（金属键的量子力学模型）。图 4-17 为金属 Li 晶格的分子轨道图。

（一）能带理论中的基本概念

1. 能带

由于金属原子间的相互作用，原子中原子轨道组成许多分子轨道。n 个原子轨道可组成 n 个分子轨道，随着金属原子数目的增多，这些分子轨道之间的能量间隔进一步缩小，连成一片，可以视为连续的能谱，称为能带。电子在能带中的分子轨道之间是非定域的。某原子有几种原子轨道就形成几个能带，同一能带中各分子轨道能量差很小，各种能带之间有一定能量差。

电子填充到能带中，与在原子和分子中的情况相似，符合能量最低原理和泡利不相容原理。每个能带有 n 个能级，最多能容纳 $2n$ 个电子。

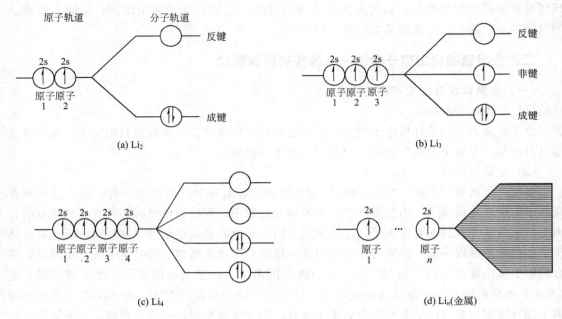

图 4-17 金属 Li 的 2s 能带

2. 能带的类型

① 满带：充满电子的低能量能带。如金属 Li 的 1s 能带，有 $2n$ 个电子，已填满。

② 导带：未充满电子的较高能量能带。如 Li 的 2s 能带，每个 Li 原子只有 1 个 2s 电子，n 个 Li 原子有 n 个 2s 电子，故 2s 能带为半充满，在这种能带上的电子，只要吸收微小的能量就能跃迁到带内较高的空轨道上。在电场作用下，这些电子可在带内定向运动，从而具有导电性。

③ 禁带：能带和能带之间的能量间隔，电子不能停留在禁带中。如 Li 的 1s 能带与 2s 能带。若禁带不太宽，电子获得能量，可跃迁到高能带上去；如果禁带太宽，电子跃迁就很困难，甚至不能实现。

(二) 能带理论的应用

按能带中充填电子情况和禁带宽度的不同，可把物质分为导体、半导体和绝缘体（见图 4-18）。

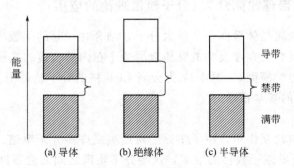

图 4-18 导体、绝缘体和半导体的能带

一般金属导体具有导带，如金属 Li（图 4-19）。绝缘体的禁带很宽，其能量间隔超过 4.8×10^{-19} J；半导体禁带较窄，能量间隔在 $1.6 \times 10^{-20} \sim 4.8 \times 10^{-19}$ J。如硅的禁带宽度为 1.7×10^{-19} J，而金刚石为 9.6×10^{-19} J，前者为半导体，后者为绝缘体。

金属 Mg 的 3s 能级有 2 个电子，其 3s 能带为满带，似乎无导带为非导体。但因 3s 与 3p

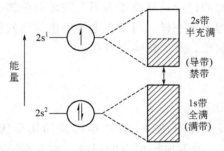
图 4-19 金属 Li 导体的能带模型

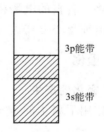
图 4-20 金属 Mg 能带重叠示意图

能级能量相差并不大,所形成的 3s 和 3p 能带间发生重叠,结果产生了导带(图 4-20),使镁同样具有金属的一般物理性质。

升高温度,金属由于原子振动加剧,导带中的电子运动受到的阻碍作用加大,导电性减弱。而半导体随温度的升高,满带中的电子获得能量,会有更多的电子被激发进入导带,因而导电性增强,其作用远大于原子振动所引起的阻碍作用。

总的来说,金属键理论不够成熟,有许多课题需进一步研究。

【小结】1. 各类作用力产生原因、条件及性质(特征),见表 4-10。

表 4-10 各类作用力比较

作用力		化学键			分子间作用力	
		离子键	金属键	共价键	氢键	范氏力
产生原因		静电引力	共用自由电子	原子间共用电子对	氢核吸引高电负性原子	偶极作用力
条件		$\Delta\chi$ 大	金属原子间	$\Delta\chi$ 小	F、O、N	分子间
强度		强	强	强	较强	弱
性质	方向性	无	无	有	有	无
	饱和性	无	无	有	有	无
	极性	大	无		有	

2. 四种晶体结构的特点及对物质物理性质的影响(表 4-11)。

表 4-11 四种晶体的比较

类型	晶体结构		晶体性质				
	质点	作用力	熔沸点	硬度	加工性能	液导电性	固导电性
分子晶体	分子	范氏力氢键	低	小	尚可	差	差
原子晶体	原子	共价键	高	大、脆	差	差	差
离子晶体	离子	离子键	高	大、脆	差	好	差
金属晶体	原子离子	金属键	高	大	好	好	好

第五节 离子极化

有些离子电荷相同、离子半径也相差不大的物质,性质却相差很大。如 Na^+、Cu^+ 的半径分别为 95pm 和 96pm,均为 1 个正电荷,它们的氯化物 NaCl、CuCl 性质相差大。如在水中的溶解性，前者易溶，后者难溶。前面对离子键的讨论，视离子为不变的球对称体，而实际上离子间将以各自的电场相互影响其电子云。与分子一样，离子在电场中也将会发生变形——正、负电荷重心分离进一步加剧，产生诱导偶极，从而影响其性质。

一、离子极化

（一）离子极化的产生

在外电场作用下离子的电子云"变形"，与核发生相对位移，而产生附加的诱导偶极，在离子间产生一种附加作用力的现象，称为离子极化（图4-21）。

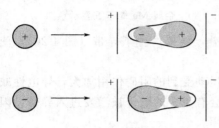

图 4-21 离子在电场中的极化

离子具有变形性，可以被电场极化。离子作为带电微粒，自身又可以起电场作用，使其它离子变形，离子这种能力称为极化能力。故离子有二重性：变形性和极化能力。

一般说来，阳离子的电荷数越多，离子半径越小，其极化力越强，变形性就越小；而阴离子的电荷数越多，极化力越强，半径越大，其变形性越大。通常在阴阳离子间，一般考虑阳离子对阴离子的极化。

（二）附加极化

阴阳离子都同时具有极化力和变形性，当阴阳离子靠近时，由于相互极化的结果，彼此的诱导偶极矩都加大，从而进一步加大了它们之间的相互极化，这种现象叫附加极化。

二、离子极化规律

（一）变形性

除离子半径越大，变形性越大外，还与离子的电子构型有关。对于阳离子，当半径相近时，离子的变形性规律为：

$$18e \text{型}、18+2e \text{型} > 9\sim17e \text{型} > 8e \text{型} > 2e \text{型}$$

由于d电子的穿透能力较弱，受核的作用较弱，其电子云在外电场作用下易发生形变，故d电子数越多，变形性越大。

（二）极化力

离子半径越小，电荷越多，极化力越强。当半径接近，电荷相同时，极化力取决于离子的构型，阳离子极化力的规律为：

$$18e \text{型}、18+2e \text{型} > 9\sim17e \text{型} > 8e \text{型}$$

由于d电子对核的屏蔽能力较弱，使阳离子的有效正电性增强，d电子数越多，对核的屏蔽越弱，离子的正电性越强，故极化能力越强。

三、离子极化对物质结构和性质的影响

（一）对键型的影响

离子极化的结果使电子云发生变形，阴、阳离子外层电子云重叠，相互极化越强，电子云重叠程度越大，键的极性减弱，键长缩短，键的离子性成分减少，向共价键过渡（见图4-22）。

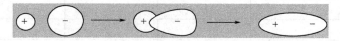

图 4-22 离子极化对键型的影响

例如 AgX，Ag^+ 为 18e 型离子，极化力和变形性都大。由于 F^- 的离子半径较小，变形性小，因此 Ag^+ 与 F^- 之间的极化作用不显著，形成的化学键仍属于离子键。而 Cl^-、Br^-、I^- 半径依次递增，变形性增大，Ag^+ 与 X^- 之间的相互极化作用增强，电子云重叠程度增大，键的极性减弱，对 AgI 以共价键为主。

（二）对化合物溶解度的影响

由于离子极化的结果导致从离子键向共价键过渡，化合物的离子性减小，共价性增加，根据相似相溶经验规则，在极性溶剂水中的溶解度将下降。如 AgF→AgI，只有 AgF 易溶于水，而 AgCl、AgBr 和 AgI 的溶解度显著下降。同理 $HgCl_2 \longrightarrow HgI_2$，由于它们相互的极化作用依次增强，共价性明显增加，在水中的溶解度依 $HgCl_2 \longrightarrow HgI_2$ 降低，为 $HgCl_2$ 可溶物，而 HgI_2 为红色沉淀。

离子极化是离子键理论的补充，但离子型化合物毕竟不多，故存在局限性，不能乱套。

习 题

1. 选择题（将正确答案的标号填入空格内，正确答案可以不止一个）：
   （1）所谓等性杂化是指_____。
   ① 不同原子同一类型的原子轨道的杂化
   ② 同一原子同一类型的原子轨道的杂化
   ③ 参与杂化的原子轨道在每个杂化轨道中的贡献相等的杂化
   （2）用价层电子对互斥理论判断 SiH_4 分子的几何构型为_____。
   ① 四面体　　② 四方角锥　　③ 平面正方形

2. 填充下表：

分子式	BeH_2	BBr_3	SiH_4	PH_3
分子几何构型	直线形	平面正三角形	正四面体	三角锥
杂化类型				

3. 指出下列分子中碳原子所采用的杂化轨道，以及每种分子中有几个 π 键？
   (1) CH_4(109°28′)　　(2) C_2H_4(120°)　　(3) C_2H_2(180°)　　(4) $H_3C—OH$(∠HCO=108°)

4. 指出 $H_3C—\underset{\underset{H}{\overset{\overset{O}{\|}}{C}}}{C}—C≡C—CH_3$ 分子中各个碳原子所采用的杂化轨道。

5. 试确定下列分子中哪些是极性分子，哪些是非极性分子？
   CH_3Cl　　CCl_4　　H_2S　　PCl_3　　$BeCl_2$

6. 写出 H_2、He_2^+、He_2、Be_2 的分子轨道表示式，比较它们的相对稳定性，并说明原因。

7. 在 50km 以上高空，由于紫外线辐射使 N_2 电离成 N_2^+，试写出后者的分子轨道表示式，并指出其键级、磁性与稳定性（与 N_2 比较）。

8. 填充下表：

	KBr	I$_2$	CS$_2$	MgO	NH$_3$
化学键类型					
键的极性					
分子类型					

9. 填充下表：

物质	晶格结点微粒	微粒间的作用力	晶体类型	预测熔点高低	熔融时的导电性
NaCl					
N$_2$					
SiC					
NH$_3$					

10. 填充题：

(1) ⅦA 元素的单质，常温时 F$_2$、Cl$_2$ 是气体，Br$_2$ 为液体，I$_2$ 为固体，这是因为_____。

(2) C 和 Si 是同族元素，但常温下 CO$_2$ 是气体，SiO$_2$ 是固体，这是因为_____。

(3) 金刚石与石墨都是由碳组成的，但它们的导电性与导热性差别很大，这是因为_____。

(4) 离子极化作用的结果，是使化合物的键型由_____键向_____键转化，这将导致键能_____，键长_____，配位数_____。

(5) 某元素 A 处于周期表第二周期，其原子的最外电子层有 4 个电子，则该元素属于第_____族，_____区，由该元素组成的同核双原子分子的分子轨道表达式为_____，分子中未成对电子数有_____个，是_____磁性物质，键级为_____，该元素原子与 H 组成化合物 AH$_4$ 时，A 原子是以_____杂化轨道与氢原子 1s 原子轨道成键，AH$_4$ 分子的几何形状为_____。

11. 指出下列离子中，何者变形性最大。

(1) Na$^+$ (2) I$^-$ (3) Mg^{2+} (4) Cl$^-$

12. 写出下列物质的离子极化作用由大到小的顺序。

(1) MgCl$_2$ (2) NaCl   (3) AlCl$_3$ (4) SiCl$_4$

13. 指出下列物质何者不含氢键。

(1) B(OH)$_3$ (2) HI   (3) CH$_3$OH   (4) H$_2$NCH$_2$CH$_2$NH$_2$

14. 对下列各对物质的沸点的差异给出合理的解释。

(1) HF(20℃) 与 HCl(−85℃)   (2) NaCl(1465℃) 与 CsCl(1290℃)

(2) TiCl$_4$(136℃) 与 LiCl(1360℃)   (4) CH$_3$OCH$_3$(−25℃) 与 CH$_3$CH$_2$OH(79℃)

15. 试用离子极化的观点解释 AgF 易溶于水，而 AgCl、AgBr 和 AgI 难溶于水，而且由 AgF 到 AgBr 再到 AgI 溶解度依次减小的现象。

第五章 配位化合物

【教学要求】

1. 掌握配位化合物的基本概念。
2. 掌握配位化合物的价键理论；了解配位化合物的晶体场理论。能解释一些配合物的空间构型、磁性及颜色。
3. 了解配位平衡的特点，会进行有关计算。

【内容提要】

配位化合物（简称配合物）是一类非常重要的化合物，其存在范围极为广泛，几乎所有的金属元素都能形成配合物。形成配合物可以显著地改变金属离子的性质。随着科学技术的进步和社会的发展，人们对配合物的合成、性质、结构、反应性能和应用研究做了大量工作，并由此发展形成了现代化学领域中一门重要的学科——配位化学，并渗透到自然科学的各个领域。

本章将在建立配合物基本概念的基础上，运用结构理论讨论配合物的形成、结构以及稳定性。

本章重点：价键理论对配位化合物结构的分析解释。

【预习思考】

1. 配位化合物与简单化合物、复盐有什么不同？
2. 如何理解配合物的组成？何为配体、配位原子、配位数？
3. 配合物的命名。
4. 配位键的形成条件和本质是什么？
5. 如何应用VB法解释配合物的空间构型？怎样确定中心元素的杂化类型？不同配离子其磁性、稳定性为什么具有显著差别？
6. 为什么大多数的配合物都有特征颜色？如何理解？
7. 晶体场理论的立论思想是什么？解决了什么问题？d轨道如何分裂？分裂能的概念是什么？影响因素有哪些？
8. 配位平衡有何特点？怎样表征配合物在水中的稳定性？如何计算配合物溶液中有关离子的浓度？
9. 哪些配合物与我们的生活密切相关？配合物在工业、农业、国防、科技、医药等方面有哪些重要作用？

配位化合物，简称配合物，是一类非常重要的化合物，自然界中大多数化合物都是以配合物的形式存在。最早的配合物是偶然发现的，它可以追溯到1693年发现的铜氨配合物，1704年发现的普鲁士蓝等配合物，真正认识到配合物的特殊性，始于1798年对钴与氨形成的化合物的实验研究。

将氨水加到氯化钴溶液中，先生成粉红色沉淀，继续加入氨水，沉淀溶解，从溶液中可得到一种橙黄色晶体，分析其组成为$CoCl_3 \cdot 6NH_3$。最初认为是分子加合物，但加热至150℃却无NH_3放出；用稀硫酸处理，也结晶不出硫酸铵，说明Co与NH_3结合相当牢固。用硝酸银溶液处理,可沉淀出三个 Cl^-,可见 Cl^- 是可离解的。如何认识 $CoCl_3$ 与 NH_3 的作用呢?

两位精明的化学家——A. Werner 和 S. M. Jogensen,开始了配位化学的近代研究,他们不仅有精湛的实验技术,而且有厚实的理论基础。1893 年,年仅 26 岁的瑞士化学家维尔纳 (A. Werner) 在前人和本人研究工作的基础上,首先提出了配合物的正确化学式以及一些配合物正确的几何构型。由于 Werner 在配合物理论方面的贡献,他获得了 1913 年诺贝尔化学奖。随着社会的发展和科学技术的进步,配位化学已发展成现代化学领域中一门十分重要的学科,并渗透到自然科学的各个领域。现已发现的配合物种类极多,应用极广。在生产和科学实践中,配合物已经广泛应用于工业、农业、医学、科技等领域,促进各领域的发展。

第一节 配位化合物基本概念

一、配位化合物的定义

由可以提供孤对电子或多个不定域电子的一定数目的离子或分子(简称配体)与可以接受这些电子的原子或离子(简称中心体)按一定的组成和空间构型形成的化合物称为配位化合物(简称配合物)。

(一)中心体

又称配合物形成体,为价层有空轨道的原子或离子等。一般都是金属阳离子或金属原子。少数高氧化数的非金属元素也可作中心体。中心体位于配合物的中心。

(二)配体

含有孤对电子或 π 键电子的物种,它提供孤对电子或多个不定域电子与中心体配位。多为含孤对电子的分子或离子。表 5-1 为常见的配体。

表 5-1 常见的配体

	中性分子配体	配位原子	阴离子配体	配位原子	阴离子配体	配位原子
单齿配体	H_2O 水	O	F^- 氟	F	CN^- 氰	C
	NH_3 氨	N	Cl^- 氯	Cl	NO_2^- 硝基	N
	CO 羰基	C	Br^- 溴	Br	ONO^- 亚硝酸根	O
	CH_3NH_2 甲胺	N	I^- 碘	I	SCN^- 硫氰酸根	S
	ROH 醇	O	OH^- 羟基	O	NCS^- 异硫氰酸根	N
	分子式			类型	名称	
多齿配体	$\begin{matrix}O\quad\quad O\\\|\|\quad\quad\|\|\\-O-C-C-O-\end{matrix}$			双齿	草酸根(OX)	
	$NH_2-CH_2-CH_2-NH_2$			双齿	乙二胺(en)	
	邻菲罗啉结构			双齿	邻菲罗啉(o-phen)	
	联吡啶结构			双齿	联吡啶(bpy)	
	$\begin{matrix}^-OOCCH_2\quad\quad CH_2COO^-\\\quad\quad NCH_2CH_2N\\^-OOCCH_2\quad\quad CH_2COO^-\end{matrix}$			六齿	乙二胺四乙酸根离子(EDTA)	

（三）配合物与配离子

由中心体与一定数目的配体以配位键结合形成的结构单元称为配位个体。带有电荷的配位个体称为配离子，如 $[Fe(CN)_6]^{4-}$；配离子与带异号电荷的离子形成的中性化合物称为配合物，如 $K_4[Fe(CN)_6]$。不带电荷的配位个体就是配合物，也称为配位分子，如 $[Ni(CO)_4]$。广义地讲，凡是含配离子的化合物就是配合物。

配离子的电荷等于中心体和配体电荷的代数和，而整个配合物是电中性的。配合物与配离子在概念上有所不同，但使用上常不严格区分，有时使用配合物这一名词就是指配离子。

（四）配合物与复盐

配合物在水溶液中解离出稳定的配离子和一些简单离子。复盐是一类与配合物组成相似的化合物，但其溶于水全部解离为简单的阴、阳离子，不能形成稳定的配离子。

二、配合物组成

一般情况下，配合物由外界和内界组成（见图 5-1）。

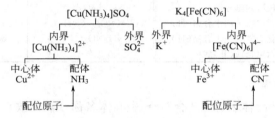

图 5-1　配合物组成

（一）内界

由中心体与配体以配位键组成的单元，即配位个体。

【例】　$[Fe(CN)_6]^{3-}$、$[Ag(NH_3)_2]^+$。

（二）外界

配位个体以外的部分。

【例】　$H[AuCl_4]$ 中的 H^+、$[Co(en)_3]Cl_3$ 中的 Cl^-、$[Cu(NH_3)_6](OH)_2$ 中的 OH^-

中心体和一定数目的配体构成配合物的内界，写于配合物化学式的方括号之内，外界写于方括号之外。

【注意】　特殊情况下的内、外界概念。

【例】　$[Ni(CO)_4]$、$[Fe(CO)_5]$、$[PtCl_2(NH_3)_2]$ 等无外界，$[Cr(NH_3)_6][Co(CN)_6]$ 的内外界为相对概念。

（三）配位原子

配体中与中心体直接键合的原子，大多为电负性较大的非金属原子。常见配位原子见表 5-1。

单齿配体：同一配体中只有一个配位原子与中心体键合的配体。单齿配体通常是一些简单的离子或分子。有的单齿配体含有两个配位原子，在形成配合物时，只有一个配位原子与中心体键合，这样的配体称为两可配体，如 SCN。

多齿配体：同一配体中有两个或两个以上配位原子与中心体键合的配体。多齿配体一般为有机分子或离子，能同时与一个或多个中心体形成多个配位键。由多齿配体形成的环状结构的配合物称为螯合物。

（四）配位数

与中心体直接键合的配位原子的数目。

单齿配体：配位数＝配体数

多齿配体：配位数＝配体数×一个配体所含配位原子的个数（齿数）

【例】 $[Fe(CN)_6]^{3-}$ 中 Fe^{3+} 的配位数为 6；$[Cu(en)_2]^{2+}$ 中 Cu^{2+} 的配位数为 $2\times 2=4$。

三、配位化合物的命名

配合物的命名符合无机物命名的一般原则，若配合物的外界是阴离子则命名在前，若外界是阳离子则命名在后。内外界之间用"化"或"酸"字连接，如表 5-2 所示。

表 5-2　一些配合物的化学式、系统命名示例

化学式	系统命名	化学式	系统命名
$H_2[SiF_6]$	六氟合硅(Ⅳ)酸	$Na_3[Ag(S_2O_3)_2]$	二硫代硫酸根合银(Ⅰ)酸钠
$H_2[PtCl_6]$	六氯合铂(Ⅳ)酸	$NH_4[Cr(NCS)_4(NH_3)_2]$	四异硫氰酸根·二氨合铬(Ⅲ)酸铵
$[Ag(NH_3)_2](OH)$	氢氧化二氨合银(Ⅰ)	$[Fe(CO)_5]$	五羰基合铁
$[Cu(NH_3)_4]SO_4$	硫酸四氨合铜(Ⅱ)	$Na_2[Fe(edta)]$	乙二胺四乙酸根合铁(Ⅱ)酸钠
$[CrCl_2(H_2O)_4]Cl$	一氯化二氯·四水合铬(Ⅲ)	$[Co(NO_2)_3(NH_3)_3]$	三硝基·三氨合钴(Ⅲ)
$[Co(NH_3)_5(H_2O)]Cl_3$	三氯化五氨·一水合钴(Ⅲ)	$[PtNH_2NO_2(NH_3)_2]$	氨基·硝基·二氨合铂(Ⅱ)
$K_4[Fe(CN)_6]$	六氰合铁(Ⅱ)酸钾		

（一）内界命名总顺序

配体数目（大写）→ 配体名称 → "合" → 中心体名称（氧化数）。

配位数目用倍数词头一、二、三、四等数字表示（若配位数为"一"时可省略）。不同配体名称之间以"·"分开，在最后一个配体名称之后缀以"合"字。中心体氧化数用罗马数字表示，氧化数为 0 时省略。

（二）多配体命名顺序

当有两种或多种配体时，几种配体之间以"·"分开，配体命名顺序同化学式书写顺序。

先无机配体后有机配体；先阴离子配体，后中性分子配体；同类配体按配位原子的元素符号英文排序；同类配体若配位原子相同，则配体原子数少者在前；同类配体若配位原子相同且配体中含原子数目又相同，则按非配位原子的元素符号英文字母顺序排列。整个配位个体的化学式括在方括号内。

第二节　配位化合物的结构

配合物的空间构型是指配体在中心体周围按一定空间位置排列而成的立体几何形状。目前可用多种实验方法测定配合物的空间构型，最常用的是 X 射线衍射法。这种方法能够比较精确地测出配合物中各原子的相对位置、键角、键长等信息，从而得出配合物的空间构型。

1931 年 Pauling 把杂化轨道理论应用到配合物中，提出配合物的价键理论，它可以解释配离子的空间构型，中心体的配位数以及配合物的磁性和稳定性。

一、价键理论——VB 法应用

中心体与配位原子通过杂化轨道形成配位键结合。因此，形成配位键的条件是：具有空

轨道的中心体采用空的价层杂化轨道与配位原子提供的孤对电子或 π 键电子形成 σ 配位键。

(一) 价键理论要点

1. 中心体的某些价层原子轨道在配体作用下进行杂化，用空的杂化轨道接受配体提供的孤对电子或 π 键电子，形成 σ 配位键。

2. 中心体杂化轨道类型决定配位个体的配位键型和空间构型。

【应用】 根据 VB 法，灵活分析中心体价层电子结构（激发、重排），确定其杂化轨道类型，解释配合物的空间构型和配位键型。常见的中心体杂化轨道类型及对应的空间构型见表 5-3。

表 5-3 常见的中心体杂化轨道类型及对应的空间构型

杂化类型	配位数	例子	中心体的电子构型	杂化轨道	空间构型
sp	2	$[Ag(NH_3)_2]^+$	Ag^+ $[Kr]4d^{10}5s^0$	5s 5p	直线形
sp^2	3	$[CuCl_3]^{2-}$	Cu^+ $[Ar]3d^{10}4s^0$	4s 4p	平面三角形
sp^3	4	$[NiCl_4]^{2-}$	Ni^{2+} $[Ar]3d^84s^0$	4s 4p	四面体形
dsp^2	4	$[Ni(CN)_4]^{2-}$	Ni^{2+} $[Ar]3d^84s^0$	3d 4s 4p	平面正方形
dsp^3	5	$[Fe(CO)_5]$	Fe $[Ar]3d^64s^2$	3d 4s 4p	三角双锥形
sp^3d^2	6	$H_2[SiF_6]$	Si^{4+} $[Ne]3s^03p^03d^0$	3s 3p 3d	八面体形
d^2sp^3	6	$[Fe(CN)_6]^{3-}$	Fe^{3+} $[Ar]3d^54s^0$	3d 4s 4p	八面体形

(二) 配合物的磁性

磁性强弱由物质内部成单电子数决定，常用磁矩 μ 的大小来量度物质磁性强弱。μ 与物质内部成单电子数 n 有关：$\mu = \sqrt{n(n+2)}$ B.M. （n 为成单电子数）。磁矩估算值见表 5-4。

表 5-4 磁矩估算值

n（单电子数）	1	2	3	4	5
μ/B.M.	1.73	2.83	3.87	4.90	5.92

反磁性：物质内部的电子均自旋相反成对，电子自旋产生的磁效应彼此抵消。

顺磁性：物质内部有成单电子，电子自旋产生的磁效应不能相互抵消。

反磁性物质的磁矩为零，顺磁性物质的磁矩大于零。物质内部成单电子数 n 越多，μ 值越大。通过 μ 值可判断物质内部成单电子数，从而判断一种配合物是内轨型还是外轨型。

(三) 外轨型和内轨型配合物

外轨型配合物的中心体 d 电子分布不受配体的影响，仍保持自由离子的电子层构型，配合物中心体的成单电子数和自由离子中的成单电子数相同。

内轨型配合物受配体的影响，中心体 d 电子重新分布，共用电子对深入到中心体的内层轨道，配合物中心体的成单电子数比自由离子中的成单电子数少。

(1) 配位数为 6 的配合物

配位数为 6 的配合物绝大多数是八面体构型。这种构型的配合物可能采取 sp^3d^2 或 d^2sp^3 杂化轨道成键。以 $[FeF_6]^{3-}$ 和 $[Fe(CN)_6]^{3-}$ 的空间构型为例。

Fe^{3+} 的价层电子结构为 $3d^5$，μ（计算值）= 5.92 B.M.：

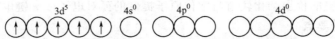

$[FeF_6]^{3-}$ 的 $\mu=5.90$ B.M.，相当于有 5 个未成对电子。根据上述事实，价键理论推测：当 1 个 Fe^{3+} 与 6 个 F^- 结合时，中心体 d 电子分布不受配体的影响，仍保留 5 个未成对的 d 电子。Fe^{3+} 提供外层的 1 个 4s、3 个 4p 和 2 个 4d 轨道进行杂化，组成 6 个 sp^3d^2 杂化轨道，接受 6 个 F^- 提供的 6 对孤对电子而形成 6 个配位键。$[FeF_6]^{3-}$ 形成时以 sp^3d^2 杂化轨道成键，其电子分布为：

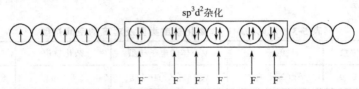

$[Fe(CN)_6]^{3-}$ 的 $\mu=2.4$ B.M.，相当于有 1 个未成对的 d 电子。根据上述事实，价键理论推测：当 Fe^{3+} 与 6 个 CN^- 结合时，Fe^{3+} 的 3d 电子发生重排，原有的 5 个未成对电子中有 4 个配成两对，空出的 2 个 3d 轨道与 1 个 4s、3 个 4p 轨道组成 6 个 d^2sp^3 杂化轨道，接受 6 个 CN^- 中 C 原子提供的 6 对孤对电子而形成 6 个配位键。$[Fe(CN)_6]^{3-}$ 形成时以 d^2sp^3 杂化轨道成键，其电子分布为：

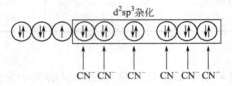

无论中心体采取 sp^3d^2 杂化还是 d^2sp^3 杂化，其中每条杂化轨道都是以 Fe^{3+} 为中心，配体位于以 Fe^{3+} 为中心的正八面体的六个顶点上，因此 $[FeF_6]^{3-}$ 或 $[Fe(CN)_6]^{3-}$ 的空间构型均为正八面体形。

(2) 配位数为 4 的配合物

配位数为 4 的配离子 $[NiCl_4]^{2-}$ 和 $[Ni(CN)_4]^{2-}$ 有四面体型和平面正方形两种构型。自由离子 Ni^{2+} 的价层电子构型为 $3d^8$，μ(计算值) $=2.83$ B.M.：

$[NiCl_4]^{2-}$ 配离子的磁矩为 2.83 B.M.，相当于有 2 个未成对的 d 电子，这说明 Ni^{2+} 与 Cl^- 形成配位键时，d 轨道电子未发生重排，仍保留 2 个单电子。$[NiCl_4]^{2-}$ 形成时以 sp^3 杂化轨道成键，所以空间构型为正四面体，其电子分布为：

$[Ni(CN)_4]^{2-}$ 配离子的磁矩为 0 B.M.，这说明 $[Ni(CN)_4]^{2-}$ 形成时，d 轨道的 2 个未成对电子发生重排，空出 1 个 3d 轨道形成 dsp^2 杂化轨道，故 $[Ni(CN)_4]^{2-}$ 为内轨型配合物，其空间构型为平面正方形，其电子分布为：

中心体以最外层的轨道（ns, np, nd）组成杂化轨道与配体形成的配位键叫外轨配键，含有外轨配键的配合物称为外轨型配合物，如 $[FeF_6]^{3-}$、$[NiCl_4]^{2-}$）。常见的外轨型配合物中心离子所发生的杂化有 sp、sp^2、sp^3、sp^3d^2。

若中心体采用了次外层轨道 [$(n-1)$d 轨道] 组成杂化轨道，则形成内轨配键，其对应的配合物称为内轨型配合物，如 $[Fe(CN)_6]^{3-}$、$[Ni(CN)_4]^{2-}$。常见的内轨型配合物中心离子所发生的杂化有 dsp^2、d^2sp^3。

对于同一中心体，当形成相同配位数的配合物时，由于 $(n-1)$d 轨道比 nd 轨道能量低，一般内轨型配合物比外轨型配合物稳定。

（四）形成内轨型或外轨型配合物的影响因素

（1）中心体的电子构型：d^{10} 构型——外轨型，d^8 构型——内轨型，$d^4 \sim d^7$ 构型——内轨型或外轨型。

（2）中心体电荷增多易形成内轨型配合物。如 $[Co(NH_3)_6]^{2+}$ 为外轨型；$[Co(NH_3)_6]^{3+}$ 为内轨型。

（3）电负性大的配位原子（F、O 等）易形成外轨型配合物；电负性小的配位原子（C 等）易形成内轨型配合物。

（五）中心体配位数的影响因素

一般中心体的配位数为 2、4、6、8，最常见的是 4 和 6。中心体配位数的多少主要取决于中心体和配体的性质。

中心体电荷越高，半径越大，配位数越大。但半径过大，中心体对配体的引力减弱，反而会使配位数减小。中心体电子构型不同，配位数也不同。

配体电荷越高，半径越大，配位数越小。

外界因素：增大配体浓度、降低反应温度有利于形成高配位数的配合物。

（六）配合物的磁性与键型

电负性大的配位原子（F、O 等）不易给出孤对电子，它们占据中心体的外层杂化轨道，对其内层 d 电子排布几乎没有影响，故内层 d 电子尽可能分占 3d 空轨道而自旋平行，因此未成对电子数较多，这类配合物又称为高自旋型配合物（或外轨型配合物）。它们常常具有顺磁性，未成对电子数越多，磁性越强。电负性小的配位原子（C 等），给出电子的能力较强，对中心体内层 d 电子影响较大，使 d 电子发生重排，电子挤入少数轨道，故内层自旋平行的 d 电子数目减少，磁性降低，甚至变为反磁性物质，这类配合物又称为低自旋型配合物（或内轨型配合物）。

价键理论简单明了，能解释许多配合物的几何构型、配位数、稳定性和磁性等问题，但不能定量或半定量说明配合物的性质，不能解释配合物的特征颜色。

二、晶体场理论*

由于静电作用，配体对中心体空的价层 d 轨道结构发生影响，使简并的 d 轨道发生分裂。

（一）基本要点

（1）在形成配合物时，中心体 M 处于带负电的配体 L 形成的静电场中，二者完全靠静电作用结合在一起。配体负电荷对中心体产生的静电场称为晶体场。

（2）配体形成的晶体场对中心体的电子（特别是价电子层中的 d 电子）产生排斥作用，使中心体的价层 d 轨道发生能级分裂，形成几组能量不同的轨道。

(3) d 轨道能级分裂导致 d 电子重新排布，优先占据低能级 d 轨道使体系总能量下降，产生晶体场稳定化能（CFSE）。

（二）中心体 d 轨道能级分裂

与配体作用前，中心体的五个 d 轨道虽然空间取向不同，但具有相同的能量 E_0。如果中心体处于球形对称的静电场中，则中心体的五个 d 轨道都垂直地指向球壳，并受到球形场静电排斥的程度相同，各个 d 轨道的能量都同等程度升高到 E_s，五个 d 轨道仍处于五重简并状态（见图 5-2）。

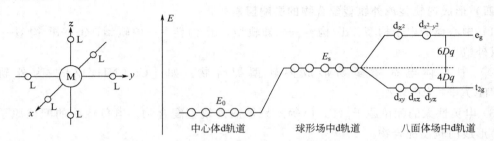

图 5-2　中心体 d 轨道在八面体场中的分裂

如果配体产生的静电场是非球形对称的（如八面体场、四面体场、平面正方形场等），由于 d 轨道空间分布不同，原来能量相等的五条 d 轨道受到配体的作用不同，d 轨道能级分裂情况各异，本书只介绍八面体场中 d 轨道能级分裂情况（图 5-2）。

对于正八面体配合物 ML_6，六个配体 L 分别沿着 $\pm x$，$\pm y$，$\pm z$ 方向接近中心体，形成八面体配离子时，带正电的中心体与作为配体的阴离子（或极性分子带负电的一端）相互吸引；同时中心体 d 轨道上的电子受到配体的排斥，五个 d 轨道的能量相应于前面所述的 E_0 皆高升。d_{z^2} 与 $d_{x^2-y^2}$ 两个轨道电子出现概率最大的方向与配体负电荷迎头相碰，受到配体电子云的排斥作用增大，所以 d_{z^2} 与 $d_{x^2-y^2}$ 轨道的能量比球形对称场的能量（即八面体场的平均能量）高。而 d_{xy}、d_{xz}、d_{yz} 三个轨道的电子出现概率最大的方向指向坐标轴的对角线处，与配体负电荷方向错开，受到配体电子云的排斥作用小，所以 d_{xy}、d_{xz}、d_{yz} 轨道的能量比球形对称场的能量低。故在正八面体场中，中心体 d 轨道分裂成两组：一组为能量较高的 d_{z^2} 和 $d_{x^2-y^2}$ 轨道，称为 e_g（或 dγ）轨道，两者的能量相等；另一组为能量较低的 d_{xy}，d_{yz}，d_{xz} 轨道，称为 t_{2g}（或 dε）轨道，它们三者的能量相等。这些轨道符号表示对称类别：e 为二重简并，t 为三重简并，g 代表中心对称。

（三）分裂能及其影响因素

1. 分裂能

中心体的 d 轨道受晶体场影响发生能级分裂，分裂后最高能量的 d 轨道和最低能量的 d 轨道之间的能量差称为分裂能，用 Δ 表示。在正八面体场中，分裂能通常用 Δ_o 或 $10Dq$ 表示❶，这相当于一个电子由 t_{2g} 轨道跃迁到 e_g 轨道所需的能量。分裂能可通过配合物的光谱实验测得，其单位为 cm^{-1} 或 $kJ \cdot mol^{-1}$。

$$\Delta_o = E(e_g) - E(t_{2g}) = 10Dq \tag{1}$$

根据量子力学的能量重心不变原则，一组简并轨道因静电作用引起能级分裂，分裂后所

---

❶ Δ_o 中的脚标 "o" 表示八面体（octahedron）

有轨道总的能量不变。以球形场简并的 d 轨道能量为零点，关系如下：
$$2E(e_g)+3E(t_{2g})=0 \qquad (2)$$
由（1）、（2）联立方程得：$E(e_g)=6Dq \qquad E(t_{2g})=-4Dq$

可见，八面体场中 d 轨道分裂的结果，相对于球形场，e_g 轨道能量比分裂前上升了 $6Dq$，t_{2g} 轨道能量比分裂前下降了 $4Dq$。

2. 影响分裂能大小的因素

空间构型不同的配合物，中心体 d 轨道能级分裂情况不同。即使相同构型的配合物，也因配位体和中心体的不同，中心体 d 轨道能级分裂程度也不同。影响分裂能大小的主要因素有中心体电荷及所在周期数、配体的性质和配合物的空间构型，其一般变化规律如下。

① 中心体电荷。同种配体与不同的中心体形成配合物，中心体电荷越多，对配体的引力越大，中心与配体距离越近，中心体外层 d 轨道与配体之间的斥力愈大，分裂能值越大。表 5-5 中 M^{3+}（Cr^{3+}，Mn^{3+}，Fe^{3+}，Co^{3+}）的六水配合物比 M^{2+}（Cr^{2+}，Mn^{2+}，Fe^{2+}，Co^{2+}）的六水配合物 Δ_o 值大。某些八面体配合物的 Δ_o 值见表 5-5。

表 5-5　某些八面体配合物的 Δ_o 值（单位：cm^{-1}）

d 电子数	中心体	配体						
		$6Br^-$	$6Cl^-$	$6H_2O$	EDTA	$6NH_3$	3en	$6CN^-$
$3d^1$	Ti^{3+}			20300				
$3d^2$	V^{3+}			17700				
$3d^3$	V^{2+}			12600				
	Cr^{3+}		13600	17400	18400	21600	21900	26300
$4d^3$	Mo^{3+}		19200	24000				
$3d^4$	Cr^{2+}			13900				
	Mn^{3+}			21000				
$3d^5$	Mn^{2+}			7800				
	Fe^{3+}			13700				
$3d^6$	Fe^{2+}			10400				33000
	Co^{3+}			18600	20400	23000	23300	34000
$4d^6$	Rh^{3+}	18900	20300	27000		33900	34400	
$5d^6$	Ir^{3+}	23100	24900				41200	
	Pt^{4+}	24000	29000					
$3d^7$	Co^{2+}			9300		10100	11000	
$3d^8$	Ni^{2+}	7000	7300	8500	10100	10800	11600	
$3d^9$	Cu^{2+}			12600	13600	15100	16400	

② 中心体所在的周期数。相同配体与带相同电荷的同族金属离子形成配合物，随中心体所在周期数的增加，中心体半径增大，d 轨道伸展离核越远，越易受到配体负电荷的排斥作用，故分裂能值增大。

③ 配体的影响。同一中心体与不同配体形成的配合物，分裂能还与配体形成的晶体场强弱有关。配体场越强，d 轨道能级分裂程度越大。由光谱数据统计出，对于构型相同的配合物，各种配体对同一中心体产生的分裂能值由小到大的顺序如下：

弱场配体──────────→强场配体

$I^-<Br^-<S^{2-}<SCN^-\sim Cl^-<F^-<OH^-<ONO^-<C_2O_4^{2-}<H_2O<NCS^-<EDTA<NH_3<en<NO_2^-<CN^-<CO$

这一顺序称为光谱化学序列,大体上可以将 H_2O 和 NH_3 作为分界,将各种配体分成强场配体(Δ 大,如 NO_2^- 或 CN^-)和弱场配体(Δ 小,如 I^-、Br^-、Cl^-、F^- 等)。H_2O 与 CN^- 之间的配体是强场还是弱场,取决于中心体,可以结合配合物的磁矩来确定。对不同的中心体,以上顺序略有差异。

④ 中心体和配体相同,配合物构型不同,分裂能与构型的关系是:平面四方形>八面体>四面体。

(四) 晶体场理论的应用

1. 配合物高、低自旋态及磁性的判别——d 轨道中电子的排布

在八面体场中,中心体的 d 轨道能级分裂为 t_{2g} 和 e_g 两组,d 电子在分裂轨道中的排布不仅遵守能量最低原理、Pauli 不相容原理和 Hund 规则,还需考虑电子成对能 P 与分裂能 Δ_o 的相对大小。由于电子成对能 P 和分裂能 Δ_o 可通过光谱实验数据求得,从而可推测配合物中心体的 d 电子分布及自旋状态。

电子成对能 P:两个电子进入同一轨道为克服电子间的排斥作用所需要的能量。

低自旋:当 $\Delta_o>P$ 时,d 电子尽可能先自旋配对占据能量低的 t_{2g} 轨道,然后再占据能量高的 e_g 轨道。这种电子排布方式称为低自旋排布,形成低自旋型配合物,能量较低,较稳定,成单电子数少,磁矩小。

高自旋:当 $\Delta_o<P$ 时,电子成对需要较高的能量,d 电子尽可能自旋平行占据分裂后的各个轨道,然后再成对。这种电子排布称为高自旋排布,形成高自旋型配合物,能量较高,较不稳定,成单电子数较多,磁矩大。d^n 在八面体场中的排布见表 5-6。

表 5-6 d^n 在八面体场中的排布

d^n	低自旋($\Delta_o>P$)	高自旋($\Delta_o<P$)	d^n	低自旋($\Delta_o>P$)	高自旋($\Delta_o<P$)
d^1	$(t_{2g})^1(e_g)^0$	$(t_{2g})^1(e_g)^0$	d^6	$(t_{2g})^6(e_g)^0$	$(t_{2g})^4(e_g)^2$
d^2	$(t_{2g})^2(e_g)^0$	$(t_{2g})^2(e_g)^0$	d^7	$(t_{2g})^6(e_g)^1$	$(t_{2g})^5(e_g)^2$
d^3	$(t_{2g})^3(e_g)^0$	$(t_{2g})^3(e_g)^0$	d^8	$(t_{2g})^6(e_g)^2$	$(t_{2g})^6(e_g)^2$
d^4	$(t_{2g})^4(e_g)^0$	$(t_{2g})^3(e_g)^1$	d^9	$(t_{2g})^6(e_g)^3$	$(t_{2g})^6(e_g)^3$
d^5	$(t_{2g})^5(e_g)^0$	$(t_{2g})^3(e_g)^2$	d^{10}	$(t_{2g})^6(e_g)^4$	$(t_{2g})^6(e_g)^4$

$d^1\sim d^3$、$d^8\sim d^{10}$ 电子构型的正八面体配合物:高低自旋的电子排布相同。

$d^8\sim d^{10}$ 构型的中心体在强场和弱场中的电子分布不同。弱场:d 电子高自旋排布。强场:d 电子低自旋排布。配体是强场还是弱场,可通过实测配合物的磁矩来判定。

2. 配合物的热力学稳定性——晶体场稳定化能(CFSE)

在晶体场作用下,d 电子在分裂后的 d 轨道中重新排布导致体系总能量下降,体系总能量的降低值就称为晶体场稳定化能,用 CFSE 表示。CFSE 越大,配合物越稳定。

对于八面体配合物,根据 t_{2g} 和 e_g 的相对能量和进入其中的电子数,就可以计算八面体配合物的晶体场稳定化能(见表 5-7)。若 t_{2g} 轨道中的电子数为 n_1,e_g 轨道中的电子数为 n_2,晶体场稳定化能可用下式表示:

$$(CFSE)_o=(-4Dq)\times n_1+6Dq\times n_2$$

表 5-7 八面体场的 CFSE

d^n	弱 场		强 场	
	构型	CFSE	构型	CFSE
d^1	t_{2g}^1	$-4Dq$	t_{2g}^1	$4Dq$
d^2	t_{2g}^2	$-8Dq$	t_{2g}^2	$-8Dq$
d^3	t_{2g}^3	$-12Dq$	t_{2g}^3	$-12Dq$
d^4	$t_{2g}^3 e_g^1$	$-6Dq$	t_{2g}^4	$-16Dq+P$
d^5	$t_{2g}^3 e_g^2$	$0Dq$	t_{2g}^5	$-20Dq+2P$
d^6	$t_{2g}^4 e_g^2$	$-4Dq$	t_{2g}^6	$-24Dq+2P$
d^7	$t_{2g}^5 e_g^2$	$-8Dq$	$t_{2g}^6 e_g^1$	$-18Dq+P$
d^8	$t_{2g}^6 e_g^2$	$-12Dq$	$t_{2g}^6 e_g^2$	$-12Dq$
d^9	$t_{2g}^6 e_g^3$	$-6Dq$	$t_{2g}^6 e_g^3$	$-6Dq$
d^{10}	$t_{2g}^6 e_g^4$	$0Dq$	$t_{2g}^6 e_g^4$	$0Dq$

晶体场稳定化能很好地解释配合物的稳定性与 $(n-1)d^n$ 的关系。如第一过渡系列+2氧化态水合配离子 $M(H_2O)_6^{2+}$ 稳定性与 d^n 在八面体弱场中的 CFSE 有如下关系：

$$d^0 < d^1 < d^2 < d^3 > d^4 > d^5 < d^6 < d^7 < d^8 > d^9 > d^{10}$$

3. 配合物的颜色——配合物的吸收光谱

晶体场理论不仅能解释配合物的磁性和稳定性，还可以解释配合物吸收光谱产生的原因。大多数过渡金属离子形成的配合物在紫外-可见光区有吸收，其中不少呈现颜色。晶体场理论认为：由 $d^1 \sim d^9$ 构型的中心体形成的配合物，由于 d 轨道没有充满，轨道内的电子能吸收光能，在分裂后的轨道间发生跃迁，称为 d-d 跃迁。一个原处于低能量的 t_{2g} 轨道的电子进入高能量的 e_g 轨道，必须吸收相当于分裂能的光能。由 $\Delta = h\nu = hc/\lambda$ 可以求出吸收光的波长（h 为普朗克常量，c 为光速）。自然光照射物质，可见光全通过，则物质无色透明；全反射，物质为白色；全吸收，物质显黑色。当部分波长的可见光被吸收，而其余波长的光通过或反射出来，则形成颜色（即被吸收光的互补色）。这就是吸收光谱的显色原理。各种波长的可见光之互补关系简示如下：

紫—黄绿 蓝—黄 绿—红紫 橙—绿蓝 红—蓝绿

具有 $d^1 \sim d^9$ 构型的同一中心体与不同配体形成的多种配合物，或者同一配体与不同 d 电子构型的中心体所形成的各种配合物，因晶体场强度不同，发生 d-d 跃迁所需要的能量也不同，因此配合物吸收或透过光也不一样，呈现的颜色也各不相同。表 5-8 中列出了 Co^{3+} (d^6) 与不同配体形成的八面体配合物所具有的特征颜色。

表 5-8 不同 Co^{3+} 八面体配合物的特征颜色

$[Co(H_2O)_6]^{3+}$	$[Co(NH_3)_6]^{3+}$	$[Co(NO_2)_6]^{3-}$	$[Co(en)_3]^{3+}$
蓝	黄棕	橙黄	黄
$[Co(C_2O_4)_3]^{3-}$	$[Co(en)_2(C_2O_4)]^+$	$[Co(EDTA)]^-$	$[Co(CN)_6]^{3-}$
绿	紫红	紫	黄

以 $[Ti(H_2O)_6]^{3+}$ 水溶液为例，Ti^{3+} 为 d^1 构型，处于 t_{2g} 轨道的一个电子吸收可见光的光能而被激发，进入高能量的 e_g 轨道，发生 d-d 跃迁。将不同波长的单色光照射 $[Ti(H_2O)_6]^{3+}$ 水溶液，测定相应的吸收率。由于波长不同，吸收率不同，以吸收率对波长（或波数）作图，得到该物质的吸收曲线，称为吸收光谱，如图 5-3 所示。由图可知，$[Ti(H_2O)_6]^{3+}$ 在可见光区波长 490nm 处有一最大吸收峰。这一峰值即对应 d 电子发生 d-d 跃迁的能量值。由于吸收的是蓝绿色光，而紫色光和红色光吸收最少而被透过，所以 $[Ti(H_2O)_6]^{3+}$ 的水溶液显紫红色。

晶体场理论能较好地解释配合物的磁性、颜色、稳定性和空间构型等实验事实。但晶体场理论将中心体和配体间的相互作用仅看作静电作用，不能完全满意地解释光谱化学序列。配位场理论和分子轨道理论弥补了晶体场理论的不足，较好地解释了配合物的许多性质，本书对此不作介绍。

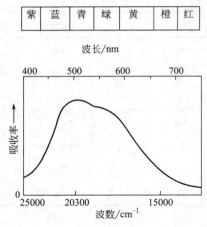

图 5-3 $[Ti(H_2O)_6]^{3+}$ 的吸收光谱

第三节 配位平衡——配合物的稳定性

可溶性配合物在水溶液中的解离：配合物 $\xrightarrow{\text{完全解离}}$ 配离子＋简单离子

配离子 $\rightleftharpoons$ 中心体＋配体

配离子在水溶液中的解离如同弱电解质，存在着生成反应和解离反应之间的平衡，这种平衡称为配位平衡。化学平衡的原理一般都适用于配位平衡。

一、配位平衡及其平衡常数

配离子的生成反应和解离反应分步进行并最终达到平衡状态，相应的标准平衡常数叫做配离子的稳定常数和不稳定常数，分别用符号 $K_f^{\ominus}$（或 $K_{稳}^{\ominus}$）和 $K_d^{\ominus}$（或 $K_{不稳}^{\ominus}$）表示。多配体的配离子在水溶液中的生成反应是分步进行的，每一步都有一个对应的稳定常数，我们称它为逐级稳定常数（或分步稳定常数），用 $K_i^{\ominus}$ 表示。多配体配离子总的稳定常数 $K_f^{\ominus}$（或累积稳定常数 β_i）等于逐级稳定常数的乘积，多配体配离子总的不稳定常数等于逐级解离常数的乘积。由于配合物的配位反应和离解反应互为逆反应，所以 $K_f^{\ominus}$ 和 $K_d^{\ominus}$ 互为倒数关系。利用 $K_f^{\ominus}$ 和 $K_d^{\ominus}$ 可以比较相同类型配离子在水溶液中的稳定性。一些常见配离子的稳定常数可以查看附录表 5。

规律：

① $K_f^{\ominus} = \dfrac{1}{K_d^{\ominus}}$，$K_f^{\ominus} = K_1^{\ominus} \cdot K_2^{\ominus} \cdot K_3^{\ominus} \cdots\cdots K_i^{\ominus}$，$\beta_i = K_1^{\ominus} \cdot K_2^{\ominus} \cdot K_3^{\ominus} \cdots\cdots K_i^{\ominus}$

② $K_1^{\ominus} > K_2^{\ominus} > K_3^{\ominus} > \cdots\cdots > K_{fi}^{\ominus}$，一般情况下各级常数相差不太大。

二、配离子平衡常数的应用——有关计算

应用平衡计算方法，可计算水溶液中配位平衡体系中各组分的浓度；当体系中配位反应

与沉淀反应或氧化还原反应或多个配位反应同时存在，讨论沉淀的生成或溶解、配离子之间的转化、氧化还原反应变化的可能性。

（一）计算配合物溶液中有关离子的浓度

由于一般配离子的逐级稳定常数彼此相差不太大，因此在计算离子浓度时应注意考虑各级配离子的存在。进行平衡组成计算时，只有当累积常数很大，配体在溶液中有较高浓度的情况下，才可作近似计算。在实际工作中，一般所加配位剂过量，此时中心体基本上处于最高配位状态，而低级配离子可以忽略不计，这样就可以根据总的稳定常数 $K_f^\ominus$ 进行计算。

【例1】 计算溶液中与 1.0×10^{-3} mol·L^{-1} [Cu(NH$_3$)$_4$]$^{2+}$ 和 1.0 mol·L^{-1} NH$_3$·H$_2$O 处于平衡状态时游离态 Cu^{2+} 的浓度。

解： 设平衡时 $c(Cu^{2+})=x$ mol·L^{-1}

$$Cu^{2+}+4NH_3 \rightleftharpoons [Cu(NH_3)_4]^{2+}$$

平衡浓度/(mol·L^{-1})　　　x　　1.0　　1.0×10^{-3}

已知 [Cu(NH$_3$)$_4$]$^{2+}$ 的 $K_f^\ominus=2.09\times10^{13}$，将上述各项代入平衡常数表示式：

$$K_f^\ominus=\frac{c\{[Cu(NH_3)_4]^{2+}\}/c^\ominus}{[c(Cu^{2+})/c^\ominus][c(NH_3)/c^\ominus]^4}=\frac{1.0\times10^{-3}}{x(1.0)^4}=2.09\times10^{13}$$

$$x=\frac{1.0\times10^{-3}}{1\times2.09\times10^{13}}=4.8\times10^{-17} \text{ mol·L}^{-1}$$

答： 平衡状态时游离态 Cu^{2+} 的浓度为 4.8×10^{-17} mol·L^{-1}。

虽然在计算 Cu^{2+} 浓度时可以按上式进行简单计算，但并非溶液中绝对不存在 [Cu(NH$_3$)]$^{2+}$、[Cu(NH$_3$)$_2$]$^{2+}$、[Cu(NH$_3$)$_3$]$^{2+}$，因此不能认为溶液中 $c(Cu^{2+})$ 与 $c(NH_3)$ 之比是 1:4 的关系。上例中因有过量 NH$_3$ 存在，且 [Cu(NH$_3$)$_4$]$^{2+}$ 的累积稳定常数 $K_f^\ominus$ 又很大，故忽略配离子的解离还是合理的。

【例2】 将 10.0mL 0.20mol·L^{-1} AgNO$_3$溶液与 10.0mL 1.0mol·L^{-1} 氨水混合，计算溶液中 $c(Ag^+)$。

解： 两种溶液混合后，因溶液中 NH$_3$ 过量，Ag$^+$ 能定量地转化为 [Ag(NH$_3$)$_2$]$^+$，且每形成 1mol [Ag(NH$_3$)$_2$]$^+$ 要消耗 2mol NH$_3$。

　　　　　　　　　　　　　　　Ag$^+$　　+　　2NH$_3$　　$\rightleftharpoons$　　[Ag(NH$_3$)$_2$]$^+$

起始浓度/(mol·L^{-1})　　　　0.10　　　　0.50　　　　　　　　0

平衡浓度/(mol·L^{-1})　　　　x　　　　$0.50-2\times0.1+2x$　　　$0.1-x$

$$x=\frac{c\{[Ag(NH_3)_2]^+\}/c^\ominus}{[c^2(NH_3)/c^\ominus]^2 \cdot K_f^\ominus}\approx\frac{0.10}{(0.30)^2\times1.12\times10^7}=9.9\times10^{-8} \text{ mol·L}^{-1}$$

$$c(Ag^+)=9.9\times10^{-8} \text{ mol·L}^{-1}$$

（二）判断配离子与沉淀之间转化的可能性

络合剂、沉淀剂都可以和 M^{n+} 结合，生成配合物、沉淀物，故两种平衡的关系实质是络合剂与沉淀剂争夺 M^{n+} 的问题，当然要和 K_{sp}、$K_f^\ominus$ 的值有关。

【例3】 在 1L 例 1 所述的溶液中，加入 0.001mol·L^{-1} NaOH，问有无 Cu(OH)$_2$ 沉淀生成？若加入 0.001mol·L^{-1} Na$_2$S，有无 CuS 沉淀生成？（设溶液体积基本不变）。

解： (1) 当加入 0.001mol·L^{-1} NaOH 后，溶液中的 $c(OH^-)=0.001$ mol·L^{-1}，已知 Cu(OH)$_2$ 的 $K_{sp}^\ominus=2.2\times10^{-20}$

该溶液中有关离子浓度的乘积：

$c(Cu^{2+}) \cdot c^2(OH^-)/(c^\ominus)^3 = 4.8 \times 10^{-17} \times (10^{-3})^2 = 4.8 \times 10^{-23} < K_{sp,Cu(OH)_2}^\ominus = 2.2 \times 10^{-20}$

答：加入 $0.001 mol \cdot L^{-1}$ NaOH 后无 $Cu(OH)_2$ 沉淀生成。

（2）若加入 $0.001 mol \cdot L^{-1}$ Na_2S，溶液中 $c(S^{2-}) = 0.001 mol \cdot L^{-1}$（未考虑 S^{2-} 的水解），已知 $K_{sp,CuS}^\ominus = 1.27 \times 10^{-36}$

则溶液中有关离子浓度乘积：

$c(Cu^{2+}) \cdot c(S^{2-})/(c^\ominus)^2 = 4.8 \times 10^{-17} \times 10^{-3} = 4.8 \times 10^{-20} > K_{sp,CuS}^\ominus = 1.27 \times 10^{-36}$

答：加入 $0.001 mol \cdot L^{-1}$ Na_2S 后有 CuS 沉淀产生。

（三）判断配离子之间转化的可能性

配离子之间的转化，与沉淀之间的转化类似，反应向着生成更稳定的配离子的方向进行。两种配离子的稳定常数相差越大，转化越完全。

【例4】 向含有 $[Ag(NH_3)_2]^+$ 的溶液中加入 KCN，此时可能发生下列反应：

$$[Ag(NH_3)_2]^+ + 2CN^- \rightleftharpoons [Ag(CN)_2]^- + 2NH_3$$

通过计算，判断 $[Ag(NH_3)_2]^+$ 是否可能转化为 $[Ag(CN)_2]^-$。

解： 根据平衡常数表示式可写出：

$$K_f^\ominus = \frac{c\{[Ag(CN)_2]^-\} \cdot c^2(NH_3)}{c\{[Ag(NH_3)_2]^+\} \cdot c^2(CN^-)}$$

分子分母同乘 $c(Ag^+)$ 后可得：

$$K_f^\ominus = \frac{c\{[Ag(CN)_2]^-\} \cdot c^2(NH_3) \cdot c(Ag^+)}{c\{[Ag(NH_3)_2]^+\} \cdot c^2(CN^-) \cdot c(Ag^+)} = \frac{K_{f,[Ag(CN)_2]^-}^\ominus}{K_{f,Ag(NH_3)_2^+}^\ominus}$$

已知 $[Ag(NH_3)_2]^+$ 和 $[Ag(CN)_2]^-$ 的 $K_f^\ominus$ 分别为 1.12×10^7 和 1.26×10^{21}

则 $K_f^\ominus = (1.26 \times 10^{21})/(1.12 \times 10^7) = 1.13 \times 10^{14}$

$K^\ominus$ 值之大说明转化反应能进行完全，$[Ag(NH_3)_2]^+$ 可以完全转化为 $[Ag(CN)_2]^-$。

配离子的转化具有普遍性，金属离子在水溶液中的配合反应，也是配离子之间的转化。例如：$Cu^{2+} + 4NH_3 \rightleftharpoons [Cu(NH_3)_4]^{2+}$，实际反应是 $[Cu(H_2O)_4]^{2+} + 4NH_3 \rightleftharpoons [Cu(NH_3)_4]^{2+} + 4H_2O$，但通常简写为前一反应式。

【阅读材料】

配合物化学已成为当代化学的前沿领域之一，它的发展打破了传统的无机化学和有机化学之间的界限，其新奇的特殊性能在生产实践中取得了重大应用。下面从几个方面作简要介绍。

1. 在分析化学方面

（1）离子的鉴定和分离

例如，在溶液中 NH_3 与 Cu^{2+} 能形成深蓝色的 $[Cu(NH_3)_4]^{2+}$，据此配位反应可鉴别 Cu^{2+}。Fe^{3+} 能与 SCN^- 离子生成血红色配合物，此反应对鉴定 Fe^{3+} 相当灵敏。丁二肟在弱碱性介质中与 Ni^{2+} 可形成鲜红色的难溶二（丁二肟）合镍（Ⅱ）沉淀，据此可用于 Ni^{2+} 的测定。在含有 Zn^{2+} 和 Al^{3+} 的溶液中加入过量氨水，可达到分离 Zn^{2+} 与 Al^{3+} 的目的。

（2）离子的掩蔽

例如，加入配合剂 KSCN 鉴定 Co^{2+} 时，Co^{2+} 与配合剂将发生下列的反应：

$$[Co(H_2O)_6]^{2+}（粉红）+ 4SCN^- \longrightarrow [Co(NCS)_4]^{2+}（艳蓝）+ 6H_2O$$

但是如果溶液中同时含有 Fe^{3+}，Fe^{3+} 也可与 SCN^- 反应，形成血红色的 $[Fe(NCS)]^{2+}$，妨碍了对 Co^{2+} 的鉴定。若事先在溶液中先加入足量的配合剂 NaF（或 NH_4F），使 Fe^{3+} 形成更为稳定的无色配离子 $[FeF_6]^{3-}$，这样就可以排除 Fe^{3+} 对鉴定 Co^{2+} 的干扰作用。在分析化学上，这种排除干扰作用的效应称为掩蔽效应，所用的配合剂称为掩蔽剂。

2. 配位催化

在有机合成中，凡利用配位反应产生的催化作用，称为配位催化。其含义是指单体分子先与催化剂活性中心配合，接着在配位界内进行反应。由于催化活性高、选择性专一以及反应条件温和，配位催化被广泛应用于石油化学工业生产中。例如，用 Wacker 法由乙烯合成乙醛采用 $PdCl_2$ 和 $CuCl_2$ 的稀盐酸溶液催化，借助 $[PdCl_3(C_2H_4)]^-$、$[PdCl_2(OH)(C_2H_4)]^-$ 等中间产物的形成，使 C_2H_4 分子活化，在常温常压下乙烯就能比较容易地氧化成乙醛，转化率高达 95%。

3. 冶金工业

(1) 高纯金属的制备

绝大多数过渡元素都能与一氧化碳形成金属羰基配合物。与常见的相应金属化合物比较，它们容易挥发，受热易分解成金属和一氧化碳。利用上述特性，工业上采用羰基化精炼技术制备高纯金属。先将含有杂质的金属制成羰基配合物并使之挥发与杂质分离；然后加热分解制得纯度很高的金属。例如，制造铁芯和催化剂用的高纯铁粉，正是采用这种技术生产的：

$$Fe(细粉) + 5CO \xrightarrow{200℃, 200MPa} [Fe(CO)_5] \xrightarrow{200\sim250℃} Fe(高纯) + 5CO$$

由于金属羰基配合物大多剧毒、易燃，在制备和使用时应特别注意安全。

(2) 贵金属的提取

众所周知，贵金属难氧化，从其矿石中提取有困难。但是当有合适的配合剂存在，例如在 NaCN 溶液中，Au 的还原性增强，容易被 O_2 氧化，形成 $[Au(CN)_2]^-$ 而溶解，然后加锌粉于溶液中通过置换反应得到金。电解铜的阳极泥中含有 Au 和 Pt 等贵金属，在王水中生成 $H[AuCl_4]$ 和 $H_4[PtCl_6]$ 配合物，从而可以有效地从阳极泥中回收 Au 和 Pt 等贵金属。

4. 电镀工业

欲获得牢固、均匀、致密、光亮的镀层，金属离子在阴极镀件上的还原速率不应太快，为此要控制镀液中有关金属离子的浓度。几十年来，镀 Cu、Ag、Au、Zn、Sn 等工艺中用 NaCN 使有关金属离子转变为氰合配离子，以降低镀液中简单金属离子的浓度。由于氰化物剧毒，20 世纪 70 年代以来人们开始研究无氰电镀工艺，目前已研究出多种非氰配合剂，例如 1-羟基亚乙基-1,1-二膦酸是一种较好的电镀通用配合剂，它与 Cu^{2+} 可形成羟基亚乙基二膦酸合铜(Ⅱ)配离子，电镀所得镀层达到质量标准。

另外，某些配合物具有特殊光电、热磁等功能，这对于电子、激光和信息等高新技术的开发具有重要的前景。

5. 在生物、医药学方面

生物体内存在的各种元素，尤其是金属元素多以配合物的形式存在并参与各种生物化学反应。生物体内存在有钠、钾、钙、镁、铁、铜、钼、锰、钴、锌等十几种元素，它们能与体内存在的糖、脂肪、蛋白质、核酸等大分子配体，与氨基酸、多肽、核苷酸、有机酸根、O_2、Cl^- 等小分子配体形成化合物，主要是配位化合物。卟啉类化合物和咕啉类化合物是两类重要的生物配体。例如：血红蛋白、肌红蛋白、细胞色素 C 等铁蛋白是 Fe^{2+} 与卟啉类配体结合的配合物。血红蛋白和肌红蛋白分子中的血红素铁只与蛋白质链上一个组氨酸相连，尚有一个空的配位位置，能可逆地结合一个氧分子，具有运载和贮存氧分子的功能。细胞色素 C 中血红素基的铁原子与蛋白链上两个氨基酸残基相连，无载氧能力，是重要的电子传递体。蓝铜蛋白是含铜的重要金属蛋白，其中铜仅与蛋白链上的氨基酸残基相结合，形成扭曲的四面体构型，呈显著的蓝色，如血浆蓝铜蛋白和质体蓝素，前者参与调节组织中铜的含量，后者是一系列生物过程中的重要电子传递体。铁硫蛋白是含铁、硫原子的天然原子簇金属化合物与蛋白质链上半胱氨酸结合的金属蛋白，是生物体中重要的电子传递体，如铁氧还蛋白在叶绿体的光合作用和固氮酶的固氮过程中起传递电子的作用。

生物体内各种各样起特殊催化作用的酶，几乎都与有机金属配合物密切相关。如羧肽酶和碳酸酐酶都是锌酶，前者能催化肽和蛋白质分子羧端氨基酸的水解，后者能催化体内代谢产生的二氧化碳的水合反应。许多氧化还原酶含价态可变的铁、铜、钼、钴等过渡金属元素，如固氮酶由铁蛋白和铁钼蛋白组成，在生物体中能催化氮合成氨的反应。

维生素 B_{12} 是钴原子和咕啉环的配位化合物，钴原子与咕啉环中四个氮原子结合，在轴向又与连接于咕啉环的一个核苷酸的苯并咪唑基相连，此外还与一个氰根配位。当氰根被另一个腺苷基代替时，即为维生素 B_{12} 辅酶。维生素 B_{12} 对机体的正常生长和营养、细胞和红细胞的生成以及神经骨髓系统的功能有重要作用。维生素 B_{12} 的生理功能均以辅酶形式实现。

植物进行光合作用所必需的叶绿素，是以 Mg^{2+} 为中心体的复杂配合物，具有类似于卟啉环的结构，其中镁与环的四个氮原子结合。

离子载体为一类能与碱金属、碱土金属等元素结合，生成脂溶性配位化合物，从而增大金属离子透过生物膜可能性的物质。天然离子载体如缬氨霉素等，能使正常情况下不易通过线粒体内膜的钾离子得以顺利通过；合成的离子载体主要为冠醚，如二苯并 18-冠-6 为环状多醚，其中央空穴的大小决定于金属离子配位的选择性。

在医学上，常利用配位反应治疗人体中某些元素的中毒。为控制体内金属元素的正常含量，常用一些金属螯合剂来排除体内过量的金属元素。例如，1,2-二巯基丙醇可排除汞、铅、锑等元素。EDTA（乙二胺四乙酸）可排除多种有害元素及过量金属，EDTA 的钙盐是人体铅中毒的高效解毒剂。对于铅中毒病人，可注射溶于生理盐水或葡萄糖溶液的 $Na_2[Ca(edta)]$，这是因为：$Pb^{2+} + [Ca(edta)]^{2-} \rightarrow [Pb(edta)]^{2-} + Ca^{2+}$。$[Pb(edta)]^{2-}$ 及剩余的 $[Ca(edta)]^{2-}$ 均可随尿排出体外，从而达到解铅毒的目的。但是切不可用 Na_2H_2edta 代替 $Na_2[Ca(edta)]$ 作注射液，它会使人体缺钙。

青霉胺可治疗威尔逊氏病。某些金属配合物具有杀菌、抗病毒和抗癌等生物活性，如治疗糖尿病的胰岛素，治疗血吸虫病的酒石酸锑钾以及抗癌药顺铂、二氯茂钛等都属于配合物。现已证实多种顺铂（$[Pt(NH_3)_2Cl_2]$）及其一些类似物对子宫癌、肺癌、睾丸癌有明显疗效。最近还发现金的配合物 $[Au(CN)_2]^-$ 有抗病毒作用。

习　题

1. $PtCl_4$ 和氨水反应，生成化合物的化学式为 $Pt(NH_3)_4Cl_4$。将 1mol 此化合物用 $AgNO_3$ 处理，得到 2mol AgCl。试推断配合物内界和外界的组分，并写出其结构式。
2. 指出下列配离子的中心体、配体、配位原子及中心体配位数。

$[Cr(NH_3)_6]^{3+}$、$[Co(H_2O)_6]^{2+}$、$[Al(OH)_4]^-$、$[Fe(OH)_2(H_2O)_4]^+$、$[PtCl_5(NH_3)]^-$、$[Cu(NH_3)_4]$ $[PtCl_4]$

3. 命名下列配合物，并指出配离子的电荷数和中心体的氧化数。
   $Cu[SiF_6]$、$K_3[Cr(CN)_6]$、$[Zn(OH)(H_2O)_3]NO_3$、$[CoCl_2(NH_3)_3H_2O]Cl$、$[PtCl_2(en)]$

4. 写出下列配合物的化学式：
   (1) 三氯·一氨合铂（Ⅱ）酸钾　(2) 高氯酸六氨合钴（Ⅱ）　(3) 二氯化六氨合镍（Ⅱ）
   (4) 四异硫氰酸根·二氨合铬（Ⅲ）酸铵　(5) 五羰·一羰基合铁（Ⅱ）酸钠

5. 有下列三种铂的配合物，用实验方法确定它们的结构，其结果如下：

物　质	Ⅰ	Ⅱ	Ⅲ
化学组成	$PtCl_4 \cdot 6NH_3$	$PtCl_4 \cdot 4NH_3$	$PtCl_4 \cdot 2NH_3$
溶液的导电性	导电	导电	不导电
可被 $AgNO_3$ 沉淀的 Cl^- 数	4	2	不发生
配合物分子式			

根据上述结果，写出上列三种配合物的化学式。

6. 实验测得下列配合物的磁矩数据（B.M.）如下，试判断它们的几何构型，并指出哪个属于内轨型、哪个属于外轨型配合物。

配合物	$[CoF_6]^{3-}$	$[Ni(NH_3)_4]^{2+}$	$[Ni(CN)_4]^{2-}$	$[Fe(CN)_6]^{4-}$	$[Cr(NH_3)_6]^{3+}$	$[Mn(CN)_6]^{4-}$
磁矩/B.M.	3.9	3.0	0	0	3.9	1.8

7. 下列配离子中哪个磁矩最大？
   $[Fe(CN)_6]^{3-}$　$[Fe(CN)_6]^{4-}$　$[Co(CN)_6]^{3-}$　$[Ni(CN)_4]^{2-}$　$[Mn(CN)_6]^{3-}$

8. 下列配离子（或中性配合物）中，哪个为平面正方形构型？哪个为正八面体构型？哪个为正四面体构型？
   $[PtCl_4]^{2-}$　$[Zn(NH_3)_4]^{2+}$　$[Fe(CN)_6]^{3-}$　$[HgI_4]^{2-}$　$[Ni(H_2O)_6]^{2+}$　$[Cu(NH_3)_4]^{2+}$

9. 用价键理论和晶体场理论分别描述下列配离子中心体的价层电子分布。
   (1) $[Ni(NH_3)_6]^{2+}$（高自旋）　(2) $[Co(en)_3]^{3+}$（低自旋）

10. 试解释下列事实：
    (1) 用王水可溶解 Pt、Au 等惰性较大的贵金属，但单独用硝酸或盐酸则不能溶解。
    (2) $[Fe(CN)_6]^{4-}$ 为反磁性，而 $[Fe(CN)_6]^{3-}$ 为顺磁性。
    (3) $[Fe(CN)_6]^{3-}$ 为低自旋，而 $[FeF_6]^{3-}$ 为高自旋。
    (4) $[Co(H_2O)_6]^{3+}$ 的稳定性比 $[Co(NH_3)_6]^{3+}$ 差得多。

11. 判断下列转化反应能否进行。
    (1) $[Cu(NH_3)_4]^{2+} + 4H^+ \longrightarrow Cu^{2+} + 4NH_4^+$
    (2) $AgI + 2NH_3 \longrightarrow [Ag(NH_3)_2]^+ + I^-$
    (3) $Ag_2S + 4CN^- \longrightarrow 2[Ag(CN)_2]^- + S^{2-}$
    (4) $[Ag(S_2O_3)_2]^{3-} + Cl^- \longrightarrow AgCl\downarrow + 2S_2O_3^{2-}$

12. 已知 $[MnBr_4]^{2-}$ 和 $[Mn(CN)_6]^{3-}$ 的磁矩分别为 5.9 B.M 和 2.8 B.M，试根据价键理论推测这两种配离子价层 d 电子分布情况及它们的几何构型。

13. 在 50.0mL 0.20mol·L^{-1} $AgNO_3$ 溶液中加入等体积的 1.00mol·L^{-1} 的 $NH_3 \cdot H_2O$，计算达平衡时溶液中 Ag^+、$[Ag(NH_3)_2]^+$ 和 NH_3 的浓度。

14. 10mL 0.10mol·L^{-1} $CuSO_4$ 溶液与 10mL 6.0mol·L^{-1} $NH_3 \cdot H_2O$ 混合并达平衡，计算溶液中 Cu^{2+}、NH_3 及 $[Cu(NH_3)_4]^{2+}$ 的浓度各是多少？若向此混合溶液中加入 0.010mol NaOH 固体，问是否有

$Cu(OH)_2$ 沉淀生成？

15. 通过计算比较 1L 6.0mol·L^{-1} 氨水与 1L 1.0mol·L^{-1} KCN 溶液，哪一个可溶解较多的 AgI？

16. 0.10g AgBr 固体能否完全溶解于 100mL 1.00mol·L^{-1} 氨水中？

17. 在 50.0mL 0.100mol·L^{-1} $AgNO_3$ 溶液中加入密度为 0.932g·cm^{-3} 含 NH_3 18.2% 的氨水 30.0mL 后，再加水冲稀到 100mL。

   (1) 求溶液中 Ag^+、$[Ag(NH_3)_2]^+$ 和 NH_3 的浓度。

   (2) 向此溶液中加入 0.0745g 固体 KCl，有无 AgCl 沉淀析出？如欲阻止 AgCl 沉淀生成，在原来 $AgNO_3$ 和 NH_3 水的混合溶液中，NH_3 的最低浓度应是多少？

   (3) 如加入 0.120g 固体 KBr，有无 AgBr 沉淀生成？如欲阻止 AgBr 沉淀生成，在原来 $AgNO_3$ 和 NH_3 水的混合溶液中，NH_3 的最低浓度应是多少？根据 (2)、(3) 的计算结果，可得出什么结论？

18. 计算下列反应的平衡常数，并判断反应进行的方向。

   (1) $[HgCl_4]^{2-} + 4I^- \rightleftharpoons [HgI_4]^{2-} + 4Cl^-$

   已知：$K^{\ominus}_{f,[HgCl_4]^{2-}} = 1.17 \times 10^{15}$；$K^{\ominus}_{f,[HgI_4]^{2-}} = 6.76 \times 10^{29}$

   (2) $[Cu(CN)_2]^- + 2NH_3 \rightleftharpoons [Cu(NH_3)_2]^+ + 2CN^-$

   已知：$K^{\ominus}_{f,[Cu(CN)_2]^-} = 1.0 \times 10^{24}$；$K^{\ominus}_{f,[Cu(NH3)_2]^+} = 7.24 \times 10^{10}$

   (3) $[Fe(NCS)_2]^+ + 6F^- \rightleftharpoons [FeF_6]^{3-} + 2SCN^-$

   已知：$K^{\ominus}_{f,[Fe(NCS)_2]^+} = 2.29 \times 10^3$；$K^{\ominus}_{f,[FeF_6]^{3-}} = 2.04 \times 10^{14}$

第六章 氧化还原反应

【教学要求】

1. 掌握氧化还原反应的基本概念及配平氧化还原方程式，能熟练书写氧化还原电对。

2. 掌握原电池的组成及用符号表示方法、标准电极电势的意义及其应用，并学会用电极电势判断：

①物质的氧化还原能力大小；②确定自发反应方向；③判断氧化还原反应的次序；④用标准电动势计算反应的某些平衡常数。

3. 了解电极电势的产生及初步掌握原电池及电极电势影响因素的定量关系式：原电池的能斯特（Nernst）方程，电极电势的能斯特方程，并了解根据一些电对在水溶液中的表现所绘制出的 pH-电势图的作用。

4. 学会元素电势图的绘制方法，掌握其应用。

【内容提要】

在水溶液中还有一类反应，它与酸碱反应和配位反应有所不同，反应过程中有的元素要发生价态的改变，但仍然遵循化学反应一般原理，这类反应称为氧化还原反应。本章将讨论氧化还原反应的特点和规律。

首先在了解氧化数及其确定原则的基础上，复习并加深对氧化还原反应的基本概念的理解，运用离子-电子法（也称半反应法）配平氧化还原方程式。然后介绍原电池组成及表示方法，简要介绍电极电势及其测定，重点讨论标准电极电势在化学上的应用，影响电极电势的因素以及元素电势图等的实际应用。

【预习思考】

1. 什么是氧化数？确定原则有哪些？与化合价有何区别？
2. 什么反应叫氧化还原反应？本质是什么？研究氧化还原反应有什么实际意义？
3. 氧化、还原，被氧化、被还原，氧化剂、还原剂的关系如何？
4. 什么是氧化还原半反应？氧化还原反应的配平原则有哪些？配平步骤如何？
5. 氧化还原电对是什么？如何表示？与氧化还原反应什么关系？
6. 引起氧化还原反应中元素氧化数变化的原因是什么？
7. 什么是原电池？原电池的构成要件有哪几部分？各自的作用？电池符号是如何表示的？
8. 电极电势产生的原因？如何测定电极电势？学习电极电势有何意义和作用？
9. 影响电极电势的因素有哪些？不能自发进行的反应可采取哪些措施使反应能自发进行？
10. 能斯特方程的意义和使用条件是什么？
11. 什么是元素电势图？有哪些应用？

化学反应按元素的氧化数是否有改变把化学反应分为两大类：一类是元素的氧化数没有

改变的反应。如酸碱反应、生成沉淀的反应等，称为非氧化还原反应；另一类是元素的氧化数有改变的反应，称为氧化还原反应。氧化还原反应中，元素的氧化数发生改变，究其实质来说是氧化剂与还原剂之间发生了电子转移。据统计，化工生产工业有一半以上的反应都属于氧化还原反应，如金属冶炼、燃料的燃烧以及众多化工产品的合成；还有地球上植物的光合作用也是氧化还原过程。

如果氧化还原反应的发生不是反应物间的直接接触，而是通过导体来实现电子的转移，这种电子的转移方式使电子发生了定向移动，从而形成了电流，这样氧化还原反应与电发生了联系，这样的氧化还原反应称为电化学反应。研究与电现象有关的化学称为电化学。电化学反应可以分为两类：一类是能自发进行的反应（$\Delta_r G < 0$），这类反应能产生电流，实现化学能转化为电能，体系可以对环境做非体积功；一类是不能自发进行的反应（$\Delta_r G > 0$），反应发生须由外界对体系做功，实现电能转化为化学能。

本章将讨论氧化还原反应和电化学中的一些基本原理和应用，为今后更深入地学习电化学知识打下一定的基础。

第一节 氧化还原反应基本概念

一、氧化数

中学化学教材中提到过，氧化还原反应的基本特征是反应前后元素的化合价发生了变动。实质是在氧化还原反应中，电子转移引起一些原子的价电子层的电子结构发生变化，从而改变了这些原子的带电状态。1970年，国际化学联合会（IUPAC）把化合价改称为氧化数或氧化值，并为化学界普遍接受。氧化数（氧化值）是按一定规则给元素指定一个数字，以表征元素的原子在各物质中的表观电荷（又叫形式电荷）数。

（一）确定氧化数数值的规则

（1）单质中，相同元素的原子不发生电子的转移或偏移，元素的氧化数定为零。例如在氮气、铜、单晶硅等单质中，元素原子的氧化数为零。

（2）在离子化合物中，元素原子的氧化数等于该元素离子的电荷数。如在 $MgCl_2$ 中，镁的氧化数是 $+2$，氯的氧化数是 -1。

（3）对已知结构的共价化合物，元素的氧化数等于该元素的原子偏离或偏向的共用电子对数。偏离的元素原子的氧化数是正的，偏向的元素原子的氧化数是负的。如在 NH_3 中，氮的氧化数是 -3，氢的氧化数是 $+1$。

（4）对结构未知的化合物通常可以用氧的氧化数是 -2，氟是 -1，氢是 $+1$，碱金属是 $+1$，碱土金属是 $+2$，求其它元素原子的氧化数。但在过氧化物中（如 H_2O_2、Na_2O_2），氧的氧化数是 -1；在氢化物中（如 NaH、CaH_2），氢的氧化数是 -1。根据以上常见元素的氧化数可以算出结构未知的化合物中某元素的氧化数。

总之，在中性化合物中，所有元素原子的氧化数总和等于 0。在复杂离子中，所有元素原子的氧化数的代数和等于该离子的电荷数。如在 Fe_3O_4 中铁的氧化数是 $+8/3$。

从上面的例子中得出：氧化数可以是正数、负数或分数。这说明氧化数实质上只是一种形式电荷，表示元素原子的平均、表观的氧化状态。

（5）有机化合物中碳原子的氧化数确定规则

① 碳原子与碳原子相连，无论是单键、双键还是三键，碳原子的氧化数为零；
② 碳原子与氢原子相连，碳原子的氧化数为负值；
③ 碳原子与电负性比较大的原子如 O、N、S、X 等分别以单键、双键或三键相连时，碳原子的氧化数分别为 +1、+2 或 +3。

（二）氧化数与化合价

氧化数与化合价是不同的。化合价是表示各原子间结合的化学键数量关系，在普通的化学反应中，原子是基本单元，它不可能是分数，所以化合价只为整数。根据化学键的类型，化合价分为电价和共价两种。

对离子化合物而言，元素的化合价等于离子所带的电荷数，这样的化合价叫做电价。离子有阳离子、阴离子之分，所以化合价有正、负之分。

对共价化合物而言，元素的化合价等于原子形成共价键时所提供的电子数或所共用的电子数，这样的化合价叫做共价。氧化数与电价或共价是不相同的概念，它们之间既有联系，也有区别，不能混淆。氧化数只是表示单质或化合物中原子的氧化还原状态，它不一定和物质的结构相符合，而电价和共价只有了解了物质的结构，才能确定。只是氧化数在化学式的书写和方程式的配平中更有实用价值。氧化数、化合价的比较见表 6-1。

表 6-1 氧化数与化合价的区别

项　目	成键情况	化合价	氧化数
CH_4 中的 C	共价数 4	-4	-4
Fe_3O_4 中的 Fe	$\overset{+2}{Fe}(\overset{+3}{FeO_2})_2^-$	+2、+3	+8/3
$S_2O_3^{2-}$ 中的 S	$\|O-\overset{O}{\underset{S}{S}}-O\|^{2-}$	0、+4	+2

二、氧化还原反应——对立的统一体

氧化还原反应是元素原子的氧化数发生改变的一类反应，氧化还原反应的本质是电子的转移，在氧化还原反应中，氧化数升高（失电子）的过程被称为氧化；氧化数降低（得电子）的过程被称为还原。例如锌与硫酸铜溶液的反应可表示为：

$$Zn + CuSO_4 = ZnSO_4 + Cu$$

离子反应方程式为： $Zn + Cu^{2+} = Zn^{2+} + Cu$

（一）氧化还原半反应

在上述反应中，Zn 由于失去电子而使自己的氧化数由 0 升高为 +2，这个过程称为氧化（oxidation）；Cu^{2+} 得到电子而使自己的氧化数由 +2 降低变为 0，这个过程称为还原（reduction）。得到电子的物质（Cu^{2+} 的氧化数降低）称为氧化剂，失去电子的物质（Zn 的氧化数升高）称为还原剂。氧化剂在反应过程中被还原，还原剂在反应过程中被氧化，氧化与还原是一对对立统一体。整个氧化还原反应可表示为由氧化过程与还原过程两个半反应构成，所谓半反应是指表示某元素高低不同氧化态之间的转化关系。如上述反应的半反应式为：

氧化半反应　　　　　　　$Zn = Zn^{2+} + 2e^-$

还原半反应 $\quad Cu^{2+} + 2e^- \rightleftharpoons Cu$

半反应表示式： [氧化型] + $ne^- \rightleftharpoons$ [还原型]

正向为还原，逆向为氧化，它们彼此依存，相互转化。

（二）氧化还原电对

在半反应式中，氧化数高的物种称为氧化态或氧化型，以符号 Ox 表示；氧化数低的物种称为还原态或还原型，以符号 Red 表示。同一种元素的不同氧化态物种可构成一个氧化还原电对（简称电对）。

电对通式为：氧化型/还原型 或 Ox/Red。如 Zn^{2+}/Zn、Fe^{3+}/Fe^{2+}、Cl_2/Cl^-、MnO_4^-/Mn^{2+} 等。

一个氧化还原电对就可以代表一个半反应，完整的氧化还原反应即为氧化半反应与还原半反应相加，氧化反应和还原反应总是同时发生，相辅相成。因此氧化还原反应通式一般可表示为：

氧化态1 + 还原态2 ⟶ 氧化态2 + 还原态1

三、氧化还原反应方程式配平

配平氧化还原反应的方法有多种，其中最常用的是氧化数法（中学教材称化合价法）和半反应式法（也称离子-电子法）。本书介绍离子-电子法。

（一）配平原则

① 反应过程中氧化剂所得的电子数必须等于还原剂所失去的电子数。

② 遵循质量守恒定律，方程式两边各种元素的原子总数必须各自相等。

（二）配平步骤

① 将氧化数发生改变的反应物和产物以离子的形式列出（水溶液中存在的形式）。

② 将氧化还原反应分成两个半反应并配平两个半反应。在配平半反应式时注意反应的介质条件。由于一般反应是在水溶液中进行的，因此 H^+、OH^- 和 H_2O 可能参与反应，在配平时可以利用它们。在酸性溶液中，可能用到 H^+ 和 H_2O，在氧多的一边用上 H^+；在碱性溶液中可能用到 OH^- 和 H_2O，在氧少的一边用上 OH^-。

③ 根据氧化剂和还原剂得失电子数相等的原则，将两个半反应各乘以适当的系数。

④ 将两个半反应相加，最后整理得到相应的配平的离子方程式。如果要改写为相应的分子方程式，只需添上不参加反应的反应物和生成物的正负离子，但是在选用酸时，应注意以不引入其它杂质和引进的酸根离子不参与氧化还原反应为原则，如 SO_3^{2-} 的酸性介质，就不能用 HNO_3。

【例1】 配平反应方程式

$K_2Cr_2O_7 + H_2O_2 \longrightarrow Cr_2(SO_4)_3 + K_2SO_4 + O_2 + H_2O$（酸性溶液）

解：① 将主要反应物和产物以离子形式写出

$Cr_2O_7^{2-} + H_2O_2 \longrightarrow Cr^{3+} + O_2$

② 将氧化还原离子式分写成两个半反应式

氧化半反应 $\quad H_2O_2 \longrightarrow O_2$

还原半反应 $\quad Cr_2O_7^{2-} \longrightarrow Cr^{3+}$

③ 配平半反应式

在酸性介质中，可能用到 H^+ 和 H_2O，在氧多的一边用上 H^+，且个数为氧原子的两倍，在氧少的一边用上 H_2O。对于上述氧化半反应式 H_2O_2 变为 O_2，氧的氧化数升高了 1，因此在左边减去 $2×1e^- = 2e^-$ 个电子，同时是在酸性溶液中，因此只需在右边加上 $2H^+$。配平后的氧化半反应表示成：

$$H_2O_2 \longrightarrow O_2 + 2H^+ + 2e^-$$

对于上述还原半反应中，$Cr_2O_7^{2-}$ 变为 Cr^{3+}，氧化数降低了 3，因此在左边加上 $2×3e^- = 6e^-$ 个电子，同时加上 $14H^+$，在右边 Cr^{3+} 的系数变为 2，并且加上 $7H_2O$。上述配平后的还原半反应表示成：

$$Cr_2O_7^{2-} + 6e^- + 14H^+ \longrightarrow 2Cr^{3+} + 7H_2O$$

④ 根据氧化剂和还原剂得失电子数相等的原则，求出两个半反应式中得失电子的最小公倍数，将两个半反应式各自乘以适当的系数，然后相加消去电子就可得到配平的离子方程式。

$$3×H_2O_2 \longrightarrow O_2 + 2H^+ + 2e^-$$
$$1×Cr_2O_7^{2-} + 6e^- + 14H^+ \longrightarrow 2Cr^{3+} + 7H_2O$$
$$\overline{3H_2O_2 + Cr_2O_7^{2-} + 8H^+ = 3O_2 + 2Cr^{3+} + 7H_2O}$$

⑤ 在离子反应式中添上不参加反应的反应物和生成物的正负离子，并写出相应的化学式，就得到配平的分子方程式。

$$3H_2O_2 + K_2Cr_2O_7 + 4H_2SO_4 = 3O_2 + Cr_2(SO_4)_3 + K_2SO_4 + 7H_2O$$

【例 2】 配平反应方程式

$$CrO_2^- + ClO^- \longrightarrow CrO_4^{2-} + Cl^- \quad （碱性溶液）$$

解：① 写出半反应式

氧化半反应 $\quad CrO_2^- \longrightarrow CrO_4^{2-}$

还原半反应 $\quad ClO^- \longrightarrow Cl^-$

② 配平半反应

在碱性溶液中，可能会用到 H_2O 和 OH^-，在氧多的一边加上 H_2O，在氧少的一边加上 OH^-，因此上述半反应配平后为

氧化半反应 $\quad CrO_2^- + 4OH^- \longrightarrow CrO_4^{2-} + 2H_2O + 3e^-$

还原半反应 $\quad ClO^- + H_2O + 2e^- \longrightarrow Cl^- + 2OH^-$

③ 根据配平原则，将两个半反应合并：

$$2×CrO_2^- + 4OH^- \longrightarrow CrO_4^{2-} + 2H_2O + 3e^-$$
$$3×ClO^- + H_2O + 2e^- \longrightarrow Cl^- + 2OH^-$$
$$\overline{CrO_2^- + ClO^- + 2OH^- = CrO_4^{2-} + Cl^- + H_2O}$$

第二节 原电池与电极电势

【问题】 水溶液中进行的氧化还原反应，导致氧化数改变的原因是什么？

一、原电池

（一）原电池及其构造

借助自发氧化还原反应，能直接产生电能的装置称为原电池。原电池利用氧化还原反应产生电流。如图 6-1 是 Daniel 原电池。左池：锌片插在 1mol·L^{-1} 的 ZnSO$_4$ 溶液中。右池：铜片插在 1mol·L^{-1} 的 CuSO$_4$ 溶液中。铜片与锌片用导线连接，并在导线中间串联一个电流计，根据检流计的指针偏转和偏转方向，可表明有电流通过和电子从锌片流向铜片。左侧锌发生氧化反应，电子流出，我们称其为负极，右侧铜极发生还原反应，电子流入，称其为正极。两池之间倒置的 U 形管叫做盐桥，把两个半反应池连接起来，U 型管中充满的是饱和 KCl 溶液和琼脂制成的胶冻。胶冻状态离子可自由迁移，而溶液又不致流出来。

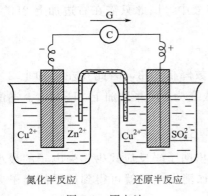

图 6-1 原电池

上述过程发生的变化用反应表示

$$\text{Zn 极（−）} \quad Zn \longrightarrow Zn^{2+} + 2e^- \quad \text{氧化反应} \quad ①$$
$$\text{Cu 极（+）} \quad Cu^{2+} + 2e^- \longrightarrow Cu \quad \text{还原反应} \quad ②$$

锌失去电子成为 Zn^{2+} 进入溶液，发生了氧化反应；电子从 Zn 片经由导线流向铜片，硫酸铜溶液中的 Cu^{2+} 从铜片上获得电子，还原成铜而沉积在 Cu 片上。

合并①和②得 $\quad Zn + Cu^{2+} \longrightarrow Zn^{2+} + Cu \quad$ 称电池反应。

①和②分别为前一节介绍的半反应，也称半电池反应。

随着上述过程的进行，左池中 Zn^{2+} 过剩，显正电性，阻碍反应①的继续进行；右池中 SO$_4^{2-}$ 过剩，显负电性，阻碍电子从左向右移动，阻碍反应②的继续。所以电池反应 Zn + Cu^{2+} ⟶ Zn^{2+} + Cu 不能持续进行，即不能维持持续的电流。将饱和的 KCl 溶液灌入 U 形管中，用琼胶封口，架在两池中。由于 K$^+$ 和 Cl$^-$ 的定向移动，使两池中过剩的正负电荷得到平衡，恢复电中性。于是两个半电池继续进行反应乃至电池反应得以继续，电流得以维持。这就是盐桥的作用。

（二）组成原电池的条件

① 自发反应——$\Delta G < 0$；
② 氧化和还原反应分别在两处进行；
③ 两极的电解质溶液必须沟通。

（三）电池的表示

原电池可以用电池符号表示，前述的 Cu-Zn 电池可表示如下：

$$(-)Zn | Zn^{2+}(1mol·L^{-1}) \| Cu^{2+}(1mol·L^{-1}) | Cu(+)$$

左边负极，用（−）表示；右边正极，用（+）表示。两边的 Cu、Zn 表示极板材料；离子的浓度（严格说是离子的活度，本书近似用离子的浓度代替），气体的分压要在（ ）内标明。"｜"代表两相的界面；"‖" " ⋮ "代表盐桥。盐桥连接着不同的溶液或不同浓度的相同溶液。

从理论上讲，任何一个氧化还原反应都可以设计成氧化还原半反应，即设计成半电池，两个半电池组成一个原电池。任何一个原电池都是由两个电极构成的，然而有的半反应自身并无导电的电极，半反应中所有的物质都在电解质溶液中，这样的半反应设计成的半电池须外添加电极，如反应 $2Fe^{3+}+Sn^{2+} \longrightarrow 2Fe^{2+}+Sn^{4+}$ 的电池符号

$$(-)Pt|Sn^{4+}(c_1),\ Sn^{2+}(c_2)\|Fe^{2+}(c_3),\ Fe^{3+}(c_4)|Pt(+)$$

或者是有非金属单质参与的氧化还原反应，如反应 $Cl_2(p)+Fe^{2+}\Longrightarrow Fe^{3+}+2Cl^-$ 的电池符号

$$(-)Pt|Fe^{2+}(c_1),\ Fe^{3+}(c_2)\|Cl^-(c_3)|Cl_2(g,p)|Pt(+)$$

上述用铂丝分别插入到氧化半反应池和还原半反应池中，分别构成原电池的负极和正极。像铂丝这种本身不参与电极反应，仅仅起吸附气体或传递电子的作用，称其为惰性电极。石墨或其它不参与电极反应的材料也可作为惰性电极。

(四) 电极的类型*

可逆电极主要有三种类型。

(1) 第一类电极

这类电极一般是将某金属或吸附了某种气体的惰性金属置于含有该元素离子的溶液中构成的。

① 金属-金属离子电极，如前面的铜片插入硫酸铜溶液中，电极表示为：

$$Cu(s)\,|\,Cu^{2+}(c)$$

电极反应为：$\qquad\qquad Cu^{2+}(c)+2e^- \longrightarrow Cu$

② 气体-离子电极，如氢电极、氧电极、氯电极等。如氢电极，电极表示为：

$$Pt(s)\,|\,H_2(g,p)\,|\,H^+(c)$$

电极反应为：$\qquad\qquad 2H^+(c)+2e^- \longrightarrow H_2(p)$

(2) 第二类电极

金属-难溶盐电极和金属-难溶氧化物电极。

这类电极是将金属覆盖一薄层该金属的难溶盐或难溶氧化物，然后浸入含有该难溶盐负离子或含有 $H^+(OH^-)$ 的溶液中构成的。

① 金属表面覆盖一薄层该金属的难溶盐。如甘汞电极、银-氯化银电极。甘汞电极表示为：

$$Hg(l)\,|\,Hg_2Cl_2(s)\,|\,KCl(c)$$

电极反应为：$\qquad\qquad Hg_2Cl_2(s)+2e^- \longrightarrow 2Hg(l)+2Cl^-(c)$

② 金属覆盖一薄层该金属的难溶氧化物。如银-氧化银电极，电极表示为：

$$Ag(s)\,|\,Ag_2O(s)\,|\,H^+(c)$$

电极反应为：$\qquad\qquad Ag_2O(s)+2H^+(c)+2e^- \longrightarrow 2Ag(s)+H_2O(l)$

(3) 第三类电极

氧化还原电极，将惰性金属如铂片插入含有某种离子的两种不同氧化态的溶液中构成的。金属起导电作用，如将铂丝插入 Fe^{3+}、Fe^{2+} 离子共存的溶液中，电极表示为：

$$Pt(s)\,|\,Fe^{2+}(c_1),\ Fe^{3+}(c_2)$$

电极反应为：$\qquad\qquad Fe^{3+}(c_1)+e^- \longrightarrow Fe^{2+}(c_2)$

从上面的讨论看出：气体电极和氧化还原电极，要用惰性电极材料，仅起吸附气体和传递电子的作用，不参与电极反应，其余类型的电极，则以参与反应的金属本身作导体。

【例3】 已知下列电池图示：

① $(-)Zn(s)\,|\,Zn^{2+}(c_1)\,\|\,H^+(c_2)\,|\,H_2(g,p^\ominus)\,|\,Pt(s)(+)$

② $(-)Cu(s)|Cu^{2+}(c_1)\|Fe^{2+}(c_2),Fe^{3+}(c_3)|Pt(s)(+)$

写出各原电池的电极反应和电池反应。

解：① 负极（－）　氧化反应：$Zn \longrightarrow Zn^{2+}(c_1) + 2e^-$

正极（＋）　还原反应：$2H^+(c) + 2e^- \longrightarrow H_2(p^\ominus)$

电池反应为：$Zn(s) + 2H^+(c_2) \Longleftrightarrow Zn^{2+}(c_1) + H_2(g, p^\ominus)$

② 负极（－）　氧化反应：$Cu(s) \longrightarrow Cu^{2+}(c_1) + 2e^-$

正极（＋）　还原反应：$2Fe^{3+}(c_3) + 2e^- \longrightarrow 2Fe^{2+}(c_2)$

电池反应为：$Cu(s) + 2Fe^{3+}(c_3) \Longleftrightarrow 2Fe^{2+}(c_2) + Cu^{2+}(c_1)$

（五）原电池电动势

两个半电池连通后可以产生电流，这表明两个电极的电势是不同的。物理学上规定：电流从正极流向负极，正极的电势高于负极，原电池中还原半电池电子流入，电势高为正极；氧化半电池电子流出，电势低为负极。原电池的电动势等于正极电极电势与负极电极电势之差：

$$E_{MF} = E_+ - E_- \tag{6-1a}$$

$$E_{MF}^\ominus = E_+^\ominus - E_-^\ominus \tag{6-1b}$$

E_{MF}、E_+、E_- 分别代表原电池的电动势、正极的电极电势、负极的电极电势。原电池的电动势、电极电势是可以通过实验测定的。

二、电极电势及其测定

（一）电极电势的产生

两个半电池连通后可产生电流，表明两个电极的电势是不同的，存在电势差，电势差是如何产生的呢？德国物理化学家能斯特（W. Nernst）在 1889 年提出了双电层理论来解释电极电势产生的原因。金属晶体由金属离子和自由电子构成，他认为：当把金属插入其盐溶液中时，金属表面上的正离子受到极性水分子的作用，有变成溶剂化离子进入溶液而将电子留在金属表面的倾向。金属越活泼、溶液中正离子浓度越小，上述倾向就越大；与此同时，溶液中的金属离子也有从溶液中沉积到金属表面的倾向，溶液中的金属离子浓度越大，金属越不活泼，这种倾向就越大。当溶解与沉积这两个相反过程的速率相等时，即达到动态平衡。当金属溶解倾向大于金属离子沉积倾向时，则金属表面带负电层，靠近金属表面附近处的溶液带正电层，这样便构成"双电层"。相反，若沉积倾向大于溶解倾向，则在金属表面上形成正电荷层，金属附近的溶液带一层负电荷。由于在溶解与沉积达到平衡时，形成了双电层，从而产生了电势差，这种电势差叫电极的平衡电极电势，也叫可逆电极电势。金属的活泼性不同，其电极电势不同，因此，可以用电极电势来衡量金属失电子的能力。

Cu-Zn 原电池中，由于锌失电子趋势比铜大，锌电极上有多余的电子，铜电极缺少电子，这样锌极成为电子输出极，铜电极成为电子输入极，电子定向运动形成电流，Zn 为负极，Cu 为正极。

Zn 插入 Zn^{2+} 的溶液中，构成锌电极。这种电极属于金属-金属离子电极。有两种过程可能发生：

$$Zn(s) \longrightarrow Zn^{2+}(aq) + 2e^- \qquad ①$$

$$Zn^{2+}(aq) + 2e^- \longrightarrow Zn(s) \qquad ②$$

金属越活泼，溶液越稀，则过程①进行的程度越大；金属越不活泼，溶液越浓，则过程②

进行的程度越大。达成平衡时,对于 Zn-Zn^{2+} 电极来说,一般认为是锌片上留下负电荷而 Zn^{2+} 进入溶液。如图 6-2 所示,在 Zn 和 Zn^{2+} 溶液的界面上,形成双电层。双电层之间的电势差就是金属与溶液界面电势差,称为该金属电极的电极电势。即 Zn - Zn^{2+} 电极的电极电势。

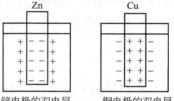

图 6-2 锌电极和铜电极的双电层

当 Zn 和 Zn^{2+} 溶液均处于标准态时,这个电极电势称为锌电极的标准电极电势,用 $E^{\ominus}$ 表示,非标准态的电极电势用 E 表示。电极电势的物理学单位是 V(伏特)。上述的锌电极的标准电极电势为 -0.762V,表示为 $E^{\ominus}(Zn^{2+}/Zn) = -0.762$V。

铜电极的双电层的结构与锌电极的相反,如前面的图示。电极电势 $E^{\ominus}(Cu^{2+}/Cu) = 0.34$V。不同的电极其电势不同,电势是电极的性质,为状态函数。

(二)标准电极电势

原电池是由两个独立的半电池组成,每一个半电池相当于一个电极,分别进行着电子输出和电子输入,由不同的半电池可以组成各式各样的原电池。但是到目前为止,人们还不能测定或计算单一电极的电极电势绝对值,这并不妨碍人们对不同电极的利用,我们可以测定电极的相对值,好比不同地势的高低是以"海拔"为基准的相对值一样,电极电势的基准是选用标准氢电极。

(1)标准氢电极和甘汞电极

把镀了铂黑(一种极细的铂微粒)的铂片插入 H$^+$ 浓度为 1mol·L^{-1} 的硫酸溶液中(严格地说,应该以活度表示),作为极板,并不断通入纯净氢气,使保持氢气的压力为标准压力($p^{\ominus}$),这样构成的电极叫作标准氢电极(简称 SHE)。如图 6-3 所示。其电极表示为:

$$Pt(s) | H_2(g, p^{\ominus}) | H^+(1mol \cdot L^{-1})$$

或者 $$H^+(1mol \cdot L^{-1}) | H_2(g, p^{\ominus}) | Pt(s)$$

其电极反应为: $$2H^+(1mol \cdot L^{-1}) + 2e^- \rightleftharpoons H_2(g, p^{\ominus})$$

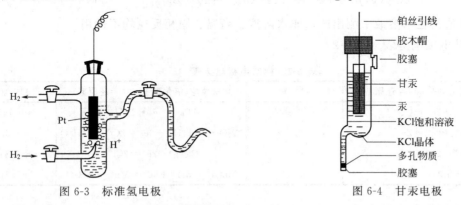

图 6-3 标准氢电极   图 6-4 甘汞电极

并规定标准氢电极在任何温度下它的电极电势都等于零,即 $E^{\ominus}(H^+/H_2) = 0.000$V。

用氢电极作为标准电极测定其它电极的电极电势时,可以达到很高的精度(± 0.000001V)。但是氢电极要求氢气的纯度高、压力稳定,因而制备和使用十分不方便。实际工作中常采用易于制备和重现性好、又比较稳定的甘汞电极(简称 SCE)作为参考电极。如图 6-4 所示。

甘汞电极是汞和甘汞与不同浓度的 KCl 溶液组成的电极,它的电极电势可以用与标准氢电极组成电池而精确测定，所以又称这种电极为二级标准电极。它的电极电势随氯离子的浓度不同而不同，其值有表可查。如以标准氢电极的电极电势为基准，测定饱和甘汞电极（简称SCE）的电势，在298K时，其值为0.2412V。甘汞电极表示为：

$$Hg(l)|Hg_2Cl_2(s)|KCl(c)$$

或者

$$KCl(c)|Hg_2Cl_2(s)|Hg(l)。$$

电极反应为：

$$Hg_2Cl_2(s)+2e^- \rightleftharpoons 2Hg(l)+2Cl^-(c)$$

(2) 标准电极电势的测定

电极电势的大小，主要取决于物质的本性，但也与系统的温度、浓度等外界条件有关。在实际应用上为了便于比较，提出了标准电极电势的概念。如果待测电极中参与反应的各物质均处于各自的热力学标准态时，待测电极的电极电势称为该电极的标准电极电势，用 $E^{\ominus}$（待测电极）表示。通常是在298K条件下测定的。

下面我们采用标准氢电极作为参照，使待测电极与标准氢电极组合成原电池。如：

$$(-)Pt|H_2(100kPa)|H^+(a_{H^+}=1) \| Cu^{2+}(a_{Cu^{2+}}=1)|Cu(+)$$

在298K时测得此原电池的标准电动势为0.34V，由于在此原电池中，铜为正极，铜电极进行的是还原反应，则其电动势为电池的标准电动势，即 $E^{\ominus}_{MF}=E^{\ominus}_+ - E^{\ominus}_-$。所以 $E^{\ominus}(Cu^{2+}/Cu)=0.34V$。

对于标准的锌电极与标准氢电极组合成的原电池，电动势的测定值为0.72V。锌极实际进行的是氧化反应，所以 $E^{\ominus}(Zn^{2+}/Zn)=-0.76V$。

用类似方法可以测定不同电极的标准电极电势值。附录6列出了一些氧化还原电对在298K时的标准电极电势。

电极电势 $E^{\ominus}$ 具有强度性质，没有加和性。并且不论半反应式如何书写，$E^{\ominus}$ 值不变。如：

$$Cl_2(g,p^{\ominus})+2e^- \rightleftharpoons 2Cl^-(a_{Cl^-}=1) \quad E^{\ominus}_{Cl_2/Cl^-}=1.36V$$

$$1/2Cl_2(g,p^{\ominus})+e^- \rightleftharpoons Cl^-(a_{Cl^-}=1) \quad E^{\ominus}_{Cl_2/Cl^-}=1.36V$$

$E^{\ominus}$ 的数值是在水溶液中测出的，非水溶液、高温、固相反应均不适用。

(3) 标准电极电势表（表6-2）

表6-2 标准电极电势表

电极反应(氧化型+ ne^- =还原型)	$E^{\ominus}$/V	电极反应(氧化型+ ne^- =还原型)	$E^{\ominus}$/V
$Ca^{2+}+2e^-=Ca$	-2.868	$Fe^{3+}+e^-=Fe^{2+}$	+0.769
$Zn^{2+}+2e^-=Zn$	-0.762	$Cr_2O_7^{2-}+14H^++6e^-=2Cr^{3+}+7H_2O$	+1.33
$Fe^{2+}+2e^-=Fe$	-0.407	$Cl_2(g)+2e^-=2Cl^-$	+1.36
$2H^++2e^-=H_2$	0.000	$MnO_4^-+8H^++5e^-=Mn^{2+}+4H_2O$	+1.51

左侧价态高，称为氧化型；右侧价态低，称为还原型。氧化型和还原型组成一个氧化还原电对。虽然氧化型和还原型的实质是指左侧和右侧的所有物质，但在一般的表示中经常只写出化合价有变化的物质。如 Zn^{2+}/Zn、$Cr_2O_7^{2-}/Cr^{3+}$，氧化型在左上，还原型在右下。半反应的电极电势也经常写成电对的电极电势，如：

$$Cr_2O_7^{2-}+14H^++6e^- \rightleftharpoons 2Cr^{3+}+7H_2O \quad E^{\ominus}=+1.33V$$

表示成： $E^{\ominus}(Cr_2O_7^{2-}/Cr^{3+})=+1.33V$

电极反应的通式为：氧化型 $+ne^-$ = 还原型。式中，e 表示电子，n 表示半反应中转移电子的个数。标准电极电势表中，各半反应按照其 $E^{\ominus}$ 值增大的顺序从上到下排列。原则上，表中任何两个电极反应所表示的电极都可以组成原电池。位置在上的，即电极电势小的为负极，位置在下的，即电极电势大的为正极。

电极电势高的电极，其氧化型的氧化能力强；电极电势低的电极，其还原型的还原能力强。于是根据标准电极电势值，原则上可以判断一种氧化还原反应进行的可能性。

前面讨论的标准电极电势表是酸性介质中的表，所列的反应是在酸性介质中进行的。反应中出现的许多物质只能在酸中出现，而不能在碱中出现。碱性介质中另有一张标准电极电势表。

三、电极电势的意义和应用

上面分析的 $E^{\ominus}$ 为发生还原反应的电位，所以无论是酸表，还是碱表，电极反应的通式均可表示为氧化型 $+ne^-$ = 还原型，电极反应的实质是氧化型物质被还原的过程，这种电极电势被称为还原电势，故其电位的代数值越大，该电对中氧化型的氧化能力越强，其电对中还原型的还原能力越弱。相反，电极电势的代数值越小，该电对中还原型的还原能力越强。因此电极电势的意义在于表征电对中氧化型的氧化能力和还原型的还原能力强弱的一种量度。标准电极电势主要有以下几方面的应用。

（一）电池标准电动势的计算

可以计算原电池的标准电动势，此值的大小可以帮助提供理论上的化学电池的输电能力，根据不同的使用目的和需要，寻找两个电极。

（二）判断氧化剂和还原剂的强弱

$E^{\ominus}$ 的高低可判断电对中氧化型物质和还原型物质的氧化还原能力的强弱。$E^{\ominus}$ 的代数值越大，电对中的氧化型物质越易获得电子，是强氧化剂，其对应电对中的还原型物质的还原性越弱；反之，$E^{\ominus}$ 的代数值越小，电对中的还原型物质越易失去电子，是强还原剂，其对应电对中的氧化型物质的氧化性越弱。

【例4】 下列三个电对，在热力学标准状态下，哪个是最强的氧化剂？已知 $E^{\ominus}(MnO_4^-/Mn^{2+})=1.507V$；$E^{\ominus}(Br_2/Br^-)=1.066V$；$E^{\ominus}(I_2/I^-)=0.5345V$

解：由于 $E^{\ominus}(MnO_4^-/Mn^{2+})>E^{\ominus}(Br_2/Br^-)>E^{\ominus}(I_2/I^-)$，所以在热力学标准状态下，最强的氧化剂是 MnO_4^-。

（三）判断氧化还原反应进行的方向

一个氧化还原反应能自发进行的条件是 $\Delta_r G_m<0$，而 $\Delta_r G_m=-nFE_{MF}$，如果 $E_{MF}>0$，说明该氧化还原反应可自发进行；反之，$E_{MF}<0$，反应逆向进行。因为 $E_{MF}=E_+-E_-$，因此，在对一个具体的氧化还原反应作判断时，首先是将反应分成两个电极反应，查出或计算出相应的电极电势值；然后将两个电极组成原电池，以反应中氧化剂物质作为原电池的正极，以还原剂物质作为原电池的负极，计算原电池的标准电动势：

$$E_{MF}^{\ominus}=E_+^{\ominus}-E_-^{\ominus}=E_{氧化剂}^{\ominus}-E_{还原剂}^{\ominus}$$

如果 $E_{MF}^{\ominus}>0$，电池反应按指定方向可自发进行。

如果 $E_{MF}^{\ominus}<0$，电池反应不能按指定方向自发进行，而是逆向自发进行。

【例5】 在热力学标准条件下，判断反应 $2Fe^{3+}+Cu \longrightarrow 2Fe^{2+}+Cu^{2+}$ 能否自发向右

进行?

解: 首先将给定反应设计成原电池, 以氧化剂和对应产物为正极反应, 还原剂和对应产物为负极反应, 并查出电极电势值:

正极: $Fe^{3+}+e^- \Longrightarrow Fe^{2+}$　　　$E^{\ominus}(Fe^{3+}/Fe^{2+})=0.771V$

负极: $Cu^{2+}+2e^- \Longrightarrow Cu$　　　$E^{\ominus}(Cu^{2+}/Cu)=0.337V$

电池的标准电动势 $E_{MF}^{\ominus}=E_+^{\ominus}-E_-^{\ominus}=0.771V-0.337V>0$, 所以正向自发进行。

(四) 判断氧化还原反应进行的程度

为了说明这个问题, 首先介绍可逆电池电动势与电池最大电功、吉布斯 (Gibbs) 自由能变化的关系。

什么是可逆电池呢? 简单地说, 满足条件: ①电极反应和电池反应必须可以正、逆两个方向进行, 且互为可逆反应, 即当有相反方向的电流通过电极时, 电极反应必然逆向进行; ②通过电极的电流必须无限小, 电极反应是在接近电化学平衡的条件下进行的。即 $I \to 0$。无能量损失。

比如将电池 $Zn(s)|ZnCl_2(aq)\|AgCl(s)|Ag$ 与外电源并联, 当电池的电动势稍大于外电压时, 电池放电, 其反应为:

负极:　　　　　　　　$Zn(s) \longrightarrow Zn^{2+}(aq)+2e^-$

正极:　　　　　$2AgCl(s)+2e^- \longrightarrow 2Ag(s)+2Cl^-(aq)$

电池反应:　　$Zn(s)+2AgCl(s) \longrightarrow Zn^{2+}(aq)+2Cl^-(aq)+2Ag(s)$

当外电压稍大于电池电动势时, 电池充电, 其反应为:

负极:　　　　　　　　$Zn^{2+}(aq)+2e^- \longrightarrow Zn(s)$

正极:　　　　　$2Ag(s)+2Cl^-(aq) \longrightarrow 2AgCl(s)+2e^-$

电池反应:　　$Zn^{2+}(aq)+2Cl^-(aq)+2Ag(s) \longrightarrow Zn(s)+2AgCl(s)$

由上可以看出: 电池充电反应是放电反应的逆反应, 满足条件①, 同时还要满足通过电池的电流无限小, 这样才不会有电能不可逆地转化为热的现象发生, 从而实现能量转化的可逆。

前面已提及过, 原则上任何一个氧化还原反应都可以组装成一个原电池。在等温等压条件下, 当体系发生变化时, 体系 Gibbs 自由能的变化值等于对外所做的最大非体积功, 表示为:

$$\Delta_r G_m(T) = -W'_{max}$$

如果非体积功只有电功一种, 上式可改写为:

$$\Delta_r G_m(T) = -W_{电}$$

根据电功的定义和法拉第定律:

$$W_{电} = 电荷(C) \times 电势差(V) = nE_{MF}F$$

n 为配平的电池反应方程式中负极失去的电子数, 或正极得到的电子数, F 为法拉第常量 (取值为 $96485 C \cdot mol^{-1}$)。

热力学研究表明, 在定温、定压下, 如果可逆电池进行了 1mol 反应, 则有:

$$\Delta_r G_m(T) = -nFE_{MF}$$

如果可逆电池是在热力学标态下进行的, 上式变为:

$$\Delta_r G_m^{\ominus}(T) = -nFE_{MF}^{\ominus}$$

【例6】 在 298K 下, 实验测得 Cu-Zn 原电池的标准电动势。

$(-)Zn(s)|Zn^{2+}(1mol \cdot L^{-1}) \| Cu^{2+}(1mol \cdot L^{-1})|Cu(s)(+)$ $\qquad E_{MF}^{\ominus}=1.1V$

① 计算电池反应：$Zn(s)+Cu^{2+}(aq)=Zn^{2+}(aq)+Cu(s)$ 的 $\Delta_r G_m^{\ominus}$。

② 若已知 $\Delta_r G_m^{\ominus}(Zn^{2+},aq)=-147.06kJ \cdot mol^{-1}$，计算 $\Delta_f G_m^{\ominus}(Cu^{2+},aq)$。

解：① $\qquad Zn(s)+Cu^{2+}(aq)=Zn^{2+}(aq)+Cu(s)$

因为 电池反应方程式中 $n=2$

所以 $\qquad \Delta_r G_m^{\ominus}(T)=-nFE_{MF}^{\ominus}=-2\times 96485C \cdot mol^{-1} \times 1.10V$

$\qquad\qquad\qquad =-212 kJ \cdot mol^{-1}$

② $\Delta_r G_m^{\ominus}=[\Delta_f G_m^{\ominus}(Zn^{2+},aq)+\Delta_f G_m^{\ominus}(Cu,s)]-[\Delta_f G_m^{\ominus}(Cu^{2+},aq)+\Delta_f G_m^{\ominus}(Zn,s)]$

$\Delta_f G_m^{\ominus}(Cu^{2+},aq)=\Delta_f G_m^{\ominus}(Zn^{2+},aq)-\Delta_r G_m^{\ominus}$

$\qquad\qquad\qquad =-147.06kJ \cdot mol^{-1}+212 kJ \cdot mol^{-1}$

$\qquad\qquad\qquad =65kJ \cdot mol^{-1}$

前面章节介绍的一般化学反应进行的程度可以用化学反应的标准平衡常数来衡量，氧化还原反应进行的程度，同样可用反应的标准平衡常数 $K^{\ominus}$ 的大小来衡量，由关系式 $\Delta_r G_m^{\ominus}=-RT\ln K^{\ominus}$ 与 $\Delta_r G_m^{\ominus}=-nFE_{MF}^{\ominus}$，可得：

$$\ln K^{\ominus}=\frac{nFE_{MF}^{\ominus}}{RT}=\frac{nF(E_+^{\ominus}-E_-^{\ominus})}{RT}$$

当 $T=298K$ 时，

$$\lg K^{\ominus}=\frac{nE_{MF}^{\ominus}}{0.0592}$$

标准电动势可通过标准电极电势获得，然后用上式计算标准平衡常数。

【例7】 求电池反应 $2Fe^{3+}+Cu=2Fe^{2+}+Cu^{2+}$ 在 298K 时的标准平衡常数。

解：把上述反应设计成下列原电池：

$(-)Cu|Cu^{2+}(1mol \cdot L^{-1}) \| Fe^{2+}(1mol \cdot L^{-1}),Fe^{3+}(1mol \cdot L^{-1})|Pt(+)$

查表 $\qquad E_{Fe^{3+}/Fe^{2+}}^{\ominus}=0.771V \qquad E_{Cu^{2+}/Cu}^{\ominus}=0.337V$

$\qquad E_{MF}^{\ominus}=E_+^{\ominus}-E_-^{\ominus}=0.771V-0.337V=0.434V$

$$\lg K^{\ominus}=\frac{nE_{MF}^{\ominus}}{0.0592}=\frac{2\times 0.434}{0.0592}=15.52$$

$$K^{\ominus}=3.33\times 10^{15}$$

从计算公式看，两电极的标准电势差越大，平衡常数也会越大，反应进行得越彻底。因此，可以直接用 $K^{\ominus}$ 的大小来估计反应进行的程度。依据一般的规则，一般认为平衡常数 $K^{\ominus}$ 大于 10^5，就认为反应进行得比较完全。

应当指出的是，$K^{\ominus}$ 大，只是从热力学的角度进行了可能性的讨论，并不意味着反应速率会很快。

（五）有关常数的计算

根据氧化还原反应的标准平衡常数与原电池的标准电动势之间的关系，可以用测定电动势的方法来推算配合物的稳定常数、弱电解质的解离平衡常数、难溶物的溶度积常数、水的离子积等。

【例8】 已知 $E_{AgI/Ag}^{\ominus}=-0.151V$，$E_{Ag^+/Ag}^{\ominus}=0.799V$，求 $K_{sp,AgI}=?$

解：设计原电池时，以电极电势代数值大的为正极，代数值小的为负极

$(-)Ag|AgI(s)|I^-(1mol \cdot L^{-1}) \| Ag^+(1mol \cdot L^{-1})|Ag(+)$

正极：$Ag^+ + e^- \longrightarrow Ag$ $E^{\ominus}_{Ag^+/Ag} = 0.799 V$

负极：$Ag + I^- \longrightarrow AgI + e^-$ $E^{\ominus}_{AgI/Ag} = -0.151 V$

电池反应：$Ag^+ + I^- \longrightarrow AgI$

$$\lg K^{\ominus} = \frac{n(E^{\ominus}_+ - E^{\ominus}_-)}{0.0592} = \frac{1 \times [0.799 - (-0.151)]}{0.0592} = 16.05$$

$$K^{\ominus} = \frac{1}{K_{sp,AgI}} = 1.12 \times 10^{16} \qquad K_{sp,AgI} = 8.93 \times 10^{-17}$$

四、影响电极电势的因素

不同电对的标准电极电势是不同的，标准电极电势的高低与电对的本性有关。化学反应实际上是经常在非标准状态下进行的，而且随着反应的进行，离子浓度也会改变。例如，实验室用二氧化锰与盐酸制备氯气，为什么要用浓盐酸以及要在加热的情况下进行呢？下面先来看一下在标准状态下反应的情况。

$$MnO_2 + 4HCl \longrightarrow MnCl_2 + Cl_2 + 2H_2O$$

正极氧化剂反应 $MnO_2 + 4H^+ + 2e^- \Longrightarrow Mn^{2+} + 2H_2O$ $E^{\ominus}_{MnO_2/Mn^{2+}} = 1.224 V$

负极还原剂反应 $Cl_2 + 2e^- \Longrightarrow 2Cl^-$ $E^{\ominus}_{Cl_2/Cl^-} = 1.36 V$

$$E^{\ominus}_{MF} = E^{\ominus}_+ - E^{\ominus}_- = E^{\ominus}_{氧化剂} - E^{\ominus}_{还原剂} = 1.224V - 1.36V = -0.136V < 0$$

反应不能自发地向生成氯气的方向进行。事实上实验室制备氯气确实使用上述反应，只不过不是使用 $1 mol \cdot L^{-1}$ 的盐酸，而是浓盐酸，并且伴随有加热。这说明电极电势除与电极的本性有关外，即使是相同的电对，如果外界条件改变，如温度、浓度、压力，电极的电极电势、原电池的电动势也会随之改变。

（一）Nernst 方程

(1) 原电池反应的 Nernst 方程

可逆电池的标准电动势与非标准条件下的电池的电动势有怎样的关系？可逆电对的标准电极电势与非标准条件下的电极电势又有怎样的关系？

对于一个一般的可逆电池反应表示为：

$$aA + bB \longrightarrow gG + dD$$

由等温方程式和 $\Delta_r G_m(T) = -nFE_{MF}$ 及 $\Delta_r G^{\ominus}_m(T) = -nFE^{\ominus}_{MF}$ 有：

$$E_{MF}(T) = E^{\ominus}_{MF}(T) - \frac{RT}{nF} \ln \frac{c^g(G)c^d(D)}{c^a(A)c^b(B)} = E^{\ominus}_{MF} - \frac{RT}{nF} \ln J \qquad (6-2)$$

式中，$E_{MF}(T)$ 为某温度 T 时电池的电动势，V；$E^{\ominus}_{MF}(T)$ 为某温度 T 时电池的标准电动势，V；n、F 前面已进行了说明；J 为电池反应的反应商。式(6-2) 最先是德国物理化学家 W·Nernst 提出来的，称为电池反应的 Nernst 方程。

(2) 电极反应的 Nernst 方程

对任意可逆电极反应可表示为：

氧化型（Ox）$+ ne^- \longrightarrow$ 还原型（Red）

在恒温恒压下有：

$$E_{Ox/Red}(T) = E^{\ominus}_{Ox/Red}(T) - \frac{RT}{nF} \ln \frac{c(Red)}{c(Ox)} = E^{\ominus}_{Ox/Red}(T) + \frac{RT}{nF} \ln \frac{c(Ox)}{c(Red)} \qquad (6-3)$$

式(6-3) 称为电极反应的 Nernst 方程，$E_{ox/Red}(T)$、$E^{\ominus}_{ox/Red}(T)$ 分别为温度 T 时的电

极电势和标准电极电势。$c(\text{Red})$ 代表电极反应中还原型一侧各物种的相对浓度 ($c/c^{\ominus}$) 或相对分压 ($p/p^{\ominus}$) 的乘积、$c(\text{Ox})$ 代表电极反应中氧化型一侧各物种的相对浓度 ($c/c^{\ominus}$) 或相对分压 ($p/p^{\ominus}$) 的乘积，对于纯液体、纯固体不出现在对数项中。

由 (6-2)、(6-3) 可以看出，温度、浓度（严格说是活度）、组成等因素对电池电动势、电极电势的影响。在电化学的研究中，常涉及温度，通常人们在 298K 下研究比较多，在化学手册上查用标准电极电势也多半是 298K 下的数据，因此，把有关常数及温度 $T=298\text{K}$ 代入上面两式，同时对数符号也加以改变，有：

$$E_{\text{MF}}(298\text{K})=E^{\ominus}_{\text{MF}}(298\text{K})-\frac{0.0592}{n}\lg\frac{c^g(\text{G})c^d(\text{D})}{c^a(\text{A})c^b(\text{B})}=E^{\ominus}_{\text{MF}}-\frac{0.0592}{n}\lg J \quad (6\text{-}4)$$

$$E_{\text{Ox/Red}}(298\text{K})=E^{\ominus}_{\text{Ox/Red}}(298\text{K})-\frac{0.0592}{n}\lg\frac{c(\text{Red})}{c(\text{OX})}=E^{\ominus}_{\text{Ox/Red}}+\frac{0.0592}{n}\ln\frac{c(\text{Ox})}{c(\text{Red})} \quad (6\text{-}5)$$

（二）Nernst 方程的应用

Nernst 方程的应用是多方面的，还会在后续课程中继续学习，本课程着重从一些典型例子说明在温度不变的条件下的一些应用。

（1）浓度或压力对电极电势的影响

【例 9】 已知半反应：$\text{Fe}^{3+}+\text{e}^{-}=\!=\!=\text{Fe}^{2+}$ 的标准电极电势 $E^{\ominus}_{\text{Fe}^{3+}/\text{Fe}^{2+}}=0.771\text{V}$，在下列情况下该半反应的电极电势将如何变化？

$c_{(\text{Fe}^{2+})}/c_{(\text{Fe}^{3+})}$	1/1000	1/100	1/10	1/1	100/1	1000/1
$E_{\text{Fe}^{3+}/\text{Fe}^{2+}}$ /V						

解：由电极反应的 Nernst 方程有：$E_{\text{Fe}^{3+}/\text{Fe}^{2+}}=E^{\ominus}_{\text{Fe}^{3+}/\text{Fe}^{2+}}-\frac{0.0592}{n}\lg\frac{c_{(\text{Fe}^{2+})}}{c_{(\text{Fe}^{3+})}}$

将 $n=1$ 及离子浓度比值代入上式得如下结果：

$c_{(\text{Fe}^{2+})}/c_{(\text{Fe}^{3+})}$	1/1000	1/100	1/10	1/1	100/1	1000/1
$E_{\text{Fe}^{3+}/\text{Fe}^{2+}}$ /V	0.949	0.889	0.830	0.771	0.653	0.593

从计算结果看出：还原型比值越大，电极电势越小，还原型的还原性有所增强；相反氧化型的比值越大，电极电势值越大，氧化型的氧化型越强。一般来说，浓度对电极电势的影响是有限的，大多数情况下，只有半反应中某一物质的浓度发生数量级激烈变动时，才会引起电极电势较大变化。

【例 10】 在 298K 时，已知氧气的标准电极电势 $E^{\ominus}_{\text{O}_2/\text{H}_2\text{O}}=1.229\text{V}$，计算当氧的分压分别为如下情况时，电对 $E_{\text{O}_2/\text{H}_2\text{O}}$ 的电极电势各为多少？（假定 $c_{\text{H}^+}=1\text{mol}\cdot\text{L}^{-1}$）

O_2 的压力/KPa	1000	100	1	10^{-3}	10^{-6}
$E_{\text{O}_2/\text{H}_2\text{O}}$/V					

解：电极反应为：$\text{O}_2+4\text{H}^++4\text{e}^-=\!=\!=2\text{H}_2\text{O}$

电极反应的 Nernst 方程：

$$E_{\text{O}_2/\text{H}_2\text{O}}=E^{\ominus}_{\text{O}_2/\text{H}_2\text{O}}-\frac{0.0592}{n}\lg\frac{1}{(p_{\text{O}_2}/p^{\ominus})\times(c_{\text{H}^+}/c^{\ominus})}$$

将 $n=4$ 及各压力值（$p^{\ominus}=100\text{kPa}$）代入公式有如下结果：

O_2 的压力/kPa	1000	100	1	10^{-3}	10^{-6}
E_{O_2/H_2O}/V	1.244	1.229	1.199	1.155	1.111

从计算结果看出：氧化型压力大时，电极电势值相对大一些，氧化型的氧化性强一些，压力对电极电势的影响其效果同浓度对电极电势的影响。压力对电极电势的影响是有限的，从表可以看出：压力从 $1000\text{kPa} \longrightarrow 10^{-6}\text{kPa}$ 为 10^9 倍，电极电势从 $1.244\text{V} \longrightarrow 1.111\text{V}$ 仅相差 0.133V。

(2) 酸度对电极电势的影响

【例 11】 判断反应：$MnO_2(s)+4HCl(aq)\Longrightarrow MnCl_2(aq)+Cl_2(g)+2H_2O$

(1) 在 298K 时的热力学标准状态下，自发进行的方向？

(2) 实验室中为什么用 $MnO_2(s)$ 与浓 HCl 反应制取 $Cl_2(g)$？

解：(1) 设计的原电池的电极反应及查出的电极电势值

$$MnO_2(s)+4H^+(aq)+2e^- \Longrightarrow Mn^{2+}(aq)+2H_2O(l) \quad E^{\ominus}_{MnO_2/Mn^{2+}}=1.229\text{V}$$

$$Cl_2(g)+2e^- \Longrightarrow 2Cl^-(aq) \quad E^{\ominus}_{Cl_2/Cl^-}=1.36\text{V}$$

$$E^{\ominus}_{MF}=E^{\ominus}_{MnO_2/Mn^{2+}}-E^{\ominus}_{Cl_2/Cl^-}=1.229\text{V}-1.360\text{V}=-0.131\text{V}<0$$

所以在标准条件下，上述反应不能自发向右进行。

(2) 实验室制取 Cl_2 时，用的是浓 HCl（$12\text{mol}\cdot L^{-1}$），其 $c(H^+)=c(Cl^-)=12\text{mol}\cdot L^{-1}$，并假设 $c(Mn^{2+})=1\text{mol}\cdot L^{-1}$，$p(Cl_2)=100\text{kPa}$，根据 Nernst 方程有：

$$E_{MnO_2/Mn^{2+}}=E^{\ominus}_{MnO_2/Mn^{2+}}-\frac{0.0592}{2}\lg\frac{c(Mn^{2+})}{c^4(H^+)}$$

$$=1.229\text{V}-\frac{0.0592\text{V}}{2}\lg\frac{1}{12^4}=1.36\text{V}$$

$$E_{Cl_2/Cl^-}=E^{\ominus}_{Cl_2/Cl^-}-\frac{0.0592}{2}\lg\frac{[c(Cl^-)/c^{\ominus}]^2}{p(Cl_2)/p^{\ominus}}=1.360\text{V}-\frac{0.0592\text{V}}{2}\lg\frac{12^2}{1}=1.30\text{V}$$

$$E_{MF}=E_{MnO_2/Mn^{2+}}-E_{Cl_2/Cl^-}=1.36\text{V}-1.30\text{V}=0.06\text{V}>0$$

计算表明，在热力学标准条件下不能进行的反应，可以通过提高酸度、改变浓度达到热力学角度能自发进行的反应，实际操作时，还可以辅以加热以及减少气体的滞留等措施。

必须强调指出的是：并非所有的反应都适合这样，只有两极的电极电势相差不是太大时，一般在 0.2V 左右，才可以实现逆转。

【例 12】 重铬酸钾是一种常见的氧化剂，已知在 298K 时 $E^{\ominus}_{Cr_2O_7^{2-}/Cr^{3+}}=1.33\text{V}$，$c(Cr_2O_7^{2-})=c(Cr^{3+})=1.0\text{mol}\cdot L^{-1}$，计算当 $c(H^+)$ 浓度分别为（1）$2\text{mol}\cdot L^{-1}$ (2) $0.1\text{mol}\cdot L^{-1}$ (3) $10^{-7}\text{mol}\cdot L^{-1}$ 时，电对的 $E_{Cr_2O_7^{2-}/Cr^{3+}}$ 为多少？

解：电极反应为：$Cr_2O_7^{2-}+14H^++6e^- \longrightarrow 2Cr^{3+}+7H_2O$

由 Nernst 方程有：$E_{Cr_2O_7^{2-}/Cr^{3+}}=E^{\ominus}_{Cr_2O_7^{2-}/Cr^{3+}}+\frac{0.0592}{6}\lg\frac{c(Cr_2O_7^{2-})c(H^+)^{14}}{c(Cr^{3+})^2}$

分别代入给定的各条件，结果如下：

(1) $E_{Cr_2O_7^{2-}/Cr^{3+}}=\left[1.33+\frac{0.0592}{6}\lg 2^{14}\right]\text{V}=1.37\text{V}$

(2) $E_{Cr_2O_7^{2-}/Cr^{3+}}=\left[1.33+\frac{0.0592}{6}\lg(0.1)^{14}\right]\text{V}=1.19\text{V}$

(3) $E_{Cr_2O_7^{2-}/Cr^{3+}} = \left[1.33 + \dfrac{0.0592}{6}\lg(10^{-7})^{14}\right]V = 0.36V$

从计算结果看出：含氧酸盐的氧化性不仅受自身离子浓度的影响，而且受酸度的影响，这种影响往往还比较大，在强酸性（H^+ 浓度大于 $1mol \cdot L^{-1}$）的溶液中，氧化性增强，因此，在实际工作中，总是在较强的酸性溶液中使用含氧酸盐这样的氧化剂物质。

在等温等浓度的条件下，以电极反应的电极电势 E 为纵坐标，以溶液的 pH 为横坐标，绘出的 E 随 pH 变化的关系图称为 E-pH 图。从 E-pH 图上可直观地了解溶液中氧化还原反应与 pH 的关系。

水是使用最多、用得最广的一种溶剂，许多氧化还原反应是在水溶液中进行的。同时水本身又具有氧化还原性，因此研究水的氧化还原性，以及氧化剂或还原剂在水溶液中的稳定性具有重要的意义。

水的氧化还原性与下面两个电极反应有关。

(1) 水作为氧化剂被还原出氢气，电极反应为：$2H_2O + 2e^- \rightleftharpoons H_2 + 2OH^-$

在 298K 时，$E^{\ominus}_{H_2O/H_2} = -0.828V$，设 $p(H_2) = 100kPa$ 则：

$$\begin{aligned}E_{H_2O/H_2} &= E^{\ominus}_{H_2O/H_2} + \dfrac{0.0592}{2}\lg\dfrac{1}{(p_{H_2}/p^{\ominus}) \times (c_{OH^-})^2} \\ &= -0.828V + 0.0592 \times pOH \\ &= -0.0592V \times pH\end{aligned} \quad (a)$$

在图 6-5 中画出一条直线称 "H_2" 线。

(2) 水作为还原剂时的电极反应为：$O_2 + 4H^+ + 4e^- \rightleftharpoons 2H_2O$

在 298K 时，$E^{\ominus}_{O_2/H_2O} = 1.229V$，设 $p(O_2) = 100kPa$，则：

$$E_{O_2/H_2O} = E^{\ominus}_{O_2/H_2O} + \dfrac{0.0592V}{4}\lg\dfrac{p_{O_2}}{p^{\ominus}} \times (c_{H^+})^4 = 1.229V - 0.0592V \times pH \quad (b)$$

在图 6-5 中画出一条直线称 "O_2" 线。从 (a)、(b) 两式可以看出，"H_2" 线和 "O_2" 线的斜率是相同的，"H_2" 线和 "O_2" 线把 E-pH 图划分为三个区域，氧线以上，氢线以下，氧线和氢线之间。理论上，凡 E-pH 曲线位于氧线以上区域的电对，均能与水反应放出氧气，此区域是氧气的稳定区；凡 E-pH 曲线在氢线以下的电对都能与水反应放出氢气，此区域是氢气的稳定区；凡 E-pH 曲线位于氢线和氧线之间区域的电对在水溶液中都是稳定的，此区域是水的稳定区，不会与水反应。事实上，氧化剂和还原剂在水中的稳定区间比理论氧线和氢线围拢的区间要宽，图中以氢线下方，氧线上方的虚线标识出。主要是由于动力学的原因，使得实际测得值要比理论值偏差 0.5V，因此使得氢线、氧线各向外推出 0.5V，实际的水 E-pH 图为虚线所示。

F_2 线在远离氧线的上方，所以电对 F_2/F^- 的氧化型 F_2 可以将电对 O_2/H_2O 的还原型

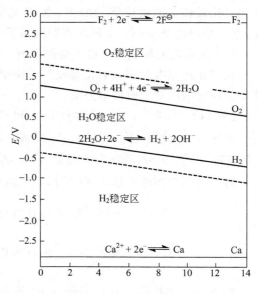

图 6-5 水及一些电对的 E-pH 图

H_2O 氧化成 O_2，而自身被还原成 F^-，$2F_2 + 2H_2O = 4HF + O_2$。

Ca 线在远离氢线的下方，所以电对 H_2O/H_2 的氧化型 H_2O 可以将电对 Ca^{2+}/Ca 的还原型 Ca 氧化成 Ca^{2+}，而自身被还原成 H_2，$Ca + 2H_2O = Ca(OH)_2 + H_2$。

图中 F_2 线、Ca 线是平行于 pH 轴的，因为在其半反应中，只有电子的得失、电势与 pH 无关。对于一些复杂的电对，电势 pH 图也较复杂，此处不作讨论了。

(3) 难溶化合物的形成对电极电势的影响*

难溶化合物的形成会引起电极反应中离子浓度的极大改变，从而使电极电势发生很大的变化，可以根据 Nernst 方程计算出相关电对的电极电势。

【例13】 在 298K 时，向 Fe^{3+} 和 Fe^{2+} 的混合溶液中加入 NaOH 溶液，分别生成了 $Fe(OH)_3$ 和 $Fe(OH)_2$ 沉淀，当沉淀反应达平衡时，并保持 $c(OH^-) = 1 mol \cdot L^{-1}$。计算 $E_{Fe^{3+}/Fe^{2+}}$。($K_{sp,Fe(OH)_3} = 2.8 \times 10^{-39}$，$K_{sp,Fe(OH)_2} = 4.86 \times 10^{-17}$)

解：$Fe^{3+} + e^- \rightleftharpoons Fe^{2+}$ $\quad E^{\ominus}_{Fe^{3+}/Fe^{2+}} = 0.771V$

向 Fe^{3+} 和 Fe^{2+} 的混合溶液中加入 NaOH 溶液后，生成沉淀的反应如下：

$$Fe^{3+} + 3OH^- \rightleftharpoons Fe(OH)_3(s) \quad K_{sp,Fe(OH)_3} = c(Fe^{3+})c(OH^-)^3$$

$$Fe^{2+} + 2OH^- \rightleftharpoons Fe(OH)_2(s) \quad K_{sp,Fe(OH)_2} = c(Fe^{2+})c(OH^-)^2$$

因为保持 $c(OH^-) = 1 mol \cdot L^{-1}$，也就是平衡时 $c(OH^-) = 1 mol \cdot L^{-1}$，则：

$$c(Fe^{3+}) = K_{sp,Fe(OH)_3} = 2.8 \times 10^{-39} \quad c(Fe^{2+}) = K_{sp,Fe(OH)_2} = 4.86 \times 10^{-17}$$

所以

$$E_{Fe^{3+}/Fe^{2+}} = E^{\ominus}_{Fe^{3+}/Fe^{2+}} - \frac{0.0592}{n} \lg \frac{c(Fe^{2+})}{c(Fe^{3+})} = E^{\ominus}_{Fe^{3+}/Fe^{2+}} - \frac{0.0592}{1} \lg \frac{K_{sp,Fe(OH)_2}}{K_{sp,Fe(OH)_3}}$$

$$= 0.771 - 0.0592 \lg \frac{4.86 \times 10^{-17}}{2.8 \times 10^{-39}} = -0.571V$$

通过计算表明：生成难溶物对电极电势的影响超过浓度、压力、酸度对电极电势的影响。如果是氧化型生成难溶物，电极电势将变小，氧化性减弱；反之，如果是还原型生成难溶物，电极电势将增大，还原型的还原性减弱。如果是氧化型、还原型都转化成难溶物，则可通过比较转化成的难溶物的 K_{sp} 加以说明，氧化型的 K_{sp} 大，电极电势变大；氧化型的 K_{sp} 小，电极电势变小，上面的例题说明了这一点。

(4) 配合物的形成对电极电势的影响*

在氧化还原电对中，氧化型或者还原型离子形成配合物时，会引起离子浓度发生较大改变，从而影响电对的电极电势值。

【例14】 在 298K 时，向含有 Fe^{3+} 和 Fe^{2+} 的混合溶液中加入 KCN(s)，有 $[Fe(CN^-)_6]$ ($[Fe(CN^-)_6]^{3-}$) 和 $[Fe(CN^-)_6]^{4-}$ 生成。当系统达平衡时，$c(CN^-) = 1 mol \cdot L^{-1}$，并且 $c([Fe(CN^-)_6]^{3-}) = c([Fe(CN^-)_6]^{4-}) = 1 mol \cdot L^{-1}$，计算 $E^{\ominus}_{[Fe(CN^-)_6]^{3-}/[Fe(CN^-)_6]^{4-}}$。

解：向混合溶液中加入 KCN 后，发生如下反应：

$$Fe^{3+} + 6CN^- \rightleftharpoons [Fe(CN)_6]^{3-} \quad K_{f,[Fe(CN)_6]^{3-}} = \frac{c_{[Fe(CN)_6]^{3-}}}{c_{Fe^{3+}} c^6_{CN^-}}$$

$$Fe^{2+} + 6CN^- \rightleftharpoons [Fe(CN)_6]^{4-} \quad K_{f,[Fe(CN)_6]^{4-}} = \frac{c_{[Fe(CN)_6]^{4-}}}{c_{Fe^{2+}} c^6_{CN^-}}$$

$$E_{Fe^{3+}/Fe^{2+}} = E^{\ominus}_{Fe^{3+}/Fe^{2+}} - \frac{0.0592}{n} \lg \frac{c(Fe^{2+})}{c(Fe^{3+})}$$

$$= E^{\ominus}_{Fe^{3+}/Fe^{2+}} - \frac{0.0592}{1} \lg \frac{c([Fe(CN)_6]^{4-}) \times K_f([Fe(CN)_6]^{3-})}{c([Fe(CN)_6]^{3-}) \times K_f([Fe(CN)_6]^{4-})}$$

当 $c_{CN^-} = c_{[Fe(CN)_6]^{3-}} = c_{[Fe(CN)_6]^{4-}} = 1\text{mol} \cdot \text{L}^{-1}$ 时,
半反应 $[Fe(CN)_6]^{3-} + e^- = [Fe(CN)_6]^{4-}$ 的各物处于热力学标准状态。因此有:

$$E_{Fe^{3+}/Fe^{2+}} = E^{\ominus}_{[Fe(CN)_6]^{3-}/[Fe(CN)_6]^{4-}} = 0.771 - \frac{0.0592}{1} \lg \frac{K_{f,[Fe(CN)_6]^{3-}}}{K_{f,[Fe(CN)_6]^{4-}}}$$

通过计算表明:离子生成配合物对电极电势的影响如同生成难溶物,如果是电极反应中的氧化型生成配合物,电极电势将变小,氧化性减弱;反之,如果是还原型生成配合物,电极电势将增大,还原型的还原性减弱。如果是氧化型、还原型都能生成配合物,则可通过比较转化成的配合物的 K_f 加以说明。氧化型的 K_f 小,电极电势变大;氧化型的 K_f 大,电极电势变小。

五、元素电势图及其应用

(一)元素电势图

大多数非金属元素和过渡元素存在多种氧化态,可以把该元素的各种氧化态按从左至右、从高到低排列起来,两种不同氧化态之间用一条直线把它们连接起来构成电对,并在上方标出这个电对所对应的标准电极电势 $E^{\ominus}$。这种能表明元素各氧化态之间电极电势关系的图,称为元素的标准电极电势图,简称元素电势图。根据溶液 pH 不同,分为酸表(pH=0),用 $E^{\ominus}_A$ 标识;碱表(pH=14),用 $E^{\ominus}_B$ 标识。

例如,溴的元素电势图

$$E^{\ominus}_A/V \quad BrO_4^- \xrightarrow{1.76} BrO_3^- \xrightarrow{1.49} HBrO \xrightarrow{1.59} Br_2 \xrightarrow{1.07} Br^-$$
$$\underset{1.52}{\underline{\qquad\qquad\qquad}}$$

$$E^{\ominus}_B/V \quad BrO_4^- \xrightarrow{0.93} BrO_3^- \xrightarrow{0.54} HBrO \xrightarrow{0.45} Br_2 \xrightarrow{1.07} Br^-$$
$$\underset{0.52}{\underline{\qquad\qquad\qquad}}$$

元素电势图清楚地表达了同种元素的不同氧化数物质氧化能力、还原能力的相对强弱。不仅可以全面地看出一种元素各种氧化态之间的电极电势高低和相互关系,而且可以判断出哪些氧化态在酸性或碱性溶液中能稳定存在。

(二)元素电势图的应用

(1)判断歧化反应能否进行

歧化反应是一种自身氧化还原反应。判断原则是:在元素电势图中,某种氧化态的 $E^{\ominus}_{右} > E^{\ominus}_{左}$,则此氧化态能发生歧化反应,否则不能发生歧化反应,例如:

$$Cu^{2+} \xrightarrow{0.159V} Cu^+ \xrightarrow{0.521V} Cu$$

Cu^+ 的歧化反应为:$2Cu^+ \longrightarrow Cu^{2+} + Cu$,利用此反应设计的原电池为:

负极:$Cu^+ \longrightarrow Cu^{2+} + e^-$ $E^{\ominus}_- = 0.159V$

正极:$Cu^+ + e^- \longrightarrow Cu$ $E^{\ominus}_+ = 0.521V$

$E^{\ominus}_{MF} = E^{\ominus}_+ - E^{\ominus}_- = 0.521 - 0.159 = 0.362V > 0$,因此 Cu^+ 能发生歧化反应。上面推算过程中有:$E^{\ominus}_{右} = E^{\ominus}_+$,$E^{\ominus}_{左} = E^{\ominus}_-$。

推广到一般:$A \xrightarrow{E^{\ominus}_{左}} B \xrightarrow{E^{\ominus}_{右}} C$

如果 $E_右^\ominus > E_左^\ominus$，则 $E^\ominus > 0$，说明在标准状态下 B 能发生歧化反应生成 A 和 C；如果 $E_右^\ominus < E_左^\ominus$，则 $E^\ominus < 0$，说明在标准状态下，B 不能发生歧化反应，相反 A 和 C 能自发反应生成 B。

（2）计算未知电对的标准电极电势

某元素的电势图如下：

$$\text{A} \xrightarrow[\Delta_r G_{m_1}^\ominus]{E_1^\ominus} \text{B} \xrightarrow[\Delta_r G_{m_2}^\ominus]{E_2^\ominus} \text{C} \xrightarrow[\Delta_r G_{m_3}^\ominus]{E_3^\ominus} \text{D}$$

$$\xrightarrow[\Delta_r G_m^\ominus]{E^\ominus}$$

根据 Gibbs 自由能变和电对的标准电极电势之间的关系：

$$\Delta_r G_{m_1}^\ominus = -n_1 F E_1^\ominus$$

$$\Delta_r G_{m_2}^\ominus = -n_2 F E_2^\ominus$$

$$\Delta_r G_{m_3}^\ominus = -n_3 F E_3^\ominus$$

$$\Delta_r G_m^\ominus = -n F E^\ominus$$

以及 $\Delta_r G_m^\ominus = \Delta_r G_{m_1}^\ominus + \Delta_r G_{m_2}^\ominus + \Delta_r G_{m_3}^\ominus$ 于是有：

$$E^\ominus = \frac{n_1 E_1^\ominus + n_2 E_2^\ominus + n_3 E_3^\ominus}{n} \quad n = n_1 + n_2 + n_3$$

若有 i 个电对，则：

$$E^\ominus = \frac{n_1 E_1^\ominus + n_2 E_2^\ominus + \cdots + n_i E_i^\ominus}{n_1 + n_2 + \cdots + n_i}$$

【例 15】 已知 298K 时，氯元素在碱性溶液中的电势图：

$$\text{ClO}_3^- \xrightarrow{0.33\text{V}} \text{ClO}_2^- \xrightarrow{0.66\text{V}} \text{ClO}^- \xrightarrow{E_{\text{ClO}^-/\text{Cl}_2}^\ominus = ?} \text{Cl}_2 \xrightarrow{1.36\text{V}} \text{Cl}^-$$

$$E_{\text{ClO}_3^-/\text{ClO}^-}^\ominus = ? \qquad 0.89\text{V}$$

求 $E_{\text{ClO}_3^-/\text{ClO}^-}^\ominus$；$E_{\text{ClO}^-/\text{Cl}_2}^\ominus$。

解：$E_{\text{ClO}_3^-/\text{ClO}^-}^\ominus = \dfrac{n_1 E_1^\ominus + n_2 E_2^\ominus}{n_1 + n_2} = \dfrac{2 \times 0.33\text{V} + 2 \times 0.66\text{V}}{2+2} = 0.495\text{V}$

$E_{\text{ClO}^-/\text{Cl}_2}^\ominus = \dfrac{2 \times E_{\text{ClO}^-/\text{Cl}^-}^\ominus - 1 \times E_{\text{Cl}_2/\text{Cl}^-}^\ominus}{1} = \dfrac{2 \times 0.89\text{V} - 1 \times 1.36\text{V}}{1} = 0.42\text{V}$

（3）解释元素的氧化还原特性

根据元素电势图，可以描绘出该元素的一些氧化还原特性。比如，金属铁在酸性介质中的元素电势图为：

$$E_A^\ominus/\text{V} \quad \text{Fe}^{3+} \xrightarrow{0.771} \text{Fe}^{2+} \xrightarrow{-0.44} \text{Fe}$$

利用此电势图，可以预测金属铁在酸性介质中的一些氧化还原特性。因为 $E_{A(\text{Fe}^{2+}/\text{Fe})}^\ominus < 0$，而 $E_{A(\text{Fe}^{3+}/\text{Fe}^{2+})}^\ominus > 0$，所以在稀盐酸或稀硫酸等非氧化性酸中，Fe 主要被氧化为 Fe^{2+}，而不是 Fe^{3+}。

$$\text{Fe} + 2\text{H}^+ \longrightarrow \text{Fe}^{2+} + \text{H}_2(\text{g})$$

但是，在酸性介质中 Fe^{2+} 是不稳定的，易被空气中的氧所氧化。因为：

$$Fe^{3+} + e^- \rightleftharpoons Fe^{2+} \quad E^{\ominus}_{A(Fe^{3+}/Fe^{2+})} = 0.771V$$

$$O_2 + 4H^+ + 4e^- \rightleftharpoons 2H_2O \quad E^{\ominus}_{A(O_2/H_2O)} = 1.229V$$

所以有： $4Fe^{2+} + O_2 + 4H^+ + 2e^- \longrightarrow 4Fe^{2+} + 2H_2O$

为了避免 Fe^{2+} 被空气中的氧气氧化为 Fe^{3+}，常在 Fe^{2+} 盐溶液中加入少量铁钉。在酸性介质中，由于 $E^{\ominus}_{A(Fe^{3+}/Fe^{2+})} = 0.771V > E^{\ominus}_{A(Fe^{2+}/Fe)} = -0.44V$，可以发生歧化反应的逆反应，即：$2Fe^{3+} + Fe \longrightarrow 3Fe^{2+}$

因此，由上面的分析可以得出结论，在酸性介质中铁最稳定的离子是 Fe^{3+}。

在碱性介质中，金属铁的元素电势图为：

$$E^{\ominus}_B/V \quad Fe(OH)_3 \xrightarrow{-0.55} Fe(OH)_2 \xrightarrow{-0.89} Fe$$

在碱性条件下，铁的 +2 氧化态更不稳定，更容易转化为铁的 +3 氧化态，因为：

$$Fe(OH)_3 + e^- \rightleftharpoons Fe(OH)_2 + OH^- \quad E^{\ominus}_{B[Fe(OH)_3/Fe(OH)_2]} = -0.55V$$

$$\frac{1}{2}O_2 + H_2O + 2e^- \rightleftharpoons 2OH^- \quad E^{\ominus}_{B(O_2/OH^-)} = 0.401V$$

两电极电势差值越大，反应趋势越强烈，反应进行程度更完全。

【阅读材料】 化学电源

化学电源就是实用的原电池，普通的干电池、燃料电池都可以称为化学电源。它通常由正电极、负电极、电解质、隔离物和壳体构成，可制成各种形状和不同尺寸，使用方便。广泛用于工农业、国防工业和通信、照明、医疗等部门，并成为日常生活中收音机、录音机、照相机、计算器、电子表、玩具、助听器、手机、各种遥控器、手提电脑等常用电器的电源。出于商业的目的，考虑化学电源的工业生产和使用的需求，一般要求满足成本低、能量密度高、坚固、轻便、耐储存、放电时电压稳定等要求。

化学电源一般分为三大类：一次性电池、可充电电池和燃料电池。

一、一次性电池

一次性电池是只能放电，不能充电的电池。例如日常生活中用到的酸性锌锰干电池，纽扣电池等，干电池的外壳是一个作为负极的锌筒，电池中心是一个作为正极的石墨棒，在其周围填充的是二氧化锰和炭粉，负极区是糊状 $ZnCl_2$ 和 NH_4Cl 的混合物，干电池的图式可表示为：

$$(-)Zn|ZnCl_2, NH_4Cl(糊状)|MnO_2|C(+)$$

电池反应如下。

负极： $Zn \rightleftharpoons Zn^{2+} + 2e^-$

正极： $2MnO_2(s) + 2NH_4^+ + 2e^- \rightleftharpoons Mn_2O_3(s) + 2NH_3(aq) + H_2O(l)$

总反应：$Zn(s) + 2MnO_2(s) + 2NH_4^+(aq) \rightleftharpoons Zn^{2+}(aq) + Mn_2O_3(s) + 2NH_3(aq) + H_2O(l)$

这种电池的制作历史悠久，制作工艺简单，价格便宜，始终占据着干电池市场的很大份额，但是它的电容量较小，使用寿命不长，即使是未使用过的新电池存放时间也不长（会发生自放电现象）。

现在市场上的一次性干电池正逐渐被价格较贵的碱性锌锰电池取代，虽然这种电池价格贵一些，但是使用寿命可增加 50%，保存时间也长一些，使用过程中稳定性也较好。碱性锌锰电池的电解质是 KOH。电池结构也有别于酸性电池，该种电池中心是负极，锌呈粉末状，正极区在外层，是 MnO_2 和 KOH 的混合物，外壳一般是钢筒。

电极反应如下。

负极：$Zn(s) + 2OH^-(aq) \rightleftharpoons Zn(OH)_2(s) + 2e^-$

正极：$2MnO_2(s) + H_2O(l) + 2e^- \rightleftharpoons Mn_2O_3(s) + 2OH^-(aq)$

总反应：$Zn(s) + 2MnO_2(s) + H_2O(l) \rightleftharpoons Zn(OH)_2(s) + Mn_2O_3(s)$

二、可充电电池

可充电电池指可反复充电放电的电池。电池放电时是原电池，把化学能转化为电能；电池充电时是电解池，把电能转化为化学能储存起来。使用历史悠久的有铅蓄电池、镍镉电池等。

1. 酸性铅蓄电池

酸性铅蓄电池性能优良，表现在电池的工作电压平稳、使用温度及使用电流范围宽、能充放电数百个循环、储存性能好、价格便宜，结构简单，为其它可充电电池所不能比拟的，因而应用广泛。缺点是比能量（单位重量所蓄电能）小，对环境腐蚀性强。

它的电极是用填满海绵状铅的铅板作负极，填满二氧化铅的铅板作正极，并用22%~28%的稀硫酸作电解质。在充电时，电能转化为化学能，放电时化学能又转化为电能。电池在放电时，金属铅是负极，发生氧化反应，被氧化为硫酸铅；二氧化铅是正极，发生还原反应，被还原为硫酸铅。电池在用直流电充电时，两极分别生成铅和二氧化铅。移去电源后，它又恢复到放电前的状态，组成化学电池。铅蓄电池是能反复充电、放电的电池，又叫做二次电池。它的电压是2V，通常把三个铅蓄电池串联起来使用，电压是6V。汽车上用的是6个铅蓄电池串联成12V的电池组。铅蓄电池在使用一段时间后要补充硫酸，使电解质保持含有22%~28%的稀硫酸。随着蓄电池的放电，正负极板都受到硫化，同时电解液中的硫酸逐渐减少，而水分增多，从而导致电解液的比重下降，在实际使用中，可以通过测定电解液的比重来确定蓄电池的放电程度。在正常使用情况下，铅蓄电池不宜放电过度，否则将使活性物质与混在一起的细小硫酸铅晶体结成较大的晶体，这不仅增加了极板的电阻，而且在充电时很难使它再还原，直接影响蓄电池的容量和寿命。此种电池图式为：

$(-)Pb | PbSO_4(s) | H_2SO_4(aq) | PbSO_4(s) | PbO_2 | Pb(+)$

电极反应如下。

负极：$Pb + SO_4^{2-} \rightleftharpoons PbSO_4(s) + 2e^-$

正极：$PbO_2(s) + 4H^+ + SO_4^{2-} + 2e^- \rightleftharpoons PbSO_4(s) + 2H_2O(l)$

总反应：$Pb(s) + PbO_2(s) + 4H^+ + 2SO_4^{2-} \rightleftharpoons 2PbSO_4(s) + 2H_2O(l)$

近年来对铅蓄电池进行了很大改进，首先对铅板，使用铅钙合金板，延长了使用寿命，其次将硫酸灌注在硅胶凝胶里，避免电解质的泄露，第三对注液孔及防尘壳盖加以改进，避免注液时硫酸的反溅及使用化学粘接剂，免除化学污染。

2. 碱性蓄电池

碱性蓄电池具有体积小、机械强度高、工作电压平稳、能大电流放电、使用寿命长和易携带等特点。可用作仪器仪表、自动控制、移动的通信设备等电子设备的直流电源。

根据其极板活性物质材料不同，可分为锌银蓄电池、铁镍蓄电池、镉镍蓄电池等系列。其电池图式分别如下。

银-锌蓄电池　　　$(-)Zn | KOH(w=40\%) | Ag_2O(s) | Ag(+)$

电池反应：$Ag_2O + Zn + H_2O = 2Ag + Zn(OH)_2$

目前笔记本电脑中采用的仍然是锂离子电池，阻碍银锌电池普及的一个主要障碍是银锌电池包含了银，所以成本相对较高。银-锌可充电电池主要可用于航空、野外科研试验和电影摄影等方面。

铁-镍蓄电池　　　　　　$(-)Fe|KOH(w=22\%)|Ni(OH)_3|C(+)$

电池反应：　　　　　　$Fe+2Ni(OH)_3 \Longrightarrow Fe(OH)_2+2Ni(OH)_2$

它坚固耐用，能承受过充电、长期搁置和短路等破坏性的使用。铁资源丰富，电池成本低。缺点是自放电严重，低温性能差，比能量和比功率较低，放电电压较低，约在1V左右。适宜用作长循环寿命和反复深放电的直流电源。大容量电池主要用于矿山电力牵引或应急电源，小容量的主要用于矿灯或信号电源。

镉-镍蓄电池：　　　　　$(-)Cd|KOH(w=20\%)|NiO(OH)|C(+)$

电池反应：$Cd(s)+2NiO(OH)(s)+2H_2O \Longrightarrow Cd(OH)_2(s)+2Ni(OH)_2(s)$

电池虽使用寿命长，但是镉是致癌物质，废弃电池不回收会污染环境，正逐渐被其它可充电电池取代。

3. 锂电池和锂离子电池

锂电池是一类由锂金属或锂合金为负极材料、使用非水电解质溶液的电池。最早出现的锂电池来自于伟大的发明家爱迪生。由于锂金属的化学特性非常活泼，使得锂金属的加工、保存、使用对环境要求非常高。所以，锂电池长期没有得到应用。随着非水环境电化学的发展，现在采用无水环境制造出了一系列导电性良好、贮存寿命长、工作温度范围宽的高能电池。根据电解液和正极物质的物理状态，锂电池有三种不同的类型，即固体正极——有机电解质电池；液体正极——液体电解质电池；固体正极——固体电解质电池。锂电池工作电压为3.6V，相当于3节镍-镉电池串联，工作温度在−55～70℃间，在20℃下可贮存10年之久！它们都是近年来研制的新产品，主要用于军事、空间技术等特殊领域，在心脏起搏器等微、小功率场合也有应用。

锂离子电池（Li-ion batteries）是由锂电池发展而来。以前照相机里用的纽扣式电池就属于锂电池。锂电池的正极材料是二氧化锰或亚硫酰氯，负极是锂。电池组装完成后即有电压，不需充电。这种电池也可充电，但循环性能不好，在充放电循环过程中容易形成锂枝晶，造成电池内部短路，所以一般情况下这种电池是禁止充电的。

后来，日本索尼公司发明了以炭材料为负极，以含锂的化合物作正极，在充放电过程中，没有金属锂存在，只有锂离子，这就是锂离子电池。当对电池进行充电时，电池的正极上有锂离子生成，生成的锂离子经过电解质液运动到负极。而作为负极的炭呈层状结构。它有很多微孔，达到负极的锂离子就嵌入到碳层的微孔中，嵌入的锂离子越多，充电容量越高。同样，当对电池进行放电时（即我们使用电池的过程），嵌在负极碳层中的锂离子脱出，又运动回正极。回正极的锂离子越多，放电容量越高。我们通常所说的电池容量指的就是放电容量。在Li-ion的充放电过程中，锂离子处于从正极→负极→正极的运动状态。Li-ion batteries 就像一把摇椅，摇椅的两端为电池的两极，而锂离子就像运动员一样在摇椅上来回奔跑。所以 Li-ion batteries 又叫摇椅式电池。锂离子电池以其特有的性能优势已在便携式电器如手提电脑、摄像机、移动通讯中得到普遍应用。目前开发的大容量锂离子电池已在电动汽车中开始试用，预计将成为电动汽车的主要动力电源之一，并将在人造卫星、航空航天和储能方面得到应用。

锂离子电池的优点：电压高，比能量大，使用寿命长，安全性能好，充放电快速，工作温度范围宽。缺点：电池成本较高，主要表现在正极材料 $LiCoO_2$ 的价格高（Co 的资源较少），电解质体系提纯困难。由于有机电解质体系等原因，电池内阻相对其它类电池大，适合于中小电流的电器使用。

三、燃料电池

简单地说，燃料电池（fuel cell）是一种将储存于燃料与氧化剂中的化学能直接转化为电能的发电装置。燃料和空气分别送进燃料电池，电就被奇妙地生产出来。它从外表上看有正负极和电解质等，像一个蓄电池，但实质上它不能"储电"而是一个"发电厂"。燃料电池的概念是 1839 年 G. R. Grove 提出的，至今已有大约 170 年的历史。

燃料电池工作时要不断地从外界输入氧化剂和还原剂，同时将电极反应产物不断排出，所以可不断地放电，因而也称为连续电池。燃料电池以还原剂（氢气、烃、肼、甲醇）为负极反应物质，以氧化剂（氧气、空气）为正极反应物质。电极材料是兼有催化特性和吸附特性的多孔状镍、铂、银、钯等特殊材料，两个电极之间充满着含有可移动离子的电解质。如将氢气或碳氢化合物的燃烧反应以电池方式进行，则形成燃料电池。氢氧碱性燃料电池的图式如下。

$$(-)Pt|H_2(g)|NaOH(aq)|O_2(g)|Pt(+)$$

负极： $H_2 + 2OH^- \Longrightarrow 2H_2O + 2e^-$

正极： $O_2 + 2H_2O + 4e^- \Longrightarrow 4OH^-$

总反应： $2H_2 + O_2 \Longrightarrow 2H_2O$

燃料电池是一种把燃料和电池两种概念结合在一起的装置。它是一种电池，但不需用昂贵的金属而只用便宜的燃料来进行化学反应。这些燃料的化学能也通过一个步骤就变为电能，比通常通过两步方式的能量损失少得多。于是，可以为人类提供的电量就大大地增加了。

目前，燃料电池按电解质划分主要品种如下。

(1) 碱性燃料电池（代号 AFC）。电极材料两极均用 Pt，以氢氧化钾为电解质液，燃料要用高纯氢气，氧化剂也为高纯氧气，对其应用受到了限制。工作温度 100℃ 左右。

(2) 磷酸盐型燃料电池（代号 PAFC）。氧化剂可用空气，燃料为氢气，工作温度 200℃。

(3) 熔融碳酸盐型燃料电池（代号 MCFC）。燃料 H_2-CO 或 CH_4，工作温度 700~800℃。

(4) 固体氧化物型燃料电池（代号 SOFC）。燃料 H_2-CO 或 CH_4，电解质为固态 Y_2O_3、ZrO_2，工作温度可达 1000℃。

(5) 固体聚合物燃料电池（又称为质子交换膜燃料电池，代号 PEMFC）。采用极薄的塑料薄膜作为电解质。这种电解质具有高的功率质量比和低温工作特点，适用于固定和移动装置的理想材料。燃料氢气、氧化剂为空气，工作温度 80~100℃。

(6) 生物燃料电池（代号 BEFC）。

经过多年的探索，最有望用于汽车的是质子交换膜燃料电池。它的工作原理是：将氢气送到负极，经过催化剂（铂）的作用，氢原子中两个电子被分离出来，这两个电子在正极的吸引下，经外部电路产生电流，失去电子的氢离子（质子）可穿过质子交换膜（即固体电解质），在正极与氧原子和电子重新结合为水。由于氧可以从空气中获得，只要不断给负极供应氢，并及时把水蒸气带走，燃料电池就可以不断地提供电能。将来，一旦在固定和移动式发电厂中采用燃料电池，将可以减少对环境的污染，直接将化学能转化为电能。燃料电池工作时会很安静，无机械磨损，这种过程的电效率比其它任何形式的发电技术的电效率都高。

习 题

1. 将下列水溶液中进行的化学反应的方程式先改写为离子方程式，然后分解为两个半反应式。

(1) $2H_2O_2 == 2H_2O + O_2$

(2) $4KMnO_4 + 10FeSO_4 + 8H_2SO_4 == 2K_2SO_4 + 5Fe_2(SO_4)_3 + 4MnSO_4 + 8H_2O$

(3) $3Br_2 + 6NaOH == 5NaBr + NaBrO_3 + 3H_2O$

(4) $MnO_2 + 4HCl == MnCl_2 + Cl_2 + 2H_2O$

(5) $H_2O + Cl_2 == HCl + HClO$

2. 用离子-电子法完成并配平下列方程式。

(a) 酸性溶液

(1) $KMnO_4 + H_2O_2 + H_2SO_4 \longrightarrow MnSO_4 + K_2SO_4 + O_2$

(2) $CH_3OH + Cr_2O_7^{2-} \longrightarrow CH_2O + Cr^{3+}$

(3) $PbO_2 + Mn^{2+} + SO_4^{2-} \longrightarrow PbSO_4 + MnO_4^-$

(4) $As_2S_3 + ClO_3^- \longrightarrow H_3AsO_4 + SO_4^{2-} + Cl^-$

(5) $K_2CrO_7 + H_2S + H_2SO_4 \longrightarrow K_2SO_4 + Cr_2(SO_4)_3 + S + H_2O$

(b) 碱性溶液

(1) $ClO^- + Fe(OH)_3 \longrightarrow Cl^- + FeO_4^{2-}$

(2) $Cr(OH)_4^- + H_2O_2 \longrightarrow CrO_4^{2-} + H_2O$

(3) $S^{2-} + ClO_3^- \longrightarrow S + Cl^-$

(4) $Fe(OH)_2 + H_2O_2 \longrightarrow Fe(OH)_3$

(5) $Br_2 + IO_3^- \rightarrow Br^- + IO_4^-$

3. 写出下列电池中各电极上的反应和电池反应。

(1) $Pt | H_2(p_{H_2}) | HCl(aq) | Cl_2(p_{Cl_2}) | Pt$

(2) $Pt | H_2(p_{H_2}) | H^+(aq) || Ag^+(aq) | Ag(s)$

(3) $Pt | H_2(g) | OH^-(aq) | O_2(g) | Pt$

(4) $Hg | Hg_2Cl_2(s) | KCl(aq) | Cl_2(g) | Pt$

(5) $Pt | Fe^{3+}(aq), Fe^{2+}(aq) || Ag^+(aq) | Ag$

4. 将下列化学反应设计成原电池，并计算298K时，热力学标准状态的电池的电动势。

(1) $Zn(s) + H_2SO_4(aq) == ZnSO_4(aq) + H_2(g)$

(2) $Fe^{2+}(aq) + Ag^+(aq) == Ag(s) + Fe^{3+}(aq)$

(3) $AgCl(s) + I^-(aq) == AgI(s) + Cl^-(aq)$

(4) $Pb(s) + 2AgCl(s) == PbCl_2(s) + 2Ag(s)$

(5) $2H_2(g) + O_2(g) == 2H_2O(l)$

5. 写出下列电极反应的 Nernst 方程。

(1) $Cl_2(g) + 2e^- \longrightarrow 2Cl^-$

(2) $Cr_2O_7^{2-} + 6e^- + 14H^+ \longrightarrow 2Cr^{3+} + 7H_2O$

(3) $O_2(g) + 4H^+ + 2e^- \longrightarrow 2H_2O$

(4) $Sn^{4+} + 2e^- \longrightarrow Sn^{2+}$

(5) $Br_2(l) + 2e^- \longrightarrow 2Br^-$

6. 写出下列电池反应的 Nernst 方程。

(1) $2Fe^{3+} + Cu == 2Fe^{2+} + Cu^{2+}$

(2) $2MnO_4^- + 10Cl^- + 16H^+ == 2Mn^{2+} + 5Cl_2(g) + 8H_2O$

7. 查表并计算298K时，下列有关电对的电极电势（未注明的浓度或分压为标准状态）。

(1) $Fe^{3+}(0.1 mol \cdot L^{-1}) + e^- == Fe^{2+}$

(2) $Cl_2(500kPa) + 2e^- == 2Cl^-(0.01 mol \cdot L^{-1})$

(3) $MnO_4^- + 5e^- + 8H^+(10^{-5} mol \cdot L^{-1}) == Mn^{2+} + 4H_2O$

8. 银能从 HI 溶液中置换出 H_2，反应为 $Ag+H^++I^- \Longrightarrow AgI+1/2H_2$
   (1) 将该反应组装成原电池，写出原电池符号。
   (2) 若 $c(H^+)=c(I^-)=0.1 mol \cdot L^{-1}$，$p(H_2)=100 kPa$，计算两极的电极电势和原电池的电动势。
   ($E^{\ominus}_{AgI/Ag}=-0.152V$)

9. 由标准氢电极和镍电极组成原电池，若 $c(Ni^{2+})=0.01 mol \cdot L^{-1}$ 时，电池的电动势为 0.2955V，其中镍电极为负极，计算镍电极的标准电极电势。

10. 298K 时，将银插入 $0.1 mol \cdot L^{-1}$ 的 $AgNO_3$ 溶液中，镍插入 $0.05 mol \cdot L^{-1}$ 的 $NiSO_4$ 溶液中组成原电池。
    (1) 写出原电池符号。
    (2) 写出两极的电极反应式和电池反应式。
    (3) 计算原电池的电动势。
    (4) 计算该反应的标准平衡常数。

11. 已知电池 $Zn|Zn^{2+}(0.5 mol \cdot L^{-1}) \| OH^-(1.0 mol \cdot L^{-1})|O_2(200 kPa)|Pt$ 处于 298K，
    (1) 写出总的化学方程式。
    (2) 计算电池的电动势。
    (3) 计算在标准条件下氧化还原反应的平衡常数。
    [$E^{\ominus}(O_2/OH^-)=0.401V$ $E^{\ominus}(Zn^{2+}/Zn)=-0.7618V$]

12. 已知 25℃ 时的电池反应 $Cl_2(100 kPa)+Cd(s) \Longrightarrow 2Cl^-(0.1 mol \cdot L^{-1})+Cd^{2+}(0.1 mol \cdot L^{-1})$
    (1) 判断反应进行的方向。
    (2) 写出电池符号。
    (3) 计算原电池的电动势和标准平衡常数。
    (4) 增加氯气的压力对原电池的电动势有何影响？
    ($E^{\ominus}_{Cl_2/Cl^-}=1.36V$ $E^{\ominus}_{Cd^{2+}/Cd}=-0.403V$)

13. 25℃ 时，用电对 Fe^{3+}/Fe^{2+} 和 Cu^{2+}/Cu 组装成原电池，其中各离子的浓度为 $0.1 mol \cdot L^{-1}$。
    (1) 写出原电池符号。
    (2) 计算电池的电动势。
    (3) 计算电池反应的 $\Delta_r G^{\ominus}_m$。
    (4) 计算反应的标准平衡常数。
    (5) 往铜半电池通 NH_3，电池电动势将如何变化
    (已知 $E^{\ominus}_{Cu^{2+}/Cu}=0.3394V$ $E^{\ominus}_{Fe^{3+}/Fe^{2+}}=0.771V$)

14. 对于反应 $Ag^+(aq)+Fe^{2+}(aq) \Longrightarrow Ag(s)+Fe^{3+}(aq)$
    已知该反应所对应的电池标准电动势为 0.030V，计算 298K 时该反应的平衡常数。
    当等体积且浓度均为 $1.0 mol \cdot L^{-1}$ 的 Ag^+ 和 Fe^{2+} 混合，达平衡后，溶液中各离子的浓度为多少？

15. 已知 $E^{\ominus}(Ag^+/Ag)=0.7791V$ $K^{\ominus}_{sp,Ag_2CrO_4}=1.12 \times 10^{-12}$，计算电极反应
    $Ag_2CrO_4(s)+2e^- \Longrightarrow 2Ag(s)+CrO_4^{2-}$
    的标准电极电势及 $c(CrO_4^{2-})=0.1 mol \cdot L^{-1}$ 时的电极电势？

16. 由两个氢电极 $H_2(100 kPa)|H^+(0.1 mol \cdot L^{-1})|Pt$ 和 $H_2(100 kPa)|H^+(x mol \cdot L^{-1})|Pt$ 组成原电池，测得该原电池的电动势为 0.016V，如果后一电极作为该原电池的正极，求组成该电极的溶液中 H^+ 的浓度。

17. 由标准钴电极（Co^{2+}/Co）与标准氯电极组成原电池，测得其电动势为 1.64V，此时钴电极为负极。已知 $E^{\ominus}_{Cl_2/Cl^-}=1.36V$。
    (1) 不查表，直接利用题给数据计算钴电极的标准电极电势。
    (2) 此电池反应的方向如何？

(3) 当氯气的压力增大或减少时,原电池的电动势将发生怎样的变化?

(4) 当 Co^{2+} 的浓度降低到 $0.010 mol \cdot L^{-1}$ 时,原电池的电动势将如何变化?数值是多少?

(5) 若在氯电极加一些 $AgNO_3$ 溶液,电动势如何变化?

18. 下列反应组成原电池(298K)

$$2I^-(aq) + 2Fe^{3+}(aq) = I_2(s) + 2Fe^{2+}(aq)$$

(1) 用电池符号表示原电池。

(2) 计算原电池的电动势。

(3) 计算反应的 $\Delta_r G_m^\ominus$ 和 $K^\ominus$。

(4) 若 $c(I^-) = 1.0 \times 10^{-2}$, $c(Fe^{3+}) = \frac{1}{10} c(Fe^{2+})$ 时,计算原电池的电动势。

(5) 若反应写成 $I^-(aq) + Fe^{3+}(aq) = \frac{1}{2} I_2(s) + Fe^{3+}(aq)$,计算该反应的 $\Delta_r G_m^\ominus$ 和 $K^\ominus$ 及该反应组成的原电池的标准电动势。已知 $E^\ominus(I_2/I^-) = 0.535V$, $E^\ominus_{Fe^{3+}/Fe^{2+}} = 0.771V$。

19. 在含有 MnO_4^-、$Cr_2O_7^{2-}$ 和 Fe^{3+} 的酸性溶液中(各离子浓度均为 $1 mol \cdot L^{-1}$),慢慢通入 H_2S 气体后有 S 析出,根据标准电极电势,判断反应的次序。

20. 指出下列物质哪些可作氧化剂,哪些可作还原剂,并根据标准电极电势排出它们氧化能力和还原能力大小的顺序,指出最强的氧化剂和还原剂。

Fe^{2+}、MnO_4^-、Cl^-、$Cr_2O_7^{2-}$、$S_2O_3^{2-}$、Cu^{2+}、Sn^{2+}、Fe^{3+}、Zn

21. 当 $KMnO_4$ 加入到 NaCl 溶液中时,紫红色并不消失。若加 H_2SO_4 紫红色便会褪去。问欲使 $KMnO_4$ 的紫红色被 NaCl 褪去,pH 值在什么范围?设 $c(Cl^-) = c(MnO_4^-) = 1.0 mol \cdot L^{-1}$, $p(Cl_2) = 1 \times 10^5 Pa$。

22. 反应 $3A(s) + 2B^{3+}(aq) = 3A^{2+}(aq) + 2B(s)$ 在平衡时,$c(B^{3+}) = 0.02 mol \cdot L^{-1}$, $c(A^{2+}) = 0.005 mol \cdot L^{-1}$。

(1) 求反应在 25℃ 时的 $K^\ominus$、$E_{MF}^\ominus$ 和 $\Delta_r G_m^\ominus$。

(2) 若 $E = 0.0592V$, $c(B^{3+}) = 0.1 mol \cdot L^{-1}$ 时,$c(A^{2+}) = ?$

23. 已知下列电极反应和 298K 时的电极电势,计算 $K_{sp}^\ominus$(AgCl)

$Ag^+ + e^- = Ag(s)$ $E^\ominus_{Ag^+/Ag} = 0.800V$ $AgCl(s) + e^- = Ag(s) + Cl^-$ $E^\ominus_{AgCl/Ag} = 0.222V$

24. 已知 $E^\ominus_{PbO_2/Pb} = 1.455V$, $E^\ominus_{MnO_4^-/Mn^{2+}} = 1.510V$,问反应:

$5PbO_2(s) + 2Mn^{2+} + 4H^+ = 2MnO_4^- + 5Pb^{2+} + 2H_2O$ 在什么条件下该反应才能自发进行?

25. 从碘的元素电势图求 $E^\ominus_{IO^-/I_2} = ?$ 并判断 I_2 能否发生歧化反应?

$$E_B^\ominus / V \qquad IO^- \underset{\underline{\qquad 0.49 \qquad}}{\overset{?}{\longrightarrow}} I_2 \overset{0.54}{\longrightarrow} I^-$$

26. 已知下列溴元素的标准元素电势图,求 $E^\ominus_{BrO_3^-/Br^-}$。并根据元素电势图,判断溴的何种氧化态会发生歧化反应?

$$E_A^\ominus / V \qquad BrO_3^- \underset{\underline{\qquad ? \qquad}}{\overset{1.50}{\longrightarrow}} HBrO \overset{1.59}{\longrightarrow} Br_2 \overset{1.07}{\longrightarrow} Br^-$$

27. 已知某原电池的正极是某一个氢电极,负极是一个电势恒定的电极。当氢电极中溶液的 pH=4 时,该电池的电动势为 0.412V;若氢电极为一个缓冲溶液时,测得电池电动势为 0.427V,求算缓冲溶液的 pH 值。

第七章 主族元素

第一节 S区元素

【本节要求】
1. 掌握碱金属、碱土金属单质的性质，了解其结构、制备、存在及用途与性质的关系。
2. 掌握碱金属、碱土金属重要氧化物、重要盐类的性质及用途。
3. 掌握碱金属、碱土金属氢氧化物溶解性和碱性的变化规律。
4. 了解锂、铍的特殊性。

【内容提要】
本节主要介绍碱金属、碱土金属元素的单质、氧化物、氢氧化物及一些重要盐类的性质及其规律。介绍锂、铍的特殊性及对角性规则。

【预习思考】
1. S区元素结构特征是什么？碱金属、碱土金属名称由来及启迪是什么？
2. 何为焰色反应？应用它应注意些什么？
3. 根据电极电势变化规律，锂电位反常，如何理解？锂与水实际作用如何？为什么？
4. 碱金属、碱土金属元素在自然界中的存在形式如何？如何理解？怎样保存其单质？
5. 镁在空气中燃烧后的产物与水作用，有气体产生，为何物？
6. 盛 $Ba(OH)_2$ 溶液的瓶子，放置后，内壁会被蒙上一层白膜，为何物？除去它，如何洗涤？
7. 如何配制不含 CO_3^{2-} 的氢氧化钠溶液？
8. 碱金属、碱土金属氢氧化物溶解性、碱性及热稳定性规律。
9. 归纳碱金属、碱土金属盐类性质的突出特点。
10. 硬水危害及软化方法。

S区元素包括ⅠA（锂、钠、钾、铷、铯、钫），ⅡA（铍、镁、钙、锶、钡、镭）共12种元素。ⅠA族金属的氢氧化物都是碱，故该族元素又称为碱金属，ⅡA族金属又称碱土金属，原因是钙、锶、钡的氧化物性质介于碱金属氧化物和"土性的"氧化铝之间。

一、结构特征及性质变化规律

碱金属元素、碱土金属元素的基本性质见表7-1、表7-2。

表 7-1 碱金属元素的基本性质

元素性质	锂	钠	钾	铷	铯
符号	Li	Na	K	Rb	Cs
原子序数	3	11	19	37	55
原子量	6.941	22.99	39.098	85.47	132.91
价电子构型	$2s^1$	$3s^1$	$4s^1$	$5s^1$	$6s^1$
主要氧化态	+1	+1	+1	+1	+1
原子金属半径/pm	152	153.7	227.2	247.5	265.4
离子半径	68	97	133	147	167
第一电离势/(kJ/mol)	521	499	421	405	371
第二电离势/(kJ/mol)	7295	4591	3088	2675	2436
电负性	0.98	0.93	0.82	0.82	0.79
标准电极电势/V	−3.040	−2.714	−2.936	−2.943	−3.027

表 7-2 碱土金属元素的基本性质

元素性质	铍	镁	钙	锶	钡
符号	Be	Mg	Ca	Sr	Ba
原子序数	4	12	20	38	56
原子量	9.012	24.31	40.08	87.62	137.3
价电子构型	$2s^2$	$3s^2$	$4s^2$	$5s^2$	$6s^2$
主要氧化态	+2	+2	+2	+2	+2
原子半径/pm	89	136	174	191	198
离子半径/pm	31	65	99	113	135
第一电离势/(kJ/mol)	900	738	590	550	503
第二电离势/(kJ/mol)	1757	1451	1145	1064	965
第三电离势/(kJ/mol)	14849	7733	4912	4210	—
电负性	1.57	1.31	1.00	0.95	0.89
标准电极电势/V	−1.968	−2.357	−2.868	−2.899	−2.906

（一）同周期元素比较

由于碱金属元素的原子最外层只有一个电子，次外层为 8 个电子，这种构型对核电荷的屏蔽作用较强，因而造成最外层的一个电子极易失去，所以碱金属的第一电离势是同周期元素中最低的，其金属活泼性最强。原子半径及离子半径也是同周期中最大的。由于最外层只有一个成键电子，在固体中原子间的引力较小，所以它们的熔点、沸点、硬度、升华热都很低。本族元素的电负性都很小，在与别的元素化合时多以形成离子键为特征。

碱土金属原子的最外层电子结构是 ns^2，比相邻的碱金属原子多一个核电荷，原子核对最外层的两个 s 电子作用增强，因而碱土金属原子半径较同周期的碱金属为小，电离势要大一些。这样碱土金属原子失去最外层的一个电子比相邻的碱金属原子困难。碱土金属的氧化数为 +2。碱土金属元素在形成化合物时，与ⅠA族元素一样，多形成离子型化合物，大多为无色。碱土金属由于核外有 2 个有效成键电子，晶体中原子间距离较小，金属键强度较大，因此，金属活泼性不如同周期的碱金属。碱土金属的熔点、沸点和硬度均较碱金属高，导电性却低于碱金属。

（二）同族元素比较

随着从上到下原子序数的增加，碱金属、碱土金属元素的原子半径和离子半径依次增加，电离势和电负性依次降低，金属活泼性依次增强。

(三) 锂、铍元素的特殊性

由于 Li、Be 具有较小的原子半径，电离势高于同族其他元素，形成共价键的倾向比较显著，常表现出与同族元素不同的性质。事实上，Li、Be 及其化合物的性质与本族其它元素差别较大，而与周期表中锂的右下角元素有很多相似之处，这一点将在后面进行归纳。

二、碱金属和碱土金属的单质

(一) 碱金属、碱土金属单质的制备

碱金属和碱土金属的化学性质十分活泼，主要以化合物的形式存在于地壳中，所以通常采用熔盐电解法和热还原法制备这些金属单质。

(1) 熔盐电解法

以金属钠的生产为例介绍熔盐电解法。

电解熔融 NaCl 的电解槽外壳是钢制的，内衬耐火材料，两极间有隔膜隔开。阴极室电解产生的钠浮于熔盐上，经铁管流出，收集得到金属钠，阳极室电解产生 Cl_2。

电解反应：$$2NaCl \xrightarrow{电解} 2Na + Cl_2$$

电解时，在 NaCl 的熔盐中常加入一些氯化钙，一方面可降低熔盐的熔点（NaCl 的熔点为 1081K、混合盐的熔点是 853K），以防止金属钠的挥发（Na 的沸点是 1153K），同时也增加了熔盐的密度（熔盐的密度大于金属钠的密度），使电解析出的钠浮于熔盐上易于分离，减小金属钠的分散性。

用类似方法也可制得镁、锂、钙、锶、钡等单质。

(2) 热还原法

钾、铷和铯的制备一般通常用化学还原法。在高温下，以金属钠做还原剂，还原铷和铯的氯化物可制得它们的单质。Mg、Ca、Sr、Ba 等碱土金属的制备也可以采用热还原法。

$$Na + MCl \longrightarrow NaCl(l) + M(g) \quad (M=K, Rb, Cs)$$

$$MgO(s) + C(s) \xrightarrow{高温} Mg(s) + CO(g)$$

$$3CaO + 2Al \xrightarrow{1473K\ 真空} 3Ca + Al_2O_3$$

$$2Al + 3SrO \xrightarrow{高温} Al_2O_3 + 3Sr$$

$$3BaO + 2Al \xrightarrow{高温} Al_2O_3 + 3Ba$$

(二) 碱金属、碱土金属单质的性质

(1) 物理性质

碱金属、碱土金属单质的物理性质见表 7-3、表 7-4：

表 7-3 碱金属单质的物理性质

性质 \ 金属	Li	Na	K	Rb	Cs
密度/(g/cm³)	0.534	0.971	0.86	1.532	1.873
沸点/K	1620	1156	1047	961	951.5
熔点/K	453.69	370.96	336.8	312.04	301.55
硬度(金刚石=10)	0.6	0.4	0.5	0.3	0.2
导电性(Hg=1)	11.2	20.8	13.6	7.7	4.8

表 7-4 碱土金属单质的物理性质

性质＼金属	Be	Mg	Ca	Sr	Ba
密度/(g/cm³)	1.848	1.738	1.55	2.54	3.5
沸点/K	3243	1363	1757	1657	1913
熔点/K	1551	921.8	1112	1042	998
硬度(金刚石＝10)	4	2	1.5	1.8	3
导电性(Hg＝1)	5.2	21.4	20.8	4.2	—

碱金属单质的洁净表面具有银白色金属光泽。它们具有很低的熔点和沸点；硬度小，具有很高的柔软性；碱金属密度小，均属于轻金属；在碱金属晶体中有活动性较高的自由电子，因而它们的单质导电性和导热性都比较高。例如金属铯在 301.55K 时即可熔化。金属钠的硬度与白磷相近，金属铷像蜡一样软。锂、钠、钾均比水轻。钾和铯金属表面受光线照射会产生光电效应。

碱土金属单质具有金属光泽，有良好的导电性和延展性，除 Be 和 Mg 外，Ca、Sr、Ba 较软，可以用刀子切割。由于碱土金属有两个价电子，原子半径又小于同周期碱金属元素，因此形成的金属键比碱金属的强。熔点和沸点比碱金属元素也高得多，它们的密度、硬度也比碱金属的大。

(2) 化学性质

碱金属、碱土金属的化学性质非常活泼，它们能直接或间接地与电负性较大的非金属元素形成相应的化合物。其重要的化学反应列于表 7-5、表 7-6 中。

表 7-5 碱金属的化学性质

$4Li+O_2$(过量) $\longrightarrow 2Li_2O$	
$6Li+N_2 \longrightarrow 2Li_3N$(宝石红色)	室温，其它金属无些反应
$2M+O_2 \longrightarrow M_2O_2$	M＝Na,K,Rb,Cs
$M+O_2 \longrightarrow MO_2$	M＝K,Rb,Cs
$M+1/2X_2 \longrightarrow MX$	M＝Li,Na,K,Rb,Cs　X＝卤素
$2M+H_2 \longrightarrow 2MH$	M＝Li,Na,K,Rb,Cs
$2M+S \longrightarrow M_2S$	M＝Li,Na,K,Rb,Cs
$3M+P \longrightarrow M_3P$	M＝Li,Na,K,Rb,Cs
$M+H_2O \longrightarrow MOH+1/2H_2$	M＝Li,Na,K,Rb,Cs

表 7-6 碱土金属的化学性质

与非金属的反应	能直接或间接地与电负性较大的非金属元素，如卤素、硫、氧、磷、氮、氢等形成相应的化合物。如镁在空气中燃烧不仅生成 MgO，还产生 Mg_3N_2。$$3Mg+N_2 \xrightarrow{燃烧} Mg_3N_2$$
与氧化物作用	镁可在 CO_2 气中燃烧：$2Mg+CO_2 \xrightarrow{燃烧} 2MgO+C$
与水的反应	铍和镁与水作用时，表面生成致密的氧化物保护膜，因而对水稳定。钙、锶、钡容易与水作用：$$Ca+2H_2O \longrightarrow Ca(OH)_2+H_2$$

三、碱金属和碱土金属的化合物

(一) 氧化物

(1) 正常氧化物

碱金属在空气中燃烧时，除锂生成氧化锂外，钠生成 Na_2O_2，K、Rb、Cs 生成 K_2O、

Rb_2O、Cs_2O,所以只能采用间接方法来制备正常氧化物。一般用碱金属还原过氧化物、硝酸盐或亚硝酸盐来制备。碱金属、碱土金属氧化物的有关性质列于表7-7、表7-8中。

$$Na_2O_2 + 2Na \longrightarrow 2Na_2O$$

$$2KNO_3 + 10K \longrightarrow 6K_2O + N_2$$

表7-7 碱金属氧化物的有关性质

氧化物	Li_2O	Na_2O	K_2O	Rb_2O	Cs_2O
颜色	白色	白色	淡黄色	亮黄色	橙黄色
热稳定性	从左到右逐渐降低				
熔点	从左到右逐渐降低				
与水作用	剧烈程度从左到右依次增强				

表7-8 碱土金属氧化物的物理性质

氧化物	BeO	MgO	CaO	SrO	BaO
熔点/K	2803	3125	2887	2693	2191
硬度(金刚石=10)	9	6.5	4.5	3.8	3.3
颜色	白	白	白	白	白

碱土金属离子带有两个单位正电荷,离子半径较小,所以氧化物的熔点高。除BeO外,从MgO到BaO熔点依次下降。

(2) 过氧化物

过氧化物中含有过氧离子 O_2^{2-} 或 $[—O—O—]^{2-}$。

过氧化钠是最常见的过氧化物。工业上,将金属钠在铝制容器中加热至熔化(393~433K),在573~623K下,通入除去 CO_2 的干燥空气,即可制得 Na_2O_2。

$$4Na + O_2 \xrightarrow{453\sim473K} 2Na_2O$$

$$2Na_2O + O_2 \xrightarrow{573\sim623K} 2Na_2O_2$$

Na_2O_2 易吸潮,加热至773K时仍稳定,熔融时几乎不分解。它与水或稀酸在室温下反应生成 H_2O_2,与 CO_2 反应放出 O_2:

$$Na_2O_2 + 2H_2O \longrightarrow 2NaOH + H_2O_2$$

$$Na_2O_2 + H_2SO_4(稀) \longrightarrow Na_2SO_4 + H_2O_2$$

$$2Na_2O_2 + 2CO_2 \longrightarrow 2Na_2CO_3 + O_2$$

Na_2O_2 可用作氧化剂使难熔矿石分解;工业上用作漂白剂;高空飞行或潜水时作供氧剂和 CO_2 吸收剂。

BaO_2 是较重要的碱土金属过氧化物。在773~793K时将氧气通过BaO,可得到 BaO_2。BaO_2 与稀 H_2SO_4 反应生成 H_2O_2。

(3) 超氧化物

K、Rb、Cs在过量氧气中燃烧生成超氧化物,超氧离子的结构是:

$$[:\ddot{O}\!=\!\ddot{O}:]^-$$

超氧化物 MO_2 是强氧化剂,与 H_2O 剧烈反应;MO_2 与 CO_2 反应放出 O_2。

$$2MO_2 + 2H_2O \longrightarrow 2MOH + H_2O_2 + O_2 \quad M=K, Rb, Cs$$

$$4MO_2 + 2CO_2 \longrightarrow 2M_2CO_3 + 3O_2 \qquad M=K, Rb, Cs$$

(4) 臭氧化物

K、Rb、Cs 均可生成臭氧化物 MO_3。臭氧离子的结构是：$\left[\begin{array}{c} O \\ O \diagup \diagdown O \end{array}\right]^-$。K、Rb、Cs 的氢氧化物与臭氧作用，可得它们的臭氧化物 MO_3。

$$3KOH + 2O_3 \longrightarrow 2KO_3 + KOH \cdot H_2O + 1/2 O_2$$

用液氨重结晶，得到橘红色 KO_3 晶体。

臭氧化物不稳定，室温下缓慢分解，为强氧化剂。

$$2KO_3 \longrightarrow 2KO_2 + O_2$$

（二）氢氧化物

除 LiOH 外，碱金属的其余氢氧化物均易溶于 H_2O，并放出大量热。在空气中易吸湿潮解，固体 NaOH 是很好的干燥剂。碱土金属氢氧化物在水中的溶解度要小得多，溶解度在同族中按从上到下依次递增，见表 7-9。

表 7-9　碱金属、碱土金属氢氧化物在水中的溶解情况

碱金属氢氧化物	LiOH	NaOH	KOH	RbOH	CsOH
水中溶解度(298K)/(mol/L)	5.3	26.4	19.1	17.9	25.8
碱土金属氢氧化物	$Be(OH)_2$	$Mg(OH)_2$	$Ca(OH)_2$	$Sr(OH)_2$	$Ba(OH)_2$
水中溶解度(293K)/(mol/L)	8×10^{-6}	5×10^{-4}	1.8×10^{-2}	6.7×10^{-2}	2×10^{-1}

碱金属、碱土金属氢氧化物均为碱性物质。除 LiOH 外，碱金属氢氧化物均为强碱，且从上到下氢氧化物的碱性依次增强。NaOH 具有强腐蚀性，能腐蚀衣服、皮肤、玻璃、陶瓷等，因此把它叫苛性碱或烧碱。$Be(OH)_2$ 是两性氢氧化物，$Mg(OH)_2$ 是中强碱，$Ca(OH)_2$、$Sr(OH)_2$、$Ba(OH)_2$ 是强碱。

比较ⅠA和ⅡA族氢氧化物的碱性，可总结为：同周期从左到右碱性减弱，同族从上到下碱性增强。

（三）盐类

（1）碱金属盐类的通性

碱金属常见的盐有卤化物、硝酸盐、硫酸盐、碳酸盐和磷酸盐等。碱金属盐类的共同性质可归纳为下述几点。

① 溶解性及在水溶液中的性质

碱金属的盐类大多数易溶于水，如卤化物、碳酸盐、硝酸盐、硫酸盐、磷酸盐，且在水中完全电离。它们的碳酸盐、硫酸盐的溶解度从 Li—Cs 依次增大。只有少数盐类难溶，如 Li_2CO_3、Li_3PO_4、LiF。

难溶的钠盐有：六羟基锑酸钠 $Na[Sb(OH)_6]$、醋酸钠酰锌钠 $NaAc \cdot Zn(Ac)_2 \cdot 3UO_2(Ac)_2 \cdot 9H_2O$；难溶的钾盐有：高氯酸钾 $KClO_4$、四苯硼酸钾 $KB(C_6H_5)_4$、酒石酸氢钾 KHC_4H_4O、六氯铂酸钾 $K_2[PtCl_6]$、钴亚硝酸钠钾 $K_2Na[Co(NO_2)_6]$。

碱土金属的盐比相应的碱金属盐溶解度小。它的氯化物、硝酸盐易溶于水，碳酸盐、草酸盐、磷酸盐都是难溶盐。硫酸盐、铬酸盐溶解度差异较大，$BeSO_4$、$BeCrO_4$ 易溶，而 $BaSO_4$、$BaCrO_4$ 极难溶，从 Be~Ba 的硫酸盐、铬酸盐溶解度依次降低。它们的氟化物的溶解度从 BeF_2~BaF_2 依次升高。

碱土金属的碳酸盐、草酸盐、铬酸盐、磷酸盐均能溶于稀的强酸（如盐酸）溶液中。例如：

$$CaC_2O_4 + H^+ \longrightarrow Ca^{2+} + HC_2O_4^-$$
$$2BaCrO_4 + 2H^+ \longrightarrow 2Ba^{2+} + Cr_2O_7^{2-} + H_2O$$
$$Ca_3(PO_4)_2 + 4H^+ \longrightarrow 3Ca^{2+} + 2H_2PO_4^-$$

② 焰色反应

碱金属和钙、锶、钡的挥发性盐在无色火焰中灼烧时，能使火焰呈现出一定颜色，这叫"焰色反应"。原子的结构不同，灼烧时就发出不同波长的光，所以光的颜色也不同。利用焰色反应，根据火焰颜色定性地鉴别这些元素的存在与否，见表 7-10。

表 7-10　碱金属和碱土金属的焰色

离子	Li^+	Na^+	K^+	Rb^+	Cs^+	Ca^{2+}	Sr^{2+}	Ba^{2+}
焰色	红	黄	紫	紫红	紫红	橙红	红	黄绿

③ S 区元素盐的结晶水合物及复盐

一般来说，阳离子愈小，它所带的电荷愈多，则作用于水分子的电场愈强，它的水合热愈大。碱金属离子是最大的正离子，离子电荷最少，故它的水合热常小于其它离子。碱金属离子的水合能力从 Li^+ 到 Cs^+ 是降低的，这也反映在盐类形成结晶水合物的倾向上。几乎所有的锂盐都是水合物，钠盐约有 75% 是水合物，钾盐有 25% 是水合物，铷盐和铯盐仅有少数是水合物。

除锂以外，碱金属能形成一系列复盐。复盐的溶解度一般比相应简单碱金属盐小得多。复盐有以下几种类型。

$M^I Cl \cdot MgCl_2 \cdot 6H_2O$，其中 $M^I = K^+$、Rb^+、Cs^+，如光卤石 $KCl \cdot MgCl_2 \cdot 6H_2O$；

$M_2^I SO_4 \cdot MgSO_4 \cdot 6H_2O$，其中 $M^I = K^+$、Rb^+、Cs^+，如软钾镁矾 $K_2SO_4 \cdot MgSO_4 \cdot 6H_2O$；

$M^I M^{III} (SO_4)_2 \cdot 12H_2O$，其中 $M^I = Na^+$、K^+、Rb^+、Cs^+，$M^{III} = Al^{3+}$，Cr^{3+}，Fe^{3+}、Co^{3+}、Ga^{3+}、V^{3+} 等，如明矾 $KAl(SO_4)_2 \cdot 12H_2O$。

因为碱土金属离子比碱金属离子具有较小的半径和增大的电荷，所以碱土金属离子的水合热比碱金属离子的大许多，使得带有结晶水的碱土金属盐较多，例如：$MgCl_2 \cdot 6H_2O$，$CaCl_2 \cdot 6H_2O$，$BaCl_2 \cdot 2H_2O$ 等。

④ 热稳定性

一般碱金属盐具有较高的热稳定性。卤化物在高温时挥发而难分解。硫酸盐在高温下既难挥发，又难分解。碳酸盐除 Li_2CO_3 在 1543K 以上分解为 Li_2O 和 CO_2 外，其余更难分解。但硝酸盐热稳定性较低，加热到一定温度就可分解，例如：

$$4LiNO_3 \xrightarrow{973K} 2Li_2O + 4NO_2 + O_2$$
$$2NaNO_3 \xrightarrow{1003K} 2NaNO_2 + O_2$$
$$2KNO_3 \xrightarrow{943K} 2KNO_2 + O_2$$

碱土金属离子带两个正电荷，其半径较相应的碱金属小，所以离子之间的极化作用较强，导致其盐热稳定性较相应的碱金属盐类差，但在常温下均为热稳定性盐。从上到下，盐的稳定性依次增强。

(2) 几种重要的盐类

① 卤化物

碱金属卤化物中较重要的是 NaCl、MgCl$_2$、CaCl$_2$。

自然界中 NaCl 主要存在于海水和岩盐中。自海水提取食盐采用蒸发结晶的方法，一般是利用太阳能，把海水的水分蒸发，直到 NaCl 结晶析出。NaCl 是重要的化工基本原料，可用于制备多种化工产品如 NaOH、Cl$_2$、HCl 等。

MgCl$_2$·6H$_2$O 是无色晶体。MgCl$_2$·6H$_2$O 受热分解成碱式氯化镁 MgOHCl 和 HCl，强热时生成 MgO。

$$MgCl_2 \cdot 6H_2O \xrightarrow{>443K} Mg(OH)Cl + HCl\uparrow + 5H_2O$$

$$MgOHCl \xrightarrow{873K} MgO + HCl\uparrow$$

而由 MgCl$_2$·6H$_2$O 制取无水 MgCl$_2$ 的方法是：将 MgCl$_2$·6H$_2$O 在干燥的 HCl 气流中，加热脱水可得无水 MgCl$_2$。

$$MgCl_2 \cdot 6H_2O \xrightarrow{HCl\text{气流}} MgCl_2 + 6H_2O$$

氯化镁有吸潮性。普通食盐中因含有少量 MgCl$_2$，所以常有潮解现象。

无水 CaCl$_2$ 具有强的吸水性，是一种重要干燥剂。但不能用于 NH$_3$ 气和乙醇的干燥。原因是 CaCl$_2$ 与 NH$_3$ 或乙醇容易形成加合物。如 CaCl$_2$·4NH$_3$、CaCl$_2$·8NH$_3$ 或 CaCl$_2$·4C$_2$H$_5$OH 等。

CaCl$_2$ 常以结晶水合物 CaCl$_2$·6H$_2$O 形式存在。

② 碳酸盐

碱金属的碳酸盐除 Li$_2$CO$_3$ 外均易溶于水，溶于水后发生水解反应使溶液呈碱性。

$$CO_3^{2-} + H_2O \longrightarrow HCO_3^- + OH^-$$

碱金属碳酸盐的热稳定性较高，加热熔化也不分解。Na$_2$CO$_3$ 俗称苏打或纯碱。工业制备 Na$_2$CO$_3$ 的方法是苏尔维（solvay）氨碱法。我国化学工程学家侯德榜 1942 年改革成侯氏制碱法，其基本原理是先用 NH$_3$ 将食盐水饱和，然后通入 CO$_2$，溶解度较小的 NaHCO$_3$ 析出：

$$NH_3 + CO_2 + H_2O + NaCl \longrightarrow NH_4Cl + NaHCO_3\downarrow$$

煅烧 NaHCO$_3$ 得到 Na$_2$CO$_3$：

$$2NaHCO_3 \longrightarrow Na_2CO_3 + CO_2 + H_2O$$

向 Na$_2$CO$_3$ 溶液中通入 CO$_2$，则会转变为 NaHCO$_3$。

$$Na_2CO_3 + CO_2 + H_2O \longrightarrow 2NaHCO_3$$

NaHCO$_3$ 俗称小苏打，它的水溶液呈弱碱性。NaHCO$_3$ 也是制作泡沫灭火器的主要原料。泡沫灭火器的原理如下：

$$3NaHCO_3 + Al_2(SO_4)_3 + 3H_2O \longrightarrow 3NaHSO_4 + 2Al(OH)_3 + 3CO_2$$

除 BeCO$_3$ 外，其余碱土金属碳酸盐都难溶于水。但它们在通入过量的 CO$_2$ 的水溶液中，由于形成酸式碳酸盐而溶解。

$$MCO_3(s) + CO_2 + H_2O \longrightarrow M(HCO_3)_2 \quad (M = Mg、Ca、Sr、Ba)$$

若把上述溶液加热，CO$_2$ 被驱出，又析出 MCO$_3$ 沉淀。

碱土金属碳酸盐均可与酸反应，生成 CO$_2$ 和相应的盐。

$$MCO_3 + 2H^+ \longrightarrow CO_2 + H_2O + M^{2+} \quad (M=Mg、Ca、Sr、Ba)$$

碱土金属碳酸盐的热稳定性较碱金属碳酸盐的热稳定性差，加热会分解：

$$MCO_3(s) \xrightarrow{\triangle} MO(s) + CO_2$$

它们的热稳定性依金属离子半径的增大而增强，$BeCO_3$ 低于 373K 即可分解，而 $BaCO_3$ 需在 1600K 时才分解。

③ 硫酸盐

无水 Na_2SO_4 大量用于玻璃、造纸、水玻璃、陶瓷工业，也是制造 Na_2S 和 $Na_2S_2O_3 \cdot 5H_2O$ 的原料。

$$Na_2SO_4(s) + 2C \xrightarrow{1123\sim1273K} Na_2S + 2CO_2$$

$Na_2SO_4 \cdot 10H_2O$ 称为芒硝，在空气中会失水而风化。医药上用作泻盐。

硫酸钙的二水合物 $CaSO_4 \cdot 2H_2O$ 俗称石膏。加热到 393K 左右，部分脱水生成熟石膏 $CaSO_4 \cdot 1/2H_2O$。

$$2CaSO_4 \cdot 2H_2O \xrightarrow{393K} 2CaSO_4 \cdot 1/2H_2O + 3H_2O$$

熟石膏与水混合成糊状物后，当它凝固又重新生成生石膏。

硫酸钡是唯一无毒的钡盐，它的溶解度极小且不溶于胃酸，不会使人中毒。$BaSO_4$ 有强烈吸收 X 射线的能力，在肠胃 X 射线透视造影时服用，医学上用它和糖浆制成的混合物称作钡餐。

④ 硝酸盐

KNO_3 是无色透明的针状晶体，利用 $NaNO_3$ 与 KCl 进行复分解反应可得 KNO_3。

$$NaNO_3 + KCl \longrightarrow KNO_3 + NaCl$$

KNO_3 受热可分解：

$$2KNO_3 \xrightarrow{\triangle} 2KNO_2 + O_2$$

高温下具有强氧化性，它是火药和焰火工业的重要原料。黑火药的主要成分是 KNO_3（$w=75\%$）、硫黄（$w=10\%$）和木炭（$w=15\%$）。爆炸时主要发生如下反应：

$$2KNO_3 + 3C + S \longrightarrow N_2 + 3CO_2 + K_2S$$
$$4KNO_3 + 6C + 2S \longrightarrow K_2S_2 + K_2CO_3 + CO + 4CO_2 + 2N_2$$
$$16KNO_3 + 16C + 5S \longrightarrow 4K_2CO_3 + 3K_2SO_4 + K_2S_2 + 12CO_2 + 8N_2$$

四、锂、铍的特殊性及对角性规则

（一）锂的特殊性

由于锂的离子半径小，极化力较大，锂及其化合物在许多性质方面与ⅠA族元素的不同，表现出与ⅡA族元素镁的相似性。锂的特殊性质主要表现如下。

(1) 锂的熔、沸点高，硬度大。

(2) 锂与氧气反应只生成普通氧化物 Li_2O。

(3) 锂的化合物 $LiOH$、Li_2CO_3、$LiNO_3$ 热稳定性差，加热可分解为 Li_2O。如：

$$2LiNO_3 \xrightarrow{\triangle} Li_2O + 2NO_2 + 1/2O_2$$

Li 不能生成固体酸式碳酸盐，只能在溶液中存在。

(4) 与ⅠA族其他元素不同，Li 可生成 Li_3N，它为离子型化合物。Li 与 C 共热，可生

成离子型 Li_2C_2。ⅡA族元素均有类似反应。

(5) 与相应的镁盐相似，LiF、Li_2CO_3、Li_3PO_4 均难溶于水，$LiOH$ 仅微溶于水。

(6) Li^+ 和它的化合物易生成水合物。这是由于 Li^+ 半径小，水合能力强，水合焓大。

（二）铍的特殊性

在碱土金属族中，元素铍在第二周期，它的原子半径与本族其他元素相比较小，且表现较高的电负性。因此铍表现出不同于本族其余元素的性质。铍的反常性质表现如下。

① Be 原子有很强的生成共价化合物的倾向。其化合物的熔点都较低，如卤化铍均为共价化合物，BeF_2 的熔点为 1073K，低于其他元素的氟化物。

② 与ⅡA族元素的典型性质反常的是铍能生成许多配合物，如配合盐 $M_2[BeF_4]$。大多数情况下铍在配离子中均为四配位。

③ 铍盐是已知的最易溶的盐，铍盐在水中强烈水解生成四面体的配离子 $[Be(H_2O)_4]^{2+}$，强酸的铍盐在水溶液中是酸性的。

④ 与金属铝一样，铍是两性金属，与酸反应缓慢放出氢气。
$$Be + H_2SO_4 \longrightarrow BeSO_4 + H_2$$
用氢氧化钠处理铍，同样也能放出氢气。
$$Be + 2NaOH \longrightarrow Na_2BeO_2 + H_2$$
同理，氧化铍 BeO 和氢氧化铍 $Be(OH)_2$ 也都具有两性。铍酸盐在放置时会沉淀出 $Be(OH)_2$。

（三）对角线规则

(1) 定义和典型表现

在周期表中除了同族元素的性质相似以外，还有一些元素及其化合物的性质呈现出"对角线"相似性。我们把在周期表中某一元素的性质和它左上方或右下方的另一元素性质的相似性称为对角线规则。这种相似性比较明显地表现在 Li 和 Mg、Be 和 Al、B 和 Si 三对元素之间。

(2) 产生原因

对角线规则可以用离子极化的观点粗略给以说明。处于对角线上的元素在性质上的相似性，是由于它们的离子极化力相近的缘故。离子极化力的大小取决于它的半径、电荷和离子构型。例如，Li^+ 和 Na^+ 虽然属于同一族，离子电荷相同，但是前者半径较小，并且 Li^+ 具有 2 电子构型，所以 Li^+ 的极化力比同族的 Na^+ 强得多，因而使锂的化合物同钠的化合物在性质上差别较大。由于 Mg^{2+} 的电荷较高，而半径又小于 Na^+，它的极化力与 Li 接近，于是 Li^+ 便与它右下方的 Mg^{2+} 在性质上显示出某些相似性。由此可见，对角线关系是物质的结构和性质内在联系的一种具体表现。

(3) 锂和镁的相似性

① 锂和镁在过量氧气中燃烧均只生成普通氧化物 Li_2O 和 MgO。这些氧化物有较强的共价性。

② 锂和镁的氢氧化物、碳酸盐热稳定性差，加热均可分解为 Li_2O 和 MgO。

③ 锂和镁的氟化物、碳酸盐、磷酸盐均难溶于水。

④ 锂和镁的氧化物共价性较强，能溶于有机溶剂，如乙醇等。

⑤ Li^+ 和 Mg^{2+} 均有较强的水合能力。

(4) 铍和铝的相似性

① 铍和铝均易与氧结合，金属表面生成氧化物保护膜。铍和铝均为两性金属。它们的氧化物和氢氧化物也均具有两性。

② 铍和铝的卤化物均为共价型化合物。可以升华、能溶于有机溶剂。

③ 铍盐和铝盐均易水解。

④ Be 原子和 Al 原子均为缺电子原子，它们的卤化物都是通过桥键形成聚合分子。如 $(BeCl_2)_n$、Al_2Cl_6。

⑤ 铍和铝均为活泼金属，标准电极电势相近：

$$E^{\ominus}_{Be^{2+}/Be}=-1.7V$$

$$E^{\ominus}_{Al^{3+}/Al}=-1.67V$$

习　题

1. 碱金属元素有哪些最基本的共性？并简述其变化规律。
2. 在自然界中，有无碱金属单质或氢氧化物存在？为什么？
3. 能否纯粹用化学方法从碱金属的化合物中得到游离态的碱金属？写出相应的反应方程式。
4. 室温时，在空气中保存金属 Li 和 K 时，会发生哪些反应？写出所有的反应方程式。
5. 金属钠应如何贮存？将钠放在液氨中情况如何？
6. 锂、钠、钾、铷、铯在过量氧气中燃烧，生成何种氧化物？各类氧化物与水反应情况如何？
7. 钙在空气中燃烧生成什么物质？产物与水反应有何现象发生？并以化学反应方程式来说明。
8. 为什么不能用水，也不能用 CO_2 来扑灭镁的燃烧？提出一种扑灭镁燃烧的方法。
9. 为什么选用过氧化钠作为潜水密封舱中的供氧剂？现有 1kg 过氧化钠，在标准状况下，可得到多少升氧气？
10. 锂及其化合物与其它碱金属及其化合物在性质上有哪些不同？为什么？
11. 请把碱金属氢化物与过去学过的其它元素氢化物比较，说明其结构和性质特点。
12. 试述硬水产生的原因和处理方法。
13. 下列反应的有关热力学数据在下表中给出。

$$MgO(s)+C(s,石墨)=\!=\!=CO(g)+Mg(g)$$

反应物	$\Delta_f H^{\ominus}_{298}/(kJ \cdot mol^{-1})$	$\Delta_f G^{\ominus}_{298}/(kJ \cdot mol^{-1})$	$\Delta_f S^{\ominus}_{298}/(kJ \cdot mol^{-1})$
MgO(s)	−601.83	−569.57	27
Mg(g)	150.28	115.53	148.6
C(s,石墨)	0	0	5.69
CO(g)	−110.5	−137.3	197.9

试计算：

(1) 反应的热效应 $\Delta_f H^{\ominus}_{298}$；

(2) 反应的自由能变 $\Delta_f G^{\ominus}_{298}$；

(3) 讨论反应的自发性，在什么温度下反应可以自发进行。

14. 从下列反应的 $\Delta_r G^{\ominus}_{298}$ 值可得出 BeO、CaO、BaO 系列中有何种性质变化的规律性？

$$\Delta_r G^{\ominus}_{298}/kJ \cdot mol^{-1}$$

$$BeO(s)+CO_2(g)\longrightarrow BeCO_3(s) \quad +21.01$$

$$CaO(s)+CO_2(g)\longrightarrow CaCO_3(s) \quad -130.2$$

$$BaO(s)+CO_2(g)\longrightarrow BaCO_3(s) \quad -218.0$$

15. 试述区别碳酸氢钠和碳酸钠的方法。

16. (1) 如欲使 $CaCO_3(s)$ 在 101.3kPa 分解为 $CaO(s)$ 和 $CO_2(g)$，问要使反应进行时的最低温度是多少？
    (2) 试计算在 298K 和 101.3kPa 下，在密闭容器中 $CaCO_3(s)$ 上部 $CO_2(g)$ 的平衡蒸气分压。
17. 铍、镁化合物的什么性质可以用来区分：
    $Be(OH)_2$ 和 $Mg(OH)_2$；$BeCO_3$ 和 $MgCO_3$；BeF_2 和 MgF_2
18. 以氢氧化钙为原料，如何制备下列各物质，分别用反应方程式表示之。
    漂白粉　氢氧化钠　氨　氢氧化镁
19. 试以 NaCl 为原料来制备下列各物质，并用反应方程式表示之。
    HCl　NaOH　Na_2CO_3　Na_2SO_4　$Na_2S_2O_3$　$NaNO_3$　Na_2O_2
20. 若以 Na_2SO_4 为原料，试用三种不同方法制取 Na_2CO_3。
21. 以重晶石 $BaSO_4$ 为原料制备下列各化合物，并用反应方程式表示。
    BaS　$BaCO_3$　BaO
22. 完成下列各步反应方程式：

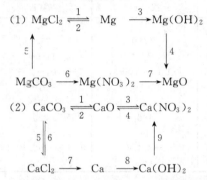

23. 实验室中有 5 个试剂瓶，分别装有白色粉末状固体，它们可能是 $MgCO_3$、$BaCO_3$、无水 Na_2CO_3、无水 $CaCl_2$ 和无水 Na_2SO_4，试鉴别之（以反应方程式表示），并简单说明。
24. 能否用 $NaNO_3$ 和 KCl 进行复分解反应制取 KNO_3？为什么？
25. 含有 Ca^{2+}、Mg^{2+} 和 SO_4^{2-} 的粗食盐如何精制成纯的食盐，以反应式表示。

第二节　p区元素

一、卤素

【要求】

1. 掌握卤素单质、氢化物、含氧酸及其盐的结构、性质、制备和用途。
2. 掌握元素电势图并用以判断卤素及其化合物的氧化还原性以及它们之间的相互转化关系。
3. 掌握 ROH 规则、Pauling 规则及其应用。

【内容提要】

本节主要介绍了卤素的通性与氟的特殊性，卤素单质的性质，卤化氢和氢卤酸，卤素含氧酸及其盐的制备、用途和性质上的一些递变规律。介绍了 ROH 规则、Pauling 规则。

【预习思考】

1. 查出卤素氧化还原电对的标准电极电势，以它为依据，试分析卤素单质、卤素离子的氧化性与还原性的递变次序。
2. 列出单质 Br_2、I_2 在 CCl_4 中溶解性及其颜色。

3. 列出 AgX 的溶度积常数，比较它们的溶解度大小。

4. 卤素单质在室温时与 NaOH 溶液反应，产物是什么？写出反应方程式。

5. 举例说明 NaClO、$KClO_3$ 和 KIO_3 氧化性相对强弱，列出 $KClO_3$ 与 KI 反应的各步中 I^- 逐步转化为 I_2，I_3^-，IO_3^- 的反应式。

6. 什么是 ROH 规则、Pauling 规则？其有什么样的应用？

（一）卤族元素性质变化规律

卤素，卤族元素的简称，是元素周期表上的第ⅦA族元素（IUPAC新规定：17族）。卤素包括氟、氯、溴、碘、砹五种元素。

有关卤族元素的基本性质见表 7-11。

表 7-11 卤族元素的基本性质

性　质	氟(F)	氯(Cl)	溴(Br)	碘(I)
原子序数	9	17	35	53
原子量	19.00	35.45	79.90	126.90
价电子构型	$2s^22p^5$	$3s^23p^5$	$4s^24p^5$	$5s^25p^5$
主要氧化态	-1	$-1, 0, +1, +3,$ $+5, +7$	$-1, 0, +1, +3,$ $+5, +7$	$-1, 0, +1, +3,$ $+5, +7$
共价半径/pm	64	99	114.2	133.3
离子半径/pm	133	181	196	220
第一电离势/(kJ/mol)	1681	1251	1140	1008
电子亲合势/(kJ/mol)	-328	-348.8	-324.6	-295.3
电负性	3.98	3.16	2.96	2.66

（1）与同周期其它元素比较

卤素原子的价电子层结构是 ns^2np^5，只需获得一个电子即可形成 8 电子稳定构型的 X^-，因此与同周期其它元素相比，卤素有最大的电子亲合势，较大的第一电离势，最大的电负性和最小的原子半径，因此卤素是最活泼的非金属元素。它们的单质都是双原子分子，都具有氧化性。

（2）同族性质比较

卤素在性质上十分相似，但随着原子半径或离子半径的增加，外层电子离核越来越远，尽管核电荷数也相应增加，其影响不如半径增加的影响大，总结果使核对价电子的引力逐渐减小，致使卤素性质在相似性中又出现了差异性。如卤素的电离势、电负性等从上到下逐渐减小。

（3）氟的特殊性

虽然卤素的性质具有差异性，但氟与其它卤素间的差异尤为显著。氟原子电子亲合势反常地比氯的小，这是因为氟原子的半径很小，核周围的电子云密度较大，当它接受外来一个电子时，电子间的斥力较大，这一斥力部分地抵消了氟原子获得一个电子成为氟离子时所放出的能量，使氟的电子亲合势反而比氯的电子亲合势小（放出能量小）。同理，F_2 的离解能小于 Cl_2 的。氟的电负性是所有元素中最大的，因此在氟化物中氟的氧化数总为 -1。氟在卤素中是最强的氧化剂，能从溶液或固态下置换 Cl^-。氟与其它元素化合生成氟化物时其键能均比相应的氯化物大，这是由于其它元素原子半径较大或它的最外电子层没有孤对电子，则电子之间的斥力减小了，于是氟原子半径较小这一因素占优势，氟化物与其它相应的卤化物比较总是最稳定的。此外，与氟化合的元素常常表现出其最高氧化态。

（4）卤素元素电势图

$$E_A^\ominus/V \quad \text{(指在酸性溶液中)}$$

$$\frac{1}{2}F_2 \xrightarrow{2.87} F^-$$
$$\phantom{\frac{1}{2}F_2}\xrightarrow{3.06} HF$$

$$ClO_4^- \xrightarrow{1.23} ClO_3^- \xrightarrow{1.21} HClO_2 \xrightarrow{1.64} HClO \xrightarrow{1.63} \frac{1}{2}Cl_2 \xrightarrow{1.36} Cl^-$$

上方联线 1.43；下方联线 1.47

$$BrO_4^- \xrightarrow{-1.76} BrO_3^- \xrightarrow{-1.50} HBrO \xrightarrow{1.59} \frac{1}{2}Br_2 \xrightarrow{1.07} Br^-$$

下方联线 1.52

$$H_5IO_6^- \xrightarrow{1.7} IO_3^- \xrightarrow{-1.13} HIO \xrightarrow{1.45} \frac{1}{2}I_2(固) \xrightarrow{0.54} I^-$$

上方联线 1.20；下方联线 1.09

$$E_B^\ominus/V \quad \text{(指在碱性溶液中)}$$

$$ClO_4^- \xrightarrow{0.36} ClO_3^- \xrightarrow{0.33} ClO_2^- \xrightarrow{0.66} ClO^- \xrightarrow{0.40} \frac{1}{2}Cl_2 \xrightarrow{1.36} Cl^-$$

下方联线 0.50；0.89

$$BrO_4^- \xrightarrow{0.93} BrO_3^- \xrightarrow{0.54} BrO^- \xrightarrow{0.45} \frac{1}{2}Br_2 \xrightarrow{1.07} Br^-$$

上方联线 0.522；下方联线 0.76；0.61

$$H_3IO_6^{2-} \xrightarrow{0.70} IO_3^- \xrightarrow{0.15} IO^- \xrightarrow{0.45} \frac{1}{2}I_2(固) \xrightarrow{0.54} I^-$$

上方联线 0.49；下方联线 0.26

（二）卤素单质

1. 物理性质

卤素单质的一些物理性质见表 7-12。

表 7-12 卤素单质的物理性质

性质	氟	氯	溴	碘
聚集状态（常态）	气态	气态	气态	气态
颜色	淡黄	黄绿	红棕	紫黑
毒性	剧毒	毒性大	毒	毒性较小
熔点/K	53.38	172.02	265.92	386.5
沸点/K	84.86	238.95	331.76	457.35
密度/(g/cm^3)	1.11(l)	1.57(l)	3.12(l)	4.93(s)
溶解度(293K)/(g/100g 水)	反应放出 O_2	0.73，有反应	3.58	0.029
离解能/(kJ/mol)	154.8	239.7	190.16	148.95
标准电极电势 $E^\ominus$/V	2.87	1.36	1.07	0.54

卤素单质由双原子分子组成。这些分子是非极性分子，分子间的结合力为色散力。随着分子量的增大，分子的变形性逐渐增大，分子间的色散力也逐渐增强。因此，卤素单质的熔沸点、密度等物理性质按 F-Cl-Br-I 的顺序依次递增。

气态卤素单质的颜色随着分子量的增大由浅黄色-黄绿色-红棕色到紫色。物质的颜色通常是由于物质吸收了可见光中某一波长的光（例如绿光）而显示该吸收波长光的互补色（即紫红色）。在卤素元素中，从氟到碘外层电子从基态被激发到较高能级所需的能量逐渐减少，故对可见光的吸收逐渐向波长较长（即能量较低）的部分移动。氟吸收能量大、波长短的紫光而显黄色；而碘吸收能量小、波长长的黄光而显紫色。氯、溴分子吸收能量介于氟、碘之间，它们显现的颜色也在二者之间。

卤素单质分子是非极性分子，通常条件下，氯、溴、碘在水中的溶解度小。氟与水相遇剧烈反应，放出氧气。氯和溴的水溶液称为氯水和溴水，并有不同程度的反应。碘在水中溶解度极小，但易溶于碘化物溶液（如碘化钾）中，这主要是由于形成溶解度很大的 I_3^- 的缘故。

氯、溴、碘在有机溶剂如乙醇、四氯化碳、乙醚、苯、氯仿、二硫化碳等中的溶解度比在水中的溶解度大得多，并呈现一定的颜色。

卤素单质均有刺激气味，强烈刺激眼、鼻、喉、气管的黏膜。它们的蒸气均有毒，吸入较多时，会引起死亡。毒性从氟到碘依次减小，因此使用时要特别小心，注意防护。氟对于维持正常的生长是必需的。机体摄入的氟过少，可能引起龋齿，过多则可能导致氟骨病和斑釉齿。

2. 化学性质

(1) 与金属、非金属反应

氟能与所有金属和非金属（除氮、氧和一些稀有气体外），包括氢直接化合得到最高氧化态的氟化物。在室温或不太高温度下，氟与镁、铁、铜、铅、镍等金属反应，在金属表面形成一层保护性的金属氟化物薄膜，可阻止氟与金属进一步反应。在室温时氟与金、铂不作用，加热时则生成氟化物。

氯也能与各种金属和大多数非金属（除氮、氧、稀有元素外）直接化合，但有些反应需要加热，反应还比较剧烈，如钠、铁、锡、锑、铜等都能在氯中燃烧。潮湿的氯在加热条件下能与金、铂反应，干燥的氯却不与铁作用，故可将干燥的液氯贮于钢瓶中。氯与非金属反应的剧烈程度不如氟。

一般能与氯反应的金属（除了贵金属）和非金属同样也能与溴、碘反应，只是反应的活性不如氯，要在较高的温度下才能发生。

(2) 与水、碱的反应

① 卤素对水的氧化作用

$$X_2 + H_2O \longrightarrow 2H^+ + 2X^- + 1/2 O_2$$

F_2 无论在酸、水、碱中均剧烈作用放出氧气；Cl_2 只有在光照下，才能缓慢使水氧化，放出氧气。Cl_2、Br_2、I_2 在碱性介质中实际进行另一类反应——歧化。

② 卤素在水中的歧化

$$X_2 + H_2O \rightleftharpoons H^+ + X^- + HXO$$

除氟外，氯、溴、碘都能发生这类反应。卤素的歧化反应与溶液的 pH 值有关，当氯水的 pH>4 时，歧化反应才能发生，pH<4 时，则 Cl^- 被 HClO 氧化生成 Cl_2。碱性介质有利

于氯、溴和碘的歧化反应。

$$X_2 + 2OH^- \xrightarrow{冷} X^- + XO^- + H_2O \quad (X = Cl_2、Br_2)$$

碘在冷的碱性溶液中能迅速发生如下式的歧化反应。

$$3I_2 + 6OH^- \xrightarrow{冷} 2I^- + IO_3^- + 3H_2O$$

氟与碱的反应和其它卤素不同，其反应如下。

$$2F_2 + 2OH^-(2\%) \longrightarrow 2F^- + OF_2 + H_2O$$

当碱溶液较浓时，则 OF_2 被分解放出 O_2。

$$2F_2 + 4OH^- \longrightarrow 4F^- + O_2 + 2H_2O$$

（三）卤素单质的制备和用途

1. 氟单质的制备

氟是活性最强的非金属，只能用电解法制备。电解质是 $KF \cdot nHF$。电解时发生如下反应。

阴极反应： $\quad 2F^- - 2e^- \longrightarrow F_2$

阳极反应： $\quad 2HF_2^- + 2e^- \longrightarrow H_2 + 4F^-$

总反应： $\quad 2HF_2^- \longrightarrow H_2 + F_2 + 2F^-$

2. 氯单质的制备

（1）实验室制备

在实验室中，氯气的制备是以常见氧化剂（如 MnO_2、$KMnO_4$、$K_2Cr_2O_7$）与 HCl 溶液反应制备，由于氧化剂氧化能力不同，则所需盐酸浓度不同。当然酸性的增强，有利于反应向右进行。

$$MnO_2 + 4HCl(浓) \xrightarrow{\triangle} MnCl_2 + 2H_2O + 2Cl_2$$

$$Cr_2O_7^{2-} + 14H^+ + 6Cl^- \xrightarrow{\triangle} 2Cr^{3+} + 7H_2O + 3Cl_2 \uparrow$$

$$MnO_4^- + 10Cl^- + 16H^+ \longrightarrow 2Mn^{2+} + 5Cl_2 \uparrow + 8H_2O$$

（2）工业制备

在工业上，氯的制备可以采用电解氯化钠饱和溶液的方法。

阳极反应： $\quad 2Cl^- - 2e^- \longrightarrow Cl_2$

阴极反应： $\quad 2H_2O + 2e^- \longrightarrow H_2 + 2OH^-$

总反应： $\quad 2NaCl + 2H_2O \longrightarrow H_2 \uparrow + Cl_2 \uparrow + 2NaOH$

3. 溴单质的制备

工业上溴是从海水中制取的，其工艺过程包括置换、碱性条件下歧化、浓缩、酸性条件下逆歧化制得溴，具体步骤如下。

① 将氯气通入 pH 为 3.5 的海水中。

$$Cl_2 + 2Br^- \longrightarrow Br_2 + 2Cl^-$$

② 用压缩空气吹出 Br_2，并在碱性条件下发生歧化。

$$3Br_2 + 3CO_3^{2-} \longrightarrow 5Br^- + BrO_3^- + 3CO_2 \uparrow$$

③ 浓缩溶液后，在酸性条件下使溶液逆歧化。

$$5Br^- + BrO_3^- + 6H^+ \longrightarrow Br_2 + 3H_2O$$

4. 碘单质的制备

碘主要以碘化物存在于海水中或以碘酸盐的形式存在于硝石中。

由海水制备碘时,将溶液过滤除去泥浆等机械杂质,然后加 H_2SO_4 煮沸以沉淀 SiO_2,溶液中的 I^- 用 $NaNO_2$ 氧化析出 I_2,并用活性炭吸附,活性炭用 NaOH 溶液处理使 I_2 歧化为 NaI 和 $NaIO_3$,经 H_2SO_4 酸化后析出 I_2,有关反应方程式如下。

$$2NO_2^- + 2I^- + H^+ \longrightarrow I_2 + 2NO + 2H_2O$$

$$3I_2 + 6OH^- \rightleftharpoons 5I^- + IO_3^- + 3H_2O$$

$$5I^- + IO_3^- + 6H^+ \longrightarrow 3I_2 + 3H_2O$$

从硝石中结晶出 $NaNO_3$ 以后,其母液中含有 0.6%~1.2% 的 $NaIO_3$,可用 HSO_3^- 将 IO_3^- 还原析出 I_2。

$$2IO_3^- + 5HSO_3^- \longrightarrow 3HSO_4^- + 2SO_4^{2-} + I_2 + H_2O$$

可用水蒸气蒸馏或升华的方法将碘纯化,其纯度可达 99.5%。

原子氟是一种高度放热的氧化剂,液态氟可用作火箭、导弹和发射人造卫星的高能燃料。它在原子能工业中用作原子反应堆核燃料 ^{235}U 的提取。大量氟用于制备氟的有机化合物。氯气主要用于盐酸、农药、炸药、有机染料、化学试剂和有机物合成的原料,氯能杀菌,可用于漂白纸张、布匹等,也用于净化水。较多的氯还用于合成塑料和橡胶以及石油化工方面。此外,氯还被用来处理某些工业废水,因氯能将有毒的还原性物质如硫化氢、氰化物等氧化为无毒物。大量的溴用于制造染料,生产照相用的溴化银,医药中用作镇静剂和安眠药的溴化钠、溴化钾以及无机溴酸盐。溴的一个重要用途是制造 $C_2H_4Br_2$。碘主要用于制备碘酒、碘仿和碘化物等。I_2 和 KI 的酒精溶液即碘酒,是常用的消毒剂。

(四) 卤化氢及卤化物

1. **卤化氢和氢卤酸**

(1) 性质

① 物理性质

卤化氢皆为无色、有刺鼻臭味的气体,在空气中会"冒烟",这是因为卤化氢与空气中的水蒸气结合形成了酸雾。表 7-13 列举了卤化氢和氢卤酸的一些比较重要的常数。

表 7-13 卤化氢的性质

性 质	氟化氢 (HF)	氯化氢 (HCl)	溴化氢 (HBr)	碘化氢 (HI)
熔点/K	189.61	158.94	186.28	222.36
沸点/K	292.67	188.11	206.43	237.80
生成热/(kJ/mol)	−271.1	−92.31	−36.40	+26.5
在 1273K 的分解率/%	—	0.014	0.5	33
溶解度(100kPa,237K)/(g/100g 水)	∞	82.3	221	234(283K)
气态分子内两原子的核间距/pm	92	128	141	162
键能/(kJ/mol)	565.0	428.0	362.0	295.0
汽化热/(kJ/mol)	30.31	16.12	17.62	19.77
溶解热/(kJ/mol)	61.55	74.90	85.22	81.73

从表中可以看出,卤化氢的性质依 HCl-HBr-HI 的顺序有规律地变化着。例如,它们的熔点、沸点随着分子量的增加而升高,但氟化氢在很多性质上表现出例外,它的熔点、沸点和汽化热特别高。

氟化氢这些独特性质与其分子间存在氢键形成缔合分子有关。实验证明,氟化氢在气态、液态和固态时都有不同程度的缔合。在 360K 以上，它的蒸气密度相当于 HF，在 299K 时相当于 (HF)$_2$ 和 (HF)$_3$ 的混合物。在固态时，氟化氢由无限长的锯齿形长链组成。

卤化氢都是极性分子，它们都易溶于水，水溶液称为氢卤酸。在 273K 时，1 体积的水可溶解 500 体积的氯化氢。溴化氢和碘化氢在水中的溶解度与氯化氢相仿，氟化氢（在 293K 时）能无限制地溶于水。氢卤酸的酸性从 HF-HCl-HBr-HI 依次增强。除了 HF 外都是强酸。

② 化学性质

卤化氢和氢卤酸的化学性质主要包括下列几方面内容。

(a) 热稳定性

卤化氢或氢卤酸的热稳定性按 HF-HCl-HBr-HI 的顺序依次减弱。HF 的键能是 HX 中最大的，而且按 HF-HCl-HBr-HI 的顺序，键能依次减少，它们的热稳定性也依次减弱。

(b) 还原性

卤离子的还原性按 F^--Cl^--Br^--I^- 的顺序依次增强。这可从卤素的电负性加以解释。电负性越大，卤原子吸引已得来的电子就越牢，若再失去就不容易，卤离子的还原性也就越弱。而卤素电负性按 F^--Cl^--Br^--I^- 的顺序依次减弱，因而 X^- 的还原性依次增强。

(c) 酸性

除 HF 外，它们均为强酸，且酸性按 HCl-HBr-HI 的顺序依次增强。氢卤酸的酸强度可从热力学角度（K_a 值）来解释：$K_{a(HF)}=2.3\times10^{-3}$；$K_{a(HCl)}=1.7\times10^8$；$K_{a(HBr)}=3.3\times10^{10}$；$K_{a(HI)}=7.4\times10^{10}$。由此可充分说明氢卤酸的酸性变化规律。

氢氟酸是一弱酸。与其它弱酸相同，浓度越稀，HF 电离度越大。但溶液浓度增大时，HF_2^- 增多。因为在氢氟酸溶液尤其是浓溶液中，一部分 F^- 通过氢键与未离解的 HF 分子形成缔合离子，如 HF_2^-、$H_2F_3^-$、$H_3F_4^-$ 等，其中 HF_2^- 离子特别稳定。

$$HF+F^- \rightleftharpoons HF_2^- \qquad K=5.2$$

稀溶液：$HF+H_2O \rightleftharpoons H_3O^+ + F^- \qquad K_a=3.53\times10^{-4}$

浓溶液：$2HF+H_2O \rightleftharpoons H_3O^+ + HF_2^-$

HF_2^- 是一弱碱，比水合 F^- 稳定，使上式平衡向右移动从而使氢氟酸的电离度增大。当浓度大于 $5mol\cdot L^{-1}$ 时，氢氟酸已经是相当强的酸。用碱中和氢氟酸溶液能生成酸式盐如 KHF_2，也说明 HF_2^- 的稳定性。

氢氟酸的另一个特殊性质是它能与二氧化硅或硅酸盐反应生成气态 SiF_4。

$$SiO_2 + 4HF \longrightarrow SiF_4 + 2H_2O$$

$$CaSiO_3 + 6HF \longrightarrow CaF_2 + SiF_4 + 3H_2O$$

(2) 制备

① 氟化氢的制备

以萤石和浓硫酸作用是制取氟化氢的主要方法，HF 溶于水即为氢氟酸。

$$CaF_2 + H_2SO_4(浓) \xrightarrow{\triangle} CaSO_4 + 2HF\uparrow$$

② 氯化氢的制备

(a) 实验室制备

氯化氢也能用浓 H_2SO_4 与 NaCl 反应制得。反应分两步进行：

$$NaCl + H_2SO_4(浓) \longrightarrow HCl\uparrow + NaHSO_4 \qquad \Delta_r H_m^\ominus = 319.5 kJ \cdot mol^{-1}$$

$$NaCl + NaHSO_4(浓) \xrightarrow{773K} HCl\uparrow + Na_2SO_4 \qquad \Delta_r H_m^\ominus = 3258.1 kJ \cdot mol^{-1}$$

第一步是放热反应，而第二步需要加热到 773K 反应才能进行，所以在实验室一般只能完成第一步反应。

(b) 工业制法

工业制备氯化氢时，使氯气在氢气中安全燃烧并生成氯化氢气体。产生的氯化氢气体用水吸收而成盐酸。

(c) 氢溴酸的制备

在实验室中，在红磷与少量水的混合物中缓慢地加入溴，可产生 HBr。

$$2P + 3Br_2 + 6H_2O \longrightarrow 2H_3PO_3 + 6HBr\uparrow$$

用非氧化性、高沸点的 H_3PO_4，也可制得 HBr。

$$NaBr + H_3PO_4(浓) \longrightarrow NaH_2PO_4 + HBr$$

(d) 氢碘酸的制备

把水滴到非金属卤化物如 PI_3 上，则发生：

$$PI_3 + 3H_2O \longrightarrow H_3PO_3 + 3HI\uparrow$$

或者把水逐滴加入磷和碘的混合物中，即可连续地产生 HI 气体。

$$2P + 6H_2O + 3I_2 \longrightarrow 2H_3PO_3 + 6HI\uparrow$$

2. 卤化物

(1) 卤化物的分类

卤化物一般是指卤素和其它元素组成的二元化合物。周期表中的元素除氦、氖、氩外，均可和卤素组成卤化物。卤化物既可根据组成元素的不同分为金属卤化物和非金属卤化物，也可根据它们的性质不同分为离子型卤化物和共价型卤化物。

(2) 非金属卤化物

硼、碳、硅、氮、磷、硫等非金属都能与卤素形成卤化物，所有的非金属卤化物都是共价型卤化物。它们的分子间作用力是微弱的范德华力，所以这类卤化物大多数易挥发，有较低的熔点和沸点，有的不溶于水（如 CCl_4、SF_6），溶于水的往往发生强烈水解。

(3) 金属卤化物

金属卤化物可以看成是氢卤酸的盐，它们一般具有熔、沸点高，易导电的特性。因为它们基本属于离子晶体，晶格能较大，熔融时以自由移动的离子存在。碱金属、碱土金属、大多数镧系元素和锕系元素以及低价金属离子所组成的卤化物均属此类。

金属卤化物的性质又随着金属电负性、离子半径、电荷以及卤素本身的电负性而有很大的差异。随着金属离子半径减小和氧化数增大，同一周期各元素的卤化物自左向右离子性依次降低，共价性依次增强。而且它们的熔点和沸点也依次降低。同一主族从上到下，金属离子半径增大、电负性减小，从而形成离子型卤化物的趋势逐渐增大。

同一金属的卤化物随着卤离子半径的增大，变形性也增大，按 F—Cl—Br—I 的顺序，其离子性依次降低，共价性依次增加。一般地说，金属氟化物主要是离子型化合物，其它卤化物从氯到碘共价型化合物则逐渐增多。

具有多种价态的同一金属，它的高氧化态卤化物的离子性要比其低氧化态的小。一般高价态形成的卤化物为共价型，低价态形成的卤化物为离子型。例如 $FeCl_2$ 是离子型，而 $FeCl_3$ 基本上是共价型的化合物。

卤化物与水作用是卤化物最特征的一类反应。离子型卤化物大多数易溶于水，在水中电离成金属离子和卤离子。共价型卤化物绝大多数遇水立即发生水解反应。如：

$$BF_3 + 3H_2O \rightleftharpoons H_3BO_3 + 3HF$$
$$SiCl_4 + 4H_2O \rightleftharpoons H_4SiO_4 + 4HCl$$
$$PCl_3 + 3H_2O \rightleftharpoons H_3PO_3 + 3HCl$$
$$BrF_5 + 3H_2O \rightleftharpoons HBrO_3 + 5HF$$

一般生成相应的含氧酸和氢卤酸。

但也有些卤化物在通常条件下是不水解的，如 NF_3、CCl_4、SF_6 等。

3. 多卤化物

金属卤化物与卤素单质或卤素互化物加合所生成的化合物称为多卤化物。多卤化物通常是离子化合物。如：

$$KI + I_2 \longrightarrow KI_3$$
$$CsBr + IBr \longrightarrow CsIBr_2$$

多卤化物可以是一种卤素，也可以是多种卤素。常见的固态多卤化物有：$KI_3 \cdot H_2O$、CsI_5、$RbI_7 \cdot H_2O$、KI_9、$CsBr_3$ 等。由此可见，只有半径大的碱金属离子才可形成。这类化合物稳定性差，当受热时可以生成简单的金属卤化物和卤素单质或卤素互化物。

$$CsBr_3 \xrightarrow{\triangle} CsBr + Br_2$$
$$CsICl_2 \xrightarrow{\triangle} CsCl + ICl$$

（五）卤素的含氧化合物

1. 氧化物

卤素与氧化合时（氟除外），能形成氧化数都是正值的氧化物、含氧酸和含氧酸盐。由于氟具有最大的电负性，它在化合物中的氧化态都是负值，如在 OF_2 和 O_2F_2 中氟的氧化态为 -1。卤素氧化物中以氯的氧化物较重要，已知氯的氧化物有 Cl_2O、ClO_2、Cl_2O_6 和 Cl_2O_7 四种，它们都是强的氧化剂，不稳定，易分解。

2. 卤素含氧酸及其盐

卤素的含氧酸见表 7-14。

表 7-14 卤素的含氧酸

名 称	氟	氯	溴	碘
次卤酸	(FOH)	ClOH*	BrOH*	IOH*
亚卤酸		$HClO_2^*$	$HBrO_2^*$	
卤酸		$HClO_3^*$	$HBrO_3^*$	HIO_3
高卤酸		$HClO_4$	$HBrO_4^*$	HIO_4, H_5IO_6

注：* 表示仅存在于溶液中。

各种卤酸根离子的结构，除 IO_6^{5-} 是 sp^3d^2 杂化外，均为 sp^3 杂化类型，其结构见图 7-1。

（1）次卤酸及其盐

① 次卤酸

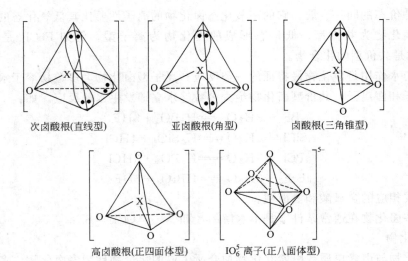

图 7-1 卤酸根离子的结构

次卤酸都是极弱的一元酸，仅存在于溶液中，它们的强度按 HClO-HBrO-HIO 的次序依次减弱。其 K_a 值分别如下。

次卤酸	HClO	HBrO	HIO
K_a	3.0×10^{-8}	2.1×10^{-9}	2.3×10^{-11}

次卤酸都是强氧化剂和漂白剂，它很不稳定，尤其是次碘酸。次卤酸能以下面两种方式进行分解。

$$2HXO \xrightarrow{h\nu} 2HX + O_2$$

$$3HXO \xrightarrow{\triangle} 3H^+ + 2X^- + XO_3^-$$

但次溴酸的分解产物中没有 HBr，而有 Br_2。

$$4HBrO \longrightarrow 2Br_2 + O_2 + 2H_2O$$

$$5HBrO \longrightarrow HBrO_3 + 2Br_2 + 2H_2O$$

② 次卤酸盐

次卤酸盐中比较重要的是次氯酸盐。次氯酸钠的工业制备方法是无隔膜电解冷的稀食盐水，并搅动溶液，使产生的氯气和氢氧化钠充分反应。

$$2Cl^- + 2H_2O \xrightarrow{电解} 2OH^- + Cl_2 + H_2$$

$$Cl_2 + 2OH^- \longrightarrow ClO^- + H_2O + Cl^-$$

总反应： $\qquad Cl^- + H_2O \xrightarrow{电解} ClO^- + H_2$

用氯与 $Ca(OH)_2$ 反应漂白粉：

$$2Cl_2 + 2Ca(OH)_2 \longrightarrow Ca(ClO)_2 + CaCl_2 + 2H_2O$$

漂白粉是次氯酸钙、氯化钙和氢氧化钙所组成的水合复盐。次氯酸钙是漂白粉的有效成分。漂白粉在空气中放置时，会逐渐失效，这是因为它与空气中的碳酸气作用生成 HClO，而 HClO 不稳定立即分解。

$$Ca(ClO)_2 + H_2O + CO_2 \longrightarrow CaCO_3 + 2HClO$$

(2) 亚卤酸及其盐

亚卤酸是最不稳定的卤素含氧酸。最稳定的是亚氯酸也只能存在于稀溶液中。可由亚氯酸钡悬浮液中加入稀 H_2SO_4 制备得到亚氯酸水溶液。它极不稳定，会迅速分解。

$$4HClO_2 \longrightarrow 3ClO_2 + 1/2Cl_2 + 2H_2O$$

它是弱酸（$K_a = 10^{-2}$），但酸性比 $HClO$ 强。

亚氯酸盐比亚氯酸稳定，加热或敲击亚氯酸盐固体时立即发生爆炸，歧化成为氯酸盐和氯化物。

$$3NaClO_2 \longrightarrow 2NaClO_3 + NaCl$$

亚氯酸及其盐具有氧化性，可作漂白剂。

(3) 卤酸及其盐

卤酸都是强酸，按 $HClO_3$-$HBrO_3$-HIO_3 的顺序酸性依次减弱、稳定性依次增强。$HClO_3$ 与 $HBrO_3$ 未得到过纯酸，$HClO_3$ 浓度超过 40% 会迅速分解并发生爆炸，如：

$$8HClO_3 \longrightarrow 3O_2 + 2Cl_2 + 4HClO_4 + 2H_2O$$

碘酸则比较稳定，能从溶液中结晶析出为无色晶体，加热到 573K 以上才分解为单质碘和氧。

卤酸的浓溶液都是强氧化剂，其中以溴酸的氧化性最强，这反映了 p 区中间横排元素的不规则性。

电对	BrO_3^-/Br_2	ClO_3^-/Cl_2	IO_3^-/I_2
$E_A^{\ominus}/V$	1.52	1.47	1.19

所以碘能从溴酸盐和氯酸盐的酸性溶液中置换出 Br_2 和 Cl_2，氯能从溴酸盐中置换出 Br_2。

$$2BrO_3^- + 2H^+ + I_2 \longrightarrow 2HIO_3 + Br_2$$
$$2ClO_3^- + 2H^+ + I_2 \longrightarrow 2HIO_3 + Cl_2$$
$$2BrO_3^- + 2H^+ + Cl_2 \longrightarrow 2HClO_3 + Br_2$$

将 Cl_2 分别通入溴或碘溶液中可以得到溴酸或碘酸。

$$5Cl_2 + Br_2 + 6H_2O \longrightarrow 2HBrO_3 + 10HCl$$
$$5Cl_2 + I_2 + 6H_2O \longrightarrow 2HIO_3 + 10HCl$$

HNO_3、H_2O_2、O_3 都可将单质碘氧化为碘酸。

$$I_2 + 10HNO_3(浓) \longrightarrow 2HIO_3 + 10NO_2 + 4H_2O$$

在酸性介质中，卤酸盐能氧化相应的卤离子生成卤素。

$$XO_3^- + 5X^- + 6H^+ \longrightarrow 3X_2 + 3H_2O$$

在碱性介质中，卤酸盐的氧化能力则相当弱。

在卤酸盐中比较重要的、且有实用价值的是氯酸盐，其中最常见的是 $KClO_3$ 和 $NaClO_3$。$NaClO_3$ 易潮解，而 $KClO_3$ 不会吸潮可制得干燥产品。工业上制备 $KClO_3$ 通常用无隔膜电解槽电解热的（约400K）$NaCl$ 溶液，得到 $NaClO_3$ 后再与 KCl 进行复分解反应，由于 $KClO_3$ 的溶解度较小，可从溶液中析出。

$$NaClO_3 + KCl \longrightarrow KClO_3 + NaCl$$

在有催化剂存下，$KClO_3$ 分解为氯化钾和氧，若不存在催化剂，则 $KClO_3$ 在 629K

时熔化，668K 时开始按下式分解。

$$4KClO_3 \xrightarrow{668K} KCl + 3KClO_4$$

固体 $KClO_3$ 是强氧化剂，它与易燃物质如碳、硫、磷及有机物质相混合时，一受撞击即猛烈爆炸，因此，氯酸钾大量用于制造火柴、焰火等。

（4）高卤酸及其盐

用浓硫酸与高氯酸钾反应可制得高氯酸。

$$KClO_4 + H_2SO_4(浓) \longrightarrow KHSO_4 + HClO_4$$

高氯酸是已知酸中最强的酸，但它的氧化性在冷的稀溶液中很弱，浓溶液则有较强的氧化性。浓度低于 60% 的 $HClO_4$ 对热很稳定，当热的浓酸与易燃物质接触时则会发生猛烈爆炸。在钢铁分析中常用 $HClO_4$ 溶解矿样。

在溶液中，ClO_4^- 非常稳定，如 SO_2、H_2S、Zn、Al 等较强的还原剂都不能使它还原。当溶液酸化后，ClO_4^- 的氧化性增强。

固态高氯酸盐在高温下是一个强氧化剂，但其氧化能力比氯酸盐弱。用 $KClO_4$ 制作的炸药比用 $KClO_3$ 为原料的炸药稳定些。$KClO_4$ 在 883K 时熔化，同时开始依下式分解。

$$KClO_4 \xrightarrow{\triangle} KCl + 2O_2$$

高溴酸是强酸，强度接近于 $HClO_4$，它的氧化能力高于高氯酸和高碘酸。

高碘酸 H_5IO_6 是无色晶体，熔融时分解为 HIO_3。

$$2H_5IO_6 \xrightarrow{\triangle} 2HIO_3 + O_2 + 4H_2O$$

高碘酸是强氧化剂，在酸性介质中能使 Mn^{2+} 氧化为 MnO_4^-。

$$2Mn^{2+} + 5H_5IO_6 = 2MnO_4^- + 5IO_3^- + 11H^+ + 7H_2O$$

（六）ROH 规则、Pauling 规则及其应用

卤素含氧酸以及其它非金属元素氧化物的水合物均可看作为含有一个或多个 OH 基团的氢氧化物。作为这类化合物的中心原子，即非金属 R，它周围能结合多少个 OH，取决于 R^{n+} 的电荷数及半径大小。一般说来，R^{n+} 的电荷越高，半径越大，能结合的 OH 基团数目越多。但是当 R^{n+} 的电荷很高时，其半径往往很小。例如 Cl^{7+} 应能结合七个 OH 基团，但是由于它的半径太小（0.027nm），容纳不了这么多 OH，势必脱水，直到 Cl^{7+} 周围保留的异电荷离子或基团数目既能满足 Cl^{7+} 的氧化态，又能满足它的配位数，而配位数与两种离子的半径比值有关。处于同一周期的元素，其配位数大致相同。表 7-15 列出了第 2、第 3 周期非金属元素最高氧化态氢氧化物的组成。

表 7-15 第 2、第 3 周期非金属元素的氢氧化物

项 目	第 2 周期的元素			第 3 周期的元素			
非金属元素 R^{n+}	B^{3+}	C^{4+}	N^{5+}	Si^{4+}	P^{5+}	S^{6+}	Cl^{7+}
$r_{R^{n+}}/r_{OH^-}$	0.15	0.11	0.08	0.30	0.25	0.21	0.19
配位数	3	2	2	4	4	3	3
最高氧化态的氢氧化物 $R(OH)_n$	$B(OH)_3$	$C(OH)_4$	$N(OH)_5$	$Si(OH)_4$	$P(OH)_5$	$S(OH)_6$	$Cl(OH)_7$
		↓	↓		↓	↓	↓
脱水后的氢氧化物	不脱水	H_2CO_3	HNO_3	H_2SiO_3	H_3PO_4	H_2SO_4	$HClO_4$

若以 R—O—H 表示脱水后的氢氧化物，则在分子中存在着 R—O 及 O—H 两种极性

键，ROH 在水中有两种离解方式：

$$ROH \longrightarrow R^+ + OH^- \text{ 碱式离解}$$
$$ROH \longrightarrow RO^- + H^+ \text{ 酸式离解}$$

ROH 按碱式还是按酸式离解，与阳离子的极化作用有关。阳离子的电荷越高，半径越小，则阳离子的极化作用越大。卡特雷奇（Cartledge, G. H）曾经把这两个因素结合在一起考虑，提出"离子势"的概念，用离子势表示阳离子的极化能力。

离子势即阳离子电荷与阳离子半径之比，常用符号 φ 表示如下：

$$\varphi = \frac{\text{阳离子电荷}}{\text{阳离子半径}} = \frac{Z}{r}$$

例如：Na^+ 的电荷 $Z=+1$，离子半径 $r=0.097\text{nm}$，$\varphi_{Na^+}=10$

Al^{3+} 的 $Z=+3$，$r=0.051\text{nm}$，$\varphi_{Al^{3+}}=59$

在 ROH 中，若 R^{n+} 的 φ 值大，即其极化作用强，氧原子的电子云将偏向 R^{n+}，R:Ö:H，从而使 O—H 键的极性增强，所以 ROH 以酸式离解为主。

如果 R^{n+} 的 φ 值小，R—O 键比较弱，则 ROH 倾向于作碱式离解。

有人找出用 φ 值判断 ROH 酸碱性的经验公式如下：

当 $\sqrt{\varphi}>10$ 时，ROH 显酸性；

$7<\sqrt{\varphi}<10$ 时，ROH 显两性；

$\sqrt{\varphi}<7$ 时，ROH 显碱性。

总而言之，R^{n+} 的 φ 值大，ROH 是酸；φ 值小，ROH 是碱。非金属元素的 φ 值一般都较大，所以它们的氢氧化物为含氧酸。

同无氧酸相似，含氧酸在水溶液中的强度取决于酸分子的电离程度，可以用 pK_a 值衡量。

$$R:\overset{..}{\underset{..}{O}}:H + :\overset{..}{\underset{..}{O}}:H \longrightarrow R:\overset{..}{\underset{..}{O}}:^- + H:\overset{H}{\overset{..}{\underset{..}{O}}}:^+ H$$

酸分子羟基中的质子 H^+ 在电离过程中脱离氧原子，转移到 H_2O 分子中的孤电子对上，其转移的难易程度取决于元素 R 吸引羟基氧原子的电子的能力。如果 R 的电负性大，R 周围的非羟基氧原子数目多，则 R 原子吸引羟基氧原子的电子的能力强，从而使 O—H 键的极性增强，有利于质子 H^+ 的转移，所以酸的酸性强。

2. Pauling 规则及其应用

鲍林（Pauling）从含氧酸的强度与其结构之间的关系出发找出一些近似规律和表示含氧酸强度与分子中非羟基氧原子数的关系的经验公式。鲍林指出：含氧酸 H_nRO_m 可写为 $RO_{m-n}(OH)_n$，分子中的非羟基氧原子数 $N=m-n$。他从许多事实归纳出以下几个方面。

① 多元含氧酸的逐级电离常数之比约为 10^{-5}，即 $K_1:K_2:K_3\cdots\approx 1:10^{-5}:10^{-10}\cdots$，或 pK_a 的差值为 5。例如：H_2SO_3 的 $K_1=1.2\times 10^{-2}$，$K_2=1\times 10^{-7}$。

② 含氧酸的 K_1 与非羟基氧原子数 N 有如下的关系：

$$K_1 \approx 10^{5N-7}，\text{即 } pK_a \approx 7-5N$$

例如：H_2SO_3 的 $N=1$，$K_{1(\text{计算值})}\approx 10^{5\times 1-7}\approx 10^{-2}$，$pK_1\approx 2$。类似的经验公式还有一些。

按 K_a 值大小将酸强度分为四类，其中常用的三类为：

强酸 $K_a \geqslant 1$，$pK_a \leqslant 0$

弱酸 $K_a = 10^{-7} \sim 1$，$pK_a = 0 \sim 7$

很弱的酸 $K_a = 10^{-14} \sim 10^{-7}$，$pK_a = 7 \sim 14$

利用鲍林等人归纳的规律可以定性地推测一些含氧酸的强度。例如，下列推测结果都符合事实。

$$HClO_4 > HClO_3 > HClO_2 > HClO$$
$$HClO_4 > H_2SO_4 > H_3PO_4 > H_4SiO_4$$
$$HNO_3 > H_2CO_3 > H_3BO_3$$

习 题

1. 氟在本族元素中有哪些特殊性？氟化氢和氢氟酸有哪些特性？
2. （1）根据电极电势比较 $KMnO_4$、$K_2Cr_2O_7$、MnO_2 与盐酸（1mol/L）反应而生成 Cl_2 的反应趋势。
   （2）若用 MnO_2 与盐酸反应生成 Cl_2，则盐酸的最低浓度是多少？
3. 如何鉴别 $KClO$、$KClO_3$ 和 $KClO_4$ 这三种盐？
4. 电解氯化物溶液和电解氯酸盐溶液以制备高氯酸的过程有什么不同？写出反应方程式。
5. 根据电势图计算在 298K 时，Br_2 在碱性水溶液中歧化为 Br^- 和 BrO_3^- 时反应平衡常数。
6. 以 I_2 为原料写出制备 HIO_4、KIO_3、I_2O_5 和 KIO_4 的反应方程式。
7. 完成并配平下列反应方程式。
   (1) $Cl_2 + Ba(OH)_2 \longrightarrow$
   (2) $Cl_2 + KI + KOH \longrightarrow$
   (3) $NaBr + NaBrO_3 + H_2SO_4 \longrightarrow$
   (4) $I_2 + H_2SO_3 + H_2O \longrightarrow$
8. 利用电极电势解释下列现象：在淀粉碘化钾溶液中加入少量 $NaClO$ 时，得到蓝色溶液 A，加入过量 $NaClO$ 时，得到无色溶液 B，然后酸化之并加少量固体 Na_2SO_3 于 B 溶液，则 A 的蓝色复现，当 Na_2SO_3 过量时蓝色又褪去成为无色溶液 C，再加入 $NaIO_3$ 溶液蓝色的 A 溶液又出现。指出 A、B、C 各为何种物质，并写出各步的反应方程式。
9. 将 $0.100 mol I_2$ 溶解在 $1.00L\ 0.100 mol \cdot L^{-1}$ KI 溶液中而得到 I_3^- 溶液。I_3^- 生成反应的 K_c 值为 0.752，求 I_3^- 溶液中 I_2 的浓度。
10. 电解食盐水时，用隔膜法在阴极上逸出的是氢气，而用汞阴极法在阴极析出的却是金属钠，为什么？
11. 请按下面的实例，将溴、碘单质、卤离子及各种含氧酸的相互转化和转化条件绘成相互关系图。

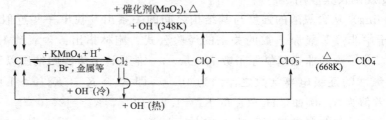

二、氧、硫

【要求】

1. 掌握臭氧、过氧化氢的结构、性质和用途。
2. 掌握硫的成键特征及多种氧化态所形成的重要物种的结构、性质、制备和用途以及它们之间的相互转化关系。

3. 熟悉金属硫化物的溶解性。

【内容提要】

本节重点介绍臭氧、过氧化氢、单质硫、硫化氢和硫化物、硫的氧化物及其水合物的结构、性质和用途。

【预习思考】

1. 根据氧族元素在周期表中的位置及价层电子结构，分析：氧族元素在自然界中以何种形态存在？有哪些成键特征？
2. 硫在形成化合物时在结构上与氧有何不同？为什么？
3. 氧化物按其酸碱性可分为几类？
4. 周期表中元素氧化物的酸碱性有何变化规律？
5. 比较 O_3 和 O_2 的价键结构，说明为什么氧化性 $O_3>O_2$，热稳定性 $O_3<O_2$？
6. H_2O_2 有哪些主要性质？
7. 从电极电势说明：H_2O_2 作氧化剂和还原剂的相对强弱？H_2O_2 作氧化剂和还原剂有何优点？
8. 单质硫有几种常见的同素异形体？单质硫有何主要性质？
9. 根据单质硫与单质氧的结构和性质，如何理解多硫化物的形成和性质与 H_2O_2 和过氧化物性质上的不同？
10. 硫化物有何主要性质和用途？
11. 如何区别硫化物和多硫化物？多硫化物与硫化物在性质上有何不同？
12. $S_2O_3^{2-}$ 中 S 的氧化数为 +2，处于中间氧化态，为什么 $S_2O_3^{2-}$ 只表现出还原性，而不表现出氧化性？$S_2O_3^{2-}$ 有哪些主要性质？
13. $S_2O_4^{2-}$、$H_2S_2O_7$、$S_2O_8^{2-}$ 均含有两个 S，它们的主要性质有何不同，为什么（从结构角度理解说明）？
14. SO_2 和 SO_3 在结构和性质上有何不同？比较 SO_2、H_2SO_3 及亚硫酸盐的氧化还原性有何不同？

（一）氧族元素性质变化规律

氧族元素的基本性质列于表 7-16 中。

表 7-16 氧族元素的基本性质

性　　质	氧(O)	硫(S)	硒(Se)	碲(Te)
原子序数	8	16	34	52
价电子构型	$2s^2 2p^4$	$3s^2 3p^4$	$4s^2 4p^4$	$5s^2 5p^4$
主要氧化态	$-2, 0$	$-2, 0, +2, +4, +6$	$-2, 0, +2, +4, +6$	$-2, 0, +2, +4, +6$
共价半径/pm	60	104	117	137
第一电离能/(kJ/mol)	1320	1005	947	875
第一电子亲合能/(kJ/mol)	-141	-200	-195	-190
电负性	3.44	2.58	2.55	2.10

氧族元素原子的价电子层结构 ns^2np^4，有 6 个价电子，当它们和其它元素化合时，有夺取或共用两个电子以达到稀有气体原子电子层结构的倾向，表现出非金属元素的特征。但和卤素相比，它们结合两个电子不如卤素结合一个电子容易，所以本族元素的非金属性比同周期的卤素非金属性要弱。

从表 2-6 数据可看出，本族元素的原子半径、电离能和电负性的变化规律和卤素相似。随着半径依次增大，电离能和电负性依次减小，从而使本族元素非金属性依次减弱，金属性逐渐增强。氧和硫是典型非金属；硒和碲是准金属；而钋是金属。氧的电负性仅次于氟，比硫、硒、碲的电负性要大得多，因此氧与大多数金属元素形成离子型化合物（如 Na_2O、CaO、Al_2O_3 等），与非金属元素形成共价化合物；而硫、硒、碲只能与电负性较小的金属元素形成离子型化合物（如 Na_2S、BaS、K_2Se 等）；与其他元素化合时主要形成共价化合物。

在氧族元素中氧原子的半径较小，核周围孤对电子的斥力强，氧的最外电子层没有 d 轨道，不能形成 d-pπ 键，因此氧的第一电子亲合能比硫的小，O—O 单键较弱。氧在化合物（除 OF_2、H_2O_2 等外）中的氧化数均为 -2。而硫、硒、碲除了有 -2 氧化态外，因它们的价电子层中均有空 d 轨道可参加成键，则还可形成 $+2$、$+4$、$+6$ 氧化态，并且从硫到碲正氧化态化合物的稳定性逐渐增强。

氧族元素电势图如下。本节重点讨论氧、硫的部分知识。

$$E_A^\ominus/V$$

$$O_3 \xrightarrow{2.07} O_2 \xrightarrow{0.68} H_2O_2 \xrightarrow{1.77} H_2O$$
$$\xrightarrow{1.23}$$

$$S_2O_8^{2-} \xrightarrow{2.01} SO_4^{2-} \xrightarrow{0.17} H_2SO_3 \xrightarrow{0.51} S_4O_6^{2-} \xrightarrow{0.08} S_2O_3^{2-} \xrightarrow{0.50} S \xrightarrow{0.14} H_2S$$
$$\xrightarrow{0.36}\quad \xrightarrow{0.40}\quad \xrightarrow{0.45}$$

$$SeO_4^{2-} \xrightarrow{1.15} H_2SeO_3 \xrightarrow{0.74} Se \xrightarrow{-0.40} H_2Se$$

$$H_6TeO_6 \xrightarrow{1.02} TeO_2 \xrightarrow{0.53} Te \xrightarrow{-0.72} H_2Te$$

$$E_B^\ominus/V$$

$$O_3 \xrightarrow{1.24} O_2 \xrightarrow{-0.08} HO_2^- \xrightarrow{0.87} OH^-$$
$$\xrightarrow{0.401}$$

$$SO_4^{2-} \xrightarrow{-0.92} SO_3^{2-} \xrightarrow{-0.58} S_2O_3^{2-} \xrightarrow{-0.74} S \xrightarrow{-0.476} S^{2-}$$
$$\xrightarrow{-1.12} S_2O_4^{2-} \xrightarrow{-0.05}$$
$$\xrightarrow{-0.59}$$

$$SeO_4^{2-} \xrightarrow{-0.05} SeO_3^{2-} \xrightarrow{-0.37} Se \xrightarrow{-0.92} Se^{2-}$$

$$TeO_4^{2-} \xrightarrow{\geq 0.4} TeO_3^{2-} \xrightarrow{-0.57} Te \xrightarrow{-1.14} Te^{2-}$$

（二）臭氧、过氧化氢

1. 臭氧

臭氧是氧同素异形体。臭氧在地面附近的大气层中含量极少，仅占 0.001×10^{-6}。但在离地面约 25km 处有一臭氧层，臭氧的浓度高达 0.2×10^{-6}。它是氧气吸收了紫外线后形成的。正是这一作用，才使地球上的生物免遭紫外线的伤害。

臭氧分子呈 V 型或角形，它的结构如图 7-2。

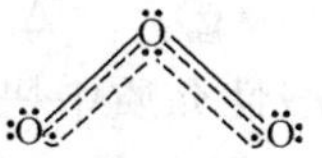

图 7-2　臭氧分子结构

在这个分子中，中心氧原子以 sp^2 杂化，并与其它两个氧原子相结合。键角为 $116.8°$，键长为 127.8pm。

中心氧原子利用它的两个未成对电子分别与其它两个氧原子中的一个未成对电子结合，占据 2 个杂化轨道，形成两个 σ 键，第三个杂化轨道由孤对电子占据。在分子中还存在一个 π_3^4 的离域 π 键垂直于分子平面。O_3 分子是反磁性的，表明 O_3 分子中没有成单电子。

臭氧是淡蓝色，具有鱼腥臭味的气体，臭氧不稳定，在常温下分解较慢，但在 437K 时，将迅速分解，并放出大量热。

$$2O_3 \longrightarrow 3O_2 \quad \Delta H^{\ominus} = -285.4 kJ/mol$$

无论在酸性或碱性条件下，臭氧都比氧气具有更强的氧化性。它能与除金和铂族金属外的所有金属和非金属反应。

$$PbS + 2O_3 \longrightarrow PbSO_4 + O_2$$
$$2KI + H_2SO_4 + O_3 \longrightarrow I_2 + O_2 + H_2O + K_2SO_4$$

最后这个反应可用于检验混合气体中是否含有臭氧。

臭氧可用于处理工业废水，它是一种优良的污水净化剂和脱色剂。微量的臭氧能消毒杀菌，能刺激中枢神经，加速血液循环。但空气中臭氧含量超过 1×10^{-6} 时，不仅对人体有害，而且对庄稼以及其它暴露在大气中的物质也有害。

2. 过氧化氢

过氧化氢分子式为 H_2O_2，纯的过氧化氢是无色黏稠液体（密度为 1.465g/mol），能以任意比与水混合。在过氧化氢分子中有一个过氧链—O—O—存在，结构如图 7-3 所示。O—O 键和 O—H 键的长度分别为 149pm 和 97pm，键角 ∠HOO 为 97°，两个氢原子所在平面间的夹角为 94°。

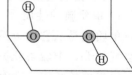

图 7-3　H_2O_2 分子结构

实验室里可用稀硫酸与 BaO_2 或 Na_2O_2 反应来制备过氧化氢。

$$BaO_2 + H_2SO_4 \longrightarrow BaSO_4 \downarrow + H_2O_2$$

工业上制备过氧化氢的方法如下。

(1) 电解法

电解硫酸氢盐溶液时在阳极上 HSO_4^- 被氧化生成过二硫酸盐，而在阴极产生氢气。

阳极　　　　　$2HSO_4^- \longrightarrow S_2O_8^{2-} + 2H^+ + 2e^-$

阴极　　　　　$2H^+ + 2e^- \longrightarrow H_2 \uparrow$

将电解产物过二硫酸盐进行水解，得到 H_2O_2 溶液。

$$S_2O_8^{2-} + 2H_2O \longrightarrow H_2O_2 + 2HSO_4^-$$

经减压蒸馏可得到浓度为 30% 左右的 H_2O_2 溶液。

(2) 乙基蒽醌法

以钯为催化剂在苯溶液中用 H_2 还原乙基蒽醌变为蒽醇。当蒽醇被氧氧化时生成原来的蒽醌和过氧化氢。蒽醌可以循环使用。

过氧化氢稳定性差，易发生分解。

$$2H_2O_2(l) \longrightarrow 2H_2O(l) + O_2(g) \qquad \Delta_r H_m^{\ominus} = -195.9 kJ \cdot mol^{-1}$$

过氧化氢在碱性介质中分解远比在酸性介质中快。当溶液中含有微量杂质或一些重金属离子，如 Fe^{2+}、Mn^{2+}、Cu^{2+}、Cr^{3+} 等都能加速过氧化氢的分解。光照可使过氧化氢的分解速度加快。因此，过氧化氢应保存在棕色瓶中，放置在阴凉处。为了防止过氧化氢分解，常常放入一些稳定剂，如微量的锡酸钠、焦磷酸钠或 8-羟基喹啉等。

过氧化氢水溶液是二元弱酸，在 298K 时，它的第一级电离常数 $K_1 = 2.0 \times 10^{-12}$，$K_2 \approx 10^{-25}$。

在 H_2O_2 分子中，氧的氧化数为 -1，处于中间状态，所以它既可作氧化剂又可作还原剂。在酸性介质中，过氧化氢是强氧化剂，而在碱性介质中只具有中等强度的还原性，因此过氧化氢主要作氧化剂。典型反应如下。

$$PbS + 4H_2O_2 \longrightarrow PbSO_4 \downarrow + 4H_2O$$

$$2CrO_2^- + 3H_2O_2 + 2OH^- \longrightarrow 2CrO_4^{2-} + 4H_2O$$

在酸性溶液中，过氧化氢能使重铬酸盐生成蓝色的过氧化铬 CrO_5，在乙醚中比较稳定。这个反应可用来检出 H_2O_2，也可以检验 CrO_4^{2-} 或 $Cr_2O_7^{2-}$ 的存在。

$$4H_2O_2 + H_2Cr_2O_7 \longrightarrow 2CrO(O_2)_2 + 5H_2O$$

$$2CrO_5 + 7H_2O_2 + 6H^+ \longrightarrow 2Cr^{3+} + 7O_2 + 10H_2O$$

过氧化氢主要用于漂白和消毒，是一种无公害的强氧化剂，有很强的杀菌能力。

（三）硫及其化合物

1. 单质硫的性质

单质硫是从它的天然矿床和化合物中制得。将含有单质硫的矿床利用过热蒸气加热或隔绝空气加热，把硫熔化并与矿渣分离，制成块状硫。用黄铁矿制取硫时，将矿石和焦炭混合，放在炼硫炉内，在有限的空气中燃烧，可以得到硫。

$$3FeS_2 + 12C + 8O_2 \longrightarrow Fe_3O_4 + 12CO + 6S$$

单质硫具多种同素异形体，最常见的是菱形硫和单斜硫，如图 7-4 所示。这两种晶态硫在 369K 时发生转变。

$$菱形硫 \underset{369K\text{以下}}{\overset{369K\text{以上}}{\rightleftharpoons}} 单斜硫$$

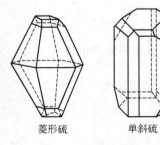

图 7-4 单质硫晶体

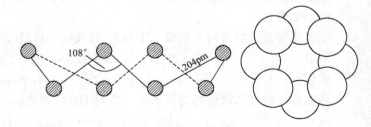

图 7-5 S_8 环状结构（左为侧视图，右为俯视图）

菱形硫和单斜硫的分子都是由 8 个硫原子组成的环状结构，每个硫原子采取不等性 sp^3 杂化并形成两个共价单键（图 7-5）。把单质硫加热到 433K 以上，S_8 环形分子破裂变成开链状的线形分子，并且聚合成更长链的大分子，黏度增高，颜色变暗红，约在 503K

将这种液态硫急速倾入冷水中，纠缠在一起的长链硫被固定下来，成为可以拉伸的弹性硫。经放置，无定形的弹性硫逐渐变成晶状硫。弹性硫与晶状硫不同点在于后者能完全溶于二硫化碳而前者仅部分溶解；若继续加热到563K以上，长链硫的大分子就断裂成短链的小分子，如S_6、S_3、S_2等，黏度重新降低，流动性加大。到717.6K时，硫就变成了蒸气。硫蒸气中含有S_8、S_6、S_4和S_2分子，当温度高于2000K时，还可以出现单原子分子硫。

硫的化学性质比较活泼。它既能从电负性比它小的元素中取得2个电子形成S^{2-}，又能共用2个电子形成氧化数为−2的化合物，还能借助有效d轨道和电负性比它大的元素形成氧化数为+4、+6的化合物。因此，单质硫既有氧化性又有还原性。如：

$$S+Fe \longrightarrow FeS$$

$$2S+C \longrightarrow CS_2$$

$$S+O_2 \longrightarrow SO_2$$

$$3S+6NaOH \xrightarrow{\triangle} 2Na_2S+Na_2SO_3+3H_2O$$

$$S+6HNO_3 \xrightarrow{\triangle} H_2SO_4+6NO_2+2H_2O$$

硫的最大用途是用来制造硫酸。在橡胶工业、造纸工业和黑火药、火柴、焰火生产中也需不少的硫。硫也是制造某些农药和医药的主要原料。

2. 硫的化合物的性质

（1）硫化氢

硫化氢是一种无色、具腐蛋臭味的气体。硫化氢的熔点为187K，沸点为202K。硫化氢气体溶于水后叫氢硫酸。

硫化氢能在空气中燃烧，产生蓝色火焰。

$$2H_2S+3O_2 \longrightarrow 2SO_2+2H_2O$$

$$2H_2S+O_2 \longrightarrow 2S+2H_2O \text{（氧不足时）}$$

氢硫酸是二元弱酸，在水溶液中有如下电离。

$$H_2S \rightleftharpoons H^+ + HS^- \quad K_1=8.9\times10^{-8}$$

$$HS^- \rightleftharpoons H^+ + S^{2-} \quad K_2=7.1\times10^{-19}$$

氢硫酸比硫化氢气体具有更强的还原性，常温下容易被空气中的氧氧化而析出单质硫，使溶液变混浊。其标准电极电势如下。

$$S+2H^++2e^- \longrightarrow H_2S \quad E_A^\ominus=0.144V$$

在酸性溶液中，它能使Fe^{3+}、Br_2、I_2、MnO_4^-、$Cr_2O_7^{2-}$、HNO_3等还原，本身一般被氧化成单质硫。但当氧化剂很强、用量又多时，也能被氧化到SO_4^{2-}。

$$H_2S+I_2 \longrightarrow 2HI+S$$

$$H_2S+4Br_2+4H_2O \longrightarrow H_2SO_4+8HBr$$

（2）金属硫化物

金属硫化物大多数是有颜色的、难溶于水的固体，只有碱金属的硫化物易溶，碱土金属硫化物，如CaS、SrS、BaS等微溶（见表7-17）。金属硫化物在水中有不同的溶解性和特征的颜色，这种特性在分析化学上用来鉴别和分离不同金属。

表 7-17 硫化物的颜色和溶解性

化学式	颜色	在水中	在酸中	溶度积
Na_2S	白色	易溶	易溶于稀酸中	—
ZnS	白色	不溶	易溶于稀酸中	1.2×10^{-23}
MnS	肉红色	不溶	易溶于稀酸中	1.4×10^{-15}
FeS	黑色	不溶	易溶于稀酸中	3.7×10^{-19}
SnS	棕色	不溶	稀酸中不溶,溶于浓盐酸	1.0×10^{-25}
PbS	黑色	不溶	稀酸中不溶,溶于浓盐酸	3.4×10^{-28}
CdS	黄色	不溶	稀酸中不溶,溶于浓盐酸	3.6×10^{-29}
Sb_2S_3	橙色	不溶	稀酸中不溶,溶于浓盐酸	2.9×10^{-59}
Ag_2S	黑色	不溶	只溶于氧化性酸	6.3×10^{-50}
CuS	黑色	不溶	只溶于氧化性酸	8.5×10^{-45}
HgS	黑色	不溶	只溶于王水或浓Na_2S溶液	$4 \times 10^{-53} \sim 2 \times 10^{-49}$

硫化物无论是易溶或微溶于水都会产生一定程度的水解,而使溶液显碱性。如Na_2S溶于水时几乎全部水解,其水溶液可作为强碱使用。Cr_2S_3、Al_2S_3在水中完全水解,因此,这些硫化物不能用湿法从溶液中制备。

硫化钠是一种白色晶体,在空气中易潮解,其水溶液如果在空气中敞口放置一段时间后,溶液会变黄。这是由于Na_2S具有还原性所致。

$$2Na_2S + O_2 \longrightarrow 2Na_2O + 2S \downarrow$$
$$Na_2S + S \longrightarrow Na_2S_2 \text{(黄色)}$$

(3) 多硫化物

可溶性的硫化物在溶液中能溶解单质硫生成多硫化物。如:

$$Na_2S + (x-1)S \longrightarrow Na_2S_x$$
$$(NH_4)_2S + (x-1)S \longrightarrow (NH_4)_2S_x$$

多硫化物的颜色随着x(一般为2~6)的增加由浅黄直到红棕。

多硫离子具有链式结构:

$$\left[\cdots \begin{array}{c} S \\ S \end{array} \begin{array}{c} S \\ S \end{array} \begin{array}{c} S \\ S \end{array} \cdots \right]_x^{2-}$$

多硫化物在酸性溶液中很不稳定,容易生成H_2S和S。

$$S_x^{2-} + 2H^+ \longrightarrow H_2S + (x-1)S \downarrow$$

多硫化物是氧化剂。如$(NH_4)_2S_2$能把SnS氧化。

$$SnS + (NH_4)_2S_2 \longrightarrow (NH_4)_2SnS_3$$

(4) 二氧化硫、亚硫酸及其盐

实验室中用亚硫酸盐与酸反应制得SO_2,但欲制取纯的SO_2,需用Cu与浓H_2SO_4反应。

$$Na_2SO_3 + H_2SO_4(\text{稀}) \longrightarrow Na_2SO_4 + SO_2 + H_2O$$
$$Cu + 2H_2SO_4(\text{浓}) \longrightarrow CuSO_4 + SO_2 + 2H_2O$$

工业上是通过焙烧黄铁矿制取SO_2。

$$3FeS_2 + 8O_2 \longrightarrow Fe_3O_4 + 6SO_2$$

二氧化硫分子为V形,∠OSO为119.5°,表明在分子中S原子是采取不等性sp^2杂化,与两个O原子各形成一条σ键,另一条杂化轨道被孤电子对占据。S原子还有一条含两个电子的 p 轨道与 O 原子中含一个电子的 p 轨道位置平行，这三条平行的 p 轨道形成 π_3^4，两个 S—O 键的键长 143pm，具有双键的特征。二氧化硫分子结构如图 7-6 所示。

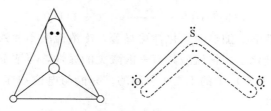

图 7-6　二氧化硫气体分子的结构

二氧化硫是无色有刺激性臭味的气体，易液化。

在 SO_2 中，S 的氧化数为 +4，所以 SO_2 既可表现还原性，又具氧化性。还原性是主要的。

二氧化硫能和某些有机色素结合成为无色加合物而被用于漂白。然而这些无色加合物不稳定，时间一长有色物质又将复原。

二氧化硫的水溶液称为亚硫酸，它是二元中强酸，仅存于水溶液中，存在下列平衡。

$$SO_2 + H_2O \rightleftharpoons H_2SO_3$$

$$H_2SO_3 \rightleftharpoons H^+ + HSO_3^- \qquad K_1 = 1.7 \times 10^{-2}$$

$$HSO_3^- \rightleftharpoons H^+ + SO_3^{2-} \qquad K_2 = 6.0 \times 10^{-8}$$

加热可使 SO_2 逸出，加碱可以得到酸式盐或正盐。

亚硫酸既具有还原性，又具有氧化性，但还原性是主要的。

碱金属的亚硫酸盐易溶于水，由于水解，溶液显碱性，其它金属的正盐均微溶于水，而所有的酸式亚硫酸盐都易溶于水。亚硫酸盐受热容易分解。例如，亚硫酸钠在加热时，分解生成硫化钠和硫酸钠。

$$4Na_2SO_3 \xrightarrow{\triangle} 3Na_2SO_4 + Na_2S$$

亚硫酸盐或酸式亚硫酸盐遇强酸即分解，放出 SO_2。

$$SO_3^{2-} + 2H^+ \longrightarrow H_2O + SO_2$$

$$HSO_3^- + H^+ \longrightarrow H_2O + SO_2$$

（5）三氧化硫、硫酸及其盐

气态的 SO_3 主要以单分子存在，它的分子是平面三角形，见图 7-7。硫原子在平面三角形的中间以 sp^2 杂化形成 3 个 σ 键和一个 4 原子 6 电子的离域 π 键（π_4^6），因此 S—O 键（143pm）具有双键特征。

三氧化硫是一种强氧化剂，特别在高温时它能氧化磷、碘化钾和铁、锌等金属。

三氧化硫极易吸收水分，在空气中强烈冒烟，溶于水中即生成硫酸并放出大量热。

纯硫酸是无色的油状液体，硫酸分子都存在着氢键。

浓硫酸溶于水形成一系列很稳定的水合物 $H_2SO_4 \cdot nH_2O(n=1\sim5)$，故浓硫酸有强烈

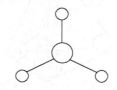

图 7-7　三氧化硫的结构

的吸水性，其水合过程放出大量的热，常用作干燥剂。浓硫酸是一个强脱水剂，能从一些有机化合物中夺取与水分子组成相当的氢和氧，使这些有机物炭化。例如：

$$C_{12}H_{22}O_{11} \xrightarrow{浓\ H_2SO_4} 12C + 11H_2O$$

浓硫酸是一种氧化性酸。加热时氧化性更显著。冷浓硫酸不和铁、铝等金属作用，因为铁、铝在冷浓硫酸中被钝化了。稀硫酸具有一般酸类的通性，与浓 H_2SO_4 的氧化反应不同，稀硫酸的氧化反应是由 H_2SO_4 中的 H^+ 所引起的。只能与电位顺序在 H 以前的金属如 Zn、Mg、Fe 等反应而放出 H_2。

硫酸是化学工业中一种重要的化工原料，大量用于肥料工业中制造过磷酸钙和硫酸铵及制造各种矾、染料、颜料、药物等。

硫酸能形成酸式盐和正盐两种类型的盐。酸式硫酸盐均易溶于水，也易熔化。加热到熔点以上，它们即转变为焦硫酸盐 $M_2S_2O_7$，再加强热，就进一步分解为正盐和三氧化硫。

一般硫酸盐都易溶于水，硫酸银略溶，碱土金属（Be、Mg 除外）和铅的硫酸盐微溶。除了碱金属和碱土金属外，其它硫酸盐都有不同程度的水解作用。

活泼金属的硫酸盐的热稳定性高。如 K_2SO_4 在 1273K 时也不分解。不活泼金属如 $CuSO_4$、Ag_2SO_4、$Al_2(SO_4)_3$、$Fe_2(SO_4)_3$、$PbSO_4$ 等硫酸盐在高温下一般分解成 SO_3 和相应的金属氧化物（或金属单质），如：

$$CuSO_4 \xrightarrow{\triangle} CuO + SO_3$$

$$Ag_2SO_4 \xrightarrow{\triangle} Ag_2O + SO_3$$

$$Ag_2O \xrightarrow{\triangle} 2Ag + 1/2 O_2$$

多数硫酸盐有形成复盐的趋势，在复盐中的两种硫酸盐是同晶型的化合物，这类复盐又叫做矾。常见的复盐有两类。一类的组成通式是 $M_2^I SO_4 \cdot M^{II} SO_4 \cdot 6H_2O$，其中 M^I = NH_4^+、K^+、Rb^+、Cs^+，M^{II} = Fe^{2+}、Co^{2+}、Ni^{2+}、Zn^{2+}、Cu^{2+}、Mg^{2+}。属于这一类的复盐，如摩尔盐 $(NH_4)_2SO_4 \cdot FeSO_4 \cdot 6H_2O$，镁钾矾 $K_2SO_4 \cdot MgSO_4 \cdot 6H_2O$。另一类组成的通式是 $M_2^I SO_4 \cdot M_2^{III}(SO_4)_3 \cdot 24H_2O$，共中 M^I = 碱金属（Li 除外）、NH_4^+、Tl^+，M^{III} = Al^{3+}、Fe^{3+}、Cr^{3+}、Ga^{3+}、V^{3+}、Co^{3+}。属于这一类的复盐，如明矾 $K_2SO_4 \cdot Al_2(SO_4)_3 \cdot 24H_2O$。它们通式的简式可写为 $M^I M^{III}(SO_4)_2 \cdot 12H_2O$。

(6) 硫的其他含氧酸及其盐

① 硫代硫酸及其盐

硫代硫酸根可看成 SO_4^{2-} 中的一个氧原子被硫原子所代替并与 SO_4^{2-} 相似，具有四面体构型，见图 7-8。$S_2O_3^{2-}$ 离子中的两个硫原子平均氧化数是 +2（中心硫原子氧化数为 +4，

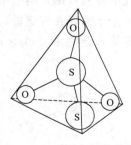

图 7-8 $S_2O_3^{2-}$ 离子的结构

另一个硫原子氧化数为 -2)。因此,硫代硫酸钠具有一定的还原性。

硫代硫酸钠是无色透明的结晶,易溶于水,其水溶液显弱碱性。硫代硫酸钠在酸性溶液中迅速分解。

$$Na_2S_2O_3 + 2HCl \longrightarrow 2NaCl + S\downarrow + SO_2\uparrow + H_2O$$

硫代硫酸钠是一种中等强度的还原剂,与碘反应时,它被氧化为连四硫酸钠;与氯、溴等反应时被氧化为硫酸盐。

$$2Na_2S_2O_3 + I_2 \longrightarrow Na_2S_4O_6 + 2NaI$$

$$Na_2S_2O_3 + 4Cl_2 + 5H_2O \longrightarrow 2H_2SO_4 + 2NaCl + 6HCl$$

硫代硫酸根有很强的配位能力

$$2S_2O_3^{2-} + Ag^+ \longrightarrow [Ag(S_2O_3)_2]^{3-}$$

照相底片上未曝光的溴化银在定影液中即由于形成这个配离子而溶解。

将硫粉溶于沸腾的亚硫酸钠碱性溶液中可制得 $Na_2S_2O_3$。

$$Na_2SO_3 + S \longrightarrow Na_2S_2O_3$$

② 焦硫酸及其盐

焦硫酸是一种无色的晶状固体,熔点 308K。当冷却发烟硫酸时,可以析出焦硫酸晶体。实际上,焦硫酸是由等物质的量的 SO_3 和纯 H_2SO_4 化合而成的。

$$H_2SO_4 + SO_3 \longrightarrow H_2S_2O_7$$

焦硫酸可看作是由两分子硫酸脱去一分子水所得的产物。

$$\begin{array}{c} O \\ \uparrow \\ HO-S-OH \\ \downarrow \\ O \end{array} + \begin{array}{c} O \\ \uparrow \\ HO-S-OH \\ \downarrow \\ O \end{array} \xrightarrow{H_2O} \begin{array}{c} O \\ \uparrow \\ HO-S-O-S-OH \\ \downarrow \\ O \end{array} \begin{array}{c} O \\ \uparrow \\ \\ \downarrow \\ O \end{array}$$

焦硫酸具有比浓硫酸更强的氧化性、吸水性和腐蚀性。

将碱金属的酸式硫酸盐加热到熔点以上,可得焦硫酸盐。

$$2KHSO_4 \xrightarrow{\triangle} K_2S_2O_7 + H_2O$$

焦硫酸盐一个重要用途是与一些难熔的碱性金属氧化物(如 Fe_2O_3、Al_2O_3、TiO_2 等)共熔生成可溶性的硫酸盐。

$$Al_2O_3 + 3K_2S_2O_7 \longrightarrow Al_2(SO_4)_3 + 3K_2SO_4$$

③ 过硫酸及其盐

过硫酸可以看成是过氧化氢中氢原子被 HSO_3^- 取代的产物。$HO \cdot OH$ 中一个 H 被 HSO_3^- 取代后得 $HO \cdot OSO_3H$,即过一硫酸;另一个 H 也被 HSO_3^- 取代后,得 $HSO_3OO \cdot OSO_3H$,即过二硫酸,它的结构式如下。

$$\begin{array}{c} O \\ \uparrow \\ HO-O-S-OH \\ \downarrow \\ O \end{array} \qquad \begin{array}{c} O \quad\quad O \\ \uparrow \quad\quad \uparrow \\ HO-O-S-O-S-OH \\ \downarrow \quad\quad \downarrow \\ O \quad\quad O \end{array}$$

过一硫酸(H_2SO_5)   过二硫酸($H_2S_2O_6$)

过二硫酸是无色晶体,具有极强的氧化性。

所有的过硫酸盐都是强氧化剂。过二硫酸及其盐作为氧化剂在氧化还原反应过程中,它的过氧链断裂,其中两个氧原子的氧化数从 -1 降到 -2,而硫的氧化数不变仍然是 $+6$。

例如，过硫酸钾和铜能按下式反应。

$$Cu + K_2S_2O_8 \longrightarrow CuSO_4 + K_2SO_4$$

过硫酸盐在 Ag^+ 的作用下，能将 Mn^{2+} 氧化成 MnO_4^-。

$$2Mn^{2+} + 5S_2O_8^{2-} + 8H_2O \xrightarrow{Ag^+} 2MnO_4^- + 10SO_4^{2-} + 16H^+$$

在钢铁分析中常用过硫酸铵（或过硫酸钾）氧化法测定钢中锰的含量。

过硫酸及其盐都是不稳定的，在加热时容易分解。例如，$K_2S_2O_8$ 受热时会放出 SO_3 和 O_2。

$$2K_2S_2O_8 \xrightarrow{\triangle} 2K_2SO_4 + 2SO_3 + O_2$$

习　题

1. 大气层中臭氧是怎样形成的，哪些污染物引起臭氧层的破坏，如何鉴别 O_3，它有什么特征反应？
2. 少量 Mn^{2+} 可以催化分解 H_2O_2，其反应机理解释如下：H_2O_2 能氧化 Mn^{2+} 为 MnO_2，后者又能使 H_2O_2 氧化，试从电极电势说明上述解释是否合理，并写出离子反应方程式。
3. 哪些金属硫化物易溶于水？为什么大多数金属硫化物难溶于水？
4. SO_2 与 Cl_2 的漂白机理有什么不同？
5. 为什么在 $FeSO_4$ 溶液（0.1mol/L）中，通入 H_2S 得不到 FeS 沉淀？若要得到 FeS 沉淀，溶液中的 H^+ 浓度应小于若干 $mol \cdot L^{-1}$？已知 Ksp (FeS) $= 3.7 \times 10^{-18}$，$[H^+]^2[S^{2-}] = 1.1 \times 10^{-24}$。
6. Na_2S 与 Al_2S_3 何者水解较彻底？为什么？若不断加热 Na_2S 的水溶液，有何结果？
7. 纯 H_2SO_4 是共价化合物，却有较高的沸点（657K），为什么？
8. 写出以 S 为原料制备以下各种化合物的反应方程式：H_2S、H_2S_2、SF_6、SO_3、H_2SO_4、SO_2Cl_2、$Na_2S_2O_4$。
9. 完成下面反应方程式并解释在反应（1）过程中，为什么出现由白到黑的颜色变化？
   (1) $Ag^+ + S_2O_3^{2-}$（少量）$\longrightarrow$
   (2) $Ag^+ + S_2O_3^{2-}$（过量）$\longrightarrow$
10. 在酸性的 KIO_3 溶液中加入 $Na_2S_2O_3$，有什么反应发生？
11. 写出下列各题的生成物并配平。
    (1) Na_2O_2 与过量冷水反应；
    (2) 在 Na_2CO_3 溶液中通入 SO_2 至溶液的 pH=5 左右；
    (3) H_2S 通入 $FeCl_3$ 溶液中。
12. 按下表填写各试剂与四种含硫化合物反应所产生的现象。

	Na_2S	Na_2SO_3	$Na_2S_2O_3$	Na_2SO_4
稀盐酸				
$AgNO_3$	中性 酸性			
$BaCl_2$	中性 酸性			

三、氮族元素

【要求】

重点掌握氮、磷的单质及其重要化合物的结构、性质、制备和应用。

【内容提要】

本节主要介绍氮、磷的单质，氨与铵盐，氮的氧化物、含氧酸及其盐；磷的氧化物、含氧酸及其盐，磷的卤化物等重要化合物的结构、性质、制备和应用。

【预习思考】

1. 根据氮族元素的价层电子结构，分析氮族元素在形成化合物时有何基本特征和常见氧化态？
2. 总结 N 原子在形成化合物时成键特征和价键结构。
3. 从 N_2 结构说明为什么 N_2 特别稳定？N_2 特别稳定是否说明 N 元素的化学性质特别不活泼？
4. 从 NH_3 分子的结构总结 NH_3 有哪些主要性质？
5. 总结铵盐的性质及热分解规律。
6. NO、NO_2 在结构和性质上有哪些不同？
7. HNO_2 和 HNO_3 在性质上有何不同？
8. HNO_3 与金属的反应在产物上有哪些规律？硝酸盐的热分解产物有哪些规律？
9. 单质磷有几种同素异形体？能否从它们结构的不同说明它们化学活泼性的大小顺序？
10. 为什么白磷有极高的化学活泼性？
11. PH_3 与 NH_3 比较，其碱性、还原性、配位能力怎样变化？为什么？
12. +5 氧化态的磷的含氧酸有哪几种？它们在结构上有哪些特点？

（一）氮族元素性质变化规律

周期系 V A 族包括氮、磷、砷、锑、铋五种元素，通称为氮族元素。其中 N 和 P 是非金属元素，Sb 和 Bi 为金属元素，处于中间的 As 为准金属元素。因此，本族元素在性质上表现出从典型的非金属逐渐递变过渡到金属。氮族元素的基本性质列于表 7-18 中。

表 7-18 氮族元素的基本性质

性质	氮(N)	磷(P)	砷(As)	锑(Sb)	铋(Bi)
原子序数	7	15	33	51	83
价电子构型	$2s^22p^3$	$3s^23p^3$	$4s^24p^3$	$5s^25p^3$	$6s^26p^3$
主要氧化态	$-3,-2,-1,0,+1,$ $+2,+3,+4,+5$	$-3,0,$ $+3,+5$	$-3,0,$ $+3,+5$	$0,+3,+5$	$0,+3,+5$
共价半径/pm	70	110	121	141	152
第一电离势/(kJ/mol)	1402	1011.8	944	831.6	703.3
第一电子亲合势/(kJ/mol)	+58	-74	-77	-101	-100
电负性	3.04	2.19	2.18	2.05	2.02

本族元素原子的价电子构型为 ns^2np^3，主要氧化态有 -3、+3 和 +5，由于氮族元素的电负性均小于同周期相应的 ⅦA、ⅥA 族元素，它与卤素或氧、硫反应主要形成氧化态为 +3，+5 的共价化合物，与氢反应形成氧化态从 -3 到 +3 的共价型氢化物，因此形成共价化合物是本族元素的特征。

本族中 N 和 P 电负性较大，能形成极少数氧化态为 -3 的离子型化合物，如 Li_3N、Mg_3N_2、Na_3P、Ca_3P_2 等。但只能以固态存在，溶液中不存在 N^{3-} 和 P^{3-} 的简单离子。

本族元素从上到下 +5 氧化态的稳定性递减，而 +3 氧化态的稳定性递增。+5 氧化态的氮是较强的氧化剂。除氮外，本族元素从磷到铋 +5 氧化态的氧化性依次增强。例如，

+5氧化态的磷几乎不具有氧化性并且最稳定，而+5氧化态的铋是最强的氧化剂，它的+3氧化态最稳定，几乎不显还原性。

氮族元素的标准电极电势见图7-9。

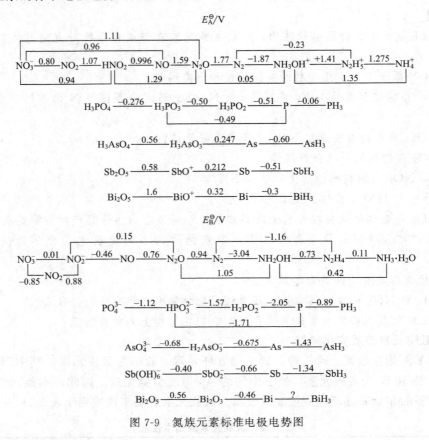

图7-9 氮族元素标准电极电势图

（二）氮及其化合物

1. 单质氮的性质

工业上通过液态空气分馏制得氮气。实验室常用加热亚硝酸铵溶液来制备氮气：

$$NH_4NO_2 \xrightarrow{343K} N_2\uparrow + 2H_2O$$

氮原子间能形成强的 pπ-pπ 多重键，因而能生成本族其它元素所没有的化合物。如叠氮化物（N_3^-），偶氮化合物（—N=N—）等。

氮元素在形成化合物时的成键特征主要有以下三点。

① 氮可与电负性小的某些碱金属和碱土金属形成离子化合物。但必须指出这类化合物仅存于固态，遇水强烈水解，水溶液中不存在简单的 N^{3-} 水合离子。

② 氮可与电负性大的非金属元素形成各种类型的共价化合物，在这些化合物中除通常遇到的共价单键、双键、三键外，还形成不同类型的离域π键。形成多重键和离域π键是氮最突出的成键特点。

③ 氮上的孤电子对，还容易进入过渡金属离子的空轨道，形成配位键，从而得到许多类型不同的配合物。

氮的成键特征和价键结构见表7-19。

表 7-19 氮原子的成键特征和价键结构

键型			结构图式	σ键数目	π键类型	π键数目	孤电子对数	分子形状	化合物举例
离子键			$[\ddot{\underset{..}{N}}]^{3-}$	—	—	—	—	—	Li_3N, Mg_3N_2
共价键	成键轨道	sp^3	(图)	3	0	0	1	三角锥	NH_3, NCl_3
			(图)	4	0	0	0	正四面体	NH_4^+
			(图)	2	0	0	2	角形	NH_2^-
		sp^2	(图)	2	π_3^3	1	1	角形	NO_2
			(图)	2	π_3^4	1	0	角形	NO_2^-
			(图)	3	π_4^6	1	0	平面三角形	NO_3^-
		sp	(图)	2	π_3^4	2	0	直线	NO_2^+, N_2O
			(图)	1	π_2^2	2	0	直线	N_2
配位键			$\leftarrow :NH_3$	许多过渡金属的氨合物,胺合物					
			$\leftarrow :NO_2$	过渡金属的硝基配合物,如 $Co(NO_2)_6^{3-}$					
			$\leftarrow :N_2$	某些过渡金属的分子氮合物,如 $[Os(NH_3)_5N_2]^{2+}$					

2. 氮的化合物的性质

(1) 氮的氢化物

① 氨

氨是氮的最重要化合物之一。在工业上氨的制备是用氮气和氢气在高温高压和催化剂存在下合成的。在实验室中通常用铵盐和碱的反应来制备少量氨气。

$$N_2 + 3H_2 \xrightarrow{\text{高温、高压、催化剂}} 2NH_3$$

$$2NH_4Cl + CaO \xrightarrow{NaOH} 2NH_3\uparrow + CaCl_2 + H_2O$$

氨是一种有刺激性臭味的无色气体。它在常温下很容易被加压液化。氨有较大的蒸发热,常用它来作冷冻机的循环制冷剂。氨极易溶于水。氨分子具有极性,液氨的分子间存在着强的氢键。

金属在液氨中的活性比在水中低,很浓的碱金属液氨溶液是强还原剂,可与溶于液氨的物质发生均相的氧化还原反应。

氨的主要化学性质有以下几方面。

(a) 还原性:常温下,氨在水溶液中能被许多强氧化剂(Cl_2、H_2O_2、$KMnO_4$ 等)所氧化,例如:

$$3Cl_2 + 2NH_3 \longrightarrow N_2 + 6HCl$$

若 Cl_2 过量则得 NCl_3。

$$3Cl_2 + NH_3 \longrightarrow NCl_3 + 3HCl$$

(b) 取代反应:取代反应的一种形式是氨分子中的氢被其它原子或基团所取代,生成一系列氨的衍生物。如氨基—NH_2 的衍生物,亚氨基=NH 的衍生物或氮化物 N≡。取代反应的另一种形式是氨以它的氨基或亚氨基取代其它化合物中的原子或基团,例如:

$$HgCl_2 + 2NH_3 \longrightarrow Hg(NH_2)Cl + NH_4Cl$$
$$COCl_2(光气) + 4NH_3 \longrightarrow CO(NH_2)_2(尿素) + 2NH_4Cl$$

这种反应与水解反应相类似，实际上是氨参与的复分解反应，称为氨解反应。

(c) 配位反应：氨是一种路易斯碱，分子中氮原子上的孤对电子容易进入具有空轨道的中心离子形成配位键。如：

$$AgCl + 2NH_3 \longrightarrow [Ag(NH_3)_2]Cl$$
$$Cu(OH)_2 + 4NH_3 \longrightarrow [Cu(NH_3)_4](OH)_2$$

(d) 弱碱性：氨与水反应的实质是氨作为路易斯碱和水所提供的质子以配位键相结合。

$$:NH_3 + H_2O \rightleftharpoons NH_4^+ + OH^- \qquad K = 1.8 \times 10^{-5}$$

② 铵盐

铵盐的性质也类似于钾盐，在化合物的分类中，常把铵盐和碱金属盐归为一类。

铵盐一般是无色晶体，易溶于水。铵盐都有一定程度的水解。因此，在任何铵盐溶液中，加入强碱并加热，就会释放出氨（检验铵盐的反应）。

$$NH_4^+ + OH^- \longrightarrow NH_3 + H_2O$$

铵盐的另一重要性质是对热的不稳定性。固态铵盐加热时极易分解，一般分解为氨和相应的酸。

$$NH_4HCO_3 \xrightarrow{\triangle} NH_3 + CO_2 + H_2O$$
$$NH_4Cl \xrightarrow{\triangle} NH_3 + HCl$$

如果酸是不挥发性的，则只有氨挥发逸出，而酸或酸式盐则残留在容器中。

$$(NH_4)_2SO_4 \xrightarrow{\triangle} NH_3 + NH_4HSO_4$$
$$(NH_4)_3PO_4 \xrightarrow{\triangle} 3NH_3 + H_3PO_4$$

如果相应的酸有氧化性，则分解出来的 NH_3 会立即被氧化。例如 NH_4NO_3 受热分解时，氨被氧化为一氧化二氮。

$$NH_4NO_3 \xrightarrow{\triangle} N_2O + 2H_2O$$

如果加热温度高于 573K，则一氧化二氮又分解为 N_2 和 O_2。

$$2NH_4NO_3 \xrightarrow{\triangle} 4H_2O + 2N_2 + O_2 \qquad \Delta_r H_m^{\ominus} = -238.6 \text{kJ} \cdot \text{mol}^{-1}$$

由于这个反应生成大量的气体并放出大量的热，气体受热体积迅速膨胀，所以如果反应是在密闭容器中进行，就会发生爆炸。基于这种性质，NH_4NO_3 可用于制造炸药。

③ 联氨

联氨又名肼（N_2H_4），可看成是氨分子内的一个氢原子被氨基所取代的衍生物，其中 N 的氧化态是 -2。

纯联氨是一种可燃性的液体，它在空气中发烟，能与水及酒精无限混合。在加热时联氨便发生爆炸性的分解。它在空气中燃烧放出大量的热。

$$N_2H_4(l) + O_2(g) \xrightarrow{\triangle} N_2(g) + 2H_2O(l) \qquad \Delta_r H_m^{\ominus} = -624 \text{kJ} \cdot \text{mol}^{-1}$$

④ 羟氨

羟氨可看成是氨分子内的一个氢原子被羟基取代的衍生物，N 的氧化态是 -1。纯羟氨是无色固体，熔点 305K，不稳定，在 288K 以上便分解为 NH_3、N_2 和 H_2O。

羟氨易溶于水,它的水溶液比较稳定,显弱碱性。

$$NH_2OH + H_2O \rightleftharpoons NH_3OH^+ + OH^- \quad K = 6.6 \times 10^{-9} \text{ (298K)}$$

它与酸形成盐,常见的盐有 $[NH_3OH]Cl$ 和 $[NH_3OH]_2SO_4$。

羟氨既有还原性又有氧化性,但它主要用作还原剂。羟氨与联氨作为还原剂的优点,一方面是它们具有强的还原性,另一方面是它们的氧化产物主要是气体(N_2、N_2O、NO),可以脱离反应体系,不会给反应体系带来杂质。

(2) 氮的氧化物

氮和氧有多种不同的化合形式,在氧化物中氮的氧化态可以从 +1 到 +5。其中以一氧化氮和二氧化氮较为重要。这些氧化物的物理性质和结构见表 7-20。

表 7-20 氮的氧化物的物理性质和结构

化学式	性状	熔点/K	沸点/K	结构
N_2O	无色气体,尚稳定	182	184.5	N—N—O; N—112pm—N—119pm—O
NO	气体、液体和固体都是无色	109.5	121	N—O; N—115pm—O
NO_2	红棕色气体	264	294	O—N—O; 120pm, 134°
N_2O_4	无色气体	261.9	294.3	118pm, 175pm, 134°, Π_6^8
N_2O_5	无色固体,在漫射光和 280K 以下稳定,气体不稳定	305.6	(升华)	115pm, 273pm, 122pm, Π_4^6; 两个 Π_3^4

① 一氧化氮

NO 含一个 σ 键,一个双电子 π 键和一个 3 电子 π 键。在化学上这种具有奇数价电子的分子称奇分子。通常奇分子都有颜色,而 NO 或 N_2O_2 在液态和固态时都是无色的,只是当混有 N_2O_3 时才显蓝色。NO 很容易与吸附在容器壁上的氧反应生成 NO_2。NO_2 又与 NO 结合生成 N_2O_3:

$$NO + NO_2 \rightleftharpoons N_2O_3$$

NO 会形成二聚物,N_2O_2 构型见图 7-10。

NO 微溶于水,但不与水反应,不助燃,在常温下极易与氧反应。由于分子中存在孤电子对,NO 可以同金属离子形成配合物,例如与 $FeSO_4$ 溶液形成棕色可溶性的硫酸亚硝酰

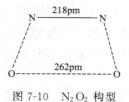

图 7-10 N_2O_2 构型

合铁（Ⅱ）。

$$FeSO_4 + NO \longrightarrow [Fe(NO)]SO_4$$

在反应中 NO 易失去 π_{2p}^* 轨道上的一个单电子形成亚硝酰正离子 NO^+，相应的化合物有 $NO^+ClO_4^-$、$NO^+HSO_4^-$ 等。

② 二氧化氮

二氧化氮是红棕色气体。NO_2 是单电子分子，在低温时易聚合成二聚体 N_2O_4。N_2O_4 在固态时是无色晶体，由 NO_2 二聚体组成；在 264K 时熔解为黄色液体并含有少量 NO_2。在 413K 以上 N_2O_4 全部转变为 NO_2，超过 423K，NO_2 发生分解。

$$N_2O_4 \xrightarrow{264 \sim 413K} 2NO_2 \qquad \Delta_r H_m^\ominus = 57 kJ \cdot mol^{-1}$$

$$2NO_2 \xrightarrow{423K} 2NO + O_2$$

NO_2 易溶于水歧化生成 HNO_3 和 HNO_2，而 HNO_2 不稳定受热立即分解：

$$2NO_2 + H_2O \longrightarrow HNO_3 + HNO_2$$

$$3HNO_2 \longrightarrow HNO_3 + 2NO + H_2O$$

(3) 氮的含氧酸及其盐

① 亚硝酸及其盐

当将等物质的量的 NO 和 NO_2 混合物溶解在冰水中或向亚硝酸盐的冷溶液中加酸时，生成亚硝酸：

$$NO + NO_2 + H_2O \xrightarrow{冷冻} 2HNO_2$$

$$NaNO_2 + H_2SO_4 \xrightarrow{冷冻} HNO_2 + NaHSO_4$$

亚硝酸很不稳定，仅存在于冷的稀溶液中，微热甚至冷时便分解为 NO、NO_2 和 H_2O。亚硝酸是一种弱酸，但比醋酸略强。

$$HNO_2 \rightleftharpoons H^+ + NO_2^- \qquad K_a = 5 \times 10^{-4} (291K)$$

在亚硝酸中，N 的氧化数为 +3，处于中间状态，因此，它既可作氧化剂又可作还原剂，其氧化性比稀硝酸还强。无论在酸性还是碱性介质中，其氧化性都大于还原性，即亚硝酸的氧化性是主要的。

除了浅黄色的微溶盐 $AgNO_2$ 外，一般亚硝酸盐易溶于水，水溶液是稳定的。亚硝酸盐，特别是碱金属和碱土金属的亚硝酸盐，都有很高的热稳定性。

亚硝酸盐中，氮原子的氧化态处于中间，既有氧化性又有还原性。亚硝酸盐在酸性溶液中是强氧化剂，氧化性是主要的；在碱性溶液中还原性是主要的，空气中的氧就能使 NO_2^- 氧化为 NO_3^-。例如，NO_2^- 在酸性溶液中能将 I^- 氧化为单质碘。

$$2NO_2^- + 2I^- + 4H^+ \longrightarrow 2NO + I_2 + 2H_2O$$

这个反应可以定量地进行，能用于测定亚硝酸盐含量。

当遇到更强氧化剂，如 $KMnO_4$、Cl_2 等，亚硝酸盐则是还原剂，被氧化为硝酸盐，

$$2MnO_4^- + 5NO_2^- + 6H^+ \longrightarrow 2Mn^{2+} + 5NO_3^- + 3H_2O$$

NO_2^- 离子是一种很好的配体，在氧原子和氮原子上都有孤电子对，它们能分别与金属离子形成配位键（如 $M \leftarrow NO_2$ 和 $M \leftarrow ONO$），如 NO_2^- 与钴盐能生成钴亚硝酸根配离子 $[Co(NO_2)_6]^{3-}$。

KNO_2 和 $NaNO_2$ 大量用于染料工业和有机合成工业中。亚硝酸盐均有毒，易转化为致

癌物质亚硝胺，使用时必须注意。

② 硝酸及其盐

HNO_3 分子为平面型结构，其中 N 原子采用 sp^2 杂化，见图 7-11 所示。分子中除形成 4 个 σ 键外，还有一个由 1 个 N 原子和 2 个 O 原子组成的三中心四电子的离域 π 键（$π_3^4$）。另外分子内还存在氢键。

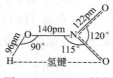

图 7-11　HNO_3 结构

工业上制硝酸的最重要方法是氨的催化氧化法。将氨和过量空气的混合物通过装有铂铑合金的丝网，氨在高温下被氧化为 NO。

$$4NH_3 + 5O_2 \xrightarrow{\text{Pt-Rh 催化剂, 1237K}} 4NO + 6H_2O \quad \Delta_r H_m^{\ominus} = -904 \text{kJ} \cdot \text{mol}^{-1}$$

生成的 NO 与氧作用，被氧化成 NO_2，再被水吸收就成为硝酸。

$$2NO + O_2 \longrightarrow 2NO_2 \quad \Delta_r H_m^{\ominus} = -113 \text{kJ} \cdot \text{mol}^{-1}$$
$$3NO_2 + H_2O \longrightarrow 2HNO_3 + NO$$

在实验室中，用硝酸盐与浓硫酸反应来制备少量硝酸。

$$NaNO_3 + H_2SO_4 \longrightarrow NaHSO_4 + HNO_3$$

纯硝酸是无色液体，沸点 356K，在 231K 下凝成无色晶体。硝酸和水可以按任何比例混合。浓硝酸受热或见光就按下式逐渐分解，使溶液呈黄色。

$$4HNO_3 \xrightarrow{h\nu} 4NO_2 + O_2 + 2H_2O \quad \Delta_r H_m^{\ominus} = 259.4 \text{kJ} \cdot \text{mol}^{-1}$$

溶解了过量 NO_2 的浓硝酸呈红棕色称为发烟硝酸。由于 NO_2 起催化作用，反应被加速，所以发烟硝酸具有很强的氧化性。

硝酸的重要化学性质表现在以下两方面。

强氧化性。这是由于 HNO_3 中的氮处于最高氧化态以及硝酸分子不稳定易分解放出氧和二氧化氮所致。非金属元素如碳、硫、磷、碘等都能被浓硝酸氧化成氧化物或含氧酸。

$$C + 4HNO_3 \longrightarrow CO_2 + 4NO_2 + 2H_2O$$
$$S + 6HNO_3 \longrightarrow H_2SO_4 + 6NO_2 + 2H_2O$$
$$P + 5HNO_3 \longrightarrow H_3PO_4 + 5NO_2 + H_2O$$
$$3P + 5HNO_3 + 2H_2O \longrightarrow 3H_3PO_4 + 5NO$$
$$I_2 + 10HNO_3 \longrightarrow 2HIO_3 + 10NO_2 + 4H_2O$$
$$3I_2 + 10HNO_3(稀) \longrightarrow 6HIO_3 + 10NO + 2H_2O$$

某些金属如 Fe、Al、Cr 等能溶于稀硝酸，而不溶于冷浓硝酸。这是因为这类金属表面被浓硝酸氧化形成一层十分致密的氧化膜，阻止了内部金属与硝酸进一步作用，我们称这种现象为"钝态"；经浓硝酸处理后的"钝态"金属，就不易再与稀酸作用。

硝酸作为氧化剂，被还原为较低氧化态的氮的化合物比较复杂。至于被还原成为不同产物的可能性和倾向，仅凭电极电势是难以判断的，因为反应的实际情况往往还和动力学因素密切相关。例如，HNO_3 被还原为单质 N_2，其反应倾向很大（$E_{NO_3^-/N_2} = 1.24V$），但由于动力学原因却很少出现这个反应。

对同一种金属来说,酸愈稀则其还原产物氮的氧化态降低得愈多。一般地说,不活泼的金属如 Cu、Ag、Hg 和 Bi 等与浓硝酸反应主要生成 NO_2,与稀硝酸反应主要生成 NO;活泼金属如 Fe、Zn、Mg 等与稀硝酸反应则生成 N_2O 或铵盐。

浓硝酸与浓盐酸的混合液(体积比为 1:3)称为王水,可溶解不能与硝酸作用的金属,如:

$$Au + HNO_3 + 4HCl \longrightarrow H[AuCl_4] + NO + 2H_2O$$

金能溶于王水,主要是由于王水中不仅含有 HNO_3、Cl_2、$NOCl$ 等强氧化剂,同时还有高浓度的氯离子,它与金属离子形成稳定的配离子如 $[AuCl_4]^-$,从而降低了溶液中金属离子的浓度,有利于反应向金属溶解的方向进行。电对 $[AuCl_4]^-/Au$ 的标准电极电势显然比电对 Au^{3+}/Au 低得多。

$$HNO_3 + 3HCl \longrightarrow NOCl + Cl_2 + 2H_2O$$

$$Au^{3+} + 3e^- \longrightarrow Au \qquad E^\ominus = 1.42V$$

$$[AuCl_4]^- + 3e^- \longrightarrow Au + 4Cl^- \qquad E^\ominus = 0.994V$$

硝酸盐大多是无色易溶于水的晶体。硝酸盐在常温下是较稳定的,但在高温时固体硝酸盐会分解放出 O_2 而显氧化性。硝酸盐热分解的产物决定于盐的阳离子。碱金属和碱土金属的硝酸盐热分解放出 O_2 并生成相应的亚硝酸盐。电位顺序在 Mg 和 Cu 之间的金属所形成的硝酸盐热分解时生成相应的氧化物。电位顺序在铜以后的金属硝酸盐则分解为金属。例如:

$$2NaNO_3 \xrightarrow{\triangle} 2NaNO_2 + O_2$$

$$2Pb(NO_3)_2 \xrightarrow{\triangle} 2PbO + 4NO_2 + O_2$$

$$2AgNO_3 \xrightarrow{\triangle} 2Ag + 2NO_2 + O_2$$

由于各种金属的亚硝酸盐和氧化物稳定性不同,所以加热分解的最后产物也不同。

(三)磷及其化合物

1. 磷单质的性质

磷有多种同素异形体,其中主要的有白磷、红磷和黑磷。

纯白磷是无色而透明的晶体,遇光即逐渐变为黄色,所以又叫黄磷。白磷不溶于水,易溶于 CS_2 中。白磷剧毒,误食 0.1g 就能致死。皮肤若经常接触到单质磷也会引起吸收中毒。

白磷晶体是由 P_4 分子组成的分子晶体。P_4 分子呈四面体构型(见图 7-12),分子中 P—P 键长是 221pm,∠PPP 键角是 60°。

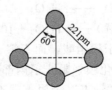

图 7-12 白磷分子结构

在 P_4 分子中每个磷原子用它的 3 个 p 轨道与另外三个磷原子的 p 轨道间形成三个 σ 键,键角是 60°,所以 P_4 分子具有张力。这种张力的存在使每一个 P—P 键的键能减弱,易于断裂,使黄磷在常温下有很高的化学活性,在空气中能自燃,因此黄磷要贮存于水中以隔绝空气。

将黄磷隔绝空气加热可转变为红磷。红磷是一种暗红色的粉末，它不溶于水、碱和 CS_2 中，没有毒性，加热到 673K 以上才着火。红磷与空气长期接触也会极其缓慢地氧化，形成易吸水的氧化物。

红磷的结构是 P_4，四面体的一个 P—P 键破裂后相互结合起来的长链状，如图 7-13。

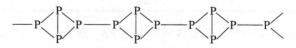

图 7-13 红磷结构

黑磷是磷的一种最稳定的变体。可由黄磷在高压和较高温度下转化为类似石墨的片状结构的黑磷，它能导电，不溶于有机溶剂，一般不容易发生化学反应。

2. 磷的化合物

（1）磷的氧化物

① 三氧化二磷

单质磷在氧中不完全燃烧的产物即为三氧化二磷（P_4O_6），其分子结构是以 P_4 分子结构为基础的。即 P_4 分子的 6 条受张力而弯曲的键断裂，中间各嵌入 1 个氧原子，组成为 P_4O_6，形状似球形结构，见图 7-14 所示。

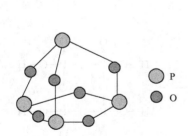

图 7-14 P_4O_6 分子结构

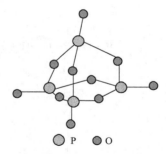

图 7-15 P_4O_{10} 分子结构

P_4O_6 是有滑腻感的白色吸湿性蜡状固体，有很强的毒性，可溶于苯、二硫化碳和氯仿等非极性溶剂中。P_4O_6 是亚磷酸的酸酐，但只有和冷水或碱溶液反应时才缓慢地生成亚磷酸或亚磷酸盐。在热水中它发生强烈的歧化反应。

$$P_4O_6 + 6H_2O(冷) \longrightarrow 4H_3PO_3$$

$$P_4O_6 + 6H_2O(热) \longrightarrow 3H_3PO_4 + PH_3 \uparrow$$

② 五氧化二磷

五氧化二磷（P_4O_{10}）分子结构与 P_4O_6 相似，只是每个磷原子再通过配位键与 1 个独立的氧原子连接，这时每个磷原子均与四个氧原子成键，见图 7-15。

P_4O_{10} 是白色雪状固体，易升华。P_4O_{10} 是磷酸的酸酐，它与水反应视水的用量多少，P—O—P 键将有不同程度断开，从而生成不同组分的酸。

P_4O_{10} 对水有很强的亲和力，吸湿性强，常用作气体和液体的干燥剂。它甚至可以从许多化合物中夺取化合态的水，如使硫酸、硝酸脱水：

$$P_4O_{10} + 6H_2SO_4 \longrightarrow 6SO_3 \uparrow + 4H_3PO_4$$

$$P_4O_{10} + 12HNO_3 \longrightarrow 6N_2O_5 \uparrow + 4H_3PO_4$$

(2) 磷的含氧酸及其盐

磷有以下几种较重要的含氧酸,见表 7-21。

表 7-21　几种较重要磷的含氧酸

名称	正磷酸	焦磷酸	三磷酸	偏磷酸	亚磷酸	次磷酸
化学式	H_3PO_4	$H_4P_2O_7$	$H_5P_3O_{10}$	$(HPO_3)_n$	H_3PO_3	H_3PO_2
磷的氧化态	+5	+5	+5	+5	+3	+1

由正磷酸经强热脱水后的产物叫做磷酸的缩合酸,脱去 1、2、(n-1) 个分子水后依次生成 $H_4P_2O_7$、$H_5P_3O_{10}$、$(HPO_3)_n$,其反应过程如下:

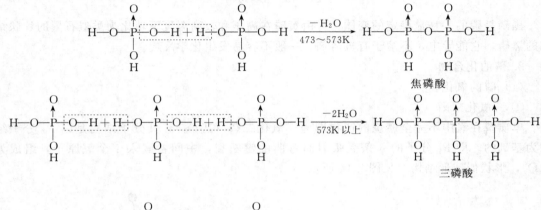

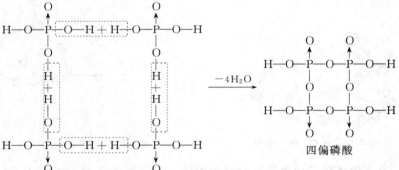

上面各式表明焦磷酸、三磷酸和四偏磷酸等都是由若干个磷酸分子通过氧原子连接起来的多酸。只是焦磷酸和三磷酸是链状结构,而四偏磷酸是环状结构。

① 正磷酸及其盐

正磷酸简称磷酸(H_3PO_4),纯净的磷酸为无色晶体,加热磷酸时逐渐脱水生成焦磷酸、偏磷酸,因此磷酸没有自身的沸点。磷酸能与水以任何比例混溶。

磷酸是一种无氧化性的不挥发的三元中强酸,在 298K 时,$K_1=6.7\times10^{-3}$,$K_2=6.2\times10^{-8}$,$K_3=4.5\times10^{-13}$。

磷酸有很强的配合能力,它可以和许多金属离子形成配合物。

正磷酸能生成三个系列的盐,M_3PO_4、M_2HPO_4 和 MH_2PO_4(M 是 +1 价金属离子)。所有的磷酸二氢盐都易溶于水,而磷酸一氢盐和正盐除了 K^+、Na^+ 和 NH_4^+ 的盐外,一般不溶于水。

磷酸盐与过量的钼酸铵在浓硝酸溶液中反应有淡黄色磷钼酸铵晶体析出,这是鉴定 PO_4^{3-} 的特征反应。

$$PO_4^{3-} + 12MoO_4^{2-} + 3NH_4^+ + 24H^+ \longrightarrow (NH_4)_3[P(Mo_{12}O_{40})] \cdot 6H_2O + 6H_2O$$

② 焦磷酸及其盐

焦磷酸易溶于水，在冷水中会慢慢地转变为正磷酸。焦磷酸水溶液的酸性强于正磷酸，它是一个四元酸，$K_1 = 2.9 \times 10^{-2}$、$K_2 = 5.3 \times 10^{-3}$、$K_3 = 2.2 \times 10^{-7}$、$K_4 = 4.8 \times 10^{-10}$。

常见的焦磷酸盐有 $M_2H_2P_2O_7$ 和 $M_4P_2O_7$ 两种类型。将磷酸氢二钠加热可得到 $Na_4P_2O_7$：

$$2NaHPO_4 \xrightarrow{\triangle} Na_4P_2O_7 + H_2O$$

分别往 Cu^{2+}、Ag^+、Zn^{2+}、Hg^{2+} 等离子溶液中加入 $Na_4P_2O_7$ 溶液，均有沉淀生成，但由于这些金属离子能与过量的 $P_2O_7^{4-}$ 离子形成配离子，如 $[Cu(P_2O_7)]^{2-}$、$[Mn_2(P_2O_7)_2]^{4-}$，当 $Na_4P_2O_7$ 溶液过量时，沉淀便溶解。

③ 偏磷酸及其盐

常见的偏磷酸有三偏磷酸和四偏磷酸。偏磷酸是硬而透明的玻璃状物质，易溶于水，在溶液中逐渐转变为正磷酸。将磷酸二氢钠加热，在 673~773K 得到三聚偏磷酸盐：

$$3H_2PO_4^- \xrightarrow{673 \sim 773K} (PO_3)_3^{3-} + 3H_2O$$

把磷酸二氢钠加热到 973K，然后骤然冷却则得到直链多磷酸盐的玻璃体，即所谓的格氏盐。

$$xNaH_2PO_4 \xrightarrow{973K} (NaPO_3)_x + xH_2O$$

它易溶于水，能与钙、镁等离子发生配位反应，常用作软水剂和锅炉、管道的去垢剂。

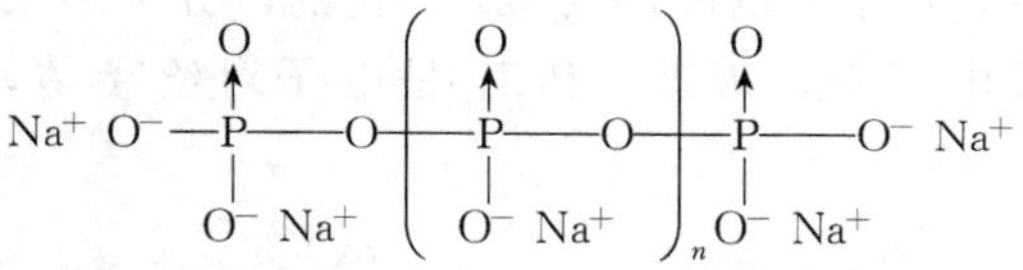

正磷酸、焦磷酸和偏磷酸可以用硝酸银加以鉴别。正磷酸与硝酸银产生黄色沉淀，焦磷酸和偏磷酸都产生白色沉淀，但偏磷酸能使蛋白沉淀。

④ 亚磷酸及其盐

P_4O_6 水解或将含有 PCl_3 的空气流从 270~273K 的水中通过都可得到亚磷酸。

纯的亚磷酸是白色固体（熔点 347K），在水中的溶解度极大。亚磷酸是一种二元中强酸，结构如图 7-16。

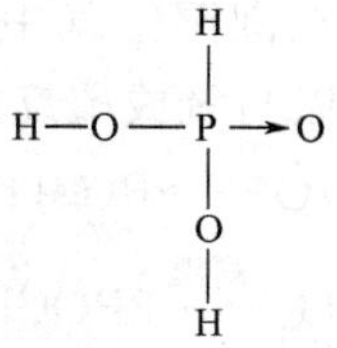

图 7-16 亚磷酸结构

它的电离常数 $K_1 = 6.3 \times 10^{-2}$、$K_2 = 2.0 \times 10^{-7}$，能形成 NaH_2PO_3 和 Na_2HPO_3 两种类型的盐。在亚磷酸分子中的 P—H 键容易被氧原子进攻，故具有还原性。亚磷酸及其盐都是强还原剂，能将 Ag^+、Cu^{2+} 等还原为金属.

$$H_3PO_3 + CuSO_4 + H_2O \longrightarrow Cu + H_3PO_4 + H_2SO_4$$

⑤ 次磷酸及其盐

H_3PO_2 是一种白色易潮解的固体（熔点 299.8K）。它是一元酸（$K=1.0\times10^{-2}$，298K），分子中有两个与 P 原子直接键合的氢原子。结构如图 7-17。

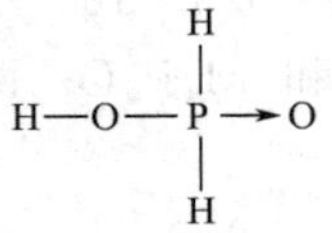

$$H-O-P(H)(H)\rightarrow O$$

图 7-17 次磷酸结构

次磷酸及其盐都是强还原剂，还原性比亚磷酸强，能使 Ag(Ⅰ)，Cu(Ⅱ)，Hg(Ⅱ) 等还原，还可把冷的浓 H_2SO_4 还原为 S。

(3) 磷的卤化物

磷的卤化物有两种类型 PX_3 和 PX_5，但 PI_5 不易生成。卤化磷中以 PCl_5 和 PCl_3 较重要，常被用于合成各种有机物质。三卤化磷的一些物理性质见表 7-22。

表 7-22 三卤化磷的一些物理性质

卤化磷	形态	熔点/K	沸点/K	生成热/(KJ/mol)
PF_3	无色气体	121.5	171.5	−918.8
PCl_3	无色液体	161	348.5	−306.5
PBr_3	无色液体	233	446	−150.3
PI_3	红色晶体	334	573(分解)	−45.6

在 PCl_3 分子中，P 原子轨道是以 sp^3 杂化的，分子形状为三角锥形（见图 7-18），在 P 原子上还有一对孤电子对，因此，PCl_3 是电子对给予体，可以与金属离子形成配合物如 $Ni(PCl_3)_4$。

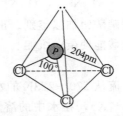

图 7-18 PCl_3 分子结构

三氯化磷是无色液体，极易水解，在潮湿空气中冒烟。PCl_3 能与卤素加合生成五卤化磷。在较高温度或有催化剂存在时，可以与氧或硫反应生成三氯氧磷或三氯硫磷。

$$PCl_3 + 3H_2O \longrightarrow P(OH)_3 + 3HCl$$

$$2PCl_3 + O_2 \xrightarrow{\text{高温}} 2POCl_3$$

PCl_5 与 PCl_3 相同，易于水解，但水量不足时，则部分水解生成三氯氧磷和氯化氢。

$$PCl_5 + H_2O \longrightarrow POCl_3 + 2HCl$$

在过量水中则完全水解，$POCl_3 + 3H_2O \longrightarrow H_3PO_4 + 3HCl$

PCl_5 加热可分解：

$$PCl_5 \xrightarrow{\triangle} PCl_3 + Cl_2$$

习 题

1. 氮和本族其它元素在性质上有哪些显著差异？为什么氮有形成多重键的倾向，而本族其它元素这种倾向很小？N≡N 中三个键的键能是否一样大小，为什么？
2. (1) 如何除去 N_2 中少量 NH_3 和 NH_3 中的水汽？
   (2) 如何除去 NO 中微量的 NO_2 和 N_2O 中少量的 NO？
3. 应用下列数据计算 $NF_3(g)$ 和 $NCl_3(g)$ 的标准生成焓，说明何者较稳定？指出在玻恩-哈伯热化学循环中，哪几步的能量变化对稳定性影响较大（本题忽略对 $NCl_3(l)$ 和 $NCl_3(g)$ 之间的相变热效应）？F_2、Cl_2、N_2 的解离能分别为 $156.9 kJ \cdot mol^{-1}$、$242.6 kJ \cdot mol^{-1}$、$946 kJ \cdot mol^{-1}$。
4. 红磷长时间放置在空气中逐渐潮解与 NaOH、$CaCl_2$ 在空气中潮解，实质中有什么不同？潮解的红磷为什么可以用水洗涤来进行处理？
5. 在同素异形体中，菱形硫与单斜硫有相似的化学性质，O_2 与 O_3、黄磷与红磷的化学性质却有很大的差异，试加以解释。
6. 试从结构的观点，说明下列事实：
   (1) 白磷燃烧后的产物是 P_4O_{10}，而不是 P_2O_5；
   (2) P_4O_{10} 与水反应时，因水的用量不同生成了含有偏磷酸、三磷酸、焦磷酸和正磷酸等不同相对含量的混合酸，而不是单一的含氧酸。
7. 试解释 $H_4P_2O_7$ 和 $(HPO_3)_n$ 的酸性比 H_3PO_4 强。
8. 试从平衡移动原理解释为什么在 Na_2HPO_4 或 NaH_2PO_4 溶液中加入 $AgNO_3$ 溶液均析出黄色的 Ag_3PO_4 沉淀？析出 Ag_3PO_4 沉淀后溶液的酸碱性有什么变化？写出相应的反应方程式。
9. 完成下列物质间的转化
   (1) $NH_4NO_3 \longrightarrow NO \longrightarrow HNO_2 \longrightarrow HNO_3 \longrightarrow NH_4^+$
   (2) $Ca_3(PO_4)_2 \longrightarrow P_4 \longrightarrow PH_3 \longrightarrow H_3PO_4$
10. 有一种无色气体 A，能使热的 CuO 还原，并逸出一种相当稳定的气体 B。将 A 通过加热的金属钠能生成一种固体 C 并逸出一种可燃性气体 D。A 能与 Cl_2 分步反应，最后得到一种易爆的液体 E。指出 A、B、C、D 和 E 各为何物？并写出各过程的反应方程式。

四、碳、硅、硼与锡、铅、铝

【要求】
   1. 掌握碳、硅、硼、锡、铅、铝单质及其化合物的性质及变化规律；
   2. 通过硼及其化合物的结构和性质，了解硼的缺电子特性；
   3. 理解碳、硅、硼之间的相似性与差异性。

【内容提要】
   本节主要介绍了碳、硅、硼的氢化物（碳除外）、氧化物、碳酸盐热稳定性以及铝、锡、铅氧化物及其水合物、盐类的制备、性质及规律等。

【预习思考】
   1. 根据价层电子结构特征总结：碳、硅、硼在形成化合物时有何特征？硼与碳、硅并非同族，为什么在性质上有相似性？碳、硅、硼在性质上表现出哪些相似性？
   2. 总结 CO、CO_2 的结构和性质。
   3. H_2CO_3、HCO_3^-、CO_3^{2-} 结构中有无离域 π 键？若有，是哪种类型的离域 π 键？

4. 碳酸盐有哪些主要性质？硅酸钠有何主要性质？

5. B_2H_6 有怎样的分子结构？在 B_2H_6 分子中 B 原子是以哪种轨道成键？B_2H_6 分子中共有几个键？各是什么类型的键？

6. 硼酸的分子结构和晶体结构是怎样的？为什么硼酸易溶于热水，而在冷水中的溶解度较小？硼酸是几元酸？为什么？

（一）概述

碳、硅、锡、铅属于周期表中第ⅣA元素，硼、铝属于周期表中第ⅢA元素。本节将选学这两族元素的部分元素。碳、硅、硼与锡、铅、铝的一些性质列于表 7-23 中。

表 7-23 碳、硅、硼与锡、铅、铝的基本性质

性　　质	碳(C)	硅(Si)	硼(B)	锡(Sn)	铅(Pb)	铝(Al)
原子序数	6	14	5	50	82	13
原子量	12.01	28.09	10.81	118.69	207.2	26.98
价电子构型	$2s^22p^2$	$3s^23p^2$	$2s^22p^1$	$5s^25p^2$	$6s^26p^2$	$3s^23p^1$
主要氧化态	+4,(+2),0	+4,(+2),0	+3,0	+4,+2,0	(+4),+2,0	+3,0
原子共价半径/pm	77	117	88	140	154	125
电离势 I_1/(kJ/mol)	1086	787	800.6	709	716	577.6
电负性	2.55	1.90	2.04	1.96	2.33	1.61

从表 7-23 中可以看出，碳、硅、锡、铅元素电子层结构为 ns^2np^2，属于碳族元素。从性质上看和其它 p 区元素相似，其性质变化呈现出明显的规律性，但元素碳性质变化突跃，这是由于从碳到硅原子半径或离子半径突增的缘故。

硼、铝价电子层结构为 ns^2np^1，属于硼族元素。从性质上看和其它 p 区元素相似，其性质变化呈现出明显的规律性，但元素硼性质变化突跃。

从氧化数可以看出，碳、硅主要形成氧化数为 +4 的化合物，硼不存在离子化合物，只能通过共用电子形成共价化合物。锡的 +4、+2 价化合物都常见，但铅主要以 +2 价化合物存在。因此，氧化数 +4 的铅很不稳定，为强氧化剂。铝的 +3 价化合物有一定程度共价性，如 $AlCl_3$ 是共价化合物。

碳族元素因其原子半径不同，在形成化合物时，都有着各自的特点。碳是第二周期元素，因最外层只有一条 s 和三条 p 轨道，其配位数不能超过 4。但因它的半径很小，除了形成 σ 键外，还可以形成 p-pπ 多重键（双键、三键），这是碳的化合物种类繁多的原因之一。硅是第三周期元素，半径较大，一般不能形成多重键，但它的外层除了 s 和 p 轨道外，还有空的 d 轨道可以参与成键，因此配位数可以达到 6。

硼原子的价电子层有 4 条轨道（2s，$2p_x$，$2p_y$，$2p_z$），而只有 3 个价电子，这种价电子层中价轨道数超过价电子数的原子称为缺电子原子，该化合物称为缺电子化合物。除硼原子外，常见的还有铝、铍等原子。缺电子原子在形成共价键时，往往通过形成多中心键的方式来弥补成键电子的不足。这就是ⅢA元素特别是硼原子的成键特点。

硼与碳、硅和铝与锡、铅并非同族元素，但在性质上表现出一定的相似性。如 C、Si 为同族，原子结构相似，所以性质相似。B 与 Si 为对角性质相似，根据对角线规则：在周期表中，某一元素的性质和它左上方或右下方的另一元素的性质相似。C、Si、B 的相似性体现在：(a) 电负性大，电离能高，失去电子难，以形成共价化合物为特征；(b) C、Si、B 都有自相成键的特征，即 C-C，Si-Si，B-B 形成氢化物——成烷特征；(c) 亲氧性，尤其 Si-O，B-O 键能大；(d) 单质几乎都是原子晶体。所以本节将对碳、硅、硼与锡、铅、铝分

别进行讨论。

碳硅硼与锡铅铝的标准电极电势图见图 7-19。

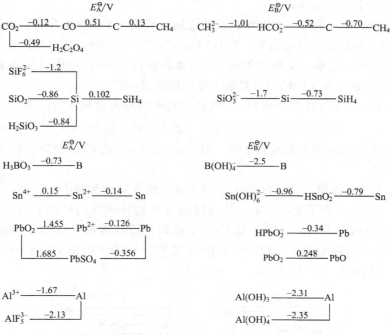

图 7-19 碳、硅、硼与锡、铅、铝的标准电极电势

(二) 碳、硅、硼的化合物

1. 碳的化合物

(1) 碳的氧化物

① 一氧化碳

实验室用浓 H_2SO_4 与甲酸或草酸作用得到：

$$HCOOH \xrightarrow{\text{浓 } H_2SO_4} CO(g) + H_2O$$

$$H_2C_2O_4 \xrightarrow{\text{浓 } H_2SO_4} CO(g) + CO_2(g) + H_2O$$

后一反应制得的混合气体通过固体氢氧化物除去 CO_2 可得到纯的 CO。

工业上大量的 CO 由水煤气得到。将水蒸气通入红热的炭层，就得到 CO 和 H_2 的混合气体。

$$C(s) + H_2O(g) \longrightarrow H_2(g) + CO(g)$$

CO 分子和 N_2 分子各有 10 个价电子，它们是等电子体。CO 同 N_2 一样也具有三重键：一个 σ 键，两个 π 键。但是 CO 与 N_2 分子不同的是有一个 π 键为配键，这对电子来自氧原子。其结构式为：

$$:C \overset{\longleftarrow}{\equiv\equiv\equiv} O: \quad \text{或写成} \quad \overline{\overline{:C\equiv\equiv\equiv O:}}$$

CO 的偶极矩几乎为零。一般认为这可能是由于在 CO 分子中，电子云偏向氧原子，但是配键的电子对是氧原子单方面供给的，这又使氧原子略带正电荷，两种因素相互抵消，致使 CO 的偶极矩几乎等于零。碳原子略带负电荷，这个碳原子比较容易向其他有空轨道的原子提供电子对。这也就是 CO 分子的键能虽然比 N_2 分子的大（$E_{C≡O}=1071 kJ·mol^{-1}$，$E_{N≡N}=945 kJ·mol^{-1}$）而它却较活泼的一个原因。

CO 的主要化学性质表现如下。

CO 作为一种配体，能与一些有空轨道的金属原子或离子形成配合物。例如同 ⅥB、ⅦB 和 ⅧB 族的过渡金属形成羰基配合物：$Fe(CO)_5$、$Ni(CO)_4$ 和 $Cr(CO)_6$ 等。

CO 对人体有毒，它能与血液中携带 O_2 的血红蛋白（Hb）形成稳定的配合物 COHb，使血红蛋白丧失了输送氧气的能力，导致人体因缺氧而死亡。

CO 为强还原剂，CO 在空气或 O_2 中燃烧，生成 CO_2 并放出大量的热。

$$CO + 1/2 O_2 \longrightarrow CO_2 \quad \Delta_r H_m^\ominus = -284 kJ/mol$$

CO 在高温下可以从许多金属氧化物，如 Fe_2O_3、CuO 或 PbO 中夺取氧，使金属还原。

② 二氧化碳

在 CO_2 分子中，碳原子与氧原子生成四个键，两个 σ 键和两个大 π 键（即离域 π 键）。CO_2 为直线型分子，碳原子上两个未杂化成键的 p 轨道从侧面同氧原子的 p 轨道肩并肩地发生重叠，由于 π 电子的高离域性，使 CO_2 中的碳氧键（键长=116pm）处于双键 C=O （键长=122pm）和三键 C≡O（键长=110pm）之间。但通常仍用 O=C=O 表示 CO_2 分子。CO_2 分子的结构如图 7-20 所示。

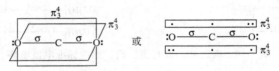

图 7-20 CO_2 分子的结构

CO_2 分子没有极性，它很容易被液化。液态 CO_2 的汽化热很高，当部分液态 CO_2 气化时，另一部分 CO_2 即被冷却成为雪花状的固体，俗称"干冰"，它是分子晶体。

CO_2 不活泼，但在高温下，能与碳或活泼金属镁、钠等反应。

$$CO_2 + 2Mg \xrightarrow{点燃} 2MgO + C$$

$$2Na + 2CO_2 \longrightarrow Na_2CO_3 + CO$$

(2) 碳酸及其盐

① 碳酸

CO_2 溶于水中形成碳酸，它是二元酸，在水中存在下列平衡：

$$H_2CO_3 \rightleftharpoons H^+ + HCO_3^- \quad K_1 = 4.3 \times 10^{-7}$$

$$HCO_3^- \rightleftharpoons H^+ + CO_3^{2-} \quad K_2 = 5.61 \times 10^{-11}$$

因 H_2CO_3 很不稳定，极易分解放出 CO_2。

② 碳酸盐

碳酸盐有两种：碳酸氢盐和碳酸盐。所有碳酸氢盐都溶于水。正盐中只有铵盐和碱金属的盐溶于水。多数碳酸盐的溶解度小，自然界有许多碳酸盐矿石。大理石、石灰石、方解石以及珍珠、珊瑚、贝壳等的主要成分都是 $CaCO_3$。白云石、菱镁矿含有 $MgCO_3$。地表层中的碳酸盐矿石在 CO_2 和水的长期侵蚀下可以部分地转变为 $Ca(HCO_3)_2$ 而溶解。所以天然水中含有 $Ca(HCO_3)_2$，它经过长期的自然分解或人工加热，又析出 $CaCO_3$。

$$CaCO_3 + CO_2 + H_2O \rightleftharpoons Ca(HCO_3)_2$$

碳酸盐易水解。在金属盐类（碱金属和 NH_4^+ 盐除外）溶液中加可溶性碳酸盐，产物可能是碳酸盐，或碱式碳酸盐或氢氧化物。究竟是哪种产物，取决于反应物、生成物的性质和反应条件。如果金属离子不水解，将得到碳酸盐。如果金属离子的水解性极强，其氢氧化物的溶度积又小，如 Al^{3+}、Cr^{3+} 和 Fe^{3+} 等，将得到氢氧化物。

$$2Al^{3+} + 3CO_3^{2-} + 3H_2O \longrightarrow 2Al(OH)_3 \downarrow + 3CO_2 \uparrow$$

有些金属离子如 Cu^{2+}、Zn^{2+}、Pb^{2+} 和 Mg^{2+} 等，其氢氧化物和碳酸盐的溶解度相差不多，则可能得到碱式盐。

$$2Cu^{2+} + 2CO_3^{2-} + H_2O \longrightarrow Cu_2(OH)_2CO_3 \downarrow + CO_2 \uparrow$$

许多金属元素的碳酸盐，如 $CaCO_3$、$ZnCO_3$ 和 $PbCO_3$ 加热即分解为金属氧化物和 CO_2，而钠、钾、钡的碳酸盐在高温时也不分解。一般来说，酸式碳酸盐的稳定性均比相应的正盐的稳定性差。碳酸盐受热分解的难易程度与阳离子的极化作用有关。阳离子对 CO_3^{2-} 产生极化作用，使 CO_3^{2-} 不稳定以致分解。阳离子的极化作用越大，碳酸盐就越不稳定。H^+（质子）的极化作用超过一般金属离子，所以有下列热稳定性顺序：

$$M_2CO_3 > M(HCO_3)_2 > H_2CO_3 \quad (M\ 表示一价金属)$$

（3）碳的硫化物

二硫化碳 CS_2 可以用硫蒸气与炽热的煤反应得到。

$$C + 2S \longrightarrow CS_2$$

CS_2 为无色有毒的挥发性液体，熔点 161.1K，沸点为 226.9K，极易挥发，几乎不溶于水，但与乙醇、乙醚、四氯化碳等可以任意比例混溶。

二硫化碳具有较强的还原性，在空气中很容易着火，遇到强氧化剂则被氧化。

$$CS_2 + 3O_2 \xrightarrow{点燃} CO_2 + 2SO_2$$

$$5CS_2 + 4MnO_4^- + 12H^+ \longrightarrow 5CO_2 + 10S + 4Mn^{2+} + 6H_2O$$

（4）碳的卤化物

碳的四种卤化物主要物理性质见表 7-24。

表 7-24 碳的卤化物的某些物理性质

名　称	CF_4	CCl_4	CBr_4	CI_4
常温下的状态	气	液	固	固
颜色	无	无	淡黄	淡红
溶解性	均不溶于水，只溶于有机溶剂			

CF_4 对热和化学试剂都稳定。CCl_4 化学性质不活泼，在常温下不为酸碱所分解，在高温和金属催化剂的作用下才水解。

碳还有一些混合四卤化物 CX_nY_{4-n}，如冷冻剂氟利昂（Freon）等。氟利昂为烷烃的含氟含氯衍生物的总称。氟利昂-12(CCl_2F_2)，它的化学性质极不活泼，无毒又不可燃，在 243K 冷凝为液体，是常用的制冷剂。氟利昂对大气上空的臭氧层具有破坏作用。

（5）碳化物*

碳和电负性较小的元素形成的二元化合物称为碳化物。如 CaC_2（俗称电石）、Na_2C_2、WC、SiC 等。碳化物有三种类型：离子型、间充型和共价型。

离子型碳化物又称为类盐型碳化物，主要由ⅠA、ⅡA、ⅢA 中的金属，ⅠB、ⅡB（除汞外）及一些镧系金属和碳组成。金属和碳原子之间不存在典型的离子键，而具有共价倾向。

间充型碳化物也称为金属型碳化物，主要由重过渡元素如 Zr、Hf、Nb、Ta、Mo、W 等形成 MC 形式的碳化物。

共价型碳化物主要是电负性小的非金属形成的。最重要是碳化硅（SiC）和碳化硼（B_4C）两种。碳化硅俗称金刚砂，其结构和金刚石相似，硬度仅次于金刚石。碳化硼结构更复杂，非常坚硬，可用作磨料。

2. 硅的化合物

(1) 硅的氧化物

二氧化硅的晶体结构是以 SiO_4 四面体为基础组成的巨大分子。在晶体中，每个硅原子采取 sp^3 杂化以四个共价单键与四个氧原子结合，而每个 SiO_4 四面体又通过顶点的氧原子相互连成一个巨大整体。从整体看，每个硅原子周围有四个氧原子，而每个氧原子又被 2 个硅原子共用（见图 7-21）。即 Si：O = 1：2，所以二氧化硅为原子晶体，其最简式为 SiO_2。二氧化硅的化学性质不活泼，在高温下也不能被 H_2 还原，只能为镁、铝或硼所还原。

$$SiO_2 + 2Mg \xrightarrow{\text{高温}} 2MgO + Si$$

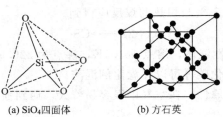

(a) SiO_4 四面体 (b) 方石英

图 7-21 SiO_4 四面体与方石英的晶体结构

除 F_2 和 HF 以外，它不与其它卤素和酸类作用。它与 HF 水溶液反应的产物是氟硅酸。SiO_2 为酸性氧化物，能与热的浓碱或熔融的碱或碳酸钠反应，得到硅酸盐。

$$SiO_2 + 2NaOH \longrightarrow Na_2SiO_3 + H_2O$$

$$SiO_2 + Na_2CO_3 \xrightarrow{\text{熔融}} Na_2SiO_3 + CO_2 \uparrow$$

(2) 硅酸及其盐

硅酸为组成复杂的白色固体，通常用化学式 H_2SiO_3 表示。SiO_2 即此酸的酸酐，由于 SiO_2 不溶于水，所以不能用 SiO_2 与水直接反应得到 H_2SiO_3，而只能用可溶性硅酸盐与酸反应制得，反应的实际过程很复杂。反应式一般写为：

$$SiO_4^{4-} + 4H^+ \longrightarrow H_4SiO_4 \downarrow$$

H_4SiO_4 叫做正硅酸，它是个原酸，经过脱水可得到一系列酸，包括偏硅酸和多硅酸。产物的组成随形成条件不同而不同，常以通式 $xSiO_2 \cdot yH_2O$ 表示。因为在各种硅酸中以偏硅酸的组成最简单，所以常用 H_2SiO_3 代表硅酸。

硅酸是一种二元弱酸，$K_1 = 2 \times 10^{-10}$，$K_2 = 1 \times 10^{-12}$。H_4SiO_4 在水中的溶解度不大，但生成后并不立即沉淀下来，因为开始形成的单分子硅酸能溶于水。当这些单分子硅酸逐渐缩合为多酸时，形成硅酸溶胶。在此溶胶中加电解质，或者在适当浓度的硅酸盐溶液中加酸，则得到半凝固状态、软而透明且有弹性的硅酸凝胶。将硅酸凝胶充分洗涤以除去可溶性盐类，干燥脱水后即成为多孔性固体，称为硅胶。它是很好的干燥剂、吸附剂以及催化剂载体，对 H_2O、BCl_3 及 PCl_5 等极性物质都有较强的吸附作用。

除了碱金属以外，其它金属的硅酸盐都不溶于水。硅酸钠是最常见的可溶性硅酸盐。硅酸钠水解使溶液显强碱性，水解产物为二硅酸盐或多硅酸盐：

$$Na_2SiO_3 + 2H_2O \rightleftharpoons NaH_3SiO_4 + NaOH$$
$$2NaH_3SiO_4 \rightleftharpoons Na_2H_4Si_2O_7 + H_2O$$

工业上制多硅酸钠的方法是将石英砂、硫酸钠和煤粉混合后在高温下反应，产物冷却，即得玻璃块状物。产物常因含有铁盐等杂质而呈灰色或绿色。用水蒸气处理使之溶解成为黏稠液体，成品俗称"水玻璃"，又名"泡花碱"。它是多种多硅酸盐的混合物，其化学组成为 $Na_2O \cdot nSiO_2$。水玻璃的用途很广，建筑工业及造纸工业用它作黏合剂。木材或织物用水玻璃浸泡以后既可以防腐又可以防火。浸过水玻璃的鲜蛋可以长期保存。水玻璃还用作软水剂、洗涤剂和制肥皂的填料。它也是制硅胶和分子筛的原料。

(3) 硅烷

硅与碳相似，有一系列氢化物，如 SiH_4、Si_2H_6、Si_3H_8、Si_4H_{10}、Si_5H_{12} 以及 Si_6H_{14} 等，可以用通式 $Si_nH_{2n+2}(7 \geqslant n \geqslant 1)$ 来表示。硅烷的结构与烷烃相似。一硅烷又称为甲硅烷。

甲硅烷化学性质比甲烷活泼，表现在以下几方面。

① 还原性强：能与 O_2 或其它氧化剂剧烈反应。它们在空气中自燃，燃烧时放出大量的热，产物为 SiO_2。如：

$$SiH_4 + 2O_2 \xrightarrow{\text{燃烧}} SiO_2 + 2H_2O \quad \Delta_r H_m^{\ominus} = -1430 \text{kJ} \cdot \text{mol}^{-1}$$

能与一般氧化剂反应。如：

$$SiH_4 + 2KMnO_4 \longrightarrow 2MnO_2 \downarrow + K_2SiO_3 + H_2 + H_2O$$
$$SiH_4 + 8AgNO_3 + 2H_2O \longrightarrow 8Ag \downarrow + SiO_2 \downarrow + 8HNO_3$$

这两个反应可用于检验甲硅烷。

② 甲硅烷在纯水中不发生水解作用。但当水中有微量碱存在时，由于碱的催化作用，水解反应即激烈地进行。

$$SiH_4 + (n+2)H_2O \longrightarrow SiO_2 \cdot nH_2O \downarrow + 4H_2$$

③ 甲硅烷的热稳定性很差，温度高于 773K 时即分解为单质硅和氢气。

$$SiH_4 \xrightarrow{>773K} Si + 2H_2$$

④ 硅的卤化物

硅的卤化物都是共价化合物，熔点、沸点都比较低，氟化物、氯化物的挥发性更大，易于用蒸馏的方法提纯它们，常被用作制备其它含硅化合物的原料。

这些卤化物同 CX_4 相似，都是非极性分子，以碘化物的熔点、沸点最高，而氟化物最稳定。所不同的是硅的卤化物强烈地水解，它们在潮湿空气中发烟，如：

$$SiCl_4(l) + 3H_2O(l) \longrightarrow H_2SiO_3(s) + 4HCl(aq)$$

由于同一原因，SiF_4 很容易与 F^- 形成 SiF_6^{2-} 配离子。

$$SiF_4 + 2F^- \longrightarrow SiF_6^{2-}$$

3. 硼的化合物的性质

从硼元素成键的特性来看，硼的化合物主体有以下几种类型：共价化合物、配位化合物以及缺电子化合物等。硼的化学性质主要表现在缺电子性质上。

(1) 硼烷

目前已制得20多种硼的氢化物——硼烷。常见硼烷的基本性质见表7-25。

表 7-25 常见硼烷的物理性质

分子式	B_2H_6	B_4H_{10}	B_5H_9	B_5H_{11}	B_6H_{10}	$B_{10}H_{14}$
名称	乙硼烷	丁硼烷	戊硼烷-9	戊硼烷-11	己硼烷	癸硼烷
室温状态	气体	气体	液体	液体	液体	固体
沸点/K	180.5	291	321	336	383	486
熔点/K	107.5	153	226.4	150	210.7	372.6
水解情况	室温下很快	室温下缓慢	363K,三天尚未水解完全	—	363K 时 16h 尚未水解完全	室温缓慢,加热较快
稳定性	373K 以下稳定	不稳定	很稳定	室温分解	室温缓慢分解	极稳定

硼烷多数有毒、有气味、不稳定,有些硼烷加热即分解。硼烷水解即放出 H_2,它们还是强还原剂,如与卤素反应生成卤化硼。在空气中激烈地燃烧且放出大量的热。因此,硼烷曾被考虑用作高能火箭燃料。如:

$$B_2H_6 + 3O_2 \xrightarrow{燃烧} B_2O_3 + 3H_2O \quad \Delta_rH_m^\ominus = -2166 kJ \cdot mol^{-1}$$

$$B_2H_6 + 6X_2 \longrightarrow 2BX_3 + 6HX$$

乙硼烷从组成上看,它与乙烷 C_2H_6 相似,但结构不一样。因为每个碳原子有四个价电子,而每个硼原子只有三个价电子,B_2H_6 分子中没有足够的价电子形成 7 个 σ 共价键。它的结构问题直到利普斯康姆(Lipscomb, W. N.)提出多中心键的理论以后才解决。

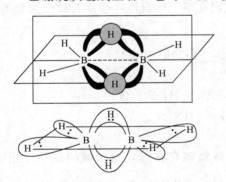

图 7-22 B_2H_6 的分子结构

在 B_2H_6 分子中,每个 B 原子都采用 sp^3 杂化,4 条杂化轨道中 2 条与两个 H 原子形成 σ 键,这 4 个 σ 键在同一平面。另两条杂化轨道和另一个硼原子的两条杂化轨道以及另两个氢的 1s 轨道重叠并分别共用 2 个电子,形成了垂直于上述平面的两个三中心两电子键,一个在平面之上,另一个在平面之下(见图7-22)。每个三中心两电子键是由一个氢原子和两个硼原子共用 2 个电子构成的,又称"硼氢桥键"。

乙硼烷受热容易分解,它的热分解产物很复杂,有 B_4H_{10}、B_5H_9、B_5H_{11} 和 $B_{10}H_{14}$ 等,控制不同条件,可得到不同的主产物。如:

$$2B_2H_6 \xrightarrow{加压} B_4H_{10} + H_2$$

乙硼烷易发生水解:

$$B_2H_6 + 6H_2O \longrightarrow 2H_3BO_3\downarrow + 6H_2\uparrow$$

(2) 硼的含氧化合物

① 三氧化二硼

由单质硼在空气中燃烧或由硼酸高温脱水制得:

$$B_2H_6 + 3O_2 \xrightarrow{燃烧} B_2O_3 + 3H_2O$$

$$2H_3BO_3 \xrightarrow{\triangle} B_2O_3 + 3H_2O$$

所得 B_2O_3 为玻璃态,若在减压情况下缓慢脱水保持在 670K,则得晶态 B_2O_3。

B_2O_3 的熔点为 720K,沸点为 2523K;易溶于水,形成硼酸。

$$B_2O_3 + 3H_2O \longrightarrow 2H_3BO_3$$

但遇热的水蒸气可生成易挥发的偏硼酸。

$$B_2O_3 + H_2O(g) \longrightarrow 2HBO_2(g)$$

由于 B-O 键能大,即使在高温下也只能被强还原剂镁或铝所还原。熔融玻璃体 B_2O_3 可以溶解多种金属氧化物得到有特征颜色的玻璃,也用此来做定性鉴定。

② 硼酸

在 H_3BO_3 晶体中,每个硼原子用 3 个 sp^2 杂化轨道与 3 个氢氧根中的氧原子以共价键相结合〔见图 7-23(a)〕。每个氧原子除以共价键与一个硼原子和一个氢原子相结合外,还通过氢键同另一 H_3BO_3 单元中的氢原子结合而连成片层结构〔见图 7-23(b)〕,层与层之间则以范德华力相吸引。因此硼酸晶体是片状的,有滑腻感,可作润滑剂。

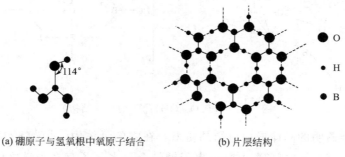

(a) 硼原子与氢氧根中氧原子结合　　　　(b) 片层结构

图 7-23　H_3BO_3 结构示意图

硼酸(H_3BO_3)为白色片状晶体,微溶于水,加热时溶解度明显增大。这是由于晶体中的部分氢键被破坏所致。

H_3BO_3 是一元弱酸,$K_a = 6 \times 10^{-10}$。它之所以显酸性并不是因为它本身给出质子,而是由于硼是缺电子原子,它加合了来自 H_2O 分子的 OH^- 而释出 H^+ 离子。

$$B(OH)_3 + H_2O \rightleftharpoons \left[HO - \underset{\underset{OH}{|}}{\overset{\overset{OH}{|}}{B}} - OH \right]^- + H^+$$

利用 H_3BO_3 的这种缺电子性质,加入甘油或甘露醇等多羟基化合物,可使硼酸的酸性大为增强:

$$2 \begin{array}{c} R \\ | \\ H-O-OH \\ | \\ H-O-OH \\ | \\ R \end{array} + H_3BO_3 \rightleftharpoons \left[\begin{array}{ccc} R & & R \\ | & & | \\ H-O & O-H \\ & \diagdown \diagup & \\ & B & \\ & \diagup \diagdown & \\ H-O & O-H \\ | & & | \\ R & & R \end{array} \right]^- + H^+ + 3H_2O$$

硼酸和甲醇或乙醇在浓 H_2SO_4 存在的条件下生成挥发性硼酸酯,燃烧产生特殊的绿色火焰,可用以鉴别硼酸根。

$$H_3BO_3 + 3CH_3OH \xrightarrow{H_2SO_4} B(OCH_3)_3 + 3H_2O$$

③ 硼酸盐

硼酸盐有偏硼酸盐、原硼酸盐和多硼酸盐等多种。最重要的是四硼酸钠，俗称硼砂。工业上用浓碱溶液分解硼镁矿得到偏硼酸钠，然后在较浓的偏硼酸钠溶液中通入 CO_2，以降低溶液的 pH 值，通过结晶分离，即得到硼砂。

$$Mg_2B_2O_5 \cdot H_2O + 2NaOH \Longrightarrow 2NaBO_2 + 2Mg(OH)_2 \downarrow$$

$$4NaBO_2 + CO_2 + 10H_2O \Longrightarrow Na_2B_4O_5(OH)_4 \cdot 8H_2O + Na_2CO_3$$

实验证明四硼酸根 $[B_4O_5(OH)_4]^{2-}$ 的结构如图 7-24 所示。

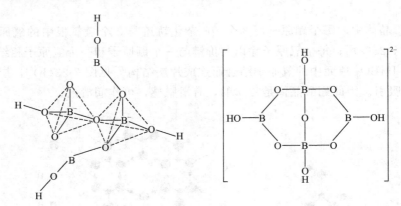

图 7-24　$[B_4O_5(OH)_4]^{2-}$ 的立体结构

硼砂是无色半透明的晶体或白色结晶粉末。在它的晶体中，$[B_4O_5(OH)_4]^{2-}$ 通过氢键连接成链状结构，链与链之间通过 Na^+ 离子键结合，水分子存在于链之间，所以硼砂的分子式按结构应写为 $Na_2B_4O_5(OH)_4 \cdot 8H_2O$。

硼砂同 B_2O_3 一样，在熔融状态能溶解一些金属氧化物，并依金属的不同而显出特征的颜色（硼酸也有此性质）。例如：

$$Na_2B_4O_7 + CoO \longrightarrow 2NaBO_2 \cdot Co(BO_2)_2 \text{（蓝宝石色）}$$

因此，在分析化学中可以用硼砂来做"硼砂珠试验"鉴定金属离子。

硼酸盐中的 B—O—B 键不及硅酸盐中的 Si—O—Si 键牢，所以硼砂较易水解。它水解时，得到等物质的量的 H_3BO_3 和 $B(OH)_4^-$，

$$B_4O_5(OH)_4^{2-} + 5H_2O \longrightarrow 2H_3BO_3 + 2B(OH)_4^-$$

这种水溶液具有缓冲作用。硼砂易于提纯，水溶液又显碱性，所以分析化学上常用它来标定酸的浓度。

（三）锡、铅、铝的化合物

1. 锡、铅、铝的氧化物

锡、铅有 MO_2 和 MO 两类氧化物。MO_2 都是共价型、两性偏酸性的化合物。MO 也是两性的，但碱性略强。MO 化合物的离子性也略强，但还不是典型的离子化合物。所有这些氧化物都是不溶于水的固体。氧化铝有多种晶型，其中两种主要的变体是 α-Al_2O_3 和 γ-Al_2O_3。自然界存在的刚玉为 α-Al_2O_3，α-Al_2O_3 的熔点和硬度都很高。它不溶于水，也不溶于酸或碱，耐腐蚀且电绝缘性好，用作高硬度材料、研磨材料和耐火材料。天然的或人造刚玉由于含有不同杂质而有多种颜色。例如，含微量 Cr(Ⅲ) 的呈红色，称为红宝石；含有 Fe(Ⅱ)、Fe(Ⅲ) 或 Ti(Ⅳ) 的称为蓝宝石；含少量 Fe_3O_4 的称为刚玉粉。

在锡的氧化物中重要的为二氧化锡 SnO_2，可以用金属锡在空气中燃烧而制得。它不溶

于水，也难溶于酸或碱，但是与 NaOH 或 Na_2CO_3 和 S 共熔，可转变为可溶性盐：

$$SnO_2 + 2NaOH \longrightarrow Na_2SnO_3(锡酸钠) + H_2O$$

$$SnO_2 + 2Na_2CO_3 + 4S \longrightarrow Na_2SnS_3(硫代锡酸钠) + Na_2SO_4 + 2CO_2 \uparrow$$

一氧化铅（PbO）由空气氧化熔融的铅而制得的。PbO 用于制铅蓄电池、铅玻璃和铅的化合物。高纯度 PbO 是制造铅靶彩色电视光导摄像管靶面的关键材料，也是用于激光技术拉制 PbO 单晶的原料。

用熔融的 $KClO_3$ 或硝酸盐氧化 PbO，或者电解二价铅盐溶液（Pb^{2+} 在阳极上被氧化），或者用 NaOCl 氧化亚铅酸盐，都可以得到 PbO_2。

$$Pb(OH)_3^- + ClO^- \longrightarrow PbO_2 + Cl^- + OH^- + H_2O$$

PbO_2 是两性的，不过其酸性大于碱性，与强碱共热可得铅酸盐。

$$PbO_2 + 2NaOH + 2H_2O \xrightarrow{\triangle} Na_2Pb(OH)_6$$

Pb(Ⅳ) 为强氧化剂，例如：

$$2Mn(NO_3)_2 + 5PbO_2 + 6HNO_3 \longrightarrow 2HMnO_4 + 5Pb(NO_3)_2 + 2H_2O$$

$$PbO_2 + 4HCl \xrightarrow{\triangle} PbCl_2 + Cl_2 \uparrow + 2H_2O$$

$$2PbO_2 + 2H_2SO_4 \xrightarrow{\triangle} 2PbSO_4 + O_2 \uparrow + 2H_2O$$

将 PbO_2 加热，它会逐步转变为铅的低氧化态氧化物。

加热 PbO_2 也分解放出 O_2。当它与可燃物，如磷或硫在一起研磨时即发火，可用于制火柴。

将 Pb 在纯 O_2 中加热，或者在 673～773K 间将 PbO 小心地加热，都可以得到红色的四氧化三铅（Pb_3O_4）粉末。这种化合物俗名"铅丹"或"红丹"。在它的晶体中既有 Pb(Ⅳ) 又有 Pb(Ⅱ)，化学式可以写为 $2PbO \cdot PbO_2$。但根据其结构它应属于铅酸盐，所以化学式是 $Pb_2[PbO_4]$。

Pb_3O_4 与 HNO_3 反应得到 PbO_2：

$$Pb_3O_4 + 4HNO_3 \longrightarrow PbO_2 \downarrow + 2Pb(NO_3)_2 + 2H_2O$$

2. 锡、铅、铝的氢氧化物

锡、铅、铝的氢氧化物难溶于水，它们都是两性的，在水溶液中可进行两种方式电离。

$$M^{2+} + 2OH^- \rightleftharpoons M(OH)_2 \rightleftharpoons H^+ + HMO_2^-$$

$$M^{4+} + 4OH^- \rightleftharpoons M(OH)_4 \rightleftharpoons H^+ + HMO_3^- + H_2O$$

$$3H_2O + Al^{3+} \underset{H^+}{\overset{OH^-}{\rightleftharpoons}} Al(OH)_3 \underset{H^+}{\overset{OH^-}{\rightleftharpoons}} Al(OH)_4^-$$

亚锡酸 $Sn(OH)_2$ 显两性，既溶于酸又溶于强碱：

$$Sn(OH)_2 + 2HCl \longrightarrow SnCl_2 + 2H_2O$$

$$Sn(OH)_2 + 2NaOH \longrightarrow Na_2[Sn(OH)_4]$$

$$Sn(OH)_6^{2-} + 2e^- \longrightarrow Sn(OH)_4^{2-} + 2OH^- \quad E_B^{\ominus} = -0.96V$$

亚锡酸根离子是一种好的还原剂，它在碱性介质中容易转变为锡酸根离子。例如，$Sn(OH)_4^{2-}$ 在碱性溶液中能将 Bi^{3+} 还原为金属铋。

$$3Na_2Sn(OH)_4 + 2BiCl_3 + 6NaOH \longrightarrow 2Bi \downarrow + 3Na_2Sn(OH)_6 + 6NaCl$$

二氧化锡的水合物称为锡酸。由于它们的来源不同，而分为 α-锡酸和 β-锡酸。在 Sn(Ⅳ) 的盐溶液中加碱，或者由 $SnCl_4$ 低温水解制得的锡酸称为 α-锡酸，它是无定形粉末，能溶于酸或碱，性质活泼。

$$SnCl_4 + 4NH_3 \cdot H_2O \rightleftharpoons H_2SnO_3 \downarrow + 4NH_4Cl + H_2O$$

$SnCl_4$ 高温水解或者金属 Sn 溶于浓 HNO_3 所得的锡酸称为 β-锡酸，属晶态，不溶于酸和碱，性质稳定。

$$Sn + 4HNO_3 \xrightarrow{\triangle} H_2SnO_3 \downarrow + 4NO_2 \uparrow + H_2O$$

在室温下将 α-锡酸长时间放置可转变为 β-锡酸。同样，将 β-锡酸放在浓盐酸中长时间煮沸也可变成 α-锡酸。

3. 锡、铅、铝的盐

(1) 锡、铅的硫化物

锡、铅的硫化物都不溶于水。SnS_2 能溶解在碱金属硫化物的水溶液中，而 SnS 不能。高氧化态的显酸性，低氧化态的显碱性。

$$SnS_2 + S^{2-} \longrightarrow [SnS_3]^{2-} \text{偏硫代锡酸盐}$$

$$\text{或 } SnS_2 + 2S^{2-} \longrightarrow [SnS_4]^{4-} \text{正硫代锡酸盐}$$

SnS 能溶于多硫化铵溶液中，因为多硫离子有氧化性，它能将 SnS 氧化成硫代锡酸盐而溶解。例如，$SnS + S_2^{2-} \longrightarrow SnS_3^{2-}$

在 SnS_3^{2-} 盐溶液中加酸，将析出黄色 SnS_2 沉淀：

$$SnS_3^{2-} + 2H^+ \longrightarrow H_2S \uparrow + SnS_2 \downarrow$$

常利用 SnS_2 和 SnS 在碱金属硫化物溶液中溶解性的不同来鉴别 Sn^{4+} 和 Sn^{2+}。

用 Sn 和 S 反应而制得的 SnS_2 为黄金色磷片状晶体，它用作"金粉"涂料。

Pb^{2+} 与 S^{2-} 反应而生成黑色 PbS 的反应常用于检验 Pb^{2+} 或 S^{2-}，或鉴别 H_2S 气体。

PbS 的溶度积很小，但能溶于稀 HNO_3 或浓盐酸中。

$$3PbS + 8H^+ + 2NO_3^- \longrightarrow 3Pb^{2+} + 3S + 2NO \uparrow + 4H_2O$$

$$PbS + 4HCl(浓) \longrightarrow H_2S \uparrow + H_2[PbCl_4]$$

将 PbS 在空气中煅烧或加氧化剂，如 HNO_3 或 H_2O_2 等，它很容易转化为白色的 $PbSO_4$。

$$PbS + 4H_2O_2 \longrightarrow PbSO_4 + 4H_2O$$

(2) 铅的含氧酸盐

铅的许多化合物难溶于水，有颜色和有毒。它的毒性在于 Pb^{2+} 与蛋白质中半胱氨酸的巯基（—SH）反应，生成难溶物。铅盐的性质和用途列于表 7-26 中。

(3) 铝酸盐

用金属铝或氧化铝或氢氧化铝与碱反应即生成铝酸盐。铝酸盐中含 $Al(OH)_4^-$ 或 $Al(OH)_4(H_2O)_2^-$ 及 $Al(OH)_6^{3-}$ 等配离子，拉曼光谱已证实有 $Al(OH)_4^-$ 存在。

铝酸盐水解使溶液显碱性，水解反应式如下：

$$Al(OH)_4^- \rightleftharpoons Al(OH)_3 + OH^-$$

在此溶液中通入 CO_2，将促进水解的进行而得到真正的氢氧化铝沉淀。工业上利用此反应从铝土矿制取纯 $Al(OH)_3$ 和 Al_2O_3，这样制得的 Al_2O_3 可用于冶炼金属铝。

将上法得到的 $Al(OH)_3$ 和 Na_2CO_3 一同溶于氢氟酸，则得到电解法制铝所需要的助熔剂冰晶石 Na_3AlF_6。

表 7-26　铅的一些含氧酸盐

含氧酸盐		性状和制法	主要用途
易溶于水的	硝酸铅 Pb(NO$_3$)$_2$	无色晶体。由 Pb 或 PbO 或 PbCO$_3$ 溶于 HNO$_3$ 得到	用于制取其它铅的化合物
	醋酸铅 Pb(CH$_3$COO)$_2$	无色晶体,俗名"铅糖",有毒。由 PbO 溶于醋酸或在通空气(或 O$_2$)的条件下,将 Pb 溶于醋酸得到	
难溶于水的	硫酸铅 PbSO$_4$	白色晶体。由 Pb(NO$_3$)$_2$ 与 Na$_2$SO$_4$ 溶液作用制得	制白色油漆
	碳酸铅 PbCO$_3$	白色晶体,有毒。由可溶性铅盐加 NaHCO$_3$ 或通 CO$_2$ 于碱式醋酸铅溶液转变为碱式碳酸铅 2PbCO$_3$·Pb(OH)$_2$,这种化合物俗名"铅白"	用于制防锈油漆和陶瓷工业
	铬酸铅 PbCrO$_4$	亮黄色晶体。有毒。加热分解出 O$_2$,是一种氧化剂。由可溶性铅盐与 Na$_2$CrO$_4$ 反应而得到	为黄色涂料——"铬黄"的主要成分

$$2Al(OH)_3 + 12HF + 3Na_2CO_3 \longrightarrow 2Na_3AlF_6 + 3CO_2 \uparrow + 9H_2O$$

(4) 铝的卤化物

铝能形成卤化物 AlX$_3$,它们的一些物理性质如表 7-27 所示。

表 7-27　AlX$_3$ 的一些物理性质

名　　称	AlF$_3$	AlCl$_3$	AlBr$_3$	AlI$_3$
状态(室温)	无色晶体	无色晶体	无色晶体	棕色片状固体
熔点/K	—	463*	371	464
沸点/K	1564 升华	456 升华	536	633

注:* 表示在 250kPa 下。

AlF$_3$ 为离子型化合物,其余均为共价化合物。在通常条件下都是双聚分子,这是因为这些共价化合物都具有缺电子特点。其中 AlCl$_3$ 最为重要。

三氯化铝溶于有机溶剂或处于熔融状态时都以共价的二聚分子 Al$_2$Cl$_6$ 形式存在。因为 AlCl$_3$ 为缺电子分子,Al 倾向于接受电子对形成 sp^3 杂化轨道。两个 AlCl$_3$ 分子间发生 Cl→Al 的电子对授予而配位,形成 Al$_2$Cl$_6$ 分子,见图 7-25。

在这种分子中有氯桥键(三中心四电子键),与 B$_2$H$_6$ 的桥式结构形式上相似,但本质不同。

当 Al$_2$Cl$_6$ 溶于水中时,它立即解离为 Al(H$_2$O)$_6^{3+}$ 和 Cl$^-$ 并强烈地水解。AlCl$_3$ 还容易

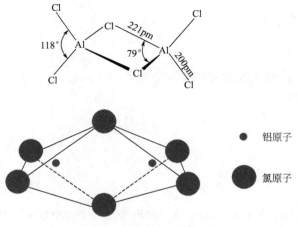

图 7-25　Al$_2$Cl$_6$ 的分子结构

与电子对给予体形成配离子（如 $AlCl_4^-$）和加合物（如 $AlCl_3 \cdot NH_3$）。这一性质使它成为有机合成中常用的催化剂。

习 题

1. 试说明下列现象的原因。
   (1) 制备纯硅时，用氢气作还原剂比用活泼金属或炭好。
   (2) 装有水玻璃的试剂瓶长期敞开瓶口后，水玻璃变混浊。
2. 试说明下列事实的原因。
   (1) CO_2 与 SiO_2 的组成相似，在常温常压下，CO_2 为气体而 SiO_2 为固体。
   (2) CF_4 不水解，但 SiF_4 却水解。
3. 怎样净化下列两种气体。
   (1) 含有少量 CO_2、O_2 和 H_2O 等杂质的 CO 气体。
   (2) 含有少量 H_2O、CO、O_2、N_2 及微量 H_2S 和 SO_2 杂质的 CO_2 气体。
4. 在实验室里鉴别碳酸盐和碳酸氢盐，一般用下列方法。试写出有关反应方程式。
   (1) 若试样中仅有一种固体，加热（在 423K 左右）时放出 CO_2，则样品为碳酸氢盐。
   (2) 若试样为溶液，可加 $MgSO_4$，立即有白色沉淀的为正盐，煮沸后才得到沉淀的为酸式盐。
   (3) 若试液中兼有两者，可先加过量的 $CaCl_2$，正盐先沉淀。继续在滤液中加氨水，白色沉淀的出现说明有酸式盐。
5. 完成并配平下列反应方程式。
   (1) $SiH_4 + KMnO_4 \longrightarrow$
   (2) $Mg_2Si + HCl \longrightarrow Si_4H_{10} + H_2 +$
   (3) $CO + PdCl_2 + H_2O \longrightarrow$
   (4) $Na_2SO_4 + C + SiO_2 \xrightarrow{1623\sim1737K} Na_2SiO_3 +$
   (5) $Si + HF + HNO_3 \longrightarrow$
6. 解释下列现象：
   (1) 有哪些事实可说明 Pb(Ⅳ) 具有强氧化性？
   (2) 如何完成下列转化：铅→二氯化铅→二氧化铅？
   (3) 为什么 PbO_2 不溶于浓 HNO_3，却能溶于盐酸和浓硫酸中？
7. 用 $SnCl_2$ 作还原剂能否将
   (1) Fe^{3+} 还原为 Fe；
   (2) $Cr_2O_7^{2-}$ 还原为 Cr^{3+}；
   (3) In^{3+} 还原为 In；
   (4) I_2 还原为 I^-。
   若能，请写出有关的标准电极电势和配平的反应方程式。
8. 完成并配平下列反应方程式：
   (1) $Sn + KOH \longrightarrow$
   (2) $HCl + PbO_2 \longrightarrow$
   (3) $Pb + KNO_3 \xrightarrow{共熔}$
   (4) $Pb^{2+} + Cl_2 + OH^- \longrightarrow$
   (5) $PbS + HNO_3 \longrightarrow$
9. 多少升水能溶解 $1gPbCO_3$？往 10ml 0.1mol·L^{-1} 的 $Pb(NO_3)_2$ 溶液中加入 10ml 0.1mol·L^{-1} 的氨水，计算说明会有 $Pb(OH)_2$ 沉淀生成吗？[$Pb(OH)_2$ 的溶解度为 $0.0155g/100gH_2O$]。

10. 一种白色固体混合物，可能是 $SnCl_2$、$SnCl_4 \cdot 5H_2O$ 或 $PbCl_2$、$PbSO_4$，根据下列事实判断它究竟是哪种化合物，写出有关反应方程式。
   (1) 加水生成悬浊液 A 和不溶固体 B。
   (2) 悬浊液 A 加入少量盐酸则澄清，滴加碘-淀粉溶液可使之褪色。
   (3) 固体 B 易溶于浓盐酸，通 H_2S 得黑色沉淀，该沉淀与 H_2O_2 反应后又析出白色沉淀。
11. 什么是"三中心两电子"键？它与通常的共价键有什么不同？
12. 为什么 BH_3 的二聚过程不能用分子间形成氢键来解释？为什么卤化硼 BX_3 分子不形成二聚体？
13. 完成并配平下列反应方程式：
   (1) $B + HNO_3(浓) \longrightarrow$
   (2) $B_2O_3 + Mg \longrightarrow$
   (3) $CaF_2 + B_2O_3 + H_2SO_4(浓) \longrightarrow$
   (4) $B(OH)_3 + C_2H_5OH \xrightarrow{H_2SO_4}$
   (5) $MgB_2 + HCl \longrightarrow B_4O_{10} + B + H_2 +$
   (6) $B_2O_3 + C + Cl_2 \xrightarrow{\triangle} BCl_3 +$
14. 小结碳、硅、硼三种元素之间的相似性及差异。
15. 试解释：
   (1) 铝为较活泼的金属，却被广泛地用于航空和建筑工业，用作水管（非饮用水）和某些化工设备；
   (2) 铝比铜活泼，但浓硝酸能溶解铜而不能溶解铝。
16. 有一种样品含钙 40g、铝 60g，充分混合加热到 1473K，形成一种液态溶液。当此溶液冷却到 1323K 时，得到一种含钙 43％和铝 57％的晶体。将此混合物继续冷却，第二固相在 345.5K 时出现，它含钙 32％、铝 68％（以上均为质量百分数）。这些固相均为钙和铝的金属间化合物，试推算出它们的化学式。

五、氢、稀有气体 *

【要求】
   1. 熟悉氢及氢化物的性质。
   2. 了解稀有气体单质及化合物的性质和用途。

【内容提要】
   本节介绍了氢的制备、性质和用途，氢化合物以及稀有气体的性质和用途和稀有气体的化合物等知识。

【预习思考】
   1. 氢的原子结构为 $1s^1$，最外层只有一个电子，但与ⅠA族相比在性质上有哪些不同？
   2. 金属型氢化物有哪些特点和用途？
   3. 氢能源的优点有哪些？目前开发中的困难是什么？
   4. 了解稀有气体的发现简史及第一例稀有气体化合物的制备过程，你能从中得到什么启发？
   5. 稀有气体化合物有何主要性质和用途？

（一）氢的制备、性质和用途

元素氢有三种同位素，分别记为 ^1_1H，^2_1D，^3_1T。在自然界中 ^1_1H 含量占氢的同位素的 99.9844％。分子氢在地球上的丰度很小，但化合态氢的丰度却很大，例如氢存在于水、碳水化合物和有机化合物以及氨和酸中。

1. 制备

① 用碳来还原水蒸气制取氧气,即:

$$H_2O(g) + C(s) \longrightarrow H_2(g) + CO(g)$$

水煤气可以用做工业燃料,此时 H_2 与 CO 不必分离,为了制备 H_2,必须分离 CO。

② 烃类裂解制取氢。

$$CH_4 \longrightarrow C + 2H_2 \uparrow$$

$$CH_4(g) + H_2O(g) \longrightarrow CO(g) + 3H_2(g)$$

③ 在石油化学工业中,由烷烃制取烯烃反应的副产物即氢气,可直接用于合成氨或石油的精细加工等生产中。

$$C_2H_6 \longrightarrow CH_2 \longrightarrow CH_2 + H_2 \uparrow$$

2. 氢气的性质

单质氢是以双原子分子形式存在,常温常压下它是一个无色无臭的气体,沸点 20.4K,熔点 14.0K。所以将氢气进行深度冷冻并加压,可转变成液体甚至透明固体。在标准状况下氢气的密度 $0.08987 kg \cdot L^{-1}$。是所有气体中密度最低的。氢具有很大的扩散速度和很高的导热性。

氢在水中微微溶解。氢可被某些金属吸附,如室温时,一体积细钯粉,大约吸收 900 体积的氢气。被吸附后的氢气有很强的化学活泼性。

因氢分子中 H—H 键能较高 (432kJ/mol),常温下氢气表现出较大的化学稳定性,但加热时氢能参加许多化学反应。

(1) 氢的可燃性

点燃氢气与氧气的混合物,可以爆炸化合生成水,同时释放出大量的热。

$$H_2(g) + 1/2 O_2(g) \longrightarrow H_2O(l) \quad \Delta H^{\ominus} = -286.5 kJ/mol$$

氢在氧气中燃烧可释放出大量的热,使用氢氧吹管有可能达到 3000K 的高温。

(2) 氢的还原性

氢可以和许多金属氧化物、卤化物等在加热的情况下相互发生反应,显示氢的还原性,如:

$$CuO + H_2 \longrightarrow Cu + H_2O$$

$$Fe_3O_4 + 4H_2 \longrightarrow 3Fe + 4H_2O$$

(3) 氢的氧化性

氢可以和ⅠA族ⅡA族(除 Be、Mg)活泼金属相互反应,生成离子型氢化物。在离子型氢化物中,氢接受电子生成负一价氢离子,显示氢的氧化性。

$$2Na + H_2 \xrightarrow{653K} 2NaH$$

$$Ca + H_2 \xrightarrow{423 \sim 573K} CaH_2$$

(4) 氢与某些金属生成金属型氢化物

氢气可以与某些金属反应生成一类外观似金属的金属型氢化物,这类氢化物中,氢与金属的比值有的是整数比,有的是非整数比,其性质在后面介绍。

3. 氢气的用途

氢气在工业上有许多重要应用:化学工业——合成氨、石油裂解加氢、煤炭的加氢液化、油脂加氢固化、塑料合成、无机有机精细化工合成等;冶金工业-钢铁冶金,铁矿石直接氢还原制海绵铁，然后在氢氛中直接炼钢、钨钼等稀有金属冶炼等。以上这些应用大概用掉了世界氢产量的90%。这些用途依赖于氢的独特物理和化学性质，是其他物质所不能替代的。氢气还有一些其他用途，例如充装氢气球、无线电元件的烧氢、科学实验中的还原性载气或还原性保护气氛、原子核科研中作为靶核或核反应产物的鉴定介质等。

（二）氢的化合物

氢化物可分为：离子型氢化物、金属型氢化物、分子型氢化物三大类。

1. 离子型氢化物

当氢同电负性很小的ⅠA及ⅡA族（除Be、Mg外）金属直接化合时，氢就倾向于从这些金属获取一个电子形成负一价氢离子H^-。但由于氢成为负一价离子的趋势远小于卤素的这种趋势，所以在较高温度下才能生成离子型氢化物。它们都是白色晶体，但常因含少量金属而呈灰色。

除LiH、BaH_2具有较高的稳定性以外，其余的氢化物都在熔融温度以前分解为单质。离子型氢化物遇水分解，生成金属氢氧化物并放出氢气。此性质常用来制取少量氢气。

氢负离子（H^-）具有较大的离子半径（208pm），这是由于氢仅有的一个质子吸引两个互相排斥的自旋相反的电子的结果，因此氢负离子不稳定，有强烈的失电子的趋势。这类氢化物都具有强还原性，均属强还原剂。在高温下可以还原金属氯化物、氧化物及含氧酸盐。如：

$$TiCl_4 + 4NaH \longrightarrow 4NaCl + Ti + 2H_2$$

$$UO_2 + CaH_2 \longrightarrow U + Ca(OH)_2$$

离子型氢化物在非极性溶剂中，与B_2H_6、$AlCl_3$等可形成复合氢化物，例如：

$$2LiH + B_2H_6 \xrightarrow{\text{乙醚}} 2LiBH_4$$

$$4LiH + AlCl_3 \xrightarrow{\text{乙醚}} LiAlH_4 + 3LiCl$$

2. 分子型氢化物

氢与p区元素生成分子型氢化物，因为p区元素与氢电负性相差不大，所以氢是通过共用电子对的方式来成键的。这种方式形成的氢化物属分子型氢化物。分子型氢化物属于分子晶体，具有低熔沸点。一般情况下，分子型氢化物多为气体。

由于p区元素电负性不同，当形成分子型氢化物时，共用电子对的偏移不同，因此在分子型氢化物中，氢的形式电荷数可以是+1或-1。这类氢化物性质相差较多，如在与水的反应上SiH_4被水分解。

$$SiH_4 + 4H_2O \longrightarrow H_4SiO_4 + 4H_2 \uparrow$$

NH_3与水发生加合反应，使溶液显弱碱性

$$NH_3 + H_2O \longrightarrow NH_3 \cdot H_2O \longrightarrow NH_4^+ + OH^-$$

H_2S、HX（卤化氢）等在水中除溶解以外，还发生电离产生H^+，使它们的水溶液显酸性，

$$HX \rightleftharpoons H^+ + X^-$$

但不同氢化物电离难易程度并不一样，因此有些呈强酸性，有的呈弱酸性。但也有些氢化物（如C、Ge等）与水不发生任何作用。

3. 金属型氢化物

周期表中间的部位，包括Be、Mg、In、Tl及d区、f区金属元素都可以和氢生成金属

型氢化物，这类氢化物中有的是整数比化合物，如 BeH_2、MgH_2、FeH_2、NiH_2、CuH、UH_3，有的是非整数比化合物，如 $VH_{0.56}$、$TaH_{0.36}$、$ZrH_{1.92}$。金属型氢化物基本上保留了金属外观特征，有金属光泽，密度比相应的金属要小。

（三）稀有气体的性质和用途

自然界中稀有气体的分布是很不均匀的。在大气中，稀有气体约占1%（体积），其中氩气占绝大部分。空气是获取稀有气体的原料，除氦外的氖、氩、氪、氙主要都来自空气。利用液态空气中各成分沸点不同和活性炭在低温的选择性吸附，可以分离出稀有气体。

1. 元素基本性质

稀有气体元素的基本性质列于表7-28中。

表 7-28　稀有气体元素的基本性质

性　质	He	Ne	Ar	Kr	Xe	Rn
原子序数	2	10	18	36	54	86
原子量	4.00	20.18	39.95	83.80	131.3	222.0
价电子结构	$1s^2$	$2s^2 2p^6$	$3s^2 3p^6$	$4s^2 4p^6$	$5s^2 5p^6$	$6s^2 6p^6$
原子（范德华）半径/pm	122	160	191	198	—	—
第Ⅰ电离势/(kJ/mol)	2372	2081	1521	1351	1170	1037
第Ⅱ电离势/(kJ/mol)	5250	3952	2666	2350	2046	

从表7-28可以看出，稀有气体元素基态原子价电子层除氦为2个电子外，其余均为8电子构型，这是稳定的电子构型。这些元素原子的电离势很高，并随原子半径的增大依次降低。因此，要使原子失去电子，形成离子键是很难的；要使原子获得电子更不可能，因为价电子层已达饱和，要拆开它们的成对电子形成共价键，这种可能固然存在，但需供给足够高的能量。总之，在通常条件下，稀有气体元素的化学性质是很不活泼的，乃至长期被称为"惰性"气体。

2. 单质的物理性质

常温常压下，各稀有气体均呈单原子状态。稀有气体分子是球形对称的单原子非极性分子，分子之间的作用力是很弱的，色散力大小与分子的变形性成正比。分子的半径越大，最外层电子离核就越远，分子的变形性也越大，色散力也就越大。可见，稀有气体分子之间的作用力是随着原子序数的增加而加大，因此，稀有气体的物理性质都随原子序数（或分子量）的增加依次增大。由于色散力很弱，所以它们的熔、沸点等都很低。

3. 稀有气体的用途

稀有气体具有很不活泼、热导率和电阻小、易于发光的特点，被广泛应用到光学、冶炼和医学领域。近年来，在超低温技术上也有应用。如：大量的氦用在火箭燃料压力系统、惰性气氛焊接和核反应堆热交换器。氩重要用途是在焊接和冶炼铝、镁、钛和锆等高温活泼的金属时充当"保护气"，使其避免被氧化。在电场的激发下，氖能产生美丽的红光，广泛被用于制作霓虹灯。氙可用于制造具有特殊性能的电光源，高压长弧氙灯，俗称"人造小太阳"，便是利用氙在电场的激发下能放出强烈的白光这一特性而制成。

（四）稀有气体的化合物

1962年，英国年轻化学家巴特列（Bartlett），合成第一种稀有气体的化合物$Xe[PtF_6]$，至今，人们已经合成了上百种稀有气体化合物，但绝大多数是氙和氟、氧等电负性大的元素所形成的化合物。表7-29列出了氙的主要化合物及其性质。

表 7-29 氙的主要化合物及其性质

氧化态	化合物	色态	熔点/K	分子形状	附 注
+2	XeF_2	无色晶体	402	直线形	水解为 Xe 和 O_2，易溶于液态 HF 中
+4	XeF_4	无色晶体	390	平面四边形	稳定
	$XeOF_2$	无色晶体	304		不稳定
+6	XeF_6	无色晶体	322.5	变形八面体	稳定
	$XeOF_4$	无色晶体	227	四方锥体	稳定
	XeO_3	无色晶体	—	三角锥体	吸潮，在溶液中稳定
+8	XeO_4	无色晶体	—	四面体	易爆炸
	XeO_6^{4-}	无色晶体	—	八面体	强氧化性

习 题

1. 试述从空气中分离稀有气体和从混合稀有气体中分离各组分的根据和方法。
2. 试说明稀有气体的熔点、沸点、密度等性质的变化趋势和原因？
3. 雷姆赛和格雷在标准状况下，用微量天平称量 0.730mL 的氖，其质量为 0.710mg，试计算氖的原子量和分子量？
4. 试用价层电子对互斥理论判断下列分子或离子的结构。
XeF_4，XeF_6，XeO_4，KrF_2，XeO_2F_4，XeO_2F_2，XeO_3F_2，XeO_6^{4-}
5. 完成下列反应方程式：
    (1) $XeF_2 + H_2O \longrightarrow$
    (2) $XeF_2 + H_2O_2 \longrightarrow$
    (3) $XeF_4 + H_2O \longrightarrow$
    (4) $XeF_6 + H_2O \longrightarrow$
    (5) $XeF_2 + H_2 \longrightarrow$
    (6) $XeF_4 + Hg \longrightarrow$
    (7) $XeF_4 + Xe \longrightarrow$
    (8) $XeF_6 + NH_3 \longrightarrow$

【阅读材料】 （一）非金属元素单质的结构和性质

一、非金属元素单质的结构特点

由于非金属元素的价电子多（有 3~7 个价电子），倾向于得到电子，所以非金属元素相互结合形成单质时，大都是由两个或两个以上的原子以共价键相结合的。因元素所处的周期和族不同，形成的非金属元素单质的分子组成和晶体结构也会有所不同。结果见表 1。

表 1 非金属元素单质分子组成与晶体结构

状 态	分子组成	实 例	晶体类型	晶体质点间作用力	熔、沸点
气态	单原子分子	稀有气体	分子晶体	分子间作用力	低
	双原子分子	H_2、F_2、O_2、N_2	分子晶体	分子间作用力	低
液态	双原子分子	Br_2	分子晶体	分子间作用力	低
固态	双原子有限分子	I_2	分子晶体	分子间作用力	稍高
	多原子有限分子	S_8、Se_8、As_4、P_8，	分子晶体	分子间作用力	稍高
	多原子无限分子	C、Si、B	原子晶体	共价键	很高

如果以 N 代表非金属元素在周期表中的族数，则该元素在单质分子中的共价数等于

$8-N$。对于 H 则为 $2-N$。稀有气体的共价数等于 $8-8=0$，其结构单元为单原子分子。这些单原子分子借范德华引力结合成分子型晶体。第ⅦA族、卤素原子的共价数等于 $8-7=1$。每两个原子以一个共价键形成双原子分子，然后借范德华力形成分子型晶体。H 的共价数为 $2-1=1$，也属同一类型。第ⅥA族的氧、硫、硒等元素的共价数为 $8-6=2$。第ⅤA族的氮、磷、砷等元素的共价数为 $8-5=3$。在这两族元素中处于第 2 周期的氧和氮，由于内层只有 1s 电子，每两个原子之间除了形成 σ 键以外，还可以形成 p—pπ 键，所以它们的单质为多重键组成的双原子分子。第 3、第 4 周期的非金属元素如 S、Se、P、As 等，则因内层电子较多，最外层的 p 电子云难于重叠为 p-pπ 键，而倾向于形成尽可能多的 σ 单键。所以它们的单质往往是由一些原子以共价单键形成的多原子分子，如 S_8、Se_8、P_4 及 As_4 等〔见图 1(b)、(c)、(d)〕，然后由这些分子形成分子型晶体〔图 1(f)、(g)〕。

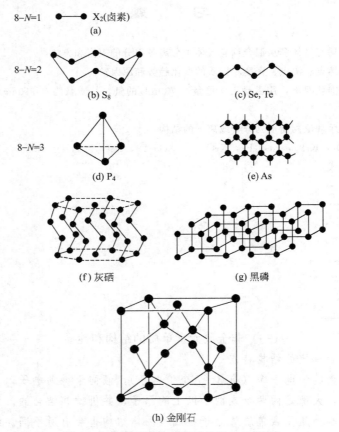

图 1　非金属元素单质的结构及 $8-N$ 规则

第ⅣA族，碳族的共价数为 $8-4=4$，这一族的非金属 C 和 Si 的单质基本上属于原子晶体。在这些晶体中，原子通过由 sp^3 杂化轨道所形成的共价单键而结合成庞大的分子。

二、非金属元素单质的性质

非金属元素和金属元素的区别还反映在生成化合物的性质上。例如，金属元素一般都易形成阳离子，而非金属元素容易形成单原子或多原子阴离子。在常见的非金属元素中，F、Cl、Br、O、P、S 较活泼，而 N、B、C、Si 在常温下不活泼。活泼的非金属容易与金属元素形成卤化物、氧化物、硫化物、氢化物或含氧酸盐等。非金属元素彼此之间也可以形成卤化物、氧化物、氢化物、无氧酸和含氧酸等。绝大部分非金属氧化物显酸性，能与强碱反应。准金属的氧化物既与强酸又与强碱反应而显两性。大部分非金属单质不与水反应,卤素仅部分地与水反应,碳在赤热的条件下才与水蒸气反应。非金属一般不与稀酸反应,碳、磷、硫、碘等能被浓 HNO_3 或浓 H_2SO_4 所氧化。有不少非金属单质(多变价元素)在碱性水溶液中发生歧化反应,或者与强碱反应,但非歧化反应。例如,

$$3Cl_2 + 6NaOH \xrightarrow{\triangle} 5NaCl + NaClO_3 + 3H_2O$$

$$3S + 6NaOH \xrightarrow{\triangle} 2Na_2S + Na_2SO_3 + 3H_2O$$

$$4P + 3NaOH + 3H_2O \longrightarrow 3NaH_2PO_2 + PH_3 \uparrow$$

$$Si + 2NaOH + H_2O \longrightarrow Na_2SiO_3 + 2H_2 \uparrow$$

$$2B + 2NaOH + 2H_2O \longrightarrow 2NaBO_2 + 3H_2 \uparrow$$

碳、氮、氧、氟等单质无这些反应。

【阅读材料】　　(二) p 区元素在周期性变化上的某些特殊性

一、第二周期非金属元素的特殊性

非金属元素属于 p 区元素,它们的单质和化合物在许多性质上,如非金属性、金属性、氢化物的稳定性、还原性、氧化物及其水合物的酸碱性等方面都呈现出周期性的变化。但是还有许多不规则之处。

为了将第二周期的 B、C、N、O 和 F 同它们的本族元素作比较,表 2 列出了 p 区元素的一些重要参数。

表 2　p 区元素的某些基本性质

族序	ⅢA	ⅣA	ⅤA	ⅥA	ⅦA
元素	B	C	N	O	F
原子共价半径/pm	88	77	70	66	64
r^{n+} (r^{n-8})*/pm	23(—)	16(—)	13(171)	9(132)	8(133)
电负性	2.04	2.55	3.04	3.44	3.98
元素	Al	Si	P	S	Cl
原子共价半径/pm	125	117	110	104	99
r^{n+} (r^{n-8})*/pm	51(—)	42(—)	35(212)	30(184)	27(181)
电负性	1.61	1.90	2.19	2.58	3.16
元素	Ga	Ge	As	Se	Br
原子共价半径/pm	125	122	121	117	114.2
r^{n+} (r^{n-8})*/pm	62(—)	53(—)	46(222)	42(191)	39(196)
电负性	1.81	2.01	2.18	2.55	2.96
元素	In	Sn	Sb	Te	I
原子共价半径/pm	150	140	141	137	133.3
r^{n+} (r^{n-8})*/pm	81(—)	71(—)	62(245)	56(211)	50(220)
电负性	1.78	1.96	2.05	2.10	2.66
元素	Tl	Pb	Bi	—	—
原子共价半径/pm	155	154	152	—	—
r^{n+} (r^{n-8})*/pm	95	84(—)	74(—)	—	—
电负性	2.04	2.33	2.02	—	—

注:* r^{n+} 表示族价 (n) 正离子半径,r^{n-8} 表示负离子半径。

这些元素同本族其他元素的显著差异有以下几点。

(1) N、O、F 的含氢化合物容易生成氢键,离子性较强。

(2) 它们的最高配位数为 4，而第三周期和以后几个周期的元素的配位数可以超过 4。

(3) 元素有自相成链的能力，以碳元素最强。

(4) 多数有生成重键的特性。

(5) 与第三周期的元素相比较，化学活泼性的差别大。

(6) 同素异形体在性质上的差别比较大。

这些差异同许多因素有关。从表 2 可知各族元素原子半径的增加以第二到第三周期之间的幅度最大。相比之下，第二周期元素的原子半径就显得特别小了，它们又没有 d 轨道，所以它们的配位数最多为 4。N、O 和 F 的电负性在各族中是最大的，因此，它们的含氢化合物容易生成氢键。

这些元素同种原子之间的单键键能，在同族中应从上到下递减，在同一周期中，应从左到右增加。但是，从表 3 可知，N、O、F 的单键键能，无论从族或周期对比来看都异常地小。这可能是由于 N、O、F 的原子上的孤电子对的排斥作用削弱了 N—N、O—O、F—F 键的缘故，而在 P—P、S—S、Cl—Cl 系列中，键长大一些，这种排斥作用小。此外，还可能由于第三周期的元素能形成 d-pπ 键而加强了 P—P、S—S、Cl—Cl 键，而第二周期的元素不可能形成 d-pπ 键。在第二周期的非金属元素中，以碳的单键键能最强，所以碳的成链能力也最强，见表 3。

表 3　p 区元素化合物分子中的一些键能 / (kJ/mol)

a	C—C 347	N—N 159	O—O 146	F—F 158
	Si—Si 226	P—P 209	S—S 226	Cl—Cl 242
	Ge—Ge 188	As—As 180	Se—Se 172	Br—Br 193
	Sn—Sn 151	Sb—Sb 142	Te—Te 149	I—I 151
b	C—H 413	C—Cl 339	N—H 391	N—F 278
	Si—H 318	Si—Cl 381	P—H 331	P—F 490
	Ge—H 288	Ge—Cl 339		
	Sn—H 255	Sn—Cl 318		
c		C=C 602　C=O 735　N≡N 944		
		Si=Si 314　Si=O 640　P≡P 485		

一般说来，影响键能大小有两个主要因素：①元素的电负性相差越大，形成的键越强；②主量子数小的轨道重叠形成的键比主量子数大的轨道形成的键强。2p 轨道形成的 π 键较 3p 轨道形成的 π 键强，所以多重键出现在第二周期的元素中，C、N、O 等元素都有此特性。

F 只有一个不成对的价电子，它只能以 σ 单键形成双原子分子，其键能又小，所以它是最活泼的非金属元素，在卤族元素中表现出许多特殊性。

二、第四周期元素的不规则性

前面我们提到 p 区各族元素自上而下原子半径增大有不规则的情况，第二、第三周期元素之间增加的幅度最大，而往下各周期之间增加的幅度小。这是由于从第四周期开始的各长周期中，在ⅡA 族和ⅢA 族中间各插入了填充内层 d 轨道的 10 种元素。在第四周期中插入的是从 Sc 到 Zn 共 10 种元素，它们的 3d 电子对核的屏蔽作用小，这样就导致从 Ga 到 Br 这些 p 区元素的有效核电荷比假定不插入 10 种元素的来得大，从而使这些元素的原子半径比假定不插入 10 种元素时小。所以同二、三周期各族元素间原子半径的变化情况相比，第四周期的 p 区元素的原子半径增加很小。原子半径的大小是影响元素性质的重要因素，再加上这些元素的原子的次外电子层为 18 电子构型致使第四周期元素的电负性、金属性（非金属性）、电极电势以及含氧酸的氧化还原性等都出现异常现象，即所谓"不规则性"。例如ⅢA族，Ga 的金属性不如 Al，$Ga(OH)_3$ 的碱性比 $Al(OH)_3$ 强。

非金属元素的化学是无机化学的重要组成部分，它的规律性比较明显。了解这些规律性对于掌握无机化学知识既有必要又有好处。但正如前面所指出的，在这个领域里还有一些不规则的现象或者是有规律但尚无满意的解释。这些都有待继续研究和探讨。

第八章 副族元素

【教学要求】
1. 了解过渡元素通性。
2. 了解铬单质的性质，熟悉铬、锰重要化合物的性质。
① Cr(Ⅲ)、Cr(Ⅵ)化合物的酸碱性、氧化还原性及其相互转化。
② Mn(Ⅱ)、Mn(Ⅳ)、Mn(Ⅵ)、Mn(Ⅶ)重要化合物的性质。
3. 掌握铁、钴、镍、铜、银、锌、汞的重要化合物及配合物的化学性质及其变化规律。

【内容提要】
副族元素包括 d 区和 ds 区（本教程不讨论 f 区），即ⅢB～ⅡB 10 个纵列元素。它们在周期表中位于 s 区元素之后和 p 区元素之前。根据元素性质周期性变化规律，其性质表现为从高度活泼的、生成典型离子化合物的 s 区元素到以形成共价化合物为主的 p 区元素之间的过渡，故有过渡元素之称，其性质是混合的。

但 d 区和 ds 区在结构上存在一定的差异，由于 ds 区的 $(n-1)d$ 能级已全充满，它们在化合物中多为 18 电子构型，表现出某些独特的性质。故有 "ds 区不为过渡元素" 的观点，而将其单独讨论。

本章主要介绍第一过渡系（第四周期副族）的重要元素。

【预习思考】
1. 过渡元素的分类。
2. "镧系收缩" 现象及其作用。
3. 理解金属物理性质之最；过渡元素金属活泼性、氧化还原性等的变化规律。
4. 本章哪些元素为本课程要求熟悉的重要元素？
5. 钛及其重要化合物的性质及其应用。
6. 铬元素常见的氧化态和重要的化合物及其性质。
7. 锰元素常见的氧化态和重要的化合物及其性质。
8. 何为铁系元素？包括哪些元素？这些元素常见的氧化态及其稳定形态、性质变化规律等之间的关系。为什么三者的最高氧化态均达不到族数？
9. 比较铜族、碱金属元素的异同。铜族单质的物理性质特点，铜、银重要化合物的性质。
10. 比较锌族、碱土金属元素的异同。锌、镉、汞重要化合物的性质。
11. 归纳本章重要元素氢氧化物酸碱性，重要化合物的溶解性、配位性、氧化还原等性质。

第一节 过渡元素通论

在周期表中，过渡元素出现在第四、第五、第六和第七周期，构成四个过渡系列，分别称为第一、第二、第三和第四过渡系。第四过渡系目前只发现到 110 号元素，尚未完成。过渡元素中的镧系和锕系元素因其原子新增加的电子进入 f 亚层，但在周期表中占同一位置，故单划分出来，成为 f 区元素，又称为内过渡元素。

过渡元素按纵向划分为族，依次称为钪分族（ⅢB）、钛分族（ⅣB）、钒分族（ⅤB）、铬分族（ⅥB）、锰分族（ⅦB）和ⅧB族、铜分族（ⅠB）、锌分族（ⅡB）元素等。但ⅧB族较特殊，包含三个纵列九种元素。ⅧB族在性质上横向比纵向更相似些，故又按横向分为铁系（铁、钴、镍）和铂系（钌、铑、钯、锇、铱、铂）。铂系又分为两组：轻铂组为钌、铑、钯（密度约为 $12g \cdot cm^{-3}$），锇、铱、铂为重铂组（密度约为 $22g \cdot cm^{-3}$）。实际上，这种横向相似性在整个过渡元素中都有一定的表现。

过渡元素原子结构的共同点是随着核电荷数的增加，最后一个电子填充在次外层的 d 轨道上，价层结构为 $(n-1)d^{1\sim10}ns^{1\sim2}$。从总体上看，过渡元素原子的最外层一般只有一两个电子，这决定了它们较易提供电子而较难接受电子，因此它们都是金属元素。由于 $(n-1)d$ 为价电子，它部分或全部参与成键作用，表现出良好的金属特性。单质是电和热的良导体，延展性较好，大多数具有较大的密度、较高的硬度及熔点，金属物理性质之最多出现在此（见表 8-1）。

表 8-1 金属物理性质之最

性质之最	导热、导电性	硬度	密度	延展性	熔点
元素	Ag	Cr	Os	Au	W

就原子半径而言，在同一过渡系，从左到右原子半径依次减小（与主族相似），但缓慢递减，至ⅧB族达最小，接近末尾（ⅠB、ⅡB）才稍有增大。这是因为从左到右原子核外电子增加在次外层 d 能级上，由于 $(n-1)d$ 电子对核电荷的屏蔽作用较小，有效核电荷的增加使外层电子所受的吸引力增加，导致原子半径减小。但随着 $(n-1)d$ 能级接近全充满，d 电子云接近球形对称，屏蔽作用有所增强，原子核对外层电子的引力稍有减弱，故原子半径出现回升。

同一族的过渡元素具有相似的电子构型。由上至下，随着新的电子层出现，原子半径理应增大，第二过渡系元素的原子半径的确比第一过渡系同族元素的大。但是，第三过渡系元素的原子半径却反常：ⅢB基本保持增大趋势，以后各族的第三过渡系与第二过渡系原子半径接近，甚至更小，如铂原子半径比钯还小。这种反常是由"镧系收缩"造成的。因为镧系元素占周期表同一位置，从镧到镥原子半径因有效核电荷的增加而缓慢减小，但经过 15 种元素后原子半径累计减小了较多，镧系收缩导致的半径减量相当于一个电子层增加的半径增量，即累计半径的减小——镧系收缩，几乎抵消了增加一个电子层的影响。由于第二和第三过渡系的元素具有几乎相近的原子半径和离子半径，它们在性质上的差异远不及第一和第二过渡系的相应元素。当然，原子半径及核电荷的不同，使它们的化学活泼性有一定的差别。

同一过渡系，金属活泼性从左到右减弱；同族，除ⅢB仍保持 s 区元素的变化趋势外，自上而下减弱。这可从它们的核电荷及原子半径来考虑，同一周期从左到右，核电荷数增加，原子半径减小，核对外层电子的作用增强，故金属活泼性减弱；同族从上到下，核电荷数增加较多，而原子半径增加不大，核对外层电子的作用增强，特别是第三过渡系元素，所以金属活泼性减弱。

过渡元素氧化态呈现多变的特征，这与其价层结构有关，元素原子的最外层 s 电子与次外层 d 电子能级接近，除 s 电子参与成键外，d 电子可部分或全部参与成键，所以，过渡元素一般可由+2至与族数相同的氧化态,但越过$(n-1)d^5$后的结构,全部d电子参与成键倾向减弱。见表8-2。

表 8-2 过渡元素的氧化态

第一过渡系	Sc	Ti	V	Cr	Mn	Fe	Co	Ni	Cu	Zn
氧化态	+3	+2	+2	+2	+2	+2	+2	+2	+1	+2
		+3	+3	+3	+3	+3	+3	+3	+2	
		+4	+4	+6	+4	+6	+4		+3	
			+5		+6					
					+7					

第二过渡系	Y	Zr	Nb	Mo	Tc	Ru	Rh	Pd	Ag	Cd
氧化态	+3	+2	+2	+2	+2	+2	+2	+2	+1	+2
		+3	+3	+3	+3	+3	+3	+3	+2	
		+4	+4	+4	+4	+4	+4	+4	+3	
			+5	+5	+5	+5	+5			
				+6	+6	+6	+6			
					+7	+7				
						+8				

第三过渡系	La	Hf	Ta	W	Re	Os	Ir	Pt	Au	Hg
氧化态	+3	+3	+2	+2	+3	+2	+2	+2	+1	+1
		+4	+3	+3	+4	+3	+3	+3	+2	+2
			+4	+4	+5	+4	+4	+4	+3	
			+5	+5	+6	+5	+5	+5	+5	
				+6	+7	+6	+6			
						+8				

(画横线的为常见氧化态)

大多数过渡元素的离子在水溶液中都呈现某种颜色,这是过渡元素的又一重要特征(表8-3)。这主要与其离子结构的成单d电子有关,具有未成对d电子的离子容易吸收可见光,发生d-d跃迁,呈现颜色。若无成单d电子,则为无色。

表 8-3 某些过渡元素水合离子的颜色

水合离子	成单d电子数	颜 色	水合离子	成单d电子数	颜 色
$[Sc(H_2O)_6]^{3+}$	0	无色	$[Mn(H_2O)_6]^{2+}$	5	粉红色
$[Ti(H_2O)_6]^{3+}$	1	紫色	$[Fe(H_2O)_6]^{3+}$	5	淡紫色
$[Ti(H_2O)_6]^{4+}$	0	无色	$[Fe(H_2O)_6]^{2+}$	4	淡绿色
$[V(H_2O)_6]^{3+}$	2	绿色	$[Co(H_2O)_6]^{2+}$	3	粉红色
$[V(H_2O)_6]^{2+}$	3	紫色	$[Ni(H_2O)_6]^{2+}$	2	绿色
$[Cr(H_2O)_6]^{3+}$	3	蓝紫色	$[Cu(H_2O)_6]^{2+}$	1	蓝色
$[Cr(H_2O)_6]^{2+}$	4	蓝	$[Cu(H_2O)_6]^{+}$	0	无色
$[Mn(H_2O)_6]^{3+}$	4	红色	$[Zn(H_2O)_6]^{2+}$	0	无色

与s区和p区元素不同,过渡元素的离子具有能量相近的$(n-1)d$、ns及np等价层空轨道,有利于形成各种成键能力较强的杂化轨道,接受配体的电子对,形成配位键。同时,由于d电子屏蔽作用较小,中心离子的有效核电荷较大、静电场力较强,易吸引配位体。因此,过渡元素具有很强的形成配位化合物的倾向。如过渡元素一般容易形成氨配合物、氰配合物等,这些内容将在后面各节中介绍。

第二节　d 区元素

一、钛钒

(一) 钛及其化合物

钛（Ti）是ⅣB的第一个元素，在过去人们一直认为它是一种稀有金属，但它的含量还是比较丰富的，在地壳中约占总重量的 0.42%，在金属世界里排行第七，含钛的矿物多达70多种、在海水中含量是 $1\mu g \cdot L^{-1}$，在海底结核中也含有大量的钛。我国钛资源丰富，已探明储量约占世界总量的一半，居世界首位，绝大部分集中在西南地区，四川攀枝花地区富藏大量的钒钛铁矿。

1. 单质钛

金属钛外观似钢，具有银灰光泽。钛的密度小，约为钢的 60%，比强度高，可与合金结构钢比拟，用钛合金制造飞机骨架，可减轻重量和提高强度，采用钛合金的涡轮发动机可提高发电机的推重比，汽车采用钛材可极大地减轻车重，提高燃烧效率，降低污染和噪声。钛具有优异的抗腐蚀性能，其耐腐蚀性比优异的不锈钢还好，即使在恶劣的环境下，如高速流动的海水、王水中也能保持稳定。所以，它是航空航天、军事工业、航海、石油、化工的理想材料。

钛的生物相容性好，对人体无毒害。在外科医疗手术上，用钛制的"人造骨骼"使骨科技术完全改观。在骨头损坏的地方，用钛片与钛螺丝钉固定，几个月后，骨头就会重新生长在钛片的小孔与螺丝里，新的肌肉纤维就包在钛的薄片上，钛骨骼宛如真正的骨骼一样和血肉相连，起到支撑和加固作用，所以，钛被人们赞誉为"亲生物金属"。

钛-镍合金具有记忆功能，钛-铌合金具有超导性，钛-铁合金储氢能力强，这些卓越的性能是很多材料无法比拟的，这使它在尖端科学和高技术方面发挥重要作用。

总之，钛及其合金具有普通材料没有的多项优异性能，能够应用到高科技领域、一般工业和日常生活的方方面面，被誉为"全能金属"、"奇异的金属"。

室温时钛不与氯气、稀硫酸、稀盐酸和硝酸作用，但能被氢氟酸、热的浓盐酸、熔融碱侵蚀。

$$2Ti + 6HCl \xrightarrow{\triangle} 2TiCl_3 + 3H_2$$

$$Ti + 6HF \longrightarrow TiF_6^{2-} + 2H_2 + 2H^+$$

由于钛的熔点很高（1660℃），冶炼钛就要在更高的温度下进行，而在高温下钛的化学性质又变得很活泼，因此冶炼要在惰性气体保护下进行，这就对冶炼设备、工艺提出了很高的要求。通常将金红石（TiO_2）或钛铁矿（$FeTiO_3$）与焦炭混合，通入氯气并加热，制得四氯化钛：

$$TiO_2 + 2C + 2Cl_2 \xrightarrow{900℃} TiCl_4 + 2CO$$

四氯化钛经蒸馏提纯后，在氩气的保护下与金属镁反应得到钛：

$$TiCl_4 + 2Mg \xrightarrow{600℃} Ti + 2MgCl_2$$

2. 钛的常见化合物

钛原子的价层电子结构为 $3d^2 4s^2$，可形成氧化态为 +4、+2、+3 的化合物。最高氧化

态 +4 的化合物较稳定，应用较广。比较重要是二氧化钛、四氯化钛等。

二氧化钛为白色粉末，难溶于水、稀酸，但能溶于氢氟酸、热的盐酸或硫酸。

$$TiO_2 + 6HF \longrightarrow H_2TiF_6 + 2H_2O$$

$$TiO_2 + 2H_2SO_4 \xrightarrow{\triangle} Ti(SO_4)_2 + 2H_2O$$

$$TiO_2 + H_2SO_4 \xrightarrow{\triangle} TiOSO_4 + H_2O$$

二氧化钛是一种很好的白色颜料，俗称钛白。钛白兼有铅白（$PbCO_3$）的掩盖性能和锌白（ZnO）的持久性能，它是世界上最白的物质之一，1g 钛白可以把四百五十多平方厘米的面积涂得雪白，特别可贵的是钛白无毒。把二氧化钛加在纸里，可使纸变白并且不透明，因此制造钞票和美术品用的纸，有时就要添加二氧化钛。

二氧化钛具有熔点高的性质，常被用来制造耐火玻璃、釉料、珐琅、陶土、耐高温的实验器皿等。

开发海水中的铀资源。人们利用水合二氧化钛的吸附性能，作为铀的吸附剂，从海水中提取铀，每克水合二氧化钛吸附剂可达到吸附 1mg 铀的水平。

利用纳米 TiO_2 的光催化作用，降解水和空气中的有机污染物及有害气体。在污水处理、空气净化、消毒杀菌等方面将会得到广泛的应用。

TiO_2 经过硫酸处理活化后，可得到 SO_4^{2-}/TiO_2 固体超强酸，具有极强的酸性，对一些有机反应有很高的催化活性。

工业上常用硫酸分解钛铁矿来制取 TiO_2：

$$FeTiO_3 + 2H_2SO_4 \xrightarrow{\triangle} TiOSO_4 + FeSO_4 + 2H_2O$$

硫酸氧钛或硫酸钛酰经水解析出白色的偏钛酸沉淀。

$$TiOSO_4 + 2H_2O \longrightarrow H_2TiO_3 \downarrow + H_2SO_4$$

煅烧偏钛酸，即可得到 TiO_2。

$$H_2TiO_3 \xrightarrow{\triangle} TiO_2 + H_2O$$

钛的卤化物中最重要的是四氯化钛。它是无色液体，熔点 -24、1℃，沸点 136、4℃，有刺激性气味，在湿空气中因强烈水解会冒出大量白烟。由于具有这种特性，在军事上常用它作为人造烟雾剂。

$$TiCl_4 + 3H_2O \longrightarrow H_2TiO_3 \downarrow + 4HCl$$

若溶液中有一定量的盐酸，则四氯化钛发生部分水解，生成氯化钛酰 $TiOCl_2$。

在中等酸度的钛盐（Ⅳ）溶液中，加入 H_2O_2，可生成橘黄色的配合物 $[Ti(H_2O_2)]^{2+}$：

$$TiO^{2+} + H_2O_2 \longrightarrow [TiO(H_2O_2)]^{2+} （橘黄色）$$

利用此反应可进行钛的定性检验或比色分析。

（二）钒及其化合物

钒在地壳中的含量超过铜、锌、钙等普通元素，但在自然界中多呈分散状态，少见钒的富矿。我国的钒资源丰富，主要分布在四川攀枝花地区。

钒是一种银灰色金属。常温下钒的活泼性较低，在空气中是稳定的，不与水、苛性碱、非氧化性酸作用，但溶于氢氟酸和强氧化性酸（硝酸、王水等）。高温下钒可与大多数非金属元素反应。

钒比钛具有更强的金属键，因而有更高的熔沸点，它具有比强度大、耐腐蚀、无磁性等突出优点，在钢铁工业中主要用作添加剂，为重要的微合金化元素，用途广泛。钒目前用量最大的是冶金行业，它在钢铁工业中的消耗量占其生产总量的 85%。钒钢具有很高的强度、弹性和优良的抗磨损、抗冲击性能，被广泛应用于航天航空、舰船、冶金以及海洋工程等高科技领域，由此得到"战略金属"的美誉。

钒的化合物都有毒，其中以五氧化二钒和钒酸盐最为重要。

V_2O_5 是两性偏酸的氧化物，易溶于强碱，在低温生成正钒酸盐（VO_4^{3-}），在加热情况下生成偏钒酸盐（VO_3^-）。加热时 V_2O_5 也可与碳酸钠作用生成偏钒酸盐。

$$V_2O_5 + 6NaOH \longrightarrow 2Na_3VO_4 + 3H_2O$$

$$V_2O_5 + 2NaOH \xrightarrow{\triangle} 2NaVO_3 + H_2O$$

V_2O_5 具有较强的氧化性，它与盐酸作用产生氯气和亚钒酰离子：

$$V_2O_5 + 6HCl \xrightarrow{\triangle} 2VOCl_2(\text{蓝色}) + Cl_2\uparrow + 3H_2O$$

V_2O_5 用于催化剂、陶瓷着色剂、显影剂、干燥剂及生产高纯氧化钒或钒铁的原料。美国开发出一种新型钒催化剂，用于制硫酸、提炼石油和化工生产中。在防腐剂方面，研制出一种新型钒腐蚀抑制剂，使用的材料是 V_2O_5。长春医药集团新药研究开发有限公司研制出新药联麦氧钒胶囊，它可治疗糖尿病，该种钒化合物可以恢复机体对胰岛素的敏感性，纠正胰岛素抵抗，既可以降低血糖又可以预防胰岛素血症所造成的心脑血管合并症，比现在临床常用降糖药及胰岛素先进，目前该种药物已经产业化，具有取代目前降糖药物的趋势。

在水银灯表面上涂一层氧化钒和氧化钇，可以改变光的颜色；V_2O_5 可用来保护眼睛，避免太阳紫外线伤害，如作望远镜等仪器镜片；加 V_2O_5 的玻璃用在居民楼玻璃上，受到同样保护；在玻璃瓶材料中加进 V_2O_5，可吸收紫外线；钒盐若用于装饰陶瓷制品，可显示出绚丽的橙色和蓝色色彩；把氧化钒与有机化合物反应，生产出一种新染料，把染料用于纺织品和皮革上，在强光下不会褪色等。

钒酸盐有正钒酸盐、偏钒酸盐和多钒酸盐（如 $V_2O_7^{4-}$）。只有碱金属的钒酸盐是易溶的，其水溶液呈无色或浅黄色，钒酸、偏钒酸铵的溶解度均较小。

正钒酸根离子只存在于强碱性溶液中，它与硫酸根离子一样具有正四面体结构。当溶液的酸性增强时，正钒酸根离子逐步缩合为多钒酸根离子，随着 pH 值下降，缩合度增大，溶液颜色加深。当溶液变为酸性后，缩合度不再变化，生成质子化的多钒酸根离子（$V_{10}O_{28}^{6-}$）。如果钒酸盐浓度较大，pH 值在 6.5~2，会得到棕红色的五氧化二钒水合物沉淀。酸度再增高，当 pH<1，主要以黄色的二氧钒酰离子（VO_2^+）形式存在。

$$2VO_4^{3-} + 2H^+ \longrightarrow 2HVO_4^{2-} \longrightarrow V_2O_7^{4-} + H_2O \qquad pH \geqslant 13$$

在酸性溶液中，二氧钒酰离子（VO_2^+）具有较强的氧化性：

$$VO_2^+ + 2H^+ + e^- \longrightarrow VO^{2+} + H_2O \qquad E^{\ominus} = 1.0V$$

利用亚铁盐、草酸、亚硫酸盐等还原剂，可将二氧钒酰离子（VO_2^+）还原成蓝色的亚钒酰离子，对钒进行测定。

$$2VO_2^+ + H_2C_2O_4 + 2H^+ \xrightarrow{\triangle} 2VO^{2+} + 2CO_2 + 2H_2O$$

二、铬锰

ⅥB 族包括铬、钼、钨和 106 号元素，价电子构型为 $(n-1)d^{4\sim 5}ns^{1\sim 2}$，六个价电子都可以参加成键,最高氧化态为+6,并有多种氧化态。钼和钨为稀有元素,但我国的钼矿和钨矿储量都很丰富,钨居世界第一位,钼为世界第二位。

ⅦB族包括锰、锝、铼和107号元素,价电子构型为 $(n-1)d^5ns^2$。同样,七个价电子都可以参加成键,最高氧化态为+7,也有多种氧化态。锰是丰度较高的元素,地壳中的含量在过渡元素中仅次于铁和钛。锝和铼为稀有元素。

铬、钼、钨都是灰白色、高熔点的硬金属,在金属中铬是最硬的,钨是最难熔的。通常情况下,由于它们的表面容易生成氧化物保护膜,在空气和水中是稳定的,在冷的浓硝酸、王水中钝化。铬还有良好的光泽,常用于镀在金属制品的表面,起装饰、防腐和耐磨作用。大量的铬用于制造不锈钢(含铬12%~18%的钢)。钼和钨性质比铬还要稳定,主要用来制造特种合金钢,它们具有硬度大、弹性好、耐冲击、耐腐蚀等特性,可做刀具、钻头、车轴、耐酸泵、装甲车和枪炮等。

金属锰外形似铁,纯锰机械性能不佳,用途不大,很少单独使用,常以锰铁的形式来制造各种合金钢。

铬、锰均为较活泼的金属元素,常温下它们均能溶于稀盐酸和硫酸。铬与铝相似为两性元素。

$$Cr + 2HCl \longrightarrow CrCl_2(蓝色) + H_2 \uparrow$$
$$4CrCl_2 + 4HCl + O_2 \longrightarrow 4CrCl_3(绿色) + 2H_2O$$
$$Mn + 2HCl \longrightarrow MnCl_2 + H_2 \uparrow$$

(一) 铬的重要化合物

铬能形成多种氧化态化合物,从铬原子结构分析,+1价应是稳定的,但至今未得到 CrX,目前仅发现 $Cr_{(Ⅰ)}$ 稳定存在于螯合物中。如 $[Cr(bipy)_3]ClO_4$。

从 Cr 的元素电势图看

$$E_A^{\ominus}/V \quad Cr_2O_7^{2-} \xrightarrow{+1.33} Cr^{3+} \xrightarrow{-0.41} Cr^{2+} \xrightarrow{-0.91} Cr$$
$$E_B^{\ominus}/V \quad CrO_4^{2-} \xrightarrow{-0.12} CrO_2^{-} \xrightarrow{-0.8} Cr(OH)_2 \xrightarrow{-1.4} Cr$$

可见,酸性条件下,$Cr_{(Ⅵ)}$ 的氧化性较强,$Cr_{(Ⅱ)}$ 的还原性较强;碱性条件下,$Cr_{(Ⅵ)}$ 不显氧化性,$Cr_{(Ⅲ)}$ 和 $Cr_{(Ⅱ)}$ 的还原性都较强。最常见、重要的是+3和+6氧化态化合物。

1. +3价化合物

① 氧化物和氢氧化物有 Cr_2O_3 和 $Cr(OH)_3$

高温下,金属铬与氧气直接化合、重铬酸铵或三氧化铬热分解,都可生成绿色的三氧化二铬固体:

$$4Cr + 3O_2 \xrightarrow{\triangle} 2Cr_2O_3$$
$$(NH_4)_2Cr_2O_7 \xrightarrow{\triangle} Cr_2O_3 + N_2 + 4H_2O$$
$$4CrO_3 \xrightarrow{\triangle} 2Cr_2O_3 + 3O_2$$

在铬(Ⅲ)盐溶液中加入碱,生成灰绿色的水合氧化铬 $(Cr_2O_3 \cdot xH_2O)$ 胶状沉淀,通常称之为氢氧化铬,习惯上用 $Cr(OH)_3$ 表示。

Cr_2O_3、$Cr(OH)_3$ 性质与 Al_2O_3、$Al(OH)_3$ 相似,表现出两性。不同的是颜色和氧化还原性有差异。它们的性质见表8-4。

表 8-4　Cr_2O_3、$Cr(OH)_3$ 与 Al_2O_3、$Al(OH)_3$ 性质比较

	Cr_2O_3	$Cr(OH)_3$	Al_2O_3	$Al(OH)_3$
颜色	绿色	灰绿色	白色	白色
水溶解性	难溶	难溶	难溶	难溶
与盐酸作用	溶解(Cr^{3+})	溶解(Cr^{3+})	溶解(Al^{3+})	溶解(Al^{3+})
与 NaOH 作用	溶解(CrO_2^-)	溶解(CrO_2^-)	溶解(AlO_2^-)	溶解(AlO_2^-)
氧化还原性	还原性	还原性	无	无

经过灼烧后的 Cr_2O_3 难溶于酸，但可用熔融法使它变为可溶性盐。如 Cr_2O_3 与焦硫酸钾在高温反应：

$$Cr_2O_3 + 3K_2S_2O_7 \xrightarrow{\triangle} 3K_2SO_4 + Cr_2(SO_4)_3$$

Cr_2O_3 可作绿色颜料，用于玻璃、陶瓷和油漆中。也在一些有机反应中可作催化剂。

② 盐类有 Cr^{3+} 和 CrO_2^-（亚铬酸根）。

Cr^{3+} 的硫酸盐、硝酸盐、氯化物均易溶于水，最重要的是硫酸盐，与铝的硫酸盐类似易生成 $KCr(SO_4)_2 \cdot 12H_2O$。硫酸铬晶体含不同的结晶水，颜色各异，$Cr_2(SO_4)_3 \cdot 18H_2O$ 为紫色，$Cr_2(SO_4)_3 \cdot 6H_2O$ 为绿色，无水 $Cr_2(SO_4)_3$ 为桃红色。

铬（Ⅲ）盐在水溶液中发生弱水解：

$$Cr^{3+} + H_2O \rightleftharpoons Cr(OH)^{2+} + H^+$$

根据铬的元素电势图，在酸性溶液中，Cr^{3+} 不会发生歧化分解，其氧化性和还原性都很弱，所以 Cr^{3+} 是稳定的，将 Cr^{3+} 氧化为 $Cr_2O_7^{2-}$ 是较困难的，须用过硫酸铵等强氧化剂。

$$2Cr^{3+} + 3S_2O_8^{2-} + 7H_2O \longrightarrow Cr_2O_7^{2-} + 6SO_4^{2-} + 14H^+$$

亚铬酸盐为深绿色溶液，存在于强碱性溶液中，且具有较强的还原性。

$$CrO_4^{2-} + 2H_2O + 3e^- \rightleftharpoons CrO_2^- + 4OH^- \qquad E_B^\ominus = -0.12V$$

CrO_2^- 可被过氧化氢或过氧化钠等氧化剂氧化为铬酸盐

$$2CrO_2^- + 3H_2O_2 + 2OH^- \longrightarrow 2CrO_4^{2-} + 4H_2O$$

亚铬酸盐在碱性溶液中转化为铬酸盐的性质重要，工业上从铬铁矿生产铬酸盐的主要反应就是利用此转化性质，也利用此反应鉴定（别）、分离铬元素。

2. +6 价化合物

无论在晶体还是溶液中，并不存在简单的 +6 价铬离子，它总是以氧化物或含氧酸盐等形式存在，以 CrO_4^{2-} 和 $Cr_2O_7^{2-}$ 最重要。

铬的 +6 价化合物都有颜色，CrO_3 呈暗红色，$Cr_2O_7^{2-}$ 为橙红色，CrO_4^{2-} 为黄色等。

CrO_3 俗称铬酐，溶于水得到 $H_2Cr_2O_7$。在 $K_2Cr_2O_7$ 或 Na_2CrO_4 的饱和溶液中加入浓硫酸，可析出三氧化铬晶体。

$$K_2Cr_2O_7 + H_2SO_4 \longrightarrow 2CrO_3 \downarrow + K_2SO_4 + H_2O$$

CrO_3 有毒，吸入后可引起急性呼吸道刺激症状、鼻出血、鼻黏膜萎缩，有时出现哮喘，重者可发生化学性肺炎。误食可刺激和腐蚀消化道，引起恶心、呕吐、腹痛、血便等；重者出现呼吸困难、休克、肝损害及急性肾功能衰竭等。

CrO_3 遇热不稳定，分解放出氧气并最终生成三氧化二铬，表现强氧化性。它与有机物接触剧烈反应，甚至着火、爆炸。主要用于电镀、医药、印染和鞣革、印刷等行业。

铬酸（H_2CrO_4）和重铬酸（$H_2Cr_2O_7$）仅存在于稀溶液中，尚未分离出游离酸。它们均为二元中强酸，重铬酸较铬酸强些，$H_2Cr_2O_7$ 的第一级电离是完全的：

$$HCr_2O_7^- \longrightarrow Cr_2O_7^{2-} + H^+ \qquad K_{a_2}^{\ominus} = 0.85$$

$$H_2CrO_4 \longrightarrow HCrO_4^- + H^+ \qquad K_{a_1}^{\ominus} = 9.55$$

$$HCrO_4^- \longrightarrow CrO_4^{2-} + H^+ \qquad K_{a_2}^{\ominus} = 3.2 \times 10^{-7}$$

H_2CrO_4 和 $H_2Cr_2O_7$ 互为缩合酸。它们之间的转化关系为：

$$2CrO_4^{2-} + 2H^+ \rightleftharpoons 2HCrO_4^- \rightleftharpoons Cr_2O_7^{2-} + H_2O$$

在铬酸盐溶液中加入酸时，平衡向右移动，pH<2 时，溶液中 $Cr_2O_7^{2-}$ 占优势，溶液由黄色变为橙红色，CrO_4^{2-} 转化为 $Cr_2O_7^{2-}$。反之，在重铬酸盐溶液中加入碱时，平衡向左移动，溶液中 CrO_4^{2-} 占优势，溶液由橙红色变为黄色，$Cr_2O_7^{2-}$ 转化为 CrO_4^{2-}。酸性介质以 $Cr_2O_7^{2-}$ 为主，碱性溶液以 CrO_4^{2-} 为主。

铬酸盐除ⅠA、NH_4^+、Mg^{2+} 外，大多难溶于水，相应的重铬酸盐则溶解度更大。在可溶性铬酸盐溶液中加入 Ba^{2+}、Pb^{2+} 或 Ag^+，将生成沉淀。

$$CrO_4^{2-} + Ba^{2+} \longrightarrow BaCrO_4 \downarrow (黄色)$$

$$CrO_4^{2-} + Pb^{2+} \longrightarrow PbCrO_4 \downarrow (黄色)$$

常利用上述反应检验 CrO_4^{2-} 离子的存在。

在 $Cr_2O_7^{2-}$ 的溶液中加入可溶性钡盐、铅盐或银盐时，生成的也是相应的铬酸盐沉淀(为什么?)，所以无论是铬酸盐还是重铬酸盐溶液，加入金属离子，生成的都是铬酸盐沉淀。

$$Cr_2O_7^{2-} + 2Ba^{2+} + H_2O \longrightarrow 2BaCrO_4 \downarrow (黄色) + 2H^+$$

$$Cr_2O_7^{2-} + 2Pb^{2+} + H_2O \longrightarrow 2PbCrO_4 \downarrow (黄色) + 2H^+$$

【思考】 如何证明上述反应析出的沉淀是铬酸盐而不是重铬酸盐沉淀？

根据铬的元素电势图，在酸性溶液中，$Cr_2O_7^{2-}$ 具有强氧化性，可与许多还原剂发生氧化还原反应。如：

$$Cr_2O_7^{2-} + 6I^- + 14H^+ \longrightarrow 2Cr^{3+} + 3I_2 + 7H_2O$$

重铬酸钾不含结晶水，容易纯化，性质较稳定，在分析化学中，常用它作为基准物质；利用重铬酸钾的氧化性来测定铁的含量，称为重铬酸钾法：

$$Cr_2O_7^{2-} + 6Fe^{2+} + 14H^+ \longrightarrow 2Cr^{3+} + 6Fe^{3+} + 7H_2O$$

在 $Cr_2O_7^{2-}$ 的溶液中（酸性），加入过氧化氢溶液，有蓝色的过氧化铬 $[CrO(O_2)_2]$ 生成：

$$Cr_2O_7^{2-} + 4H_2O_2 + 2H^+ \longrightarrow 2CrO(O_2)_2 + 5H_2O$$

过氧化铬 $[CrO(O_2)_2]$ 相当于其中的两个氧被两个过氧基取代，它很不稳定，易分解放出氧气：

$$4CrO(O_2)_2 + 12H^+ \longrightarrow 4Cr^{3+} + 7O_2 + 6H_2O$$

因此，其生成反应应在冷溶液中进行，同时用乙醚或其他有机溶剂萃取。利用此反应鉴定过氧化氢或铬。

饱和重铬酸钾与浓硫酸的混合溶液具有强氧化性和强酸性，在实验中常用来洗涤玻璃器皿，称为铬酸洗液。

铬的化合物中，Cr(Ⅵ) 的毒性最大，已经发现，它有致癌作用，对农作物和微生物的危害也很大。

(二) 锰的重要化合物

锰原子的价层结构为 $3d^54s^2$，可形成氧化态为 +2 到 +7 的化合物，常见而重要的是

+2、+4、+6 和+7。

锰的元素电势图为：

$$E_A^\ominus/V \quad MnO_4^- \xrightarrow{0.554} MnO_4^{2-} \xrightarrow{2.27} MnO_2 \xrightarrow{0.95} Mn^{3+} \xrightarrow{1.51} Mn^{2+} \xrightarrow{-1.18} Mn$$

$$E_B^\ominus/V \quad MnO_4^- \xrightarrow{0.554} MnO_4^{2-} \xrightarrow{0.617} MnO_2 \xrightarrow{-0.2} Mn(OH)_3 \xrightarrow{-0.1} Mn(OH)_2 \xrightarrow{-1.56} Mn$$

可见，+3、+6 价化合物不稳定均倾向于发生歧化反应。酸性条件下，Mn^{2+} 稳定，不易被氧化，也不易被还原。中性及弱碱性溶液以 MnO_2 较稳定。Mn(Ⅶ) 具有强氧化性。

1. +4 价锰化合物

MnO_2 为锰元素在自然界的主要存在形式（软锰矿）。MnO_2 呈棕褐色，难溶于水，中性及弱碱性介质中较稳定。Mn(Ⅳ) 的其他形式化合物不稳定，易分解。

MnO_2 在酸性或碱性中易发生氧化还原反应。在酸性溶液中 MnO_2 具有强氧化性，被还原为 Mn^{2+}。例如：

$$MnO_2 + 4HCl_{(浓)} \xrightarrow{\triangle} 2MnCl_2 + Cl_2\uparrow + 2H_2O$$

$$2MnO_2 + 2H_2SO_{4(浓)} \xrightarrow{\triangle} 2MnSO_4 + O_2\uparrow + 2H_2O$$

在碱性介质中 MnO_2 不显氧化性，与氧化剂反应表现出还原性，例如 MnO_2 与 KOH 的混合物在空气中加热熔融，得到绿色的锰酸盐：

$$2MnO_2 + O_2 + 4KOH \xrightarrow{\triangle} 2K_2MnO_4 + 2H_2O$$

用氯酸钾作氧化剂与二氧化锰、氢氧化钾共融，亦可得到锰酸盐，且反应进行得更快：

$$3MnO_2 + KClO_3 + 6KOH \xrightarrow{\triangle} 3K_2MnO_4 + KCl + 3H_2O$$

MnO_2 可作催化剂，能够催化油类的氧化作用，催化过氧化氢的分解：

$$2H_2O_2 \xrightarrow{MnO_2} O_2 + 2H_2O$$

MnO_2 还可作为干电池的去极化剂、油漆催干剂、制造各种锰化合物的原料。

2. +7 价锰化合物——MnO_4^-

Mn(Ⅶ) 的化合物不多，都呈深紫色，水溶液呈紫红色，是其特征之一。最重要的是高锰酸钾，俗称灰锰氧，为常用的氧化剂之一。

工业上制取高锰酸钾，先将二氧化锰与氯酸钾、氢氧化钾混合物共融，得到锰酸盐后，电解锰酸钾的碱性溶液，或用氧化剂（如 Cl_2）氧化锰酸钾得到。

$$2MnO_4^{2-} + 2H_2O \xrightarrow{电解} 2MnO_4^- + 2OH^- + H_2\uparrow$$
$$\qquad\qquad\qquad\qquad\quad (阳极)\qquad\qquad (阴极)$$

$$2MnO_4^{2-} + Cl_2 \longrightarrow 2MnO_4^- + 2Cl^-$$

高锰酸钾最典型的性质是强氧化性和不稳定性，其还原产物规律见表 8-5。

表 8-5　$KMnO_4$ 还原产物

介　质	酸　性	中性、弱酸、弱碱性	强碱性
还原产物	Mn^{2+}	MnO_2	MnO_4^{2-}
颜色、状态	无色溶液	棕色沉淀	绿色溶液

分析化学中，利用酸性介质高锰酸钾的氧化性发生的氧化还原反应，建立了高锰酸钾滴定分析方法。但反应速度较慢，Mn^{2+} 的存在可催化该反应，所以，随着 Mn^{2+} 的生成（或

加入少量 Mn^{2+}），反应速度迅速加快。

在酸性介质中，过量的 MnO_4^- 可与 Mn^{2+} 作用生成棕色 MnO_2 沉淀。

$$2MnO_4^- + 3Mn^{2+} + 2H_2O \longrightarrow 5MnO_2\downarrow + 4H^+$$

利用高锰酸钾的强氧化性，可作漂白剂、消毒剂、除臭剂等。

高锰酸钾受热不稳定，加热到200℃以上发生分解，实验室可用于制取少量氧气：

$$2KMnO_4 \xrightarrow{>200℃} K_2MnO_4 + MnO_2 + O_2\uparrow$$

高锰酸钾的水溶液也不太稳定，缓慢发生分解：

$$4MnO_4^- + 4H^+ \longrightarrow 4MnO_2\downarrow + 3O_2 + 2H_2O$$

光照可加速分解反应，故应将高锰酸钾溶液用棕色瓶保存。

高锰酸钾固体与浓硫酸作用，得到绿色油状的 Mn_2O_7，后者极不稳定，常温下可发生爆炸性分解。

$$2KMnO_4 + H_2SO_4 \xrightarrow{<253K} Mn_2O_7 + K_2SO_4 + H_2O$$

$$2Mn_2O_7 \xrightarrow{>283K} 4MnO_2 + 3O_2$$

3. +2价锰化合物

+2价锰的强酸盐，如硫酸盐、硝酸盐、氯化物均易溶于水，颜色主要呈淡色。弱酸盐，如 MnS、$MnCO_3$ 等一般为难溶物。$Mn(OH)_2$ 为白色胶状沉淀。

根据锰的电势图，酸性中 Mn^{2+} 较稳定，氧化性、还原性均较弱，但遇强氧化剂仍可被氧化。如酸性介质中，可与 PbO_2、$NaBiO_3$ 或 $K_2S_2O_8$ 等强氧化剂反应：

$$5BiO_3^- + 2Mn^{2+} + 14H^+ \xrightarrow{\triangle} 2MnO_4^- + 5Bi^{3+} + 7H_2O$$

$$5S_2O_8^{2-} + 2Mn^{2+} + 8H_2O \xrightarrow{\triangle Ag^+ 催化} 2MnO_4^- + 10SO_4^{2-} + 16H^+$$

$$5PbO_2 + 2Mn^{2+} + 4H^+ \xrightarrow{\triangle} 2MnO_4^- + 5Pb^{2+} + 2H_2O$$

由于 MnO_4^- 特殊的紫红颜色，且在很低的浓度下仍能观察到，常利用上述反应来鉴定溶液中的 Mn^{2+}。

在碱性介质中，+2价锰有较强还原性，易被氧化。例如，向 Mn^{2+} 溶液中加入碱时，首先形成白色 $Mn(OH)_2$ 沉淀：

$$Mn^{2+} + 2OH^- \longrightarrow 2Mn(OH)_2\downarrow（白色）$$

$Mn(OH)_2$ 不稳定，在空气中很快被氧化，生成棕色的 $MnO(OH)_2$ 沉淀（水合 MnO_2）

$$2Mn(OH)_2 + O_2 \longrightarrow 2MnO(OH)_2\downarrow（棕色）$$

+2价锰的难溶化合物的性质见表8-6。

表8-6　+2价锰的难溶化合物

难溶物	$Mn(OH)_2$	MnS	$MnCO_3$	$Mn_3(PO_4)_2$
颜色	白色	肉色	白色	白色
与稀强酸反应	溶解	溶解	溶解	溶解

4. +6价锰化合物——MnO_4^{2-}

锰酸盐呈绿色，不稳定，仅能存在于浓的强碱溶液中，在酸性、中性，甚至稀碱中歧化为高锰酸盐和二氧化锰。它既具有氧化性又具有还原性。

$$3MnO_4^{2-} + 2H_2O \longrightarrow 2MnO_4^- + MnO_2 + 4OH^-$$

由于锰酸盐的不稳定性,应用不多,主要是制备各种锰化合物的中间体。

三、铁系元素——Fe、Co、Ni

ⅧB族是周期系特殊的一族元素,它包含三个纵列九种元素。这些元素中,也存在通常的纵向相似性,但横向相似性如 Fe、Co 和 Ni 元素性质相似更为突出些。因此,称 Fe、Co、Ni 为铁系元素,其余六种则称为铂系元素。

在自然界中它们因性质相似常常共生在一起。铁是分布最广的元素之一,它在地壳中的含量居第四位,就金属元素而言,仅次于铝,主要以赤铁矿(Fe_2O_3)、磁铁矿(Fe_3O_4)、黄铁矿(FeS_2)等形式存在;钴的主要矿物是辉钴矿(CoAsS),镍是镍黄铁矿($NiS \cdot FeS$)。

(一) 单质

Fe、Co、Ni 都是银白色金属,密度较大,熔点较高,表现出显著的磁性,称为铁磁性物质,是很好的磁性材料,可作电磁铁。常温干燥条件下,它们都很稳定,不与空气、硫等反应,高温下都能与氧、硫、磷等非金属剧烈反应,生成相应的化合物。

铁系元素属中等活泼金属,并依 Fe-Co-Ni 顺序降低。均能与稀强酸作用而溶解,钴、镍较缓慢;冷的浓硫酸、浓硝酸使它们钝化,Fe、Co、Ni 均不易与碱作用,仅浓碱对铁有腐蚀,所以碱熔融时用镍坩埚。

由于钢铁中含有较惰性的杂质成分,在潮湿的空气中构成原电池,导致铁的电化学腐蚀,形成铁锈,而钴、镍仍稳定,故在钢中掺钴可提高其防腐性能。

负极(Fe): $Fe \longrightarrow Fe^{2+} + 2e^-$

正极(杂质): $O_2 + 2H_2O + 4e^- \longrightarrow 4OH^-$

溶液中: $Fe^{2+} + 2OH^- \longrightarrow Fe(OH)_2$

$Fe(OH)_2$ 被空气氧化成疏松的铁锈($Fe_2O_3 \cdot xH_2O$)。

(二) 化合物

铁、钴、镍原子的价层电子数(3d 和 4s 电子数之和)分别为 8、9、10 个,由于随着原子序数的增加,有效核电荷增加,增强了核对 3d 电子的束缚作用,全部 d 电子参与成键趋势大大降低,所以最高氧化态与族数不一致,共同表现为 +2 和 +3。依 Fe-Co-Ni,M(Ⅱ)越来越稳定,M(Ⅲ)则相反。高于 +3 价的化合物很少见或不稳定。

铁系元素的电势图:

$E_A^\ominus /V$

$$FeO_4^{2-} \xrightarrow{1.9} Fe^{3+} \xrightarrow{0.77} Fe^{2+} \xrightarrow{-0.41} Fe$$

$$Co^{3+} \xrightarrow{1.95} Co^{2+} \xrightarrow{-0.28} Co$$

$$Ni^{3+} \xrightarrow{?} Ni^{2+} \xrightarrow{-0.25} Ni$$

$E_B^\ominus /V$

$$FeO_4^{2-} \xrightarrow{0.9} Fe(OH)_3 \xrightarrow{-0.56} Fe(OH)_2 \xrightarrow{-0.89} Fe$$

$$Co(OH)_3 \xrightarrow{0.17} Co(OH)_2 \xrightarrow{-0.73} Co$$

$$NiO_2 \xrightarrow{0.5} Ni(OH)_3 \xrightarrow{0.48} Ni(OH)_2 \xrightarrow{-0.72} Ni$$

铁、钴、镍常见的氧化态及存在形式见表 8-7 和表 8-8。

【思考】 金属铁、钴、镍分别与盐酸、Cl_2 作用的产物。

1. 氧化物和氢氧化物

铁系元素形成的 +2 和 +3 价氧化物及其性质见表 8-9。

表 8-7 铁、钴、镍常见的氧化态

元素	Fe	Co	Ni
氧化态	+2、+3 (+6)	+2、+3 (+4)	+2、+3 (+4)
+2 价还原性	强 ——————————————————————→ 弱		
+3 价氧化性	弱 ——————————————————————→ 强		

表 8-8 铁、钴、镍常见的氧化态存在形式

元素 \ 氧化态	+2	+3
Fe	Fe^{2+}、FeO、$Fe(OH)_2$	Fe^{3+}、Fe_2O_3、$Fe(OH)_3$
Co	Co^{2+}、CoO、$Co(OH)_2$	Co_2O_3、CoO(OH)
Ni	Ni^{2+}、NiO、$Ni(OH)_2$	Ni_2O_3、$Ni(OH)_3$

表 8-9 铁、钴、镍常见的氧化物

元素	Fe	Co	Ni
+2 价氧化物	FeO	CoO	NiO
颜色	黑色	灰绿	绿(黑*)色
酸碱性	碱性	碱性	碱性
+3 价氧化物	Fe_2O_3	Co_2O_3	Ni_2O_3
颜色	砖红色	暗褐色	黑色
酸碱性	碱性(微弱酸性)	碱性	碱性

*：NiO 经高温灼烧后，晶型转变呈黑色。

除 Fe_2O_3 有微弱的酸性外，铁系元素的氧化物均为碱性氧化物，难溶于水和碱，易溶于酸。由于 +3 价的钴和镍具有氧化性，其氧化物溶于酸时，将同时发生氧化还原反应。例如：

$$FeO + 2HCl \longrightarrow FeCl_2 + H_2O$$
$$NiO + 2HCl \longrightarrow NiCl_2 + H_2O$$
$$Fe_2O_3 + 6HCl \longrightarrow 2FeCl_3 + 3H_2O$$
$$Co_2O_3 + 6HCl \longrightarrow 2CoCl_2 + Cl_2\uparrow + 3H_2O$$
$$Ni_2O_3 + 6HCl \longrightarrow 2NiCl_2 + Cl_2\uparrow + 3H_2O$$

Fe_2O_3 有 α 和 γ 两种构型，α-Fe_2O_3 是顺磁性的，可由草酸铁或硝酸铁热分解制得，常作为红色颜料及某些反应的催化剂。γ-Fe_2O_3 是铁磁性的，可由四氧化三铁氧化得到，常作为录音磁带的涂料。Fe_2O_3 有微弱的酸性，与 NaOH 或 Na_2CO_3 共融生成 Fe(Ⅲ) 酸盐。

$$Fe_2O_3 + Na_2CO_3 \xrightarrow{\text{熔融}} 2NaFeO_2 + CO_2$$

铁、钴、镍都能生成 +2、+3 氧化态的氢氧化物，它们均难溶于水。(表 8-10)

表 8-10 铁、钴、镍的氢氧化物

元素	Fe	Co	Ni
+2 价氢氧化物	$Fe(OH)_2$	$Co(OH)_2$	$Ni(OH)_2$
颜色	白色	粉红色	绿色
酸碱性	碱性	碱性	碱性
与氨水作用	不溶	溶解生成 $Co(NH_3)_6^{2+}$	溶解生成 $Ni(NH_3)_6^{2+}$
+3 价氢氧化物	$Fe(OH)_3$	$Co(OH)_3$ 或 CoO(OH)	$Ni(OH)_3$ 或 NiO(OH)
颜色	红棕色	棕色	黑色
酸碱性	碱性(微弱两性)	碱性	碱性

在 M(Ⅱ) 盐溶液中加入碱,得到相应的氢氧化物沉淀。

$$M^{2+} + 2OH^- \longrightarrow M(OH)_2 \downarrow$$

$Fe(OH)_2$ 在空气中(甚至水中的溶氧)很快被氧化,往往得不到白色的 $Fe(OH)_2$,而是变成灰绿色$[Fe(OH)_2 \cdot 2Fe(OH)_3]$,最后为红棕色的 $Fe(OH)_3$。

$$4Fe(OH)_2 + O_2 + 2H_2O \longrightarrow 4Fe(OH)_3 \downarrow$$

要想得到白色的 $Fe(OH)_2$,必须防止其被氧化,可用不含溶氧的蒸馏水配置纯 Fe^{2+} 和碱溶液,同时在隔绝空气条件下反应。

在钴(Ⅱ)盐溶液中加碱,先生成蓝色的碱式盐沉淀,然后转化为粉红色的 $Co(OH)_2$ 沉淀,后者在空气中缓慢被氧化[比 $Fe(OH)_2$ 氧化慢得多],最后变成棕色的 $Co(OH)_3$ 沉淀。

$$CoCl_2 + OH^- \longrightarrow Co(OH)Cl \downarrow + Cl^-$$
$$Co(OH)Cl + OH^- \longrightarrow Co(OH)_2 \downarrow + Cl^-$$
$$4Co(OH)_2 + O_2 + 2H_2O \longrightarrow 4Co(OH)_3 \downarrow$$

$Ni(OH)_2$ 在空气中不被氧化,加入强氧化剂如 $NaClO$ 可将它氧化为黑色的 $Ni(OH)_3$。

$$2Ni(OH)_2 + NaClO + H_2O \longrightarrow 2Ni(OH)_3 \downarrow + NaCl$$

铁系元素的 $M(OH)_2$ 和 $M(OH)_3$ 的酸碱性与对应的氧化物一致,这些氢氧化物都易溶于酸,作用产物也与其氧化物一致。如:

$$Fe(OH)_3 + NaOH \xrightarrow{\triangle} NaFeO_2 + 2H_2O$$
$$2Co(OH)_3 + 6HCl \longrightarrow 2CoCl_2 + Cl_2 \uparrow + 6H_2O$$
$$4Ni(OH)_3 + 4H_2SO_4 \longrightarrow 4NiSO_4 + O_2 \uparrow + 10H_2O$$

可见铁系元素氢氧化物的氧化还原性质规律为:

$M(OH)_2$ 的还原能力依 Fe-Co-Ni 减弱,而 $M(OH)_3$ 的氧化能力依 Fe-Co-Ni 增强。

2. 盐类

铁系元素 M(Ⅱ) 盐的性质有许多相似之处。

① MS、MCO_3、$M_3(PO_4)_2$ 均难溶水,易溶于强酸。

② 强酸盐易溶于水,其水溶液弱水解而略显酸性。

③ 从水中析出的结晶带相同数目结晶水——$MCl_2 \cdot 6H_2O$、$M(NO_3)_2 \cdot 6H_2O$、$MSO_4 \cdot 7H_2O$。

④ 硫酸盐易形成复盐——$M_2^I SO_4 \cdot M^{II} SO_4 \cdot 6H_2O$,其中硫酸亚铁铵即 Mohr 盐重要,它比硫酸亚铁不易被氧化。

⑤ 水合盐晶体及溶液都有颜色,因发生 d-d 跃迁之故。

铁屑与稀硫酸作用得到的溶液,经浓缩、结晶析出的浅绿色 $FeSO_4 \cdot 7H_2O$ 晶体,俗称绿矾。绿矾在空气中会逐渐失去部分结晶水,加热可全部脱去结晶水,得到白色的无水硫酸亚铁粉末,强热则发生分解,生成 Fe_2O_3。

$$FeSO_4 \cdot 7H_2O \xrightarrow{\triangle} 2FeSO_4 \xrightarrow{强热} Fe_2O_3 + SO_2 + SO_3$$

硫酸亚铁在空气中不稳定,被氧化生成棕黄色的碱式盐,使绿矾晶体表面出现棕黄色斑点。

$$4FeSO_4 + O_2 + 2H_2O \longrightarrow 4Fe(OH)SO_4$$

在硫酸亚铁的溶液中加入一定量的硫酸铵,可析出溶解度较小、但不易被氧化的

Mohr 盐。

$$FeSO_4 + (NH_4)_2SO_4 + 6H_2O \longrightarrow (NH_4)_2SO_4 \cdot FeSO_4 \cdot 6H_2O$$

根据电势图，水溶液中的 Fe^{2+} 易被空气氧化，且酸度越低，越容易被氧化：

$$4Fe^{2+} + O_2 + 4H^+ \longrightarrow 4Fe^{3+} + 2H_2O$$

$$4Fe^{2+} + O_2 + 2H_2O \longrightarrow 4Fe(OH)^{2+}$$

所以在保存 Fe^{2+} 溶液时应加入足量的相应酸，并加入少量金属铁，防止 Fe^{2+} 被氧化（为什么？）。

硫酸亚铁用于水的絮凝净化，以及从城市和工业污水中去除磷酸盐，以防止水体的富营养化。大量的硫酸亚铁被用作还原剂，如还原水泥中的铬酸盐。硫酸亚铁可用于治疗缺铁性贫血症。鞣酸铁墨水及其他墨水的生产需要用到硫酸亚铁，木质染色的媒染剂中也含有硫酸亚铁。

二氯化钴是重要的钴盐之一，它随所含的结晶水数的变化而呈现出不同的颜色。

$$CoCl_2 \cdot 6H_2O \xleftarrow{325K} CoCl_2 \cdot 2H_2O \xleftarrow{363K} CoCl_2 \cdot H_2O \xleftarrow{393K} CoCl_2$$

（粉红色） （紫红色） （蓝紫色） （蓝色）

在潮湿的空气中，蓝色 $CoCl_2$ 会因水合作用而逐渐变成粉红色，据此可将它浸渍到硅胶干燥剂上作为吸湿指示剂，即变色硅胶。当这种硅胶由蓝色变成粉红色时，表示吸水已达饱和（无干燥能力），须在 393K 烘烤至蓝色，方可重新使用。氯化钴主要用于电解精炼钴，以及制备钴的其它化合物。氯化钴可刺激骨髓促进红细胞的生成，用于再生障碍性贫血、肾性贫血治疗，但同时副作用大；还用作氨的吸收剂、陶瓷着色剂、油漆催干剂、反应的催化剂等。

铁系元素 M(Ⅲ) 盐中，由于 Co^{3+}、Ni^{3+} 的强氧化性，只有铁能形成稳定的 +3 价简单盐，Co(Ⅲ) 盐只能以固态形式存在，溶于水将发生氧化还原反应转变为二价钴盐；Ni^{3+} 具有更强的氧化性，不能稳定存在。最重要的是三氯化铁，见表 8-11。

表 8-11 铁系元素的 +3 价卤化物

元　素	Fe	Co	Ni
MF_3	1000K 升华	>627K 分解	>527K 分解
MCl_3	773K 升华（双聚体）	室温分解	×
MBr_3	>473K 分解	×	×
MI_3	×	×	×

注："×"表示尚未制得。

三氯化铁主要用作水处理剂；印刷制版、电子线路图板的腐蚀剂、冶金工业的氯化剂、染料工业的氧化剂和媒染剂、有机合成工业的催化剂；能使蛋白质凝聚，作止血剂；制造其他铁盐、颜料的原料等。

Fe^{3+}、Cr^{3+}、Al^{3+} 性质比较，见表 8-12。

表 8-12 Fe^{3+}、Cr^{3+}、Al^{3+} 性质比较

盐　类	Fe^{3+}	Cr^{3+}	Al^{3+}
水解性	强	较弱	强
成矾性		$KM(SO_4)_2 \cdot 12H_2O$	
氧化还原性	酸性，中强氧化性 碱性，极弱还原性	酸性，弱氧化性，不表现 碱性，较强还原性	弱，不表现
$M(OH)_3$ 性质	红棕色沉淀 碱性	灰绿色沉淀 两性	白色沉淀 两性

3. Fe、Co、Ni 的重要配合物

铁系元素都是很好的配合物形成体，能形成许多配合物，而且许多配合物已得到广泛的应用。Fe^{3+} 和 Fe^{2+} 易形成配位数为 6 的八面体型配合物，Co^{2+} 的多数配合物具有八面体或四面体构型，而 Ni^{2+} 可形成多种构型如八面体、平面正方、四面体、三角双锥的配合物。下面介绍几种铁、钴、镍的重要配合物。

（1）氨配合物

铁系元素的 +2 和 +3 价离子都能与氨形成配合物。Fe^{2+}、Co^{2+}、Ni^{2+} 氨合配离子的稳定性，按 Fe-Co-Ni 顺序依次增强。铁的无水盐如 $FeCl_3$ 和 $FeCl_2$ 等能吸收氨气生成氨配合物，但它们都不太稳定，只能存在于晶体中，遇水则发生分解。因此，在水溶液中，Fe^{2+} 和 Fe^{3+} 不能与 NH_3 形成配合物。

$$[Fe(NH_3)_6]^{2+} + 6H_2O \longrightarrow Fe(OH)_2 \downarrow + 4NH_3 \cdot H_2O + 2NH_4^+$$

$$[Fe(NH_3)_6]^{3+} + 6H_2O \longrightarrow Fe(OH)_3 \downarrow + 3NH_3 \cdot H_2O + 3NH_4^+$$

在 Co^{2+} 的水溶液中加入过量的氨水，可得到土黄色的可溶性 $[Co(NH_3)_6]^{2+}$ 配离子，此配离子不稳定，易被氧化，在空气中可慢慢被氧化变成更稳定的红褐色 $[Co(NH_3)_6]^{3+}$。

$$Co^{2+} + 6NH_3 \longrightarrow [Co(NH_3)_6]^{2+} (土黄色)$$

$$4[Co(NH_3)_6]^{2+} + O_2 + 2H_2O \longrightarrow 4[Co(NH_3)_6]^{3+}(红褐色) + 4OH^-$$

对比 Co^{2+} 在氨水和酸性溶液中的标准电极电势：

$$Co^{3+} + e^- \longrightarrow Co^{2+} \qquad E_A^{\ominus} = 1.95V$$

$$[Co(NH_3)_6]^{3+} + e^- \longrightarrow [Co(NH_3)_6]^{2+} \qquad E_B^{\ominus} = 0.1V$$

可见 Co^{3+} 很不稳定，氧化性很强，而 Co(Ⅲ) 氨配合物的氧化性大为减弱，稳定性显著增强，Co(Ⅱ) 氨配合物的还原性增强，不稳定，可被空气氧化。这可从结构上加以解释。

Ni^{2+} 在过量的氨水中可生成 $[Ni(NH_3)_4(H_2O)_2]^{2+}$ 以及 $[Ni(NH_3)_6]^{2+}$，它们通常呈蓝紫色。Ni^{2+} 的配合物都比较稳定，不易被氧化。

（2）氰配合物

Fe^{2+}、Co^{2+}、Ni^{2+}、Fe^{3+} 等离子均能与 CN^- 形成配合物。

铁的重要氰配合物有 $K_4[Fe(CN)_6]$ 和 $K_3[Fe(CN)_6]$，在亚铁盐溶液中加入适量的 KCN 溶液，可得到白色的 $Fe(CN)_2$ 沉淀，继续加入过量的 KCN 溶液，沉淀将溶解，生成 $K_4[Fe(CN)_6]$ 的浅黄色溶液。

$$Fe^{2+} + 2CN^- \longrightarrow Fe(CN)_2 \downarrow$$

$$Fe(CN)_2 + 4CN^- \longrightarrow [Fe(CN)_6]^{4-}$$

将溶液蒸发浓缩，析出的黄色晶体为 $K_4[Fe(CN)_6] \cdot 3H_2O$，俗称黄血盐。黄血盐主要用于制造颜料、油漆、油墨。$[Fe(CN)_6]^{4-}$ 在溶液中相当稳定，$K_f^{\ominus} \approx 10^{45}$，在其溶液相几乎检不出 Fe^{2+} 的存在。但通入氯气（或加入其它氧化剂），可将 $[Fe(CN)_6]^{4-}$ 氧化为 $[Fe(CN)_6]^{3-}$。

$$2[Fe(CN)_6]^{4-} + Cl_2 \longrightarrow 2[Fe(CN)_6]^{3-} + 2Cl^-$$

浓缩上述溶液，可析出 $K_3[Fe(CN)_6]$ 深红色晶体，即赤血盐。它主要用于印刷制版、照片洗印及显影，也用于制晒蓝图纸等。

在含有 Fe^{3+} 的溶液中加入黄血盐溶液，可生成蓝色沉淀，称为普鲁士蓝：

$$Fe^{3+} + [Fe(CN)_6]^{4-} + K^+ \longrightarrow KFe[Fe(CN)_6]\downarrow (蓝色)$$

在含有 Fe^{2+} 的溶液中加入赤血盐溶液，也可得到蓝色沉淀，称为滕氏蓝：

$$Fe^{2+} + [Fe(CN)_6]^{3-} + K^+ \longrightarrow KFe[Fe(CN)_6]\downarrow (蓝色)$$

经结构研究证明，普鲁士蓝和滕氏蓝具有相同的结构。上述两个反应灵敏，在分析上常用来鉴定 Fe^{3+} 或 Fe^{2+}。上述蓝色配合物广泛用于油漆和油墨工业，也用于蜡笔、图画颜料的制造。

Co^{2+} 与 CN^- 反应形成浅棕色氰化物沉淀 $Co(CN)_2$，此沉淀溶于过量 CN^- 溶液中生成紫色的 $[Co(CN)_6]^{4-}$ 溶液。与 $[Co(NH_3)_6]^{2+}$ 相似，价键理论认为，$Co^{2+}(3d^7)$ 中 3d 轨道中的一个 d 电子被激发到能级高的 4d 轨道上，该电子易失去：

$$[Co(CN)_6]^{3-} + e^- \longrightarrow [Co(CN)_6]^{4-} \qquad E^\ominus = -0.81V$$

所以该配离子还原性比 $[Co(NH_3)_6]^{2+}$ 还强，易被氧化，不仅能被空气氧化，事实上只要将溶液稍加热，$[Co(CN)_6]^{4-}$ 就能从水中还原出氢气：

$$2[Co(CN)_6]^{4-} + 2H_2O \xrightarrow{\triangle} 2[Co(CN)_6]^{3-} + H_2\uparrow + 2OH^-$$

Ni^{2+} 与过量的 CN^- 溶液反应，形成橙黄色的 $[Ni(CN)_4]^{2-}$，此配离子是 Ni^{2+} 最稳定的配合物之一，具有平面正方形结构。

(3) 硫氰配合物

Fe^{2+} 和 Ni^{2+} 与 SCN^- 反应，生成的异硫氰合物不稳定，并不重要。有意义的是 Fe^{3+}、Co^{2+} 的硫氰配合物。

Fe^{3+} 与 SCN^- 反应，形成血红色的 $[Fe(NCS)_n]^{3-n}$：

$$Fe^{3+} + nSCN^- \longrightarrow [Fe(NCS)_n]^{3-n}$$

n 值 $=1\sim 6$，取决于溶液中的 SCN^- 浓度和酸度。经红外光谱证明，配离子中 N 为配位原子，所以产物为异硫氰合铁(Ⅲ)配离子。这一反应非常灵敏，常用来检出 Fe^{3+} 和比色法测定 Fe^{3+} 的含量。但该配离子的 $K_f^\ominus \approx 10^9$，不够大，当 pH 值较大时，因 Fe^{3+} 形成 $Fe(OH)_3$ 沉淀，破坏了配合物；所以，显色反应须在酸性条件下进行。另外加入 F^-，Fe^{3+} 形成更稳定无色的 FeF_6^{3-}，也不能得到血红色溶液。

$$[Fe(NCS)_6]^{3-} + 6F^- \longrightarrow [FeF_6]^{3-} + 6\,SCN^-$$

Co^{2+} 与 SCN^- 反应，形成蓝色的 $[Co(NCS)_4]^{2-}$，此配离子为正四面体结构，在定性分析化学中用于鉴定 Co^{2+}。因为 $[Co(NCS)_4]^{2-}$ 在水溶液中稳定性不高，$K_f^\ominus \approx 10^3$，稀释时可变为粉红色的 $[Co(H_2O)_6]^{2+}$，所以用 SCN^- 检出 Co^{2+} 时，常使用浓度较大的 NH_4SCN 溶液，以抑制 $[Co(NCS)_4]^{2-}$ 的离解，并用丙酮或戊醇萃取，提高其稳定性。

(4) 其他重要配合物

Ni^{2+} 与丁二酮肟(DMG)在弱碱性(NH_3)条件下，生成鲜红色螯合物沉淀丁二酮肟合镍(Ⅱ)。该反应可用于鉴定 Ni^{2+}。

$$Ni^{2+} + DMG \xrightarrow{NH_3} Ni(DMG)_2\downarrow$$

K^+ 与 $Na_3[Co(NO_2)_6]$ 溶液反应，可析出微溶于水的黄色沉淀 $K_2Na[Co(NO_2)_6]$，用于鉴定 K^+ 的存在。

$$[Co(NO_2)_6]^{3-} + 2K^+ + Na^+ \longrightarrow K_2Na[Co(NO_2)_6]\downarrow$$

铁系元素水溶液中的重要配合物见表 8-13。

表 8-13　铁系元素水溶液中的重要配合物

配体＼形成体	Fe^{2+}	Fe^{3+}	Co^{2+}	Ni^{2+}
NH_3			$Co(NH_3)_6^{2+}$ 土黄色 $\downarrow O_2$ $Co(NH_3)_6^{3+}$ 红褐色	$Ni(NH_3)_6^{2+}$ 蓝紫色
CN^-	$Fe(CN)_6^{4-}$ 黄色	$Fe(CN)_6^{3-}$ 深红色	$Co(CN)_6^{4-}$ 紫色 $\downarrow H_2O$ $Co(CN)_6^{3-}$ 黄色	$Ni(CN)_4^{2-}$ 橙黄色
SCN^-		$Fe(NCS)_6^{3-}$ 血红色	$Co(NCS)_4^{2-}$ 蓝色	
其他			$K_2Na[Co(NO_2)_6]\downarrow$ 黄色	丁二酮肟合镍↓ 鲜红色

第三节　ds 区元素

一、概述

ds 区包括ⅠB族和ⅡB族元素。由于 $(n-1)d$ 能级全充满，结构较稳定，d 电子参与成键能力弱，所以本区元素性质与 d 区有较大区别；虽然 ds 区的最外层结构与 s 区相同，但次外层不同，d 电子对 ns 电子的屏蔽作用较小，所以本区元素性质与 s 区亦相差大。

ⅠB族铜分族包括 Cu、Ag、Au 三种元素，ⅡB族锌分族有 Zn、Cd 和 Hg 元素，两族元素都具有 $(n-1)d$ 能级全充满的次外层，因而性质上有许多相似之处。都属"亲硫元素"，在自然界多以硫化物形式存在；离子都容易形成配合物；离子极化作用强，化合物多为共价型。

但ⅠB族和ⅡB族的最外层结构不同，且铜族元素为 d 电子刚填满 $(n-1)d$ 能级，s 电子与 d 电子的电离能相差不大，故在一定条件下尚能失去 1～2 个 d 电子形成＋2、＋3 等氧化态。对锌族元素，$(n-1)d$ 能级已满，ns 能级也全充满，s 电子与 d 电子的电离能之差比铜族大，故通常只失去 s 电子而呈＋2 氧化态。即铜分族呈现变价，而锌分族呈现不变价。表 8-14 汇列了 ds 区元素的基本性质。

表 8-14　铜族和锌族元素的基本性质

性质＼元素	Cu	Ag	Au	Zn	Cd	Hg
价层结构	$3d^{10}4s^1$	$4d^{10}5s^1$	$5d^{10}6s^1$	$3d^{10}4s^2$	$4d^{10}5s^2$	$5d^{10}6s^2$
常见氧化态	＋1，＋2	＋1	＋1，＋3	＋2	＋2	＋2，＋1*
第一电离能/(kJ·mol⁻¹)	750	735	895	915	873	1013
第二电离能/(kJ·mol⁻¹)	1970	2083	1987	1743	1641	1820
第三电离能/(kJ·mol⁻¹)				3837	3616	3299
熔点/K	1356	1235	1337	692	594	234
电负性	1.90	1.93	2.54	1.65	1.69	2.00
金属活泼性	Zn＞Cd＞Cu＞Hg＞Ag＞Au					

注：* Hg(Ⅰ) 都是以双聚体 Hg_2^{2+} 存在，结构为—Hg—Hg—，共价数仍为 2，不存在 Hg^+。

铜族元素的电势图：

$E_A^\ominus/V$ $\quad Cu^{2+} \xrightarrow{0.15} Cu^+ \xrightarrow{0.52} Cu$

$\quad\quad\quad\quad Ag^{2+} \xrightarrow{1.98} Ag^+ \xrightarrow{0.799} Ag$

$E_B^\ominus/V$ $\quad Cu(OH)_2 \xrightarrow{-0.08} Cu_2O \xrightarrow{-0.36} Cu$

$\quad\quad\quad\quad AgO \xrightarrow{0.60} Ag_2O \xrightarrow{0.34} Ag$

锌族元素的电势图：

$E_A^\ominus/V$ $\quad Zn^{2+} \xrightarrow{-0.76} Zn \quad\quad Cd^{2+} \xrightarrow{-0.40} Cd$

$\quad\quad\quad\quad Hg^{2+} \xrightarrow{0.91} Hg_2^{2+} \xrightarrow{0.799} Hg$

$E_B^\ominus/V$ $\quad ZnO_2^{2-} \xrightarrow{-1.22} Zn \quad\quad Cd(OH)_2 \xrightarrow{-0.76} Cd$

$\quad\quad\quad\quad HgO \xrightarrow{0.098} Hg$

（一）铜族元素的单质

铜、银、金主要的特点是优异的导热导电性、延展性和耐腐蚀性。金的延展性特别好，1g 金能抽成长达 3km 的丝，压成仅有 0.0001mm 厚的金箔，500 张这样的金箔的总厚度还不及人的一根头发的直径。传导性银在所有金属中最佳，铜次之，金列第三。常温下稳定，化学活泼性较差，称为"货币金属"，用于制造饰物、货币等，在电器工业上广泛使用。

铜是人类历史上最早使用的金属，其化学性质是不活泼的，在干燥空气中稳定，但在潮湿的空气中铜表面会被氧化，慢慢生成一层绿色膜层，称"铜绿"。银和金不会被腐蚀。

$$2Cu + O_2 + H_2O + CO_2 \longrightarrow Cu(OH)_2 \cdot CuCO_3$$

由于银的亲硫作用强，在空气中若有硫化氢存在，则银被腐蚀，表面变黑（Ag_2S）。

$$4Ag + O_2 + 2H_2S \longrightarrow 2Ag_2S + 2H_2O$$

在加热时只有铜能与氧作用生成黑色的氧化铜。高温下铜、银、金均不与氢气、氮气或碳反应。卤素可与铜族金属反应，但依铜、银、金顺序作用减缓。加热时硫可与铜、银反应生成黑色的硫化铜、硫化银。

它们都不能从稀酸中置换出氢气，氧化性酸如硝酸能溶解铜、银，金只能溶于王水。

$$2Ag + 2H_2SO_4(浓) \xrightarrow{\triangle} Ag_2SO_4 + SO_2\uparrow + 2H_2O$$

铜族金属在碱中是稳定的。

（二）锌族元素的单质

锌、镉、汞都是银白色金属，可能因为 ns 电子成对后较稳定，金属键较弱，故它们的熔点都不高，汞是常温下唯一的液态金属。利用汞的膨胀系数随温度升高均匀变化，且不润湿玻璃的特性，制作温度计。在电弧的作用下，汞蒸气能导电并辐射出光，可制造荧光灯。许多金属可溶于汞中形成合金，称为汞齐，汞齐中各金属仍保持其基本化学性质，只是反应温和多了。如钠汞齐常作为有机合成中的还原剂。汞及其化合物（HgS 除外）都有毒，人吸入汞蒸气会造成积累性慢性中毒，损害神经、呼吸及消化系统，使用时应注意安全操作，不慎将汞撒落，应尽可能收集起来，再在可能有汞的地方撒上硫粉，汞与硫粉混合可迅速反应生成 HgS。

化学活泼性依锌、镉、汞降低。锌较活泼，为两性金属，既能溶于酸，也能溶于强碱，置换出氢气。锌表面能生成一层碱式碳酸锌膜，保护锌不继续被氧化。因此，在碳钢表面镀一层锌,即得到白铁皮,可防止铁被腐蚀。镉也能从稀盐酸或硫酸中置换出氢气,在常温下略微受空气和水作用生成氧化物。镉主要用于电镀防腐及制造碱性镉镍蓄电池,还作核反应堆的控制棒。

二、铜和银的重要化合物

(一) 氧化物和氢氧化物

铜和银常见的 +1 价氧化物有 Cu_2O、Ag_2O,+2 价氧化物为 CuO。+1 价的氢氧化物不稳定,+2 价的氢氧化物为 $Cu(OH)_2$。

将 NaOH 加入 Cu^{2+} 溶液中,先得到碱式盐沉淀,最后可得到浅蓝色的氢氧化铜沉淀,它对热不稳定,受热即分解为黑色的氧化铜。后者经强热可分解成暗红色的氧化亚铜。

$$2CuSO_4 + 2NaOH \longrightarrow Cu(OH)_2 \cdot CuSO_4 \downarrow + Na_2SO_4$$

$$Cu(OH)_2 \cdot CuSO_4 + 2NaOH \longrightarrow 2Cu(OH)_2 \downarrow + Na_2SO_4$$

$$Cu(OH)_2 \xrightarrow{363K} CuO + H_2O$$

$$4CuO \xrightarrow{1273K} 2Cu_2O + O_2$$

利用 Cu(Ⅱ) 的氧化性,在强碱性条件下与醛类还原剂加热反应,也可析出氧化亚铜沉淀。

$$2Cu^{2+} + RCHO + 4OH^- \xrightarrow{\triangle} Cu_2O \downarrow + RCOOH + 2H_2O$$

氧化亚铜对热十分稳定,加热熔化而不分解,要到更高的温度才分解。Cu_2O 为碱性氧化物,溶于稀硫酸,但随即发生歧化反应:

$$Cu_2O + H_2SO_4 \longrightarrow Cu_2SO_4 + H_2O$$

$$Cu_2SO_4 \longrightarrow CuSO_4 + Cu$$

Cu_2O 可溶于氨水或浓盐酸,分别形成相应无色的配合物:

$$Cu_2O + 4NH_3 + H_2O \longrightarrow 2Cu(NH_3)_2^+ + 2OH^-$$

$$Cu_2O + 4HCl \longrightarrow 2[CuCl_2]^- + 2H^+ + H_2O$$

$Cu(NH_3)_2^+$ 还原性较强,很快被空气氧化为蓝色的 $Cu(NH_3)_4^{2+}$ 配合物,利用此性质可除去气体中的微量氧气。

$$4Cu(NH_3)_2^+ + 8NH_3 + O_2 + 2H_2O \longrightarrow 4Cu(NH_3)_4^{2+} + 4OH^-$$

与 Cu_2O 对应的 CuOH 不稳定,易脱水转变为 Cu_2O。

CuO 为两性偏碱的氧化物,难溶于水,溶于酸和浓强碱。利用其氧化性,在高温时作氧化剂,在有机分析中将有机物气体通过热的 CuO,将有机物氧化为 CO_2 和 H_2O。CuO 可作玻璃、陶瓷的着色剂,反应的催化剂等。

$Cu(OH)_2$ 呈两性,但以弱碱性为主。故 $Cu(OH)_2$ 易溶于酸成铜盐,也能溶于强碱,形成深蓝色的铜酸盐:

$$Cu(OH)_2 + 2OH^- \longrightarrow CuO_2^{2-} + 2H_2O$$

$Cu(OH)_2$ 可溶于氨水,生成深蓝色的 $Cu(NH_3)_4^{2+}$。

向 $AgNO_3$ 溶液中加入碱,析出白色氢氧化银沉淀,由于 AgOH 极不稳定,立即脱水生成暗棕色的氧化银沉淀 (Ag_2O):

$$2Ag^+ + 2OH^- \longrightarrow 2AgOH \downarrow \longrightarrow Ag_2O \downarrow + H_2O$$

Ag_2O 为碱性氧化物,它能吸收 CO_2,能溶于硝酸,可溶于氨水,形成二氨合银(I)配离子:

$$Ag_2O + CO_2 \longrightarrow Ag_2CO_3$$

$$Ag_2O + 4NH_3 + H_2O \longrightarrow 2[Ag(NH_3)_2]^+ + 2OH^-$$

铜族元素氧化物、氢氧化物性质见表 8-15。

表 8-15 铜族元素氧化物、氢氧化物性质

性 质	Cu_2O	CuO	Ag_2O	CuOH	$Cu(OH)_2$	AgOH
颜色	暗红色	黑色	棕色	白色	浅蓝色	白色
酸碱性	碱性	两性偏碱	碱性	碱性	两性偏碱	碱性
热稳定性	较稳定	高温分解	高温分解	易分解	加热分解	易分解

(二)盐类

1. 卤化物

CuCl、CuBr、CuI 均为白色难溶物,溶解度依次减小。在一定条件下,用 Cu 将 $CuCl_2$ 还原成无色溶液 $[CuCl_2]^-$,待反应结束后,将所得溶液倾入大量水中稀释,即析出白色氯化亚铜沉淀(CuCl):

$$Cu^{2+} + 4Cl^- + Cu \longrightarrow 2CuCl_2^-$$

$$CuCl_2^- \xrightarrow{稀释} CuCl \downarrow + Cl^-$$

CuCl 是共价化合物,其蒸气分子为 Cu_2Cl_2,晶体结构属 ZnS 型。CuCl 难溶稀硫酸,可溶于氨水、浓盐酸或浓度较大的碱金属氯化物溶液中,形成相应的配合物。许多 Cu(I) 的配合物有吸收 CO 的能力,如在氨水中生成氯化一氨·一水合铜(I)$[Cu(H_2O)NH_3]Cl$,能吸收 CO 成 CuCl·CO,常用于测定 CO 或清除气体中的 CO。石油化学工业中常用氯化亚铜作脱色剂、脱硫剂;在油脂化工中用作催化剂与还原剂等。

在 Cu^{2+} 溶液中加入 I^-,定量生成单质碘和碘化亚铜沉淀,用标准 $Na_2S_2O_3$ 溶液滴定反应产生的 I_2,可测定铜的含量:

$$2Cu^{2+} + 4I^- \longrightarrow 2CuI \downarrow + I_2$$

向 $AgNO_3$ 溶液中加入卤化物,可生成 AgCl、AgBr 或 AgI 沉淀(AgF 易溶),沉淀的颜色依 AgCl、AgBr、AgI 顺序加深,溶解度依次降低。这是由于卤素离子的变形性依次迅速增大,它们同 Ag^+ 之间的极化作用逐渐增强,键的极性逐渐减弱的缘故。

卤化银的溶解度受配位剂影响。AgCl 能溶于氨水、硫代硫酸钠或氰化钾溶液中,分别生成 $[Ag(NH_3)_2]^+$、$[Ag(S_2O_3)_2]^{3-}$ 或 $[Ag(CN)_2]^-$;AgBr 微溶于氨水,却易溶于硫代硫酸钠或氰化钾溶液;AgI 难溶于氨水、微溶于硫代硫酸钠,但易溶于氰化钾溶液。这是因为卤化银的溶解度(或溶度积)及配离子的稳定性不同所致。

卤化银的溶解度还受卤素离子浓度的影响,适当过量的卤素离子可因同离子效应使卤化银的溶解度降低,高浓度的卤素离子则因生成 $[AgX_2]^-$ 配离子而使卤化银的溶解度反而增大。

无水 $CuCl_2$ 是棕黄色的共价化合物,具有由 $[CuCl_4]$ 四方形单元所连成的长链结构。

$$\begin{array}{ccccccc}
Cl & & Cl & & Cl & & Cl \\
& \diagdown & & \diagdown & & \diagdown & \\
& Cu & & Cu & & Cu & \\
& \diagup & & \diagup & & \diagup & \\
Cl & & Cl & & Cl & & Cl
\end{array}$$

$CuCl_2$ 易溶于水和乙醇。在极浓的 $CuCl_2$ 水溶液中,存在着棕黄色的四氯合铜(II)配

阴离子。在稀的 $CuCl_2$ 水溶液中，H_2O 取代了 Cl^-，而形成四水合铜（Ⅱ）配阳离子：

$$CuCl_4^{3-} + 4H_2O \longrightarrow [Cu(H_2O)_4]^{2+} + 4Cl^-$$
（棕黄色）　　　　　　　　　（浅蓝色）

故较浓的 $CuCl_2$ 水溶液是绿色的，系 $[CuCl_4]^{3-}$ 和 $[Cu(H_2O)_4]^{2+}$ 的混合溶液。氯化铜主要用于制造玻璃、陶瓷用颜料、消毒剂、催化剂等。

2. 硫化物

可形成 Cu_2S、CuS、Ag_2S 沉淀，它们均为黑色沉淀，难溶于盐酸，可溶于硝酸。

3. 含氧酸盐

硫酸铜（$CuSO_4$）是最重要的铜盐之一，五水硫酸铜俗称胆矾或蓝矾。胆矾受热时先逐渐失去结晶水，加热至 923K 以上才分解成 CuO 和 SO_3。

$$CuSO_4 \cdot 5H_2O \xrightarrow{375K} CuSO_4 \cdot 3H_2O \xrightarrow{386K} CuSO_4 \cdot H_2O \xrightarrow{531K} CuSO_4 \xrightarrow{923K} CuO$$

无水 $CuSO_4$ 为白色粉末，难溶于乙醇和乙醚，但极易吸水而成为蓝色的 $[Cu(H_2O)_4]^{2+}$，常借此检验乙醇或乙醚中是否含水，并可借此除去微量水。

$CuSO_4$ 是制备其它铜化合物的重要原料，还大量用于电镀、印染、防腐、杀菌、灭虫等方面，它对低级植物的毒性很大，游泳池中常加入少量 $CuSO_4$ 以防止小球藻滋生。

将银溶于热的稀硝酸，经浓缩、结晶，可得到无色透明的硝酸银晶体，$AgNO_3$ 的溶解度很大，但其晶体却不含结晶水，对热不稳定，加热到 440℃ 即迅速分解：

$$2AgNO_3 \xrightarrow{\triangle} 2Ag + O_2\uparrow + 2NO_2\uparrow$$

光照也可促进上述反应，故常将其保存在棕色瓶内。不过，用于有机氧化反应的高分散银催化剂的制备又恰是利用 $AgNO_3$ 的这一热分解性质。$AgNO_3$ 主要消耗在生产摄影用的 AgBr 乳剂和银镜上。$AgNO_3$ 还是一种重要的分析试剂和中强氧化剂，在医药上用作消毒剂和腐蚀剂。

（三）常见配合物

铜、银都容易形成配合物。+1 价铜、银可与单基配体形成配位数为 2、3、4 的配合物，以配位数为 2 的直线型配合物最常见。+2 价铜与单基配体一般形成配位数为 4 的配合物。表 8-16 是铜、银的常见配合物。

表 8-16　铜、银的常见配合物

常见配体 \ 形成体	Cu^+	Cu^{2+}	Ag^+
NH_3	$Cu(NH_3)_2^+$	$Cu(NH_3)_4^{2+}$	$Ag(NH_3)_2^+$
CN^-	$Cu(CN)_2^-$	$Cu(CN)_2^- + (CN)_2$	$Ag(CN)_2^-$
$S_2O_3^{2-}$	$Cu(S_2O_3)_2^{3-}$	分解	$Ag(S_2O_3)_2^{3-}$
SCN^-	$Cu(SCN)_2^-$	$Cu(SCN)_2^- + (SCN)_2$	$Ag(SCN)_2^-$
I^-	CuI_2^-	$CuI_2^- + I_2$	AgI_2^-

（四）Cu（Ⅰ）和 Cu（Ⅱ）的相互转化

从 Cu^+ 的电子结构分析，Cu（Ⅰ）化合物应该是稳定的，将 CuO 和 CuS 加热，可得到 Cu_2O 和 Cu_2S，自然界中也确有含 Cu_2O、Cu_2S 的矿物存在。从元素电势图分析：在酸性溶液中，Cu^+ 易发生歧化反应生成 Cu^{2+} 和 Cu：

$$2Cu^+ \longrightarrow Cu\downarrow + Cu^{2+}$$

293K 时，该反应的平衡常数 $K^{\ominus} = 1.4 \times 10^6$。即 Cu^+ 几乎全部将转化为 Cu^{2+} 和 Cu，

所以在水溶液中，Cu^+ 不稳定，Cu^{2+} 是稳定的。如前述 Cu_2O 溶于稀硫酸，得不到 Cu_2SO_4，而是 Cu 和 $CuSO_4$。

根据化学反应原理，要使 Cu(Ⅱ) 转化为 Cu(Ⅰ)，必须加入还原剂，同时要降低溶液中 Cu^+ 的浓度，如利用它们的化合物溶解性不同，使 Cu^+ 成为沉淀或配合物，大大降低其难度，平衡向左移动，从而实现转化，例如前面已讨论的 CuX 制备，就是这个道理。从元素电势图也能得到很好的说明：

$$E_A^{\ominus}/V \qquad Cu^{2+} \xrightarrow{0.51} CuCl \xrightarrow{0.17} Cu$$

CuCl 稳定，不发生歧化分解。同理可理解 Cu^{2+} 氧化 I^- 生成 CuI 和 I_2 的反应（读者自行分析）。

三、锌、镉、汞的重要化合物

（一）氧化物和氢氧化物

锌、镉、汞均可形成难溶于水的 MO 型氧化物和 $M(OH)_2$ 型氢氧化物，但因 Hg^{2+} 的极化能力强，变形性大，$Hg(OH)_2$ 极不稳定，立即脱水分解为 HgO。表 8-17 为锌镉汞氧化物和氢氧化物性质的归纳。

表 8-17　锌族元素氧化物、氢氧化物性质

性　质	ZnO	CdO	HgO	$Zn(OH)_2$	$Cd(OH)_2$
颜色	白色	黄色	黄(红)色	白色	白色
酸碱性	两性	碱性	碱性	两性	碱性
热稳定性	稳定	稳定	高温分解	加热分解	加热分解

氧化物均可由金属在加热时与氧作用得到，也可用相应的含氧酸盐热分解制备。ZnO 俗称锌白，常用作白色颜料或橡胶填料，在医药上制造软膏，促进伤口愈合，在有机合成中作催化剂。

（二）盐类

由于锌族 M^{2+} 为 18 电子构型，极化力强，变形性也大，阴阳离子间的相互极化作用强烈，因而化合物的共价程度大。

氯化物、硝酸盐、硫酸盐溶于水，其他化合物大多为难溶物，如硫化物、碳酸盐等。表 8-18 为锌族元素硫化物性质。

表 8-18　锌族元素硫化物性质

性　质	Zn^{2+}	Cd^{2+}	Hg^{2+}	Hg_2^{2+}
加 Na_2S	ZnS↓	CdS↓	HgS↓	HgS↓ + Hg↓
颜色	白色	黄色	黑色	黑色
酸碱性	碱性	碱性	酸性	
与盐酸反应	溶解	可溶解	难溶	
王水	溶	溶	溶	

$$HgS + Na_2S \longrightarrow Na_2[HgS_2]$$

$$3HgS + 12HCl + 2HNO_3 \longrightarrow 2H_2[HgCl_4] + 3S\downarrow + 2NO\uparrow + 4H_2O$$

ZnS 可作白色颜料，它与硫酸钡共沉淀形成的混合晶体 $ZnS \cdot BaSO_4$，叫做锌钡白，俗称立德粉，是一种优良的白色颜料。含有微量 Cu^{2+}、Ag^+、Mn^{2+} 作为活化剂的晶体 ZnS，

受紫外光或可见光照射后,可在暗处发出不同颜色的荧光,这种材料叫荧光粉。

氯化锌吸水性强,易溶于水,其浓溶液中形成配位酸 $HZnCl_2(OH)$,能溶解金属氧化物,因此在用锡焊接金属前,用 $ZnCl_2$ 浓溶液清除金属表面氧化物,它并不侵蚀金属本体,从而提高焊接质量。

氯化汞 $HgCl_2$ 为典型共价化合物,熔点较低,易升华,俗名升汞。它可溶于水,饱和溶液浓度低,且主要以 $HgCl_2$ 分子形式存在,有"假盐"之称。剧毒,有杀菌作用,可用作外科消毒剂。

在酸性溶液中有氧化性,可将 $SnCl_2$ 氧化,被还原为白色丝状沉淀 Hg_2Cl_2 或黑色 Hg 沉淀。

$$2HgCl_2 + SnCl_2 \longrightarrow Hg_2Cl_2 \downarrow + SnCl_4$$
$$Hg_2Cl_2 + SnCl_2 \longrightarrow 2Hg \downarrow + SnCl_4$$

利用上述反应可鉴定 Hg^{2+} 或 Sn^{2+}。

在 Hg^{2+} 溶液(硝酸盐或氯化物)中加入 KI,可生成红色 HgI_2 沉淀,后者溶于过量 KI 溶液形成无色配合物。

$$Hg^{2+} + 2I^- \longrightarrow HgI_2 \downarrow \xrightarrow{KI} HgI_4^{2-}$$

再加入 KOH,组成的混合溶液称为 Nessler 试剂,它与微量的 NH_4^+ 反应,生成红棕色沉淀。

$$2HgI_4^{2-} + 4OH^- + NH_4^+ \longrightarrow [OHg_2NH_2]I \downarrow + 7I^- + 3H_2O$$
$$\text{(红棕色)}$$

这个反应可用来鉴定 NH_4^+。

Hg_2Cl_2 为白色固体,难溶于水,毒性低,味略甜,俗称甘汞。医药上作泻药和利尿剂,常用于制作甘汞电极。

Hg_2Cl_2 与氨水作用生成白色的氨基氯化汞和汞单质,混合体系呈灰色。

$$Hg_2Cl_2 + 2NH_3 \longrightarrow HgNH_2Cl \downarrow + Hg \downarrow + NH_4Cl$$

(三)常见配合物

除 Hg_2^{2+} 形成配合物倾向小外,Zn^{2+}、Cd^{2+}、Hg^{2+} 都容易形成配合物。Zn^{2+}、Cd^{2+} 以配位数为 4 或 6 的配合物最常见,Hg^{2+} 的配位数多为 2 或 4。表 8-19 是锌族元素的常见配合物。

表 8-19 锌、镉、汞的常见配合物

常见配体 \ 形成体	Zn^{2+}	Cd^{2+}	Hg_2^{2+}	Hg^{2+}
NH_3	$Zn(NH_3)_4^{2+}$	$Cd(NH_3)_4^{2+}$	氨基盐沉淀 + Hg↓	氨基盐沉淀
CN^-	$Zn(CN)_4^{2-}$	$Cd(CN)_4^{2-}$	$Hg(CN)_4^{2-}$ + Hg↓	$Hg(CN)_4^{2-}$
I^-	/	CdI_4^{2-}	HgI_4^{2-} + Hg↓	HgI_4^{2-}
$S_2O_3^{2-}$			反应复杂	
SCN^-			反应复杂	

(四)水溶液中 Hg(Ⅰ)与 Hg(Ⅱ)的相互转化

根据汞元素电势图:

$$E_A^{\ominus}/V \qquad Hg^{2+} \xrightarrow{0.91} Hg_2^{2+} \xrightarrow{0.799} Hg$$

与 Cu(Ⅰ)不同,溶液中 Hg_2^{2+} 是稳定的,不发生歧化反应。Hg(Ⅰ)的歧化反应的逆反应是自发的。有 Hg 存在，Hg^{2+} 将与之反应生成 Hg_2^{2+}，即发生逆歧化反应，表现出 Hg^{2+} 的氧化性。

所以利用 Hg(Ⅰ) 歧化反应的逆反应，可将 Hg(Ⅱ) 转化为 Hg(Ⅰ)。此过程常作为制备亚汞盐的反应。如将硝酸汞溶液与金属汞混合，充分振荡，则生成硝酸亚汞溶液：

$$Hg(NO_3)_2 + Hg \longrightarrow Hg_2(NO_3)_2$$

为防止盐水解，需加入稀硝酸。

用其他还原剂将 Hg(Ⅱ) 还原为 Hg(Ⅰ)，如前述的适量 $SnCl_2$ 还原 $HgCl_2$ 为白色丝状沉淀 Hg_2Cl_2。

在酸性溶液中，虽然 Hg(Ⅰ) 的歧化反应是非自发的，但只要创造适当的条件，如使 Hg(Ⅱ) 生成沉淀或配合物，降低 Hg(Ⅱ) 的浓度，从而改变电极电势，则 Hg(Ⅰ) 的歧化反应变为自发反应，如：

$$Hg_2Cl_2 + 2NH_3 \longrightarrow HgNH_2Cl\downarrow + Hg\downarrow + NH_4Cl$$

$$Hg_2^{2+} + 2OH^- \longrightarrow HgO\downarrow + Hg\downarrow + H_2O$$

$$Hg_2^{2+} + S^{2-} \longrightarrow HgS\downarrow + Hg\downarrow$$

$$Hg_2^{2+} + 4I^- \longrightarrow HgI_4^{2-} + Hg\downarrow$$

用氧化剂可将 Hg(Ⅰ) 氧化为 Hg(Ⅱ)，如：

$$Hg_2Cl_2 + Cl_2 \longrightarrow 2HgCl_2$$

习　题

1. 过渡元素有哪些共同特征？如何理解？
2. 金属钛有何特性？基于这些特性有哪些用途？
3. 试述钛白粉的化学组成．制备方法和用途。
4. 打开四氯化钛试剂瓶，立即冒白烟；在四氯化钛溶液中加入浓盐酸和金属锌，生成紫色溶液；然后慢慢加入氢氧化钠溶液至碱性，析出紫色沉淀；过滤后，沉淀先用硝酸，后用稀碱溶液处理，得到白色沉淀。解释以上实验现象并写出有关反应式。
5. 选择适当的试剂及反应条件，完成下列转化：

   $BaCrO_4 \leftarrow K_2CrO_4 \leftrightarrow K_2Cr_2O_7 \leftarrow Na_2Cr_2O_7 \rightarrow CrO_3$

   $Fe(CrO_2)_2 \rightarrow K_2CrO_4 \leftarrow KCrO_2 \leftarrow Cr(OH)_3 \leftrightarrow CrCl_3 \leftarrow CrCl_2$

   $CrO_5 \leftarrow K_2Cr_2O_7 \rightarrow CrCl_3$

6. 在 $K_2Cr_2O_7$ 溶液中加入 $AgNO_3$ 溶液，会产生什么现象？为什么？如何证明？
7. 铬的某化合物 A 为可溶于水的橙红色固体。将 A 用浓盐酸处理，产生黄绿色刺激性气体 B，同时生成暗绿色溶液 C。在 C 溶液中加入 NaOH 溶液，先生成灰蓝色沉淀 D，继续加过量的 NaOH 则沉淀溶解，变成绿色溶液 E。在 E 中加入过氧化氢溶液并加热，生成黄色溶液 F，F 用稀酸酸化，又变为原来化合物 A 的溶液。

   分析 A、B、C、D、E、F 各是什么，写出每步变化的反应式。
8. 查阅文献资料，写出含铬废水处理方法综述（小报告）。
9. 设计对 $KMnO_4$ 热分解产物的实验分析方案。
10. 久置后，$KMnO_4$ 溶液的滴瓶有何变化？为什么？
11. 在酸性条件下，$KMnO_4$ 溶液与亚硫酸钠溶液反应，产生棕色沉淀为何物？为什么？
12. 某绿色固体 A 可溶于水，其水溶液中通入 CO_2 即得棕黑色沉淀 B 和紫红色溶液 C。B 与浓盐酸共热时放出黄绿色气体 D，溶液近乎无色，将此溶液 C 和溶液混合，即得沉淀 B。将气体 D 通入 A 溶液，可得 C。试分析判断 A 是哪种钾盐，写出有关反应式。

13. 某棕黑色粉末，加热情况下和浓硫酸作用会放出助燃性气体，所得溶液与 PbO_2 作用（稍加热）时会出现紫红色。若再加入 3% 的 H_2O_2 溶液，颜色能褪去，并有白色沉淀出现。问此棕黑色粉末为何物？写出有关反应式。

14. 分析下列过程，写出有关反应式。
    (1) 水溶液中，碳酸钠分别与硫酸亚铁和硫酸铁作用产物。
    (2) Fe 分别与氯气和盐酸作用产物。

15. 金属 M 溶于稀盐酸生成 MCl_2，其磁矩为 5.0 B.M.。在无氧条件下操作，MCl_2 遇 NaOH 溶液产生白色沉淀 A。A 接触空气就逐渐变绿，最后变成棕色沉淀 B。灼烧时，B 变成红棕色粉末 C。C 经不彻底还原，生成黑色的磁性物质 D。B 溶于稀盐酸生成溶液 E。E 能使碘化钾溶液氧化出 I_2，但如在加入碘化钾之前先加入氟化钠，则不会析出 I_2。若向 B 的浓 NaOH 悬浮液中通入氯气，可得紫红色溶液 F，加入 $BaCl_2$ 时就析出红棕色固体 G。G 是一种很强的氧化剂。试确定 M 及 A~G 代表的物质。写出有关反应式。

16. 分别在 Fe^{2+}、Co^{2+}、Ni^{2+} 盐溶液中加入 NaOH 溶液，在空气中放置后，各得到什么产物？写出有关反应式。

17. 用盐酸分别处理 $Fe(OH)_3$、$Co(OH)_3$ 和 $Ni(OH)_3$ 沉淀，各发生什么反应？得到什么产物，写出有关反应式，并加以说明。

18. 写出 Cr^{3+}、Mn^{2+}、Fe^{3+}、Fe^{2+}、Co^{2+}、Ni^{2+}、Cu^{2+}、Ag^+、Zn^{2+}、Cd^{2+}、Hg^{2+} 的鉴定方法及条件。

19. 如何将 Ag_2CrO_4、$BaCrO_4$ 和 $PbCrO_4$ 固体混合物中的 Ag^+、Ba^{2+}、Pb^{2+} 分离开？

20. 由粗锌制得的 $Zn(NO_3)_2$ 中，可能含有 Cd^{2+}、Fe^{3+} 和 Pb^{2+} 等离子，试用化学方法证明这三种杂质离子的存在。

21. 一溶液可能含有 Cr^{3+}、Al^{3+}、Zn^{2+}。在少量该溶液中加入氨水时，出现白色沉淀，继续加入过量氨水，沉淀消失。另取少量原溶液加入过量 NaOH 溶液，并加入 H_2O_2，加热，为无色溶液，加入 Pb^{2+} 无沉淀生成。问原溶液中存在哪些离子？写出有关反应式。

22. 某一无色溶液，加入氨水时生成白色沉淀；加入稀 NaOH 时生成黄色沉淀；若逐滴 KI 加入，先析出红色沉淀而后溶解；若加少量汞，振荡可溶解。此无色溶液中含有何物？为什么？写出有关反应式。

23. 分离并鉴定：
    ① Cu^{2+}，Ag^+，Hg^{2+} ② Cu^{2+}，Zn^{2+}，Cd^{2+}
    ③ $PbCl_2$，AgCl，CuCl ④ Al^{3+}，Cr^{3+}，Cu^{2+}

24. 混合溶液可能含有 Ag^+，Zn^{2+}，Mg^{2+}，Hg_2^{2+}，Ba^{2+}，请设计方案分析之。

25. 归纳本章重要元素的简单阳离子与常见试剂（酸、碱、硫化物、碳酸盐、氯化物等）的作用产物和现象。

附 录

附录1 一些物质的热力学性质
（常见的无机物质和 C_1，C_2 有机物）

说明：

cr 结晶固体；l 液体；g 气体；am 非晶态固体；aq 水溶液，未指明组成；ao 水溶液，非电离物质，标准状态，$b=1\mathrm{mol}\cdot\mathrm{kg}^{-1}$；ai 水溶液，电离物质，标准状态，$b=1\mathrm{mol}\cdot\mathrm{kg}^{-1}$

物质B化学式和说明	状态	298.15K，100kPa		
		$\Delta_f H_m^\ominus/(\mathrm{kJ}\cdot\mathrm{mol}^{-1})$	$\Delta_f G_m^\ominus/(\mathrm{kJ}\cdot\mathrm{mol}^{-1})$	$S_m^\ominus/(\mathrm{J}\cdot\mathrm{mol}^{-1}\cdot\mathrm{K}^{-1})$
Ag	cr	0	0	42.55
Ag^+	ao	105.579	77.107	72.68
Ag_2O	cr	−31.05	−11.20	121.3
AgF	cr	−204.6	—	—
AgCl	cr	−127.068	−109.789	96.2
AgBr	cr	−100.37	−96.9	107.1
AgI	cr	−61.84	−66.19	115.5
Ag_2S α 斜方晶的	cr	−32.59	−40.67	144.01
Ag_2S β	cr	−29.41	−39.46	150.6
$AgNO_3$	cr	−124.39	−33.41	140.92
$Ag(NH_3)^+$	ao	—	31.68	—
$Ag(NH_3)_2^+$	ao	−111.29	−17.12	245.2
Ag_3PO_4	cr	—	−879.0	—
Ag_2CO_3	cr	−505.8	−436.8	167.4
$Ag_2C_2O_4$	cr	−673.2	−584.0	209
Al	cr	0	0	28.83
Al^{3+}	ao	−531	−485	−321.7
Al_2O_3 α 刚玉（金刚砂）	cr	−1675.7	−1582.3	50.92
Al_2O_3	am	−1632	—	—
$Al_2O_3\cdot 3H_2O$（三水铝矿）拜耳石	cr	−2586.67	−2310.21	136.90
$Al(OH)_3$	am	−1276	—	—
$Al(OH)_4^-$ 相当于 AlO_2^-(aq)+$2H_2O$(l)	ao	−1502.5	−1305.3	102.9
AlF_3	cr	−1504.1	−1425.0	66.44
$AlCl_3$	cr	−704.2	−628.8	110.67
$AlCl_3\cdot 6H_2O$	cr	−2691.6	−2261.1	318.0
Al_2Cl_6	g	−1290.8	−1220.4	490
$Al_2(SO_4)_3$	cr	−3440.84	−3099.94	239.3
$Al_2(SO_4)_3\cdot 18H_2O$	cr	−8878.9	—	—
AlN	cr	−318.0	−287.0	20.17
Ar	g	0	0	154.843
As(α)	cr	0	0	35.1
AsO_4^{3-}	ao	−888.14	−648.41	−162.8
As_2O_5	cr	−924.87	−782.3	105.4
AsH_3	g	66.44	68.93	222.78
$HAsO_4^{2-}$	ao	−906.34	−714.60	−1.7
$H_2AsO_3^-$	ao	−714.79	−587.13	110.5
$H_2AsO_4^-$	ao	−909.56	−753.17	117
H_3AsO_3	ao	−742.2	639.80	195.0
H_2AsO_4	ao	−902.5	−766.0	184
$AsCl_3$	l	−305.0	−259.4	216.3

续表

物质B化学式和说明	状态	298.15K, 100kPa		
		$\Delta_f H_m^{\ominus}/(kJ \cdot mol^{-1})$	$\Delta_f G_m^{\ominus}/(kJ \cdot mol^{-1})$	$S_m^{\ominus}/(J \cdot mol^{-1} \cdot K^{-1})$
As_2S_3	cr	−169.0	−168.6	163.6
Au	cr	0	0	47.40
AuCl	cr	−34.7	—	—
$AuCl_2^-$	ao	—	−151.12	—
$AuCl_3$	cr	−117.6	—	—
$AuCl_4^-$	ao	−322.2	−235.14	266.9
B	g	562.7	518.8	153.45
B	cr	0	0	5.86
B_2O_3	cr	−1272.77	−1193.65	53.97
B_2O_3	am	−1254.53	−1182.3	77.8
BH_3	g	100	—	—
BH_4^-	ao	48.16	114.35	110.5
B_2H_6	g	35.6	86.7	232.11
H_3BO_3	cr	−1094.33	−968.92	88.83
H_3BO_3	ao	−1072.32	−968.75	162.3
$B(OH)_4^-$	ao	−1344.03	−1153.17	102.5
BF_3	g	−1137.00	−1120.33	254.12
BF_4^-	ao	−1574.9	−1486.9	180
BCl_3	l	−427.2	−387.4	206.3
BCl_3	g	−403.76	−388.72	290.10
BBr_3	l	−239.7	−238.5	229.7
BBr_3	g	−205.64	−232.50	324.24
BI_3	g	71.13	20.72	349.18
BN	cr	−254.4	−228.4	14.81
BN	g	647.47	614.49	212.28
B_4C_3	cr	−71	−71	27.11
Ba	cr	0	0	62.8
Ba	g	180	146	170.234
Ba^{2+}	g	1660.38	—	—
Ba^{2+}	ao	−537.64	−560.77	9.6
BaO	cr	−553.5	−525.1	70.42
BaO_2	cr	−634.3	—	—
BaH_2	cr	−178.7	—	—
$Ba(OH)_2$	cr	−944.7	—	—
$Ba(OH)_2 \cdot 8H_2O$	cr	−3342.2	−2792.8	427
$BaCl_2$	cr	−858.6	−810.4	123.68
$BaCl_2 \cdot 2H_2O$	cr	−1460.13	−1296.32	202.9
$BaSO_4$	cr	−1473.2	−1362.2	132.2
$BaSO_4$ 沉淀的	cr2	−1466.5	—	—
$Ba(NO_3)_2$	cr	−992.07	−796.59	213.8
$BaCO_3$	cr	−1216.3	−1137.6	112.1
$BaCrO_4$	cr	−1446.0	−1345.22	158.6
Be	cr	0	0	9.50
Be	g	324.3	286.6	136.269
Be^{2+}	g	2993.23	—	—
Be^{2+}	ao	−382.8	−379.73	−129.7
BeO	cr	−609.6	−580.3	14.14
BeO_2^{2-}	ao	−790.8	−640.1	−159
$Be(OH)_2$ 新鲜沉淀	am	−897.9	—	—
$BeCO_3$	cr	−1025	—	—
Bi	cr	0	0	56.74
Bi^{3+}	ao	—	82.8	—
BiO^+	ao	—	−146.4	—
Bi_2O_3	cr	−573.88	−493.7	151.5
$Bi(OH)_3$	cr	−711.3	—	—
$BiCl_3$	cr	−379.1	−315.0	177.0
$BiCl_4^-$	ao	—	−418.5	—
BiOCl	cr	−366.9	−322.1	120.5
$BiONO_3$	cr	—	−280.2	—

续表

物质B化学式和说明	状态	298.15K, 100kPa		
		$\Delta_f H_m^\ominus /(kJ \cdot mol^{-1})$	$\Delta_f G_m^\ominus /(kJ \cdot mol^{-1})$	$S_m^\ominus /(J \cdot mol^{-1} \cdot K^{-1})$
Br	g	111.884	82.396	175.022
Br^-	ao	−121.55	−103.96	82.4
Br_2	l	0	0	152.231
Br_2	g	30.907	3.110	245.463
BrO^-	ao	−94.1	−33.4	42
BrO_3^-	ao	−67.07	18.60	161.71
BrO_4^-	ao	13.0	118.1	199.6
HBr	g	−36.40	−53.45	198.695
HBrO	ao	−113.0	−82.4	142
C 石墨	cr	0	0	5.740
C 金刚石	cr	1.895	2.900	2.377
CO	g	−110.525	−137.168	179.674
CO_2	g	−393.509	−394.359	213.74
CO_2	ao	−413.80	−385.98	117.6
CO_3^{2-}	ao	−677.14	−527.81	−56.9
CH_4	g	−74.81	−50.72	186.264
HCO_2^- 甲酸根离子	ao	−425.55	−351.0	92
HCO_3^-	ao	−691.99	−586.77	91.2
HCO_2H 甲酸	ao	−425.43	−372.3	163
CH_3OH 甲醇	l	−238.66	−166.27	126.8
CH_3OH 甲醇	g	−200.66	−161.96	239.81
CN^-	ao	150.6	172.4	94.1
HCN	ao	107.1	119.7	124.7
SCN^-	ao	76.44	92.71	144.3
HSCN	ao	—	97.56	—
$C_2O_4^{2-}$ 草酸根离子	ao	−825.1	−673.9	45.6
C_2H_2	g	226.73	209.20	200.94
C_2H_4	g	52.26	68.15	219.56
C_2H_6	g	−84.68	−32.82	229.60
$HC_2O_4^-$	ao	−818.4	−698.34	149.4
CH_3COO^-	ao	−486.01	−369.31	86.6
CH_3CHO 乙醛	g	−166.19	−128.86	250.3
CH_3COOH	ao	−485.76	−396.46	178.7
C_2H_5OH	g	−235.10	−168.49	282.70
C_2H_5OH	ao	−288.3	−181.64	148.5
$(CH_3)_2O$ 二甲醚	g	−184.05	−112.59	266.38
Ca α	cr	0	0	41.42
Ca	g	178.2	144.3	154.884
Ca^{2+}	g	1925.90		
Ca^{2+}	ao	−542.83	−553.58	−53.1
CaO	cr	−635.09	−604.03	39.75
CaH_2	cr	−186.2	−147.2	42
$Ca(OH)_2$	cr	−986.09	−898.49	83.39
CaF_2	cr	−1219.6	−1167.3	68.87
$CaCl_2$	cr	−795.8	−748.1	104.6
$CaCl_2 \cdot 6H_2O$	cr	−2607.9	—	—
$CaSO_4 \cdot 0.5H_2O$ 粗晶的, α	cr	−1576.74	−1436.74	130.5
$CaSO_4 \cdot 0.5H_2O$ 细晶的, β	cr2	−1574.64	−1435.78	134.3
$CaSO_4 \cdot 2H_2O$ 透石膏	cr	−2022.63	−1797.28	194.1
Ca_3N_2	cr	−431		
$Ca_3(PO_4)_2$ β, 低温型	cr	−4120.8	−3884.7	236.0
$Ca_3(PO_4)_2$ α, 高温型	cr2	−4109.9	−3875.5	240.91
$CaHPO_4$	cr	−1814.39	−1681.18	111.38
$CaHPO_4 \cdot 2H_2O$	cr	−2403.58	−2154.58	189.45
$Ca(H_2PO_4)_2$	cr	3104.70	—	—
$Ca(H_2PO_4)_2 \cdot H_2O$	cr	−3409.67	−3058.18	259.8
$Ca_{10}(PO_4)_6(H_2O)_2$ 羟基磷灰石	cr	−13477	−12677	780.7
$Ca_{10}(PO_4)_6F_2$ 氟磷灰石	cr	−13744	−12983.0	775.7
CaC_2	cr	−59.8	−64.9	69.96

续表

物质 B 化学式和说明	状 态	298.15K,100kPa		
		$\Delta_f H_m^\ominus/(kJ \cdot mol^{-1})$	$\Delta_f G_m^\ominus/(kJ \cdot mol^{-1})$	$S_m^\ominus/(J \cdot mol^{-1} \cdot K^{-1})$
$CaCO_3$ 方解石	cr	−1206.92	−1128.79	92.9
CaC_2O_4 草酸钙	cr	−1360.6	—	—
$CaC_2O_4 \cdot H_2O$	cr	−1674.86	−1513.87	156.5
Cd γ	cr	0	0	51.76
Cd^{2+}	ao	−75.90	−77.612	−73.2
CdO	cr	−258.2	−228.4	54.8
$Cd(OH)_2$ 沉淀的	cr	−560.7	−473.6	96
CdS	cr	−161.9	−156.5	64.9
$Cd(NH_3)_4^{2+}$	ao	−450.2	−226.1	336.4
$CdCO_3$	cr	−750.6	−669.4	92.5
Ce	cr	0	0	72.0
Ce^{3+}	ao	−696.2	−672.0	−205
Ce^{4+}	ao	−537.2	−503.8	−301
CeO_2	cr	−1088.7	−1024.6	62.30
$CeCl_3$	cr	−1053.5	−977.8	151
Cl^-	ao	−167.159	−131.228	56.5
Cl_2	g	0	0	223.066
Cl	g	121.679	105.680	165.198
Cl^-	g	−233.13	—	—
ClO^-	ao	−107.1	−36.8	42
ClO_2^-	ao	−66.5	17.2	101.3
ClO_3^-	ao	−103.97	−7.95	162.3
ClO_4^-	ao	−129.33	−8.52	182.0
HCl	g	−92.307	−95.299	186.908
HClO	ao	−120.9	−79.9	142
$HClO_2$	ao	−51.9	5.9	188.3
Co α,六方晶的	cr	0	0	30.04
Co^{2+}	ao	−58.2	−54.4	−113
Co^{3+}	ao	92	134	−305
$HCoO_2^-$	ao	—	−407.5	—
$Co(OH)_2$ 蓝色,沉淀的	cr	—	−450.1	—
$Co(OH)_2$ 桃红色,沉淀的	cr2	−539.7	−454.3	79
$Co(OH)_2$ 桃红色,沉淀的,陈化的	cr3	—	−458.1	—
$Co(OH)_3$	cr	−716.7	—	—
$CoCl_2$	cr	−312.5	−269.8	109.16
$CoCl_2 \cdot 6H_2O$	cr	−2115.4	−1725.2	343
$Co(NH_3)_6^{2+}$	ao	−584.9	−157.0	146
Cr	cr	0	0	23.77
Cr^{2+}	ao	−143.5	—	—
CrO_3	cr	−589.5	—	—
CrO_4^{2-}	ao	−881.15	−727.75	50.21
Cr_2O_3	cr	−1139.7	−1058.1	81.2
$Cr_2O_7^{2-}$	ao	1490.3	−1301.1	261.9
$HCrO_4^-$	ao	−878.2	−764.7	184.1
$(NH_4)_2Cr_2O_7$	cr	−1806.7	—	—
Ag_2CrO_4	cr	−731.74	−641.76	217.6
Cs	cr	0	0	85.23
Cs	g	76.065	49.121	175.595
Cs^+	g	457.964	—	—
Cs^+	ao	−258.28	−292.02	133.05
CsH	cr	−54.18	—	—
CsCl	cr	−443.04	−414.53	101.17
Cu	cr	0	0	33.150
Cu^+	ao	71.67	49.98	40.6
Cu^{2+}	ao	64.77	65.49	−99.6
CuO	cr	−157.3	−129.7	42.63
Cu_2O	cr	−168.6	−146.0	93.14
$Cu(OH)_2$	cr	−449.8	—	—
CuCl	cr	−137.2	−119.86	86.2
$CuCl_2$	cr	−220.1	−175.7	108.07

续表

物质B化学式和说明	状态	298.15K, 100kPa		
		$\Delta_f H_m^\ominus/(kJ \cdot mol^{-1})$	$\Delta_f G_m^\ominus/(kJ \cdot mol^{-1})$	$S_m^\ominus/(J \cdot mol^{-1} \cdot K^{-1})$
CuBr	cr	−104.6	−100.8	96.11
CuI	cr	−67.8	−69.5	96.7
CuS	cr	−53.1	−53.6	66.5
Cu_2S α	cr	−79.5	−86.2	120.9
$CuSO_4$	cr	−771.36	661.8	109
$CuSO_4 \cdot 5H_2O$	cr	−2279.65	−1879.745	300.4
$Cu(NH_3)_4^{2+}$	ao	−348.5	−111.07	273.6
$CuP_2O_7^{2-}$	ao	—	−1891.4	—
$Cu(P_2O_7)_2^{6-}$	ao	—	−3823.4	—
$Cu_2P_2O_7$	cr	—	−1874.3	—
$CuCO_3 \cdot Cu(OH)_2$ 孔雀石	cr	−1051.4	−893.6	186.2
CuCN	cr	96.2	111.3	84.5
F	g	78.99	61.91	158.754
F^-	g	−255.39	—	—
F^-	ao	−332.63	−278.79	−13.8
F_2	g	0	0	202.78
HF	g	−271.1	−273.1	173.779
HF	ao	−320.08	−296.82	88.7
HF_2^-	ao	−649.94	−578.08	92.5
Fe	cr	0	0	27.28
Fe^{2+}	ao	−89.1	−78.90	−137.7
Fe^{3+}	ao	−48.5	−4.7	−315.9
Fe_2O_3 赤铁矿	ao	−824.2	−742.2	87.40
Fe_3O_4 磁铁矿	cr	−1118.4	−1015.4	146.4
$Fe(OH)_2$ 沉淀的	cr	−569.0	−486.5	88
$Fe(OH)_3$ 沉淀的	cr	−823.0	−696.5	106.7
$FeCl_3$	cr	−399.49	−334.00	142.3
FeS_2 黄铁矿	cr	−178.2	−166.9	52.93
$FeSO_4 \cdot 7H_2O$	ao	−3014.57	−2509.87	409.2
$FeCO_3$ 菱铁矿	cr	−740.57	−666.67	92.9
$FeC_2O_4 \cdot 2H_2O$ 草酸铁	cr	−1482.4	—	—
$Fe(CO)_5$	l	−774.0	−705.3	338.1
$Fe(CN)_6^{3-}$	ao	561.9	729.4	270.3
$Fe(CN)_6^{4-}$	ao	455.6	695.08	95.0
H	g	217.965	203.247	114.713
H^+	g	1536.202	—	—
H^-		138.99		
H^+	ao	0	0	0
H_2	g	0	0	130.684
OH^-	ao	−229.994	−157.244	−10.75
H_2O	l	−285.830	−237.129	69.91
H_2O	g	−241.818	−228.572	188.825
H_2O_2	l	−187.78	−120.35	109.6
H_2O_2	ao	−191.17	−134.03	143.9
He	g	0	0	126.150
Hg	l	0	0	76.02
Hg	g	61.317	31.820	174.96
Hg^{2+}	ao	171.1	164.40	−32.2
Hg_2^{2+}	ao	172.4	153.52	84.5
HgO 红色,斜方晶的	cr	−90.83	−58.539	70.29
HgO 黄色	cr2	−90.46	−58.409	71.1
$HgCl_2$	cr	−224.3	−178.6	146.0
$HgCl_2$	ao	−216.6	−173.2	155
$HgCl_3^-$	ao	−388.7	−309.1	209
$HgCl_4^{2-}$	ao	−554..0	−446.8	293
Hg_2Cl_2	cr	−265.22	−210.745	192.5
$HgBr_4^{2-}$	ao	−431.0	−371.1	310
HgI_2 红色	cr	−105.4	−101.7	180
HgI_2 黄色	cr2	−102.9	—	—

续表

物质 B 化学式和说明	状 态	298.15K, 100kPa		
		$\Delta_f H_m^\ominus/(kJ \cdot mol^{-1})$	$\Delta_f G_m^\ominus/(kJ \cdot mol^{-1})$	$S_m^\ominus/(J \cdot mol^{-1} \cdot K^{-1})$
HgI_4^{2-}	ao	−235.1	−211.7	360
Hg_2I_2	cr	−121.34	−111.00	233.5
HgS 红色	cr	−58.2	−50.6	82.4
HgS 黑色	cr	−53.6	−47.7	88.3
HgS_2^{2-}	ao		41.9	
$Hg(NH_3)_4^{2+}$	ao	−282.8	−51.7	335.0
I	g	106.838	73.250	180.791
I^-	ao	−55.19	−51.57	111.3
I_2	cr	0	0	116.135
I_2	ao	62.438	19.327	260.69
I_2	g	22.6	16.40	137.2
I_3^-	ao	−51.5	−51.4	239.3
IO^-	ao	−107.5	−38.5	−5.4
IO_3^-	ao	−221.3	−128.0	118.4
IO_4^-	ao	−151.5	−58.5	222
HI	g	26.48	1.70	206.594
HIO	ao	−138.1	−99.1	95.4
HIO_3	ao	−211.3	−132.6	166.9
H_5IO_6	ao	−759.4	—	—
In^+	ao	—	−12.1	—
In^{2+}	ao	—	−50.7	—
In^{3+}	ao	105	−98.0	−151
K	cr	0	0	64.18
K	g	89.24	60.59	160.336
K^+	g	514.26		
K^+	ao	−252.38	−283.27	102.5
KO_2	cr	−284.93	−239.4	116.7
KO_3	cr	−260.2	—	—
K_2O	cr	−361.5	—	—
K_2O_2	cr	−494.1	−425.1	102.1
KH	cr	−57.74	—	—
KOH	cr	−424.764	−379.08	78.9
KF	cr	−567.27	−537.75	66.57
KCl	cr	−436.747	−409.14	82.59
$KClO_3$	cr	−397.73	−296.25	143.1
$KClO_4$	cr	−432.75	−303.09	151.0
KBr	cr	−393.798	−380.66	95.90
KI	cr	−327.900	−324.892	106.32
K_2SO_4	cr	−1437.79	−1321.37	175.56
$K_2S_2O_8$	cr	−1916.1	−1697.3	278.7
KNO_2 正交晶的	cr	−369.82	−306.55	152.09
KNO_3	cr	−494.63	−394.86	133.05
K_2CO_3	cr	−1151.02	−1063.5	155.52
$KHCO_3$	cr	−963.2	−863.5	115.5
KCN	cr	−113.0	−101.86	128.49
$KAl(SO_4)_2 \cdot 12H_2O$	cr	−6061.8	−5141.0	687.4
$KMnO_4$	cr	−837.2	−737.6	171.71
K_2CrO_4	cr	−1403.7	−1295.7	200.12
$K_2Cr_2O_7$	cr	−2061.5	−1881.8	291.2
Kr	g	0	0	164.082
La^{3+}	ao	−707.1	−683.7	−217.6
$La(OH)_3$	cr	−1410.0	—	—
$LaCl_3$	cr	−1071.1	—	—
Li	cr	0	0	29.12
Li	g	159.37	126.66	138.77
Li^+	g	685.783	—	—
Li^+	ao	−278.49	−293.31	13.4
Li_2O	cr	−597.94	−561.18	37.57
LiH	cr	−90.54	−68.35	20.008

续表

物质B化学式和说明	状态	298.15K, 100kPa		
		$\Delta_f H_m^\ominus/(kJ \cdot mol^{-1})$	$\Delta_f G_m^\ominus/(kJ \cdot mol^{-1})$	$S_m^\ominus/(J \cdot mol^{-1} \cdot K^{-1})$
LiOH	cr	−484.93	−438.95	42.80
LiF	cr	−615.97	−587.71	35.65
LiCl	cr	−408.61	−384.37	59.33
Li_2CO_3	cr	−1215.9	−1132.06	90.37
Mg	cr	0	0	32.68
Mg	g	147.70	113.10	148.65
Mg^+	g	891.635	—	—
Mg^{2+}	g	2348.604	—	—
Mg^{2+}	ao	−466.85	−454.8	−138.1
MgO 粗晶的(方镁石)	cr	−601.70	−569.43	26.94
MgO 细晶的	cr_2	−597.98	−565.95	27.95
MgH_2	cr	−75.3	−35.09	31.09
$Mg(OH)_2$	cr	−924.54	−833.51	63.18
$Mg(OH)_2$ 沉淀的	am	−920.5		
MgF_2	cr	−1123.4	−1070.2	57.24
$MgCl_2$	cr	−641.32	−591.79	89.62
$MgSO_4 \cdot 7H_2O$	cr	−3388.71	−2871.5	372
$MgCO_3$ 菱镁矿	cr	−1095.8	−1012.1	65.7
Mn(α)	cr	0	0	32.01
Mn^{2+}	ao	−220.75	−228.1	−73.6
MnO_2	cr	−520.03	−465.14	53.05
MnO_2 沉淀的	am	−502.5	—	—
MnO_4^-	ao	−541.4	−447.2	191.2
MnO_4^{2-}	ao	−653	−500.7	59
$Mn(OH)_2$ 沉淀的	am	−695.4	−615.0	99.2
$MnCl_2$	cr	−481.29	−440.50	118.24
$MnCl_2 \cdot 4H_2O$	cr	−1687.4	−1423.6	303.3
MnS 沉淀的,桃红色	am	−213.8		
$MnSO_4$	cr	−1065.25	−957.36	112.1
$MnSO_4 \cdot 7H_2O$	cr	−3139.3		
Mo	cr	0	0	28.66
MoO_3	cr	−745.09	−667.97	77.74
MoO_4^{2-}	ao	−997.9	−836.3	27.2
$HMoO_4$ 白色	cr	−1046.0		
$H_2MoO_4 \cdot H_2O$ 黄色	cr	−1360		
$PbMoO_4$	cr	−1051.9	−951.4	166.1
Ag_2MoO_4	cr	−840.6	−748.0	213.0
N	g	472.704	455.563	153.298
N_2	g	0	0	191.61
N_3^- 叠氮根离子	ao	275.14	348.2	107.9
NO	g	90.25	86.55	210.761
NO^+	g	989.826	—	—
NO_2	g	33.18	51.31	240.06
NO_2^-	ao	−104.6	−32.2	123.0
NO_3^-	ao	−205.0	108.74	146.4
N_2O	g	82.05	104.20	219.85
N_2O_3	g	83.72	139.46	312.28
N_2O_4	l	−19.50	97.54	209.2
N_2O_4	g	9.16	97.89	304.29
N_2O_5	g	11.3	115.1	355.7
NH_3	g	−46.11	−16.45	192.45
NH_3	ao	−80.29	−26.50	111.3
NH_4^+	ao	−132.51	−79.31	113.4
N_2H_4	l	50.63	149.34	121.21
N_2H_4	ao	34.31	128.1	138.
HN_3	ao	260.08	321.8	146.0
HNO_2	ao	−119.2	−50.6	135.6
NH_4NO_2	cr	−256.5	—	—
NH_4NO_3	cr	−365.56	−183.87	151.08

续表

物质 B 化学式和说明	状态	298.15K,100kPa		
		$\Delta_f H_m^\ominus/(kJ \cdot mol^{-1})$	$\Delta_f G_m^\ominus/(kJ \cdot mol^{-1})$	$S_m^\ominus/(J \cdot mol^{-1} \cdot K^{-1})$
NH_4F	cr	−463.96	−348.68	71.96
NOCl	g	51.71	66.08	261.69
NH_4Cl	cr	−314.43	−202.87	94.6
NH_4ClO_4	cr	−295.31	−88.75	186.2
NOBr	g	82.17	82.42	273.66
$(NH_4)_2SO_4$	cr	−1180.85	−901.67	220.1
$(NH_4)_2S_2O_8$	cr	−1648.1	—	—
Na	cr	0	0	51.21
Na	g	107.32	76.761	135.712
Na^+	g	609.358	—	—
Na^+	ao	−240.12	−261.905	59.0
NaO_2	cr	−260.2	−218.4	115.9
Na_2O	cr	−414.22	−375.46	75.06
Na_2O_2	cr	−510.87	−447.7	95.0
NaH	cr	−56.275	−33.46	40.016
NaOH	cr	−425.609	−379.494	64.455
NaOH	ai	−470.114	−419.150	48.1
NaF	cr	−573.647	−543.494	51.46
NaCl	cr	−411.153	−384.138	72.13
NaBr	cr	−361.062	−348.983	86.82
NaI	cr	−287.78	−286.06	98.53
$Na_2SO_4 \cdot 10H_2O$	cr	−4327.26	−3646.85	592.0
$Na_2S_2O_3 \cdot 5H_2O$	cr	−2607.93	−2229.2	372
$NaHSO_4 \cdot H_2O$	cr	−1421.7	−1231.6	155
$NaNO_2$	cr	−358.65	−284.55	103.8
$NaNO_3$	cr	−467.85	−367.00	116.52
Na_3PO_4	cr	−1917.40	−1788.80	173.80
$Na_4P_2O_7$	cr	−3188	−2969.3	270.29
$Na_5P_3O_{10} \cdot 6H_2O$	cr	−6194.8	−5540.8	611.3
$NaH_2PO_4 \cdot 2H_2O$	cr	−2128.4	—	—
Na_2HPO_4	cr	−1748.1	−1608.2	150.50
$Na_2HPO_4 \cdot 12H_2O$	cr	−5297.8	−4467.8	633.83
Na_2CO_3	cr	−1130.68	−1044.44	134.98
$Na_2CO_3 \cdot 10H_2O$	cr	−4081.32	−3427.66	562.7
HCOONa 甲酸钠	cr	−666.5	−599.9	103.76
$NaHCO_3$	cr	−950.81	−851.0	101.7
$NaCH_3CO_2 \cdot 3H_2O$	cr	−1603.3	−1328.6	243
$Na_2B_4O_7 \cdot 10H_2O$ 硼砂	cr	−6288.6	−5516.0	586
Ne	g	0	0	146.328
Ni	cr	0	0	29.87
Ni^{2+}	ao	−54.0	−45.6	−128.9
$Ni(OH)_2$	cr	−529.7	−447.2	88
$Ni(OH)_3$ 沉淀的	cr	−669	—	—
$NiCl_2 \cdot 6H_2O$	cr	−2103.17	−1713.19	344.3
NiS	cr	−82.0	−79.5	52.97
NiS 沉淀的	cr_2	−74.4	—	—
$NiSO_4 \cdot 7H_2O$	cr	−2976.33	−2461.83	378.94
$Ni(NH_3)_6^{2+}$	ao	−630.1	−255.7	394.6
$NiCO_3$	cr	—	−612.5	—
$Ni(CO)_4$	l	−633.0	−588.2	313.4
$Ni(CO)_4$	g	−602.91	−587.23	410.6
$Ni(CN)_4^{2-}$	ao	367.8	472.1	218
O	g	249.170	231.731	161.055
O_2	g	0	0	205.138
O_3	g	142.7	163.2	238.93
P 白色	cr	0	0	41.09
P 红色,三斜晶的	cr_2	−17.6	−12.1	22.80
P 黑色	cr_3	−39.3	—	—
P 红色	am	−7.5	—	—
PO_4^{3-}	ao	−1277.4	−1018.7	−222.

续表

物质B化学式和说明	状态	298.15K, 100kPa		
		$\Delta_f H_m^\ominus/(kJ \cdot mol^{-1})$	$\Delta_f G_m^\ominus/(kJ \cdot mol^{-1})$	$S_m^\ominus/(J \cdot mol^{-1} \cdot K^{-1})$
$P_2O_7^{4-}$	ao	−2271.1	−1919.0	−117.0
P_4O_6	cr	−1640.1	—	—
P_4O_{10} 六方晶的	cr	−2984.0	−2697.7	228.86
PH_3	g	5.4	13.4	210.23
HPO_4^{2-}	ao	−1292.14	−1089.15	−33.5
$H_2PO_4^-$	ao	−1296.29	−1130.28	90.4
H_3PO_4	cr	−1279.0	−1119.1	110.50
H_3PO_4	ao	−1288.34	−1142.54	158.2
$HP_2O_7^{3-}$	ao	−2274.8	−1972.2	46
$H_2P_2O_7^{2-}$	ao	−2278.6	−2010.2	163
$H_3P_2O_7^-$	ao	−2276.5	−2023.2	213
$H_4P_2O_7$	ao	−2268.6	−2032.0	268
PF_3	g	−918.8	−897.5	273.24
PF_5	g	−1595.8	—	—
PCl_3	l	−319.7	−272.3	217.1
PCl_3	g	−287.0	−267.8	311.78
PCl_5	cr	−443.5	—	—
PCl_5	g	−374.9	−305.0	364.58
Pb	cr	0	0	64.81
Pb^{2+}	ao	−1.7	−24.43	10.5
PbO 黄色	cr	−217.32	−187.89	68.70
PbO 红色	cr_2	−218.9	−188.93	66.5
PbO_2	cr	−277.4	−217.33	68.6
Pb_3O_4	cr	−718.4	−601.2	211.3
$Pb(OH)_2$ 沉淀的	cr	−515.9	—	—
$PbCl_2$	cr	−359.41	−314.10	136.0
$PbCl_2$	ao	—	−297.16	—
$PbCl_3^-$	ao	—	−426.3	—
$PbBr_2$	cr	−278.7	−216.92	161.5
$PbBr_2$	ao	—	240.6	—
PbI_2	cr	−175.48	−173.64	174.85
PbI_2	ao	—	143.5	—
PbI_4^{2-}	ao	—	−254.8	—
PbS	cr	−100.4	−98.7	91.2
$PbSO_4$	cr	−919.94	−813.14	148.57
$PbCO_3$	cr	−699.1	−625.5	131.0
$Pb(CH_3CO_2)^+$ 乙酸铅离子	ao	—	−406.2	—
$Pb(CH_3CO_2)_2$	ao	—	−779.7	—
Rb	cr	0	0	76.78
Rb	g	80.85	53.06	170.089
Rb^+	g	490.101	—	—
Rb^+	ao	−251.17	−283.98	121.50
RbO_2	cr	−278.7	—	—
Rb_2O	cr	−339	—	—
Rb_2O_2	cr	−472	—	—
RbCl	cr	−435.35	−407.80	95.90
S 正交晶的	cr	0	0	31.80
S 单斜晶的	cr_2	0.33	—	—
S	g	278.805	238.250	167.821
S_8	g	102.3	49.63	430.98
SO_2	g	−296.830	−300.194	248.22
SO_2	ao	−322.980	−300.676	161.9
SO_3	g	−395.72	−371.06	256.76
SO_3^{2-}	ao	−635.5	−486.5	−29
SO_4^{2-} (H_2SO_4, ai)	ao	−909.27	−744.53	20.1
$S_2O_3^{2-}$	ao	−648.5	−522.5	67
$S_4O_6^{2-}$	ao	−1224.2	−1040.4	257.3
H_2S	g	−20.63	−33.56	205.79
H_2S	ao	−39.7	−27.83	121
HSO_3^-	ao	−626.22	−527.73	139.7
HSO_4^-	ao	−887.34	−755.91	131.8
SF_4	g	−774.9	−731.3	292.03

续表

物质 B 化学式和说明	状态	298.15K, 100kPa		
		$\Delta_f H_m^\ominus/(\text{kJ} \cdot \text{mol}^{-1})$	$\Delta_f G_m^\ominus/(\text{kJ} \cdot \text{mol}^{-1})$	$S_m^\ominus/(\text{J} \cdot \text{mol}^{-1} \cdot \text{K}^{-1})$
SF_6	g	−1209	−1105.3	291.82
SbO^+	ao	—	−177.11	—
SbO_2^-	ao	—	−340.19	—
$Sb(OH)_3$	cr	—	685.2	—
$SbCl_3$	cr	−382.17	−323.67	184.1
$SbOCl$	cr	−374.0	—	—
Sb_2S_3 橙色	am	−147.3	—	—
Sc	cr	0	0	34.64
Sc^{3+}	ao	−614.2	−586.6	−255.
Sc_2O_3	cr	−1908.82	−1819.36	77.0
$Sc(OH)_3$	cr	−1363.6	−1233.3	100
Se 六方晶的, 黑色	cr	0	0	42.442
Se 单斜晶的, 红色	cr2	6.7	—	—
Se^{2-}	ao	—	129.3	—
HSe^-	ao	15.9	44.0	79
H_2Se	cr	19.2	22.2	163.6
$HSeO_3^-$	ao	−514.55	−411.46	135.1
H_2SeO_3	ao	−507.48	−426.14	207.9
H_2SeO_4	cr	−530.1	—	—
Si	cr	0	0	18.83
SiO_2 α 石英	cr	−910.94	−856.64	41.84
SiO_2	am	−903.49	−850.70	46.9
SiH_4	g	34.3	56.9	204.62
H_2SiO_3	ao	−1182.8	−1079.4	109
H_4SiO_4	cr	−1481.1	−1332.9	192
SiF_4	g	−1614.94	−1572.65	282.49
$SiCl_4$	l	−687.0	−619.84	239.7
$SiCl_4$	g	−657.01	−616.98	330.73
$SiBr_4$	l	−457.3	−443.9	277.8
SiI_4	cr	−189.5	—	—
Si_3N_4 α	cr	−743.5	−642.6	101.3
SiC β, 立方晶的	cr	−65.3	62.8	16.61
SiC α, 六方晶的	cr2	−62.8	−60.2	16.48
Sn Ⅰ, 白色	cr	0	0	51.55
Sn Ⅱ, 灰色	cr2	−2.09	0.13	41.14
Sn^{2+} $\mu(NaClO_4)=3.0$	ao	−8.8	−27.2	−17
Sn^{4+} 在 $HCl+\infty H_2O$	ao	30.5	2.5	−117
SnO	cr	−285.8	−256.9	56.5
SnO_2	cr	−580.7	−519.6	52.3
$Sn(OH)_2$, 沉淀的	cr	−561.1	−491.6	155
$Sn(OH)_4$, 沉淀的	cr	−1110.0	—	—
$SnCl_4$	l	−511.3	−440.1	258.6
$SnBr_4$	cr	−377.4	−350.2	264.4
SnS	cr	−100	−98.3	77.0
Sr α	cr	0	0	52.3
Sr	g	164.4	130.9	164.62
Sr^{2+}	g	1790.54	—	—
Sr^{2+}	ao	−545.80	−559.84	−32.6
SrO	cr	−592.0	−561.9	54.4
$Sr(OH)_2$	cr	−959.0	—	—
$SrCl_2$ α	cr	−828.9	−781.1	114.85
$SrSO_4$ 沉淀的	cr2	−1449.8	—	—
$SrCO_3$ 菱锶矿	cr	−1220.1	1140.1	97.1
Th^{4+}	ao	−769.0	−705.1	422.6
ThO_2	cr	−1226.4	−1168.71	65.23
$Th(NO_3)_4 \cdot 5H_2O$	cr	−3007.79	−2324.88	543.2
Ti	cr	0	0	30.63
TiO^{2+} 在 $HClO_4(aq)$	aq	−689.9	—	—
TiO_2 锐钛矿	cr	−939.7	−884.5	49.92
TiO_2 板钛矿	cr2	−941.8	—	—

续表

物质 B 化学式和说明	状态	298.15K,100kPa		
		$\Delta_f H_m^\ominus/(kJ \cdot mol^{-1})$	$\Delta_f G_m^\ominus/(kJ \cdot mol^{-1})$	$S_m^\ominus/(J \cdot mol^{-1} \cdot K^{-1})$
TiO_2 金红石	cr_3	−944.7	−889.5	50.33
TiO_2	am	−879		
$TiCl_3$	cr	−720.9	−653.5	139.7
$TiCl_4$	l	−804.2	−737.2	252.34
$TiCl_4$	g	−763.2	−726.7	354.9
Tl	cr	0	0	64.18
Tl^+	ao	5.36	−32.40	125.5
Tl^{3+}	ao	196.6	214.6	−192
TlCl	cr	−204.14	−184.92	111.25
$TlCl_3$	ao	−315.1	−274.4	134
U^{4+} 未水解的	ao	−591.2	−531.0	−410
UO_2	cr	−1084.9	−1031.7	77.03
UO_2^{2+}	ao	−1019.6	−953.5	−97.5
UF_4	cr	−1914.2	−1823.3	151.67
UF_6	cr	−2197.0	−2068.5	227.6
UF_6	g	−2147.4	−2063.7	377.9
V	cr	0	0	28.91
VO	cr	−431.8	−404.2	38.9
VO^{2+}	ao	−486.6	−446.4	−133.9
VO_2^+	ao	−649.8	−587.0	−42.3
VO_4^{3-}	ao	—	−899.0	—
V_2O_5	cr	−155.06	−1419.5	131.0
W	cr	0	0	32.64
WO_3	cr	−842.87	−764.03	75.90
WO_4^{2-}	ao	−1075.7	—	—
Xe	g	0	0	169.683
XeF_4	cr	−261.5	(−123)	—
XeF_6	cr	(−360)	—	—
XeO_3	cr	(402)	—	—
Zn	cr	0	0	41.63
Zn^{2+}	ao	−153.89	−147.06	−112.1
ZnO	cr	−348.28	−318.30	43.64
$Zn(OH)_4^{2-}$	ao	—	−858.52	—
$ZnCl_2$	cr	−415.05	−369.398	111.46
ZnS 纤锌矿	cr	−192.63	—	—
ZnS 闪锌矿	cr_2	−205.98	−201.29	57.7
$ZnSO_4 \cdot 7H_2O$	cr	−3077.75	−2562.67	388.7
$Zn(NH_3)_4^{2+}$	ao	−533.5	−301.9	301
$ZnCO_3$	cr	−812.78	−731.52	82.4

注：数据摘自《Handbook of Chemistry and Physics》1982~1983.63th Edition.

附录 2 常用酸碱指示剂

名 称	变色范围(pH)	酸 色	碱 色	浓度/%
百里酚蓝	1.2~2.8	红	黄	0.1(20%乙醇)
甲基黄	2.9~4.0	红	黄	0.1(90%乙醇)
甲基橙	3.1~4.4	红	黄	0.05 水溶液
溴酚蓝	3.1~4.6	黄	紫	0.1(20%乙醇)
溴甲酚绿	3.8~5.4	黄	蓝	0.1 水溶液
甲基红	4.4~6.2	红	黄	0.1(60%乙醇)
溴百里酚蓝	6.0~7.6	黄	蓝	0.1(20%乙醇)
中性红	6.8~8.0	红	黄橙	0.1(60%乙醇)
酚红	6.7~8.4	黄	红	0.1(60%乙醇)
酚酞	8.0~9.6	无	红	0.1(90%乙醇)
百里酚蓝	8.0~9.6	黄	蓝	0.1(20%乙醇)

附录3 常见弱电解质的电离常数*
（温度 298K）

名称	化学式	电离常数（K）	pK
醋酸	HAc	1.8×10^{-5}	4.74
碳酸	H_2CO_3	$K_{a_1}=4.30\times10^{-7}$	6.37
		$K_{a_2}=5.61\times10^{-11}$	10.25
草酸	$H_2C_2O_4$	$K_{a_1}=5.4\times10^{-2}$	1.27
		$K_{a_2}=5.40\times10^{-5}$	4.27
亚硝酸	HNO_2	6.0×10^{-4}	3.22
磷酸	H_3PO_4	$K_{a_1}=6.7\times10^{-3}$	2.17
		$K_{a_2}=6.2\times10^{-8}$	7.21
		$K_{a_3}=4.5\times10^{-13}$	12.35
亚硫酸	H_2SO_3	$K_{a_1}=1.7\times10^{-2}$	1.77
		$K_{a_2}=6.0\times10^{-8}$	7.22
硫酸	H_2SO_4	$K_{a_2}=1.0\times10^{-2}$	2.0
硫化氢	H_2S	$K_{a_1}=8.9\times10^{-8}$	7.05
		$K_{a_2}=7.1\times10^{-19}$	18.15
氢氰酸	HCN	5.8×10^{-10}	9.24
铬酸	H_2CrO_4	$K_{a_1}=1.8\times10^{-1}$	0.74
		$K_{a_2}=3.20\times10^{-7}$	6.49
氢氟酸	HF	6.9×10^{-4}	3.16
过氧化氢	H_2O_2	2.0×10^{-12}	11.7
次氯酸	HClO	2.8×10^{-8}	7.55
次溴酸	HBrO	2.6×10^{-9}	8.58
次碘酸	HIO	2.4×10^{-11}	10.62
碘酸	HIO_3	1.6×10^{-1}	0.8
砷酸	H_3AsO_4	$K_{a_1}=5.7\times10^{-3}$	2.24
		$K_{a_2}=1.7\times10^{-7}$	6.77
		$K_{a_3}=2.5\times10^{-12}$	11.6
铵离子	NH_4^+	5.56×10^{-10}	9.25
甲酸	HCOOH	1.8×10^{-4}	3.74
氯乙酸	$ClCH_2COOH$	1.4×10^{-3}	2.85
邻苯二甲酸	$C_6H_4(COOH)_2$	$K_{a_1}=1.12\times10^{-3}$	2.95
		$K_{a_2}=3.91\times10^{-6}$	5.41
柠檬酸	$(HOOCCH_2)_2C(OH)COOH$	$K_{a_1}=7.1\times10^{-4}$	3.14
		$K_{a_2}=1.68\times10^{-5}$	4.77
		$K_{a_3}=4.1\times10^{-7}$	6.39
α-酒石酸	$(CH(OH)COOH)_2$	$K_{a_1}=1.04\times10^{-3}$	2.98
		$K_{a_2}=4.55\times10^{-5}$	4.34
氨水	$NH_3\cdot H_2O$	1.8×10^{-5}	4.74
氢氧化铍	$Be(OH)_2$	1.78×10^{-6}	5.75
	$BeOH^+$	2.51×10^{-9}	8.6
乙二胺	$H_2NC_2H_4NH_2$	$K_{b_1}=8.5\times10^{-5}$	4.07
		$K_{b_2}=7.1\times10^{-8}$	7.15
六亚甲基四胺	$(CH_2)_6N_4$	1.35×10^{-9}	8.87
尿素	$CO(NH_2)_2$	1.3×10^{-14}	13.89

注：数据摘自《Handbook of Chemistry and Physics》1982～1983. 63th Edition.

附录 4 难溶电解质的溶度积*

名称	化学式	K_{sp}	名称	化学式	K_{sp}
氯化银	$AgCl$	1.56×10^{-10}	氢氧化亚铁	$Fe(OH)_2$	1.64×10^{-14}
溴化银	$AgBr$	7.7×10^{-13}	氢氧化铁	$Fe(OH)_3$	1.1×10^{-36}
碘化银	AgI	1.5×10^{-16}	硫化铁	FeS	3.7×10^{-19}
铬酸银	Ag_2CrO_4	9.0×10^{-12}	碳酸亚铁	$FeCO_3$	3.2×10^{-11}
硫化银	Ag_2S	6.3×10^{-50}	氯化亚汞	Hg_2Cl_2	2×10^{-18}
碳酸银	Ag_2CO_3	8.1×10^{-12}	溴化亚汞	Hg_2Br_2	1.3×10^{-21}
磷酸银	Ag_3PO_4	1.4×10^{-16}	碘化亚汞	Hg_2I_2	1.2×10^{-28}
草酸银	$Ag_2C_2O_4$	3.4×10^{-11}	硫化汞	HgS	$4\times10^{-53}\sim2\times10^{-49}$
亚硝酸银	$AgNO_2$	6.0×10^{-4}	碳酸亚汞	Hg_2CO_3	8.9×10^{-17}
氢氧化银	$AgOH$	1.9×10^{-8}	氢氧化汞	$Hg(OH)_2$	3×10^{-26}
硫酸银	Ag_2SO_4	1.4×10^{-5}	硫酸亚汞	Hg_2SO_4	7.4×10^{-7}
氢氧化铝	$Al(OH)_3$	1.3×10^{-33}	高氯酸钾	$KClO_4$	1.1×10^{-2}
磷酸铝	$AlPO_4$	6.3×10^{-19}	高碘酸钾	KIO_4	8.3×10^{-4}
碳酸钡	$BaCO_3$	8.1×10^{-9}	碳酸锂	Li_2CO_3	1.7×10^{-3}
铬酸钡	$BaCrO_4$	1.6×10^{-10}	碳酸镁	$MgCO_3$	2.6×10^{-5}
硫酸钡	$BaSO_4$	1.08×10^{-10}	氢氧化镁	$Mg(OH)_2$	1.2×10^{-11}
草酸钡	BaC_2O_4	1.6×10^{-7}	氟化镁	MgF_2	6.5×10^{-9}
氟化钡	BaF_2	1×10^{-6}	磷酸镁铵	$MgNH_4PO_4$	2.5×10^{-13}
磷酸一氢钡	$BaHPO_4$	1×10^{-7}	碳酸锰	$MnCO_3$	1.8×10^{-11}
磷酸钡	$Ba_3(PO_4)_2$	3×10^{-23}	氢氧化锰	$Mn(OH)_2$	4×10^{-14}
硫代硫酸钡	BaS_2O_3	1.6×10^{-5}	硫化锰	MnS	1.4×10^{-15}
氢氧化钙	$Ca(OH)_2$	5.5×10^{-6}	碳酸铅	$PbCO_3$	3.3×10^{-14}
碳酸钙	$CaCO_3$	8.7×10^{-9}	铬酸铅	$PbCrO_4$	1.77×10^{-14}
草酸钙	CaC_2O_4	2.57×10^{-9}	碘化铅	PbI_2	1.39×10^{-8}
氟化钙	CaF_2	3.95×10^{-11}	硫酸铅	$PbSO_4$	1.06×10^{-8}
硫酸钙	$CaSO_4$	9.1×10^{-6}	硫化铅	PbS	3.4×10^{-28}
磷酸一氢钙	$CaHPO_4$	1×10^{-7}	氯化铅	$PbCl_2$	1.6×10^{-5}
磷酸钙	$Ca_3(PO_4)_2$	2×10^{-29}	氢氧化铅	$Pb(OH)_2$	1.2×10^{-15}
硫化镉	CdS	8×10^{-27}	氢氧化亚锡	$Sn(OH)_2$	1.4×10^{-28}
碳酸铜	$CuCO_3$	2.3×10^{-10}	氢氧化锡	$Sn(OH)_4$	1×10^{-56}
硫化铜	CuS	8.5×10^{-45}	硫化亚锡	SnS	1×10^{-25}
硫化亚铜	Cu_2S	2×10^{-47}	硫化锡	SnS_2	2.5×10^{-27}
氯化亚铜	$CuCl$	1.02×10^{-6}	碳酸锌	$ZnCO_3$	1.4×10^{-11}
碘化亚铜	CuI	5.06×10^{-12}	氢氧化锌	$Zn(OH)_2$	1.8×10^{-14}
氢氧化铜	$Cu(OH)_2$	2.2×10^{-20}	硫化锌	ZnS	1.2×10^{-23}

* 数据摘自《Handbook of Chemistry and Physics》1982~1983. 63th Edition. (温度 298K)

附录 5 某些配离子的标准稳定常数* (298.15K)

配离子	K_f	配离子	K_f	配离子	K_f
$AgCl_2^-$	1.84×10^5	$Co(NH_3)_6^{3+}$	(1.6×10^{35})	HgI_4^{2-}	5.66×10^{29}
$AgBr_2^-$	1.93×10^7	$Co(NCS)_4^{2-}$	(1.0×10^3)	HgS_2^{2-}	3.36×10^{51}
AgI_2^-	4.80×10^{10}	$Co(edta)^{2-}$	(2.0×10^{16})	$Hg(edta)^{2-}$	(6.3×10^{21})
$Ag(NH_3)_2^+$	2.07×10^3	$Co(edta)^-$	(1×10^{36})	$Ni(NH_3)_6^{2+}$	8.97×10^8
$Ag(NH_3)_2^+$	1.12×10^7	$Cr(OH)_4^-$	(7.8×10^{29})	$Ni(CN)_4^{2-}$	1.31×10^{30}
$Ag(CN)_2^-$	1.26×10^{21}	$Cr(edta)^-$	(1.0×10^{23})	$Ni(en)_3^{2+}$	2.1×10^{18}
$Ag(SCN)_2^-$	2.04×10^8	$CuCl_2^-$	6.91×10^4	$Ni(edta)^{2-}$	(3.6×10^{18})
$Ag(S_2O_3)_2^{3-}$	2.9×10^{13}	$CuCl_3^{2-}$	4.55×10^5	$Pb(OH)_3^-$	8.27×10^{13}
$Ag(en)_2^+$	(5.0×10^7)	CuI_2^-	(7.1×10^8)	$PbCl_3^-$	27.2
$Ag(edta)^{3-}$	(2.1×10^7)	$Cu(NH_3)_4^{2+}$	2.09×10^{13}	PbI_3^-	2.67×10^3
$Al(OH)_4^-$	3.31×10^{33}	$Cu(P_2O_7)_2^{6-}$	8.24×10^8	PbI_4^{2-}	1.66×10^4
AlF_6^{3-}	(6.9×10^{19})	$Cu(C_2O_4)_2^{2-}$	2.35×10^9	$Pb(CH_3CO_2)^+$	152.4
$Al(edta)^-$	(1.3×10^{16})	$Cu(CN)_2^-$	9.98×10^{23}	$Pb(CH_3CO_2)_2$	826.3
$Ba(edta)^{2-}$	(6×10^7)	$Cu(CN)_4^{2-}$	4.21×10^{28}	$Pb(edta)^{2-}$	2×10^{18}
$Ca(edta)^{2-}$	(1×10^{11})	$Cu(CN)_4^{3-}$	2.03×10^{30}	$Zn(OH)_3^-$	1.64×10^{13}
$Cd(NH_3)_4^{2+}$	2.78×10^7	$Cu(SCN)_4^{3-}$	8.66×10^9	$Zn(OH)_4^{2-}$	2.83×10^{14}
$Cd(CN)_4^{2-}$	1.95×10^{18}	$Cu(edta)^{2-}$	(5.0×10^{18})	$Zn(NH_3)_4^{2+}$	3.60×10^8
$Cd(OH)_4^{2-}$	1.20×10^9	$Fe(CN)_6^{3-}$	4.1×10^{52}	$Zn(CN)_4^{2-}$	3.60×10^8
$CdBr_4^{2-}$	(5.0×10^3)	$Fe(CN)_6^{4-}$	4.2×10^{45}	$Zn(CNS)_4^{2-}$	19.6
$CdCl_4^{2-}$	(6.3×10^2)	$Fe(NCS)^{2+}$	9.1×10^2	$Zn(C_2O_4)_2^{2-}$	2.96×10^7
CdI_4^{2-}	(4.05×10^5)	$Fe(C_2O_4)_3^{3-}$	(1.6×10^{20})	$Cu(C_2O_4)_2^{2-}$	2.35×10^9
$Cd(en)_3^{2+}$	(1.2×10^{12})	$Fe(C_2O_4)_3^{4-}$	1.7×10^5	$Zn(edta)^{2-}$	(2.5×10^{16})
$Cd(edta)^{2-}$	(2.5×10^{16})	$Fe(edta)^{2-}$	(2.1×10^{14})		
$Co(NH_3)_6^{2+}$	1.16×10^5	$Fe(edta)^-$	(1.7×10^{24})		

注:数据摘自《Handbook of Chemistry and Physics》1982~1983. 63th Edition.

附录6 标准电极电势*

A. 在酸性溶液中

电 对	电 极 反 应	$E^{\ominus}/V$
Li^+/Li	$Li^+(aq)+e^- \rightleftharpoons Li(s)$	-3.040
Cs^+/Cs	$Cs^+(aq)+e^- \rightleftharpoons Cs(s)$	-3.027
K^+/K	$K^+(aq)+e^- \rightleftharpoons K(s)$	-2.936
Ba^{2+}/Ba	$Ba^{2+}(aq)+2e^- \rightleftharpoons Ba(s)$	-2.906
Sr^{2+}/Sr	$Sr^{2+}(aq)+2e^- \rightleftharpoons Sr(s)$	-2.899
Ca^{2+}/Ca	$Ca^{2+}(aq)+2e^- \rightleftharpoons Ca(s)$	-2.868
Na^+/Na	$Na^+(aq)+e^- \rightleftharpoons Na(s)$	-2.714
Mg^{2+}/Mg	$Mg^{2+}(aq)+2e^- \rightleftharpoons Mg(s)$	-2.357
Be^{2+}/Be	$Be^{2+}(aq)+2e^- \rightleftharpoons Be(s)$	-1.968
Al^{3+}/Al	$Al^{3+}(aq)+3e^- \rightleftharpoons Al(s)$	-1.68
Mn^{2+}/Mn	$Mn^{2+}(aq)+2e^- \rightleftharpoons Mn(s)$	-1.182
Zn^{2+}/Zn	$Zn^{2+}(aq)+2e^- \rightleftharpoons Zn(s)$	-0.762
Cr^{3+}/Cr	$Cr^{3+}(aq)+2e^- \rightleftharpoons Cr(s)$	(-0.74)
$CO_2/H_2C_2O_4$	$2CO_2+2H^++2e^- \rightleftharpoons H_2C_2O_4$	-0.595
Cr^{3+}/Cr^{2+}	$Cr^{3+}(aq)+e^- \rightleftharpoons Cr^{2+}(aq)$	(-0.41)
Fe^{2+}/Fe	$Fe^{2+}(aq)+2e^- \rightleftharpoons Fe(s)$	-0.409
Cd^{2+}/Cd	$Cd^{2+}(aq)+2e^- \rightleftharpoons Cd(s)$	-0.402
PbI_2/Pb	$PbI_2(s)+2e^- \rightleftharpoons Pb(s)+2I^-(aq)$	-0.365
$PbSO_4/Pb$	$PbSO_4(s)+2e^- \rightleftharpoons Pb(s)+SO_4^{2-}(aq)$	-0.355
Co^{2+}/Co	$Co^{2+}(aq)+2e^- \rightleftharpoons Co(s)$	-0.282
Ni^{2+}/Ni	$Ni^{2+}(aq)+2e^- \rightleftharpoons Ni(s)$	-0.236
CuI/Cu	$CuI(s)+e^- \rightleftharpoons Cu(s)+I^-(aq)$	-0.186
$AgCN/Ag$	$AgCN(s)+e^- \rightleftharpoons Ag(s)+CN^-(aq)$	-0.161
AgI/Ag	$AgI(s)+e^- \rightleftharpoons Ag(s)+I^-(aq)$	-0.152
Sn^{2+}/Sn	$Sn^{2+}(aq)+2e^- \rightleftharpoons Sn(s)$	-0.141
Pb^{2+}/Pb	$Pb^{2+}(aq)+2e^- \rightleftharpoons Pb(s)$	-0.126
H^+/H_2	$2H^+(aq)+2e^- \rightleftharpoons H_2(g)$	0.000
$S_4O_6^{2-}/S_2O_3^{2-}$	$S_4O_6^{2-}(aq)+2e^- \rightleftharpoons 2S_2O_3^{2-}(aq)$	$+0.024$
$AgBr/Ag$	$AgBr(s)+e^- \rightleftharpoons Ag(s)+Br^-(aq)$	$+0.073$
S/H_2S	$S(s)+2H^++2e^- \rightleftharpoons H_2S(aq)$	$+0.144$
Sn^{4+}/Sn^{2+}	$Sn^{4+}(aq)+2e^- \rightleftharpoons Sn^{2+}(aq)$	$+0.154$
SO_4^{2-}/H_2SO_3	$SO_4^{2-}(aq)+4H^+(aq)+2e^- \rightleftharpoons H_2SO_3(aq)+H_2O(l)$	$+0.158$
Cu^{2+}/Cu^+	$Cu^{2+}(aq)+e^- \rightleftharpoons Cu^+(aq)$	$+0.161$
$AgCl/Ag$	$AgCl(a)+e^- \rightleftharpoons Ag(s)+Cl^-(aq)$	$+0.222$
Hg_2Cl_2/Hg	$Hg_2Cl_2(s)+2e^- \rightleftharpoons 2Hg(l)+2Cl^-(aq)$	$+0.268$
BiO^+/Bi	$BiO^+(aq)+2H^+(aq)+3e^- \rightleftharpoons Bi(s)+H_2O(l)$	$+0.313$
Cu^{2+}/Cu	$Cu^{2+}(aq)+2e^- \rightleftharpoons Cu(s)$	$+0.339$
H_2SO_3/S	$H_2SO_3(aq)+4H^+(aq)+4e^- \rightleftharpoons S(s)+3H_2O(l)$	$+0.450$
Cu^+/Cu	$Cu^+(aq)+e^- \rightleftharpoons Cu(s)$	$+0.518$
I_2/I^-	$I_2(s)+2e^- \rightleftharpoons 2I^-(aq)$	$+0.535$
H_3AsO_4/H_3AsO_3	$H_3AsO_4(aq)+2H^+(aq)+2e^- \rightleftharpoons H_3AsO_3(aq)+H_2O(l)$	$+0.575$
$HgCl_2/Hg_2Cl_2$	$2HgCl_2(aq)+2e^- \rightleftharpoons Hg_2Cl_2(s)+2Cl^-(aq)$	$+0.657$
O_2/H_2O_2	$O_2(g)+2H^+(aq)+2e^- \rightleftharpoons H_2O_2(aq)$	$+0.695$
Fe^{3+}/Fe^{2+}	$Fe^{3+}(aq)+e^- \rightleftharpoons Fe^{2+}(aq)$	$+0.769$
Hg_2^{2+}/Hg	$Hg_2^{2+}(aq)+2e^- \rightleftharpoons 2Hg(l)$	$+0.796$
NO_3^-/NO_2	$NO_3^-(aq)+2H^+(aq)+e^- \rightleftharpoons NO_2(g)+H_2O(l)$	$+0.799$

续表

电　对	电　极　反　应	$E^{\ominus}/V$
Ag^+/Ag	$Ag^+(aq)+e^- \rightleftharpoons Ag(s)$	+0.799
Hg^{2+}/Hg	$Hg^{2+}(aq)+2e^- \rightleftharpoons Hg(l)$	+0.852
Hg^{2+}/Hg_2^{2+}	$2Hg^{2+}(aq)+2e^- \rightleftharpoons Hg_2^{2+}(aq)$	+0.908
NO_3^-/NO	$NO_3^-(aq)+4H^+(aq)+3e^- \rightleftharpoons NO(g)+2H_2O(l)$	+0.964
HNO_2/NO	$HNO_2(aq)+H^+(aq)+e^- \rightleftharpoons NO(g)+H_2O(l)$	+1.04
NO_2/HNO_2	$NO_2(g)+H^+(aq)+e^- \rightleftharpoons HNO_2(aq)$	+1.056
Br_2/Br^-	$Br_2(l)+2e^- \rightleftharpoons 2Br^-(aq)$	+1.077
IO_3^-/I_2	$IO_3^-(aq)+12H^+(aq)+10e^- \rightleftharpoons I_2(s)+6H_2O(l)$	+1.209
ClO_4^-/ClO_3^-	$ClO_4^-(aq)+2H^+(aq)+2e^- \rightleftharpoons ClO_3^-(aq)+H_2O(l)$	+1.226
O_2/H_2O	$O_2(g)+4H^+(aq)+4e^- \rightleftharpoons 2H_2O(l)$	+1.229
MnO_2/Mn^{2+}	$MnO_2(s)+4H^+(aq)+2e^- \rightleftharpoons Mn^{2+}(aq)+2H_2O(l)$	1.229
$Cr_2O_7^{2-}/Cr^{3+}$	$Cr_2O_7^{2-}(aq)+14H^+(aq)+6e^- \rightleftharpoons 2Cr^{3+}(aq)+7H_2O$	+1.33
Cl_2/Cl^-	$Cl_2(g)+2e^- \rightleftharpoons 2Cl^-(aq)$	+1.36
PbO_2/Pb^{2+}	$PbO_2+4H^+(aq)+2e^- \rightleftharpoons Pb^{2+}(aq)+2H_2O(l)$	+1.458
MnO_4^-/Mn^{2+}	$MnO_4^-(aq)+8H^+(aq)+5e^- \rightleftharpoons Mn^{2+}(aq)+4H_2O(l)$	+1.51
BrO_3^-/Br_2	$BrO_3^-(aq)+12H^+(aq)+10e^- \rightleftharpoons Br_2(l)+6H_2O(l)$	+1.513
H_5IO_6/IO_3^-	$H_5IO_6(aq)+H^+(aq)+2e^- \rightleftharpoons IO_3^-(aq)+3H_2O(l)$	(+1.60)
$HBrO/Br_2$	$2HBrO(aq)+2H^+(aq)+2e^- \rightleftharpoons Br_2(l)+2H_2O(l)$	+1.604
$HClO/Cl_2$	$HClO(aq)+H^+(aq)+2e^- \rightleftharpoons Cl_2(g)+2H_2O(l)$	+1.63
MnO_4^-/MnO_2	$MnO_4^-(aq)+4H^+(aq)+3e^- \rightleftharpoons MnO_2(s)+2H_2O(l)$	+1.70
H_2O_2/H_2O	$H_2O_2(aq)+2H^+(aq)+2e^- \rightleftharpoons 2H_2O(l)$	+1.763
$S_2O_8^{2-}/SO_4^{2-}$	$S_2O_8^{2-}(aq)+2e^- \rightleftharpoons 2SO_4^{2-}(aq)$	+1.939
Co^{3+}/Co^{2+}	$Fe^{3+}(aq)+e^- \rightleftharpoons Fe^{2+}(aq)$	+1.95
Ag^{2+}/Ag^+	$Ag^{2+}(aq)+e^- \rightleftharpoons Ag^+(aq)$	+1.989
O_3/O_2	$O_3(g)+2H^+(aq)+2e^- \rightleftharpoons O_2(g)+H_2O(l)$	+2.075
F_2/F^-	$F_2(g)+2e^- \rightleftharpoons 2F^-(aq)$	+2.889
F_2/HF	$F_2(g)+2H^+(aq)+2e^- \rightleftharpoons 2HF(aq)$	+3.076

B. 在碱性溶液中

电　对	电　极　反　应	$E^{\ominus}/V$
$Ca(OH)_2/Ca$	$Ca(OH)_2(s)+2e^- \rightleftharpoons Ca(s)+2OH^-(aq)$	−3.02
$Mg(OH)_2/Mg$	$Mg(OH)_2(s)+2e^- \rightleftharpoons Mg(s)+2OH^-(aq)$	−2.69
$Mn(OH)_2/Mn$	$Mn(OH)_2(s)+2e^- \rightleftharpoons Mn(s)+2OH^-(aq)$	−1.56
$Cr(OH)_3/Cr$	$Cr(OH)_3(s)+3e^- \rightleftharpoons Cr(s)+3OH^-(aq)$	−1.48
$[Zn(OH)_4]^{2-}/Zn$	$[Zn(OH)_4]^{2-}+2e^- \rightleftharpoons Zn(s)+4OH^-(aq)$	−1.199
SO_4^{2-}/SO_3^{2-}	$SO_4^{2-}(aq)+H_2O+2e^- \rightleftharpoons SO_3^{2-}(aq)+2OH^-(aq)$	−0.936
H_2O/H_2	$2H_2O+2e^- \rightleftharpoons H_2(g)+2OH^-(aq)$	−0.8277
$Ni(OH)_2/Ni$	$Ni(OH)_2(s)+2e^- \rightleftharpoons Ni(s)+2OH^-(aq)$	−0.72
$Fe(OH)_3/Fe(OH)_2$	$Fe(OH)_3(s)+e^- \rightleftharpoons Fe(OH)_2(s)+OH^-(aq)$	−0.547
$Cu(OH)_2/Cu$	$Cu(OH)_2(s)+2e^- \rightleftharpoons Cu(s)+2OH^-(aq)$	−0.222
O_2/H_2O_2	$O_2(g)+2H_2O+2e^- \rightleftharpoons H_2O_2(aq)+2OH^-(aq)$	−0.146
$[Fe(CN)_6]^{3-}/[Fe(CN)_6]^{4-}$	$[Fe(CN)_6]^{3-}(aq)+e^- \rightleftharpoons [Fe(CN)_6]^{4-}(aq)$	+0.356
$[Ag(NH_3)_2]^+/Ag$	$[Ag(NH_3)_2]^+(aq)+e^- \rightleftharpoons Ag(s)+2NH_3(aq)$	+0.372
O_2/OH^-	$O_2(g)+2H_2O+4e^- \rightleftharpoons 4OH^-(aq)$	+0.401
MnO_4^-/MnO_4^{2-}	$MnO_4^-(aq)+e^- \rightleftharpoons MnO_4^{2-}(aq)$	+0.554
MnO_4^-/MnO_2	$MnO_4^-(aq)+2H_2O+3e^- \rightleftharpoons MnO_2(s)+4OH^-(aq)$	+0.597
MnO_4^{2-}/MnO_2	$MnO_4^{2-}+2H_2O+2e^- \rightleftharpoons MnO_2(s)+4OH^-(aq)$	+0.618
ClO^-/Cl^-	$ClO^-(aq)+H_2O+2e^- \rightleftharpoons Cl^-(aq)+2OH^-(aq)$	+0.89
O_3/OH^-	$O_3(g)+H_2O+2e^- \rightleftharpoons O_2(g)+2OH^-(aq)$	+1.24

* 数据摘自《Handbook of Chemistry and Physics》1982～1983. 63th Edition.

参考文献

[1] 武汉大学,吉林大学等校编.无机化学.第3版.北京:高等教育出版社,1994年.
[2] 天津大学无机化学教研室编.无机化学.第3版.北京:高等教育出版社,2002年.
[3] 大连理工大学无机化学教研室编.无机化学.第5版.北京:高等教育出版社,2006年.
[4] 王致勇,董松琦,张庆芳编著.简明无机化学教程.北京:高等教育出版社,1988年.
[5] 北京师范大学等合编.无机化学.第4版.北京:高等教育出版社,2003年.